# 电气设备油纸绝缘老化拉曼光谱检测诊断技术

陈伟根 王品一 万 福 等 著

科 学 出 版 社
北 京

## 内 容 简 介

　　油纸绝缘电气设备是电网系统的重要组成部分，油纸绝缘的老化状态是影响其寿命及安全运行的关键因素。准确、有效的老化状态评估对保障电网系统安全、稳定运行具有重要意义。拉曼光谱检测与诊断技术因具有单波长激光可实现多种物质同时、无损、快速检测的优点，极适用于绝缘油物质成分的定性与定量分析，从而为油纸绝缘老化状态评估提供有力支撑。本书在对油纸绝缘老化拉曼光谱检测与诊断技术的理论基础进行全面介绍的基础上，对各类油纸绝缘老化拉曼光谱检测与诊断技术的构成、主要特点进行深入分析与探讨。

　　本书可供电气工程相关专业的本科生、研究生学习参考，也可供高校及研究院相关研究工作者了解拉曼光谱检测的基本原理与现状以及未来发展趋势。

---

**图书在版编目（CIP）数据**

电气设备油纸绝缘老化拉曼光谱检测诊断技术 / 陈伟根等著. -- 北京：科学出版社，2025. 3. -- ISBN 978-7-03-081318-3

Ⅰ. TM05

中国国家版本馆 CIP 数据核字第 2025LV6595 号

责任编辑：叶苏苏　高慧元 / 责任校对：彭　映
责任印制：罗　科 / 封面设计：义和文创

---

科学出版社 出版
北京东黄城根北街 16 号
邮政编码：100717
http://www.sciencep.com

四川煤田地质制图印务有限责任公司 印刷
科学出版社发行　各地新华书店经销

\*

2025 年 3 月第 一 版　　开本：787×1092　1/16
2025 年 3 月第一次印刷　印张：16 3/4
字数：397 000

**定价：199.00 元**

（如有印装质量问题，我社负责调换）

# 前　言

油纸绝缘是电力系统中一种常见的绝缘结构，常用于以电力变压器为主的多种重要电气设备。作为电力系统的主要设备之一，油纸绝缘电力变压器承担着电压等级调整的重要任务，其稳定、安全、高效和长期的运行直接关系到电力系统的稳定性和安全性。在复杂的工作条件下，电力变压器中油纸绝缘系统在运行时受到电场、热、氧气等多种因素的影响而裂化，严重时可能导致事故的发生。因此，在电力领域，必须加强对变压器油中糠醛等老化特征物检测技术与油纸绝缘老化程度诊断技术研究，为油纸绝缘电气设备全寿命周期管理提供技术支撑。

目前，国内外油中溶解糠醛等老化特征物含量的常用检测方法为高效液相色谱法。该方法以液体为流动相，首先通过极性有机萃取剂（如甲醇）将油中的糠醛萃取出，其次利用带温控的液相色谱柱分离出萃取液中的糠醛，最终配合高灵敏的检测器实现糠醛浓度的测定。但该过程测试步骤复杂，目前仅能在实验室中预先萃取后通过大型高效液相色谱仪完成；另外，许多变压器过滤器中的吸附剂会造成油中溶解糠醛含量的波动，导致检测结果准确性降低。拉曼光谱检测诊断技术基于拉曼效应，通过直接测量物质因激光照射产生的拉曼散射光对物质结构、性质及含量做出判断，是一种准确、无损、高效的检测方法，具有以下优点：①拉曼光谱检测诊断技术是一种非接触式光谱检测方法，可以直接反映油纸绝缘的化学成分构成，长期稳定性好；②拉曼检测为非接触性测量，不消耗样品；③操作简单、快速，无须预先萃取等一系列复杂操作，有利于现场甚至是在线的检测分析；④拉曼光谱对水分子相对不敏感，水的拉曼光谱特征不明显，油纸绝缘老化产生的水分对其拉曼检测干扰较小；⑤单波长激光即可实现多组分混合成分的同时测量，获取的油纸绝缘老化信息丰富。

同时，本书提出直接基于油纸绝缘拉曼全谱的油纸绝缘老化拉曼光谱检测诊断技术，利用老化状态已知的训练样本，通过特征提取算法提取不同老化程度样本的油纸绝缘拉曼光谱特征，基于诊断算法构建拉曼特征与老化程度的关联关系，建立以拉曼光谱特征为自变量、老化程度为因变量的老化诊断模型。其相比于传统方法具有以下优点：①对油纸绝缘老化状态的判断不仅仅是依赖单一老化特征物的含量阈值，而且是油纸绝缘拉曼全谱的综合信息，可靠性更高；②碳氢键、碳氧键、碳碳键的断键与成键在拉曼光谱中信号明显且与老化过程密切相关。因此，直接基于油纸绝缘拉曼光谱的油纸绝缘老化诊断，方便、快捷，易于现场实施。

本书在对油纸绝缘老化拉曼光谱检测诊断技术的理论基础进行全面介绍的基础上，对不同油纸绝缘老化拉曼光谱检测技术与诊断技术的构成、主要特点进行深入分析与探讨。全书分为12章：第1~5章为油纸绝缘老化拉曼光谱检测技术部分，第6~12章为油纸绝缘老化拉曼光谱诊断技术部分。其中，第1章综述油纸绝缘老化拉曼光谱检测诊断技术的背景和研究现状；第 2 章介绍表面增强拉曼光谱基底电场分布及增强机理仿真；第 3 章主要探讨界面自组装表面增强拉曼光谱基底的增强效果及一致性；第 4 章着重分析金银核壳结构表面增强拉曼光谱基底的增强效果及一致性；第 5 章探讨基于金银核壳结构表面增强的变压器油中糠醛拉曼光谱检测特性；第 6 章着重介绍基于分子动力学模拟的电气设备油纸绝缘老化过程及其与拉曼特征的关联；第 7 章着重介绍电气设备油纸绝缘老化拉曼光谱及平衡化光谱数据库的建立；第 8 章着重阐述电气设备油纸绝缘老化拉曼光谱多尺度特征提取及分析；第 9 章着重分析电气设备油纸绝缘老化拉曼光谱集成增强神经网络诊断方法；第 10 章着重分析不同油纸比例电气设备油纸绝缘老化拉曼光谱多分类支持向量机诊断方法；第 11 章着重分析不同种类电气设备油纸绝缘老化拉曼光谱散射变换及诊断方法；第 12 章着重分析结合图数据库的电气设备油纸绝缘老化拉曼光谱图卷积神经网络诊断方法。陈伟根负责撰写第 1~7 章，并负责全书统稿和各章的修改及审定。王品一负责撰写第 9~12 章，并协助统稿和出版过程中的相关工作。万福负责撰写第 8 章以及协助完成第 1~3 章的部分撰写工作。

本书是作者及其研究团队近 10 年来对油纸绝缘老化拉曼光谱检测诊断技术基本原理、检测方法、检测特性等关键科学问题与技术问题系统研究后取得初步成果的总结。本书相关研究得到了国家重大科学仪器设备开发专项"激光拉曼光谱气体分析仪的研发与应用"（2012YQ160007）、中国南方电网有限责任公司科技项目"基于激光拉曼光谱的油纸绝缘电力设备老化诊断关键技术研究及应用"（H20190894）、国家电网有限公司科技项目"油纸绝缘电力设备老化拉曼光谱诊断及应用"（1042012920170469）、国家自然科学基金创新群体基金项目"高电压输配电装备安全理论与技术"（51321063）等的持续资助。研究团队的顾朝亮、邹经鑫、史海洋、杨定坤等博士，赵立志、漆薇、杜玲玲、周伟然、周永阔、王泽伟、张蕎月等硕士在课题研究中做出了贡献。在成果试用、开发和推动应用过程中得到了广东省、山东省、云南省、江苏省等电力公司，北京卓立汉光仪器有限公司等制造企业及有关专家、技术人员的大力支持和资助；同时在本书的撰写过程中，中国广核集团有限公司郑健超院士、华中科技大学程时杰院士、中国南方电网有限责任公司李立涅院士及饶宏院士、青岛科技大学雷清泉院士、国家电网有限公司陈维江院士、怀柔国家实验室汤广福院士等提出了很多宝贵的建议，并给予了大力的支持和帮助；在此，作者表示诚挚的感谢。同时，本书还引用了国内外同行在本领域研究取得的初步成果，也一并表示谢意。

由于作者水平有限，加之油纸绝缘老化拉曼光谱检测诊断技术正在迅速发展，本书疏漏之处在所难免，敬请广大读者批评指正。

作 者
2024 年 7 月
于重庆大学

# 目　　录

## 第1章　概论 ·················································································· 1
### 1.1　电气设备油纸绝缘老化拉曼光谱检测诊断技术的背景 ·························· 1
#### 1.1.1　电气设备油纸绝缘老化 ···················································· 1
#### 1.1.2　电气设备油纸绝缘老化拉曼光谱检测技术 ····························· 2
#### 1.1.3　电气设备油纸绝缘老化拉曼光谱诊断技术 ····························· 3
### 1.2　电气设备油纸绝缘老化拉曼光谱检测诊断技术的研究现状 ····················· 4
#### 1.2.1　电气设备油纸绝缘老化拉曼光谱检测技术研究现状 ················· 4
#### 1.2.2　电气设备油纸绝缘老化拉曼光谱诊断技术研究现状 ················· 20

## 第2章　表面增强拉曼光谱基底电场分布及增强机理仿真 ····························· 23
### 2.1　表面增强拉曼光谱基底电场分布仿真 ············································· 23
#### 2.1.1　仿真软件 ····································································· 23
#### 2.1.2　模型构建 ····································································· 23
### 2.2　纳米结构对表面增强基底增强效果的影响 ······································· 24
### 2.3　纳米材料对表面增强基底增强效果的影响 ······································· 26
#### 2.3.1　金属纳米材料的介电常数 ················································· 26
#### 2.3.2　金属纳米颗粒材料对表面增强基底增强效果的影响 ················· 27
#### 2.3.3　衬底材料对表面增强基底增强效果的影响 ···························· 28
### 2.4　纳米颗粒间距对表面增强基底增强效果及一致性的影响 ······················ 30
#### 2.4.1　间距对电场分布和电场强度的影响 ····································· 30
#### 2.4.2　间距对基底增强因子的影响 ············································· 32
#### 2.4.3　间距对基底一致性的影响 ················································ 33
### 2.5　纳米颗粒粒径对表面增强基底增强效果及一致性的影响 ······················ 33
#### 2.5.1　粒径对电场分布和电场强度的影响 ····································· 33
#### 2.5.2　粒径对基底增强因子的影响 ············································· 36
#### 2.5.3　粒径对基底一致性的影响 ················································ 36

## 第3章　界面自组装表面增强拉曼光谱基底的增强效果及一致性 ···················· 38
### 3.1　银纳米颗粒和衬底的制备与表征分析 ············································· 38
#### 3.1.1　化学试剂和材料的选择 ··················································· 38
#### 3.1.2　实验仪器的选择 ···························································· 38
#### 3.1.3　银纳米颗粒的制备 ························································· 39
#### 3.1.4　银纳米颗粒的表征分析 ··················································· 40

3.1.5 金膜制备及表征 ································································· 41
3.2 界面自组装拉曼光谱表面增强基底制备方法 ································ 42
　　3.2.1 液-固界面自组装制备方法 ················································ 42
　　3.2.2 气-液界面自组装制备方法 ················································ 43
　　3.2.3 两种自组装制备方法的表征对比分析 ·································· 44
3.3 液-固界面自组装表面增强拉曼光谱基底增强效果及一致性分析 ······ 46
　　3.3.1 液-固界面自组装表面增强拉曼光谱基底增强效果 ················· 46
　　3.3.2 液-固界面自组装表面增强拉曼光谱基底一致性 ···················· 49
3.4 气-液界面自组装表面增强拉曼光谱基底增强效果及一致性分析 ······ 49
　　3.4.1 气-液界面自组装表面增强拉曼光谱基底增强效果 ················· 49
　　3.4.2 气-液界面自组装表面增强拉曼光谱基底一致性 ···················· 51
3.5 两种界面自组装表面增强拉曼光谱基底性能对比分析 ··················· 52

# 第4章 金银核壳结构表面增强拉曼光谱基底的增强效果及一致性 ············ 54
4.1 金银核壳结构的制备与表征分析 ············································· 54
　　4.1.1 材料与试剂的选择 ·························································· 54
　　4.1.2 金银核壳结构的制备方法 ················································ 54
　　4.1.3 金银核壳结构的表征分析 ················································ 55
4.2 金银核壳结构表面增强基底制备与表征 ····································· 58
　　4.2.1 金银核壳结构 SERS 基底制备方法 ···································· 58
　　4.2.2 金银核壳结构 SERS 基底表征 ·········································· 58
4.3 金银核壳结构表面增强拉曼光谱基底电场及增强因子仿真 ············· 59
　　4.3.1 模型构建 ······································································ 59
　　4.3.2 粒径对金银核壳结构电场分布和电场强度的影响 ·················· 60
　　4.3.3 粒径对金银核壳结构增强因子的影响 ································· 61
4.4 金银核壳结构表面增强拉曼光谱基底增强效果及一致性分析 ·········· 62
　　4.4.1 金银核壳结构表面增强拉曼光谱基底增强效果 ····················· 62
　　4.4.2 金银核壳结构表面增强拉曼光谱基底一致性 ························ 63
　　4.4.3 不同 SERS 基底性能的对比分析 ······································· 64

# 第5章 基于金银核壳结构表面增强的变压器油中糠醛拉曼光谱检测特性 ······ 66
5.1 变压器油中糠醛拉曼光谱未增强原位检测方法 ··························· 66
　　5.1.1 拉曼光谱检测平台 ·························································· 66
　　5.1.2 变压器油中糠醛拉曼光谱未增强原位检测可行性分析 ············ 67
　　5.1.3 变压器油中糠醛拉曼光谱未增强原位检测定量分析方法 ········· 69
　　5.1.4 拉曼光谱信噪比计算 ······················································ 70
5.2 糠醛分子拉曼光谱化学增强效应仿真 ········································ 71
　　5.2.1 糠醛分子拉曼谱峰仿真 ···················································· 71

## 目　录

    5.2.2　糠醛分子化学增强拉曼光谱效应仿真 ·············································· 72
  5.3　基于金银核壳结构表面增强的变压器油中糠醛拉曼光谱检测方法 ············· 73
    5.3.1　标准样品配制 ······························································································ 74
    5.3.2　实验检测方法 ······························································································ 74
    5.3.3　特征峰选取方法 ·························································································· 74
  5.4　基于金银核壳结构表面增强的变压器油中糠醛拉曼光谱定量分析 ············· 75
    5.4.1　不同糠醛浓度检测 ······················································································ 75
    5.4.2　定量分析模型 ······························································································ 76
    5.4.3　最小检测浓度 ······························································································ 76
  5.5　金银核壳结构表面增强基底对变压器油中糠醛
       拉曼光谱检测性能影响及分析 ···································································· 77
    5.5.1　增强因子计算 ······························································································ 77
    5.5.2　一致性分析 ·································································································· 78
    5.5.3　抗氧化能力分析 ·························································································· 79

**第6章　基于分子动力学模拟的电气设备油纸绝缘老化过程及其与拉曼特征的关联** ······ 80
  6.1　电气设备油纸绝缘老化过程 ·········································································· 80
    6.1.1　纤维素绝缘纸老化物理化学过程 ······························································ 80
    6.1.2　矿物绝缘油老化物理化学过程 ·································································· 82
  6.2　基于分子动力学的电气设备油纸绝缘老化仿真 ·········································· 83
    6.2.1　电气设备油纸绝缘老化分子动力学仿真原理 ·········································· 84
    6.2.2　电气设备油纸绝缘老化分子动力学仿真结果分析 ·································· 85
  6.3　电气设备油纸绝缘老化拉曼特征关联分析 ·················································· 92
    6.3.1　基于老化特征物的电气设备油纸绝缘老化拉曼光谱关联分析原理 ······ 92
    6.3.2　电气设备油纸绝缘老化特征物拉曼仿真及分析 ······································ 93

**第7章　电气设备油纸绝缘老化拉曼光谱及平衡化光谱数据库的建立** ·············· 98
  7.1　电气设备油纸绝缘老化样本的获取 ······························································ 98
  7.2　电气设备油纸绝缘老化拉曼光谱检测 ························································ 102
    7.2.1　便携式电气设备油纸绝缘老化拉曼光谱现场检测装置 ······················· 102
    7.2.2　电气设备油纸绝缘拉曼光谱 ···································································· 108
  7.3　电气设备油纸绝缘拉曼光谱数据预处理 ···················································· 110
    7.3.1　尖峰去除 ···································································································· 110
    7.3.2　平滑去噪 ···································································································· 113
    7.3.3　图谱归一化 ································································································ 115
  7.4　原始及平衡化电气设备油纸绝缘老化拉曼光谱数据库的建立 ················· 116
    7.4.1　原始电气设备油纸绝缘老化拉曼光谱数据库 ········································ 116
    7.4.2　平衡化电气设备油纸绝缘老化拉曼光谱数据库 ···································· 118

## 第8章 电气设备油纸绝缘老化拉曼光谱多尺度特征提取及分析 ……120
### 8.1 基于随机森林算法的油纸绝缘老化拉曼光谱原始特征遴选 ……120
#### 8.1.1 油纸绝缘老化拉曼光谱原始特征遴选原理 ……120
#### 8.1.2 油纸绝缘老化拉曼光谱重要特征分析 ……123
### 8.2 基于线性判别分析的不同老化阶段电气设备油纸绝缘拉曼光谱特征提取 …124
#### 8.2.1 油纸绝缘拉曼光谱类别特征提取原理 ……124
#### 8.2.2 油纸绝缘拉曼光谱类别特征分析 ……127
### 8.3 电气设备油纸绝缘老化拉曼光谱聚合度映射特征提取 ……129
#### 8.3.1 基于偏最小二乘法的电气设备油纸绝缘老化拉曼光谱聚合度映射特征提取及分析 ……129
#### 8.3.2 基于二次互信息的电气设备油纸绝缘老化拉曼光谱聚合度映射特征提取及分析 ……134

## 第9章 电气设备油纸绝缘老化拉曼光谱集成增强神经网络诊断方法 ……140
### 9.1 电气设备油纸绝缘老化拉曼光谱集成增强神经网络诊断模型的建立 ……140
#### 9.1.1 附加动量修正的电气设备油纸绝缘老化拉曼光谱反向传播神经网络诊断模型 ……140
#### 9.1.2 电气设备油纸绝缘老化拉曼光谱集成增强反向传播神经网络诊断模型 ……142
### 9.2 电气设备油纸绝缘老化拉曼光谱诊断分析 ……144
#### 9.2.1 实验室样本的油纸绝缘老化拉曼光谱诊断 ……144
#### 9.2.2 运行设备的油纸绝缘老化拉曼光谱诊断 ……147
### 9.3 不同状态电气设备油纸绝缘样本拉曼光谱老化诊断修正 ……149
#### 9.3.1 换油后电气设备油纸绝缘老化拉曼光谱分析 ……150
#### 9.3.2 换油后电气设备油纸绝缘老化拉曼光谱预测 ……151
#### 9.3.3 基于广义回归神经网络的换油后拉曼光谱老化诊断修正 ……156

## 第10章 不同油纸比例电气设备油纸绝缘老化拉曼光谱多分类支持向量机诊断方法 ……162
### 10.1 不同油纸比例电气设备油纸绝缘老化反应分子动力学仿真 ……162
#### 10.1.1 油纸绝缘老化反应分子动力学建模 ……162
#### 10.1.2 老化反应分子动力学模拟方法 ……164
#### 10.1.3 老化反应分子动力学仿真结果分析 ……165
### 10.2 不同油纸比例电气设备油纸绝缘加速热老化试验 ……168
#### 10.2.1 试验材料 ……168
#### 10.2.2 加速热老化试验设计 ……169
### 10.3 老化特征量及微观表象 ……170
#### 10.3.1 老化特征量及测量方法 ……170
#### 10.3.2 微观表象分析 ……172
### 10.4 基于随机森林算法的特征重要性评估及筛选 ……174
#### 10.4.1 特征重要性评估方法 ……174
#### 10.4.2 特征筛选与分析 ……176
### 10.5 不同油纸比例条件下拉曼光谱修正模型 ……177

|  |  |  |
|---|---|---|
| | 10.5.1　拉曼光谱的变化与分析 | 177 |
| | 10.5.2　拉曼光谱修正系数的计算 | 179 |
| | 10.5.3　拉曼光谱修正模型的建立 | 182 |
| 10.6 | 基于多分类支持向量机的拉曼光谱老化诊断方法 | 187 |
| | 10.6.1　诊断模型的建立及参数优化 | 187 |
| | 10.6.2　参数寻优及拉曼特征诊断结果分析 | 189 |

## 第11章　不同种类电气设备油纸绝缘老化拉曼光谱散射变换及诊断方法 192

| | | |
|---|---|---|
| 11.1 | 电气设备油纸绝缘反应分子动力学模拟理论基础 | 192 |
| | 11.1.1　模拟油纸热解过程分子动力学力场 | 192 |
| | 11.1.2　模拟油纸热解过程分子动力学系综 | 193 |
| 11.2 | 不同种类电气设备油纸绝缘材料分子模型构建 | 193 |
| | 11.2.1　环烷基油分子模型构建 | 194 |
| | 11.2.2　石蜡基油分子模型构建 | 196 |
| | 11.2.3　绝缘纸纤维素及不同种类油纸分子模型构建 | 197 |
| 11.3 | 油模型、油纸混合模型反应分子动力学模拟及结果分析 | 199 |
| | 11.3.1　反应分子动力学模拟 | 199 |
| | 11.3.2　不同油分子模型热解结果分析 | 200 |
| | 11.3.3　油纸混合分子模型热解结果分析 | 202 |
| 11.4 | 不同种类电气设备油纸绝缘材料拉曼活性分析 | 203 |
| 11.5 | 不同种类电气设备油纸绝缘老化拉曼光谱深度散射网络变换 | 205 |
| | 11.5.1　小波变换与小波散射变换 | 206 |
| | 11.5.2　深度散射网络结构及性质 | 207 |
| | 11.5.3　电气设备油纸绝缘老化拉曼光谱深度散射网络创建及散射特征分析 | 208 |
| 11.6 | 不同种类电气设备油纸绝缘老化拉曼光谱散射特征诊断模型 | 214 |
| | 11.6.1　支持向量机分类思想 | 214 |
| | 11.6.2　基于多分类支持向量机的老化诊断模型 | 218 |
| | 11.6.3　不同种类油纸绝缘老化拉曼光谱散射特征诊断结果分析 | 220 |

## 第12章　结合图数据库的电气设备油纸绝缘老化拉曼光谱图卷积神经网络诊断方法 222

| | | |
|---|---|---|
| 12.1 | 温度、水分对电气设备油纸绝缘老化样本拉曼光谱的影响 | 222 |
| 12.2 | 考虑温度、水分影响的电气设备油纸绝缘老化拉曼光谱数据库 | 224 |
| | 12.2.1　基于图论的电气设备油纸绝缘老化拉曼光谱数据库建立方法 | 224 |
| | 12.2.2　电气设备油纸绝缘老化拉曼光谱数据库分析 | 226 |
| 12.3 | 基于线性判别分析的电气设备油纸绝缘老化拉曼光谱特征提取 | 228 |
| | 12.3.1　油纸绝缘老化拉曼光谱特征提取原理 | 228 |
| | 12.3.2　考虑温度、水分影响的电气设备油纸绝缘拉曼光谱特征分析 | 230 |
| 12.4 | 基于图卷积神经网络的电气设备油纸绝缘老化拉曼光谱诊断方法 | 231 |

12.4.1　电气设备油纸绝缘老化拉曼光谱图卷积神经诊断模型建立 ·················· 231
　　12.4.2　考虑温度、水分影响的电气设备油纸绝缘老化拉曼光谱诊断结果分析 ········· 234
　　12.4.3　基于粒子群优化算法的参数优化 ·································· 236
12.5　电气设备油纸绝缘老化拉曼光谱不同诊断方法的对比分析 ················ 239
　　12.5.1　基于谱聚类的电气设备油纸绝缘老化拉曼光谱诊断方法 ················ 239
　　12.5.2　基于支持向量机的电气设备油纸绝缘老化拉曼光谱诊断方法 ············ 243
　　12.5.3　基于BP神经网络的电气设备油纸绝缘老化拉曼光谱诊断方法 ··········· 246
参考文献 ······················································· 250

# 第1章 概 论

## 1.1 电气设备油纸绝缘老化拉曼光谱检测诊断技术的背景

### 1.1.1 电气设备油纸绝缘老化

油纸绝缘是电力系统中一种常见的绝缘结构,常用于以电力变压器为主的多种重要电气设备中[1-4]。作为电力系统的主要设备之一,油纸绝缘电力设备承担着电压等级调整、能量输送和潮流控制等重要任务,其稳定、安全、高效和长期的运行直接关系到电力系统的稳定性和安全性[5-8]。因此,油纸绝缘电力设备在电力系统中的重要性不言而喻,其故障对电力系统造成的影响巨大。

油纸绝缘电力设备的安全稳定运行是建立在油纸复合绝缘良好的绝缘性能上的,油纸绝缘的老化状态是关系到设备能否正常运行的决定性因素之一[9-13]。由于应用环境和负荷特性各异,油纸绝缘的实际使用寿命往往与设计值差异很大,亚健康状态的设备一旦承受较重负荷易诱发重大事故。一直以来,油纸绝缘老化状态的评估都是绝缘监测领域的一个研究重点与难点。在复杂的工作条件下,油纸绝缘系统在运行中将受到电场、热、氧气等多种因素的影响而裂化,严重时可能导致事故的发生。面对众多的老化因素,适时准确的油纸绝缘老化状态评估,能够有效防止故障的发生,指导及时维修及更换,保障电力系统安全稳定运行[14]。

目前,全国范围内已有相当一部分油纸绝缘电力设备步入"中老年"时代。以广西电网有限责任公司为例,根据文献[14],2015年广西电网在运的110 kV及以上电压等级的油浸式变压器中,有近1/5设备在役年限达10年以上,在役年限大于15年的设备高达91台。根据相关导则,上述91台在役年限大于15年的设备中,有26台被认定为非正常状态,占老旧变压器总数的28.6%。可见"中老年"时代的油纸绝缘电力设备逐年增多,同时,老旧设备中存在潜在安全隐患的设备已不是少数。根据油纸绝缘变压器设计规范相关要求[15, 16],目前我国油纸绝缘变压器的实际平均使用寿命远小于其设计寿命(一般为30~40年)。因此,在电力领域,必须加强油纸绝缘电力设备的老化监测,为油纸绝缘设备全寿命周期管理提供技术支撑。

电力变压器涵盖很多种类,其中使用最为广泛的是油浸式变压器和干式树脂变压器。电力变压器的主要功能是电压等级的转变和电力的输送,而直接影响变压器使用寿命的是自身的绝缘材料(油纸或树脂)。据统计,绝缘故障造成的变压器事故占总事故的85%以上,因此对变压器运行过程中的监测和维护,可以有效保证绝缘材料的长期使用,从而延长变压器的整体寿命[13]。油浸式变压器由矿物绝缘油和绝缘纸构成其主要绝缘材料;绝缘纸是未漂硫酸盐纤维素制成的绝缘纸,成分主要为葡萄糖基组成的链状高聚合碳氢化合物；油是指石油中提炼，由多种烃类物质组成的液体透明矿物绝缘油[14, 15]。油浸式变压器的绝缘老化就是指矿物绝缘油和绝缘纸的老化，所以目前油浸式变压器的监测主要针对这两方面进行。绝缘纸老化最直接的就是绝缘强度的降低，判定的依据是绝缘纸的聚合度。当聚合度低至 150 时，表示其绝缘强度完全丧失[16]。而绝缘纸聚合度的检测需要对整个变压器进行拆解，在实际正常运行情况下，这并不可行。因此，变压器油的检测就变得尤为重要；常见变压器油的检测项目包括凝固点、含水量、界面张力、酸值、水溶性酸碱度、击穿电压、闪点、体积电阻率、介质损耗、色谱分析和油中糠醛含量等[17-20]。其中，大多数检测项目存在操作复杂、设备昂贵、指向性差等问题；只有变压器油中溶解特征物的检测具备更强的针对性且技术成熟，其中最为常见的是色谱分析和油中糠醛含量的检测。色谱分析主要指利用高效气相色谱仪对油中溶解多特征气体进行检测，其优势在于检测精度高、准确性好[21]。但由于色谱柱"柱外效应"和频繁更换等问题，并不能保证对所有变压器油中气体进行长期频繁检测[22]。油中糠醛检测作为运行变压器内固体绝缘材料老化的特征产物于 1984 年在国际大电网会议上首次提出，后期得到国内外电力行业的认可，并在国内出台相应的检测标准，对不同老化阶段的油中溶解糠醛含量做出明确规定[23]。油中糠醛检测的优势在于糠醛仅来源于绝缘纸的老化，并且油中糠醛的含量与绝缘纸聚合度存在一定的联系，因此确定糠醛含量就可以实现对变压器老化状态的评估。截至目前，变压器油中溶解糠醛含量的检测手段，主要包括高效液相色谱法、电化学法和分光光度法等[16, 24, 25]，其中，最为常用的是高效液相色谱法，与气相色谱法同样具备检测精度高和准确性好的优点，但操作的复杂性和色谱柱的频繁更换都决定该方法只能在实验室完成且不适合长期监测。此外，国内标准中还提到利用液相色谱法进行变压器油中溶解其他特征物的检测，如腐蚀性硫、金属离子、芳碳和抗氧化剂等。因此，提出一种可以快速准确现场检测变压器油中溶解糠醛类老化特征物含量的技术，是实现对油浸式变压器长期运行状态监测的重要技术支撑。

## 1.1.2　电气设备油纸绝缘老化拉曼光谱检测技术

目前，随着光学元件生产技术的逐步提升，光谱检测技术被广泛地应用于各行各业中，最为突出的是应用于特征物的分析和检测，其中包括可见与紫外分光光度法、红外光谱法、分子荧光光度法、近红外光谱分析法、原子吸收光谱法、X 射线荧光光谱法、原子发射光谱法、荧光光谱法、激光拉曼光谱法等。光谱检测技术的最大优势在于通过入射光与物质之间的相互作用，获取光谱信息，分析物质的成分、分子特征等关键信息。已应用于绝缘油中老化特征物分析的光谱技术包括紫外分光光度法、红外光谱法、原子吸收光谱法、光声光谱法和拉曼光谱法。紫外分光光度法是指基态分子价电子和位于分子轨道上的电子吸收电辐射而跃迁到激发态所产生的吸收光谱，可用于物质鉴别、杂质检测和定量测定；例如，国家标准《矿物绝缘油 2-糠醛和相关组分的测定方法》（GB/T 41592—2022）中提出利用分光光度法检测油中糠醛含量[25]。红外光谱法是指化合物受特定频率波长入射光辐射后引起的分子振转动能级跃迁产生的吸收光谱，可用于分析物质种类和含量；例如，国家标准《变压器油、汽轮机油中 T501

抗氧化剂含量测定法 第 3 部分：红外光谱法》（GB/T 7602.3—2008）和《矿物绝缘油中芳碳含量测定法》（GB/T 7603—2012）分别提出利用红外光谱法检测油中 T501 抗氧化剂含量和矿物绝缘油中芳碳含量[26, 27]。原子吸收光谱法是指基态原子核外电子吸收光辐射而跃迁到相应激发态产生的吸收光谱，可用于无机元素微量和痕量分析。例如，行业标准《矿物绝缘油中铜、铁、铝、锌金属含量的测定 原子吸收光谱法》（DL/T 1458—2015）提出原子吸收光谱法在测定油中金属含量的具体要求[28, 29]。光声光谱法是指物质因吸收光能而受激产生应力变化，可用于气体种类和含量的检测。例如，文献[30]提出利用光声光谱技术检测油中溶解甲烷气体，灵敏度达到 1 ppm（parts per million，是用溶质质量占全部溶液质量的百万分比来表示的浓度，也称百万分比浓度）。拉曼光谱法主要指入射光与物质发生的耦合作用引起散射光频率的改变，可用于分析物质种类和含量。例如，文献[31]利用拉曼光谱技术检测油中溶解糠醛，最小检测浓度达到 0.1 mg/L。综上所述，光谱检测法在绝缘油中溶解特征物的检测中应用极为广泛，但不同的方法间的差别很大，部分光谱检测方法的要求极为苛刻，导致无法真正实现大范围应用和推广。例如，紫外分光光度法的问题是极易受到周围环境因素的影响，无法完成复杂溶液体系的检测，且仪器购买和维护成本高；红外光谱法的问题在于检测灵敏度不高，无法满足油中溶解微量特征物的检测，且建立定量分析模型的难度较大，可变因素较多；原子吸收光谱法的问题是适用范围较窄，多元素同时检测有困难且部分元素检测灵敏度不达标；光声光谱法的问题是气体交叉干扰较大，故障率高且成本昂贵。相比于上述几种方法，拉曼光谱法的优势在于可以利用拉曼光谱的特征频率确定物质的种类，根据相应峰位的变化判断物质所受应力，且拉曼峰强度与物质总量对应，因此可适用于特征种类和浓度的确定。但拉曼光谱也存在一定的问题，例如，分子散射截面较小，导致物质低浓度检测难度大；光谱受荧光效应干扰比较强，造成定量分析过程存在困难。但随着电荷耦合器件（charge coupled device，CCD）检测系统在近红外区域的高灵敏性提升，有效降低了荧光效应的干扰；另外，表面增强拉曼光谱（surface-enhanced Raman spectroscopy，SERS）技术的提出，解决了分子散射截面小的问题。因此，将表面增强拉曼光谱技术应用于电力装备运行过程中状态微量特征物检测具备较大的优势，所以本书的主要目的是拓展拉曼光谱技术在油纸绝缘电力装备状态检测中的应用，为类似糠醛等油纸绝缘老化特征物高灵敏高可靠检测奠定坚实的基础。

### 1.1.3 电气设备油纸绝缘老化拉曼光谱诊断技术

除了对油中糠醛等特征物含量的定量检测，拉曼光谱技术还可以将油纸绝缘的老化过程以一种宏观可见的方式表达出来，通过所提取的与老化息息相关的拉曼特征判断油纸绝缘的老化程度，是对油纸绝缘老化诊断的一种新的探索。目前油纸绝缘老化诊断技术正处于蓬勃发展的时期，许多相对较为成熟的技术已被列入国家标准、行业标准。例如，国内已制定了电力行业标准《油浸式变压器绝缘老化判断导则》（DL/T 984—2018），该导则作为相关测试标准，可为变压器油纸绝缘老化诊断等工作提供参考依据。该标准中规定了绝缘纸聚合度（degree of polymerization，DP）、油中糠醛浓度、一氧化碳浓度/

二氧化碳浓度 3 种独立的老化程度判断指标。然而聚合度测试尽管较为准确、直接，但需要变压器停电、吊罩等操作，且为破坏性试验，非必要情况下一般不采取此种方法；标准中规定，油中糠醛浓度在测量时建议采用高效液相色谱仪，需配置流动相，完成萃取等一系列复杂工序，耗时较长；使用一氧化碳浓度/二氧化碳浓度进行老化程度判定时，由于气体来源的多样性，标准中也明确表明此种方法准确度不高，仅作为参考。此外，上述 3 种方法中，聚合度测试需要用到振荡器、黏度测试仪等大型设备，糠醛浓度测量时需要用到高效液相色谱仪等大型设备，一氧化碳浓度、二氧化碳浓度测定时也需要使用气相色谱仪、脱气装置等大型设备[17-22]。因此，现有的成熟技术大都仅能在实验室内完成，且具有一定的局限性，尚不具备现场快速、准确诊断的能力。研究一种快速、有效并适用于现场的油纸绝缘老化评估方法十分必要。拉曼光谱技术，因具有单频率激光实现多种物质同时、无损、快速检测的优点，极适用于绝缘油物质成分的定性与定量分析，从而为油纸绝缘老化状态评估提供有力支撑。

## 1.2 电气设备油纸绝缘老化拉曼光谱检测诊断技术的研究现状

### 1.2.1 电气设备油纸绝缘老化拉曼光谱检测技术研究现状

**1. 拉曼光谱基本原理**

拉曼散射为非弹性散射，主要由于光线通过介质时发生光子与分子运动相互作用而引起的频率改变，分子内部运动主要包括振动和转动，因此频率变化受分子内部振转运动的影响，相应的拉曼散射也分为振动拉曼散射和转动拉曼散射[32-35]。从经典电磁学理论角度出发，若只考虑分子振动与光子的耦合作用，当入射光频率为 $\omega$ 且电场强度为 $E = E_0\cos(\omega t)$ 照射在分子上时，分子的电子壳层中产生偶极矩，且振荡频率与入射光频率大小和方向相同，因此其偶极矩 $p(t)$ 为[36-38]

$$p(t) = \alpha E_0 \cos(\omega t) \tag{1.1}$$

其中，$\alpha$ 为极化率。另外，感生偶极矩和入射光一样属于振动偶极矩，且感生偶极矩的振动频率受入射光频率影响。假设分子的极化率 $\alpha$ 随振动的原子核振动的核间距离 $R$ 的变化而变化，极化率可以按核间距离 $R$ 进行泰勒级数展开：

$$\alpha(R) = \alpha(R_0) + \frac{d\alpha}{dR}R + 高阶幂 \tag{1.2}$$

由于分子振动，核间距离 $R$ 与时间 $t$ 有关，遵循以下等式：

$$R = R_0 \cos(\omega_v t) \tag{1.3}$$

将式（1.2）、式（1.3）代入式（1.1），且考虑一级近似可得

$$\begin{aligned} p(t) = \alpha E &= \left(\alpha(R_0) + \frac{d\alpha}{dR} R_0 \cos(\omega_v t)\right) E_0 \cos(\omega t) \\ &= \alpha(R_0) E_0 \cos(\omega t) + \frac{1}{2}\left(\frac{d\alpha}{dR}\right) E_0 R_0 \left\{\cos[(\omega - \omega_v)t] + \cos[(\omega + \omega_v)t]\right\} \end{aligned} \tag{1.4}$$

其中，等号右边第一项对应于弹性散射，即瑞利散射；等号右边第二项对应于振动拉曼散射，频率 $\omega-\omega_v$ 为斯托克斯拉曼散射项，频率 $\omega+\omega_v$ 为反斯托克斯拉曼散射项。斯托克斯线和反斯托克斯线都是入射光和分子振动相互作用的结果，由式（1.4）可知，两者的强度分布应该是对称相等的，但实际检测结果表明，斯托克斯散射大于反斯托克斯散射的强度，其原因是振动拉曼散射还需要考虑具体的量子过程，不同能级上粒子的分布遵循玻尔兹曼函数，能级跃迁也与该函数相关，根据其分布特点可知处于振动基态上的粒子数远大于处于振动激发态上的粒子数，因此，实验结果是反斯托克斯小于斯托克斯的强度。

2. 表面增强拉曼光谱基本原理

1）分子拉曼散射截面计算

拉曼光谱实际检测过程中最大的困境在于分子散射截面较小，无法满足对低浓度物质的检测。文献[39]提出的单分子在发生能级跃迁时，其拉曼散射总截面 $\sigma_{mn}$ 为

$$\sigma_{mn}=\frac{I_{mn}}{I_0}=\frac{8\pi}{9\varepsilon_0^2}v_0(v_0-v_{mn})^3 gf(T)\left|\sum_{\rho\sigma}\alpha_{\rho\sigma}(v_0)\right|^2 \quad (1.5)$$

其中，$I_{mn}$ 代表分子发生能级跃迁（m→n）的拉曼散射强度；$\varepsilon_0$ 代表真空介电常数，单位为 F/m；$v_0$ 和 $v_{mn}$ 代表入射光波数和能级跃迁对应的拉曼谱线波数，单位为 cm$^{-1}$；$g$ 代表初始能级 m 下的简并度；$f(T)$ 对应于初始态下的玻尔兹曼权重因子；$\alpha_{\rho\sigma}(v_0)$ 代表分子总的平均极化率，且 $\rho$ 和 $\sigma$ 为拉曼极化率张量的分量。分子拉曼散射总截面的一般数量级在 $10^{-30}$ cm$^{-2}\cdot\Omega^{-1}$，导致其拉曼散射强度较小，仅仅占总散射光强度的 $10^{-10}\sim10^{-6}$。

2）常见表面增强拉曼光谱方法

文献[40]利用粗糙化银电极表面完成吡啶分子拉曼光谱检测，文献[41]～文献[43]发现吸附在粗糙电极表面的吡啶分子拉曼信号要比溶液中的吡啶分子拉曼信号大约强 $10^6$ 倍。在粗糙金属表面，因入射激光的照射，吸收能量而产生表面等离子体共振，并由低能级跃迁至高能级，使得金属表面的电场增强，产生增强的拉曼散射，这就是表面增强拉曼光谱效应。截至目前，SERS 技术被广泛应用于很多领域，包括表面科学、材料特性分析、特征物分析和生物医学等方面。其中 SERS 应用于特征物分析方面具备较大的优势，与传统分析方法相比：SERS 具备超高的灵敏度，甚至可用于单分子的检测；SERS 信号可以直接反映本征分子的指纹信息；适合用于长期监测；可根据不同需要设计不同尺寸和形貌的纳米结构；最大限度地减少激光对待测物质的影响。因此，SERS 技术是目前最为有效且常用增强拉曼光谱的方法。例如，文献[44]利用单个金纳米颗粒检测吸附在金膜表面的对巯基苯胺（p-aminothiophenol，PATP）分子拉曼信号，发现无金纳米颗粒处的分子拉曼信号无法被检测，而存在金纳米颗粒处的分子拉曼信号很明显，这表明纳米颗粒处存在 SERS 效应，对衬底表面吸附分子产生极大的增强，如图 1.1 所示。

3）表面增强拉曼光谱机理

SERS 被正式提出和命名之后，就引起科学界的广泛关注，不仅极大程度地推动着该技术在各个领域的应用，关于 SERS 的内在机理研究也同样备受重视[45-52]。一系列

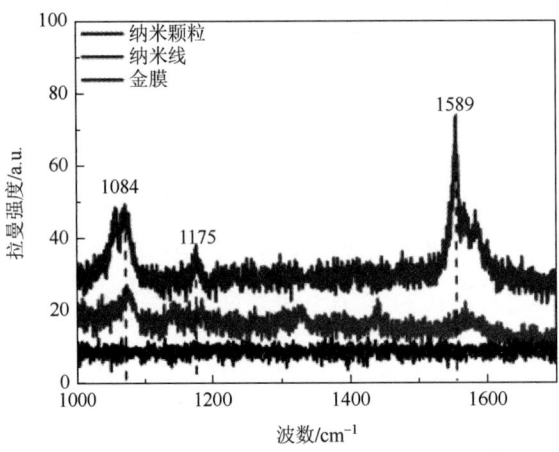

图 1.1 金纳米颗粒电镜图

的实验结果和理论研究被提出，到目前为止最为公认的是表面增强拉曼散射的信号增强由物理增强效应和化学增强效应两部分同时构成，但两者所占的比重不同。物理增强效应又称为电磁场增强效应，其贡献远大于化学增强效应[53]。因此，表面增强拉曼光谱的有效散射截面可以写为

$$\sigma = \sigma_R \sum_{i=1}^{n} G_i^{EM} \cdot G_i^{chemical} = \sum_{i=1}^{n} G_i \cdot \sigma_R \qquad (1.6)$$

其中，$G$ 为增强因子，求和是对探测体积内的分子求总数。

（1）电磁场增强效应

电磁场增强效应机理也就是，当金属表面粗糙度达到 100 nm 时，其表面类自由电子在入射光激发的情况下，发生电磁场增强效应，并使其表面约 10 nm 范围内所有物质的拉曼信号得到极大增强[54, 55]。电磁场增强主要来源于金属表面类自由电子发生的等离激元共振效应，粗糙金属表面电子受入射光影响，在特定频率下表面形成等离激元共振并产生一个附加电磁场。在金属表面分布着类自由电子，其受入射光照射的影响而产生共振；而只有当入射光频率与电子固有频率相同时，这种共振现象才最为剧烈，类自由电子振荡频率达到最大化。在类自由电子振荡的同时会在其周围产生附加电磁场，当待测分子吸附在金属表面时，待测分子的拉曼散射不仅受入射光电磁场的作用，还受到等离激元产生附加电磁场的作用，导致其拉曼光谱信号得到极大增强效应，这就是表面增强拉曼光谱机理。值得注意的是，这种类自由电子集体振荡效应产生的局部电磁场增强效应仅仅分布在金属表面附近，且其增强效果随距离呈指数衰减[56]。

对于电磁场增强来说，其增强因子[57]：

$$G^{EM} = G^{EM}(\omega_L) G^{EM}(\omega) \qquad (1.7)$$

其中，$\omega_L$ 为拉曼散射频率。此外，由入射电场强度 $E_{loc}$ 和散射光电场强度 $E_{inc}$ 可知

$$G^{EM}(\omega_L) = \frac{|E_{loc}(\omega_L)|^2}{|E_{inc}(\omega_L)|^2} \qquad (1.8)$$

$$G^{\text{EM}}(\omega) = \frac{|E_{\text{loc}}(\omega)|^2}{|E_{\text{inc}}(\omega)|^2} \tag{1.9}$$

由此可知，产生的电场增强效果包含两部分，一部分是发生频率偏移部分的电场增强；另一部分是入射电场的增强。且由于频率偏移量较小，两者电场增强的数量级近似相同，因此可以得到

$$G^{\text{EM}} \approx \frac{|E_{\text{loc}}(\omega_{\text{L}})|^4}{|E_{\text{inc}}(\omega_{\text{L}})|^4} \tag{1.10}$$

根据经典单个金属颗粒散射理论，金属颗粒可以视为一个感生偶极子，其增强效应直接与极化率 $\alpha$ 成正比，而对应极化率 $\alpha$ 与介电常数存在下列关系：

$$\alpha = 4\pi a^3 \frac{\varepsilon_2 - \varepsilon_1}{\varepsilon_2 + 2\varepsilon_1} \tag{1.11}$$

其中，$a$ 为金属颗粒半径；$\varepsilon_1$ 和 $\varepsilon_2$ 分别为介质的介电常数和金属球介电常数。因此可得到下列公式：

$$G^{\text{EM}} \approx \frac{|E_{\text{loc}}(\omega_{\text{L}})|^4}{|E_{\text{inc}}(\omega_{\text{L}})|^4} \propto \alpha \propto \frac{\varepsilon_2 - \varepsilon_1}{\varepsilon_2 + 2\varepsilon_1} \tag{1.12}$$

由于金属介电常数与入射光频率之间存在函数关系，因此只有当 $\text{Re}(\varepsilon_2(\omega)) = -2\varepsilon_1$ 时，极化率达到最大值，产生最大的增强效果。因此，当入射波长为确定值时，可以通过优化金属颗粒的形貌和材料得到最佳的增强效果。

此外，金属表面等离子体共振效应引起的电磁场增强还包括其他效应，如天线效应、避雷针效应、镜像场效应和固有偶极矩增大效应。其中固有偶极矩增大效应在 TERS 实验中尤为突出，受针尖局部电场的极大增强效应的影响，针尖上目标分子的固有偶极矩会发生改变[58]。

由以上分析可知，电磁场增强效应引起分子拉曼信号的极大增强，由仿真结果可知其增强因子甚至可以达到 $10^{14}$，但对应分子自身散射截面并没有变化，真正变化的是其等效散射截面的增大。

（2）化学增强效应

电磁场理论在很大程度上可以很好地解释 SERS，并且结果与分子的种类无关。但是当某些分子吸附在表面上时，分子跟表面之间将形成化学键[59-62]。化学键的形成伴随着电荷的转移，分子上电荷发生重新分布，引起分子固有偶极矩和基态等固有属性的变化。例如，当金属的费米能级位于最高占据分子轨道（highest occupied molecular orbital，HOMO）和最低未占分子轨道（lowest unoccupied molecular orbital，LUMO）之间时[63]，电子有可能发生从金属到分子的转移，从而产生类似共振拉曼的激发过程。但这一过程引起的增强因子数量级仅为 $10 \sim 10^3$，远小于电磁场增强效应。因此，在实际检测过程中无法单独检测到化学增强效应[64-69]。

### 3. 表面增强拉曼光谱在特征物检测中的应用

表面增强拉曼光谱技术自发现至今就被广泛地应用于很多领域，包括生物医学、食品安全、刑侦检测等领域；而其主要的目标是针对特征物的检测，如爆炸物、农药残留、食品添加剂和毒品等物质的微量检测。具体应用如下所示。

1）在爆炸物检测中的应用

2,4,6-三硝基甲苯简称 TNT，是最常见的危险爆炸物。在交通运输过程中，对其快速准确的监测是极为重要的。因此，文献[70]提出利用硅基银纳米颗粒 SERS 基底实现对 TNT 的痕量检测，可结合便携式拉曼光谱仪达到最小检测浓度为 $10^{-6}$ mol/L。如图 1.2 所示，文献[71]利用胶态光刻和氧等离子体刻蚀技术在透明柔性聚对苯二甲酸乙二醇酯（PET）薄膜上制备一种新型的光捕获诱导褶皱纳米锥柔性 SERS 基底，实现对 TNT 的超灵敏检测，检测灵敏度可达到 $10^{-13}$ mol/L。

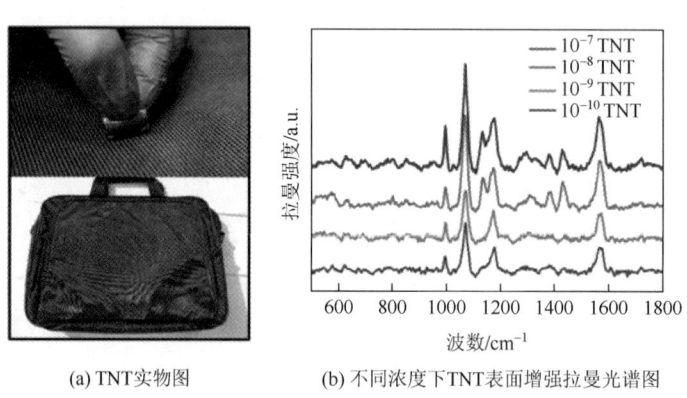

(a) TNT实物图　　(b) 不同浓度下TNT表面增强拉曼光谱图

图 1.2　爆炸物 TNT 痕量的表面增强拉曼光谱分析

2）在农药残留物检测中的应用

农药残留物检测也是目前表面增强拉曼光谱技术应用比较广泛的领域之一。苯醚甲环唑是一种常用于保护蔬菜和果树等作物的杀菌剂，其在食物中的残留量过高会对人体造成极大的伤害。因此，文献[72]提出利用金纳米颗粒制备 SERS 基底对小白菜中苯醚甲环唑进行检测，其最小检测浓度可达到 414 μg/kg。如图 1.3 所示，文献[73]提出利用金和银纳米粒子聚集体制备 SERS 基底，实现对葡萄中苯醚甲环唑的检出限为 48 μg/kg。

3）在食品添加剂检测中的应用

食品添加剂的用量是关乎身体健康的关键因素，因此，针对食品添加剂的检测一直以来都是特征物分析的重要研究领域。结合 SERS 技术的优势，文献[74]提出利用化学还原法制备苯乙烯-丙烯酸包裹的银纳米颗粒，将其用于制备 SERS 基底，并实现对食品中添加的三聚氰胺的低浓度检测，其检测限可达到 $10^{-7}$ mol/L。如图 1.4 所示，文献[75]提出利用纳米纤维包裹的金纳米颗粒制备 SERS 基底，对三聚氰胺的最小检测浓度可达 1 ppm。

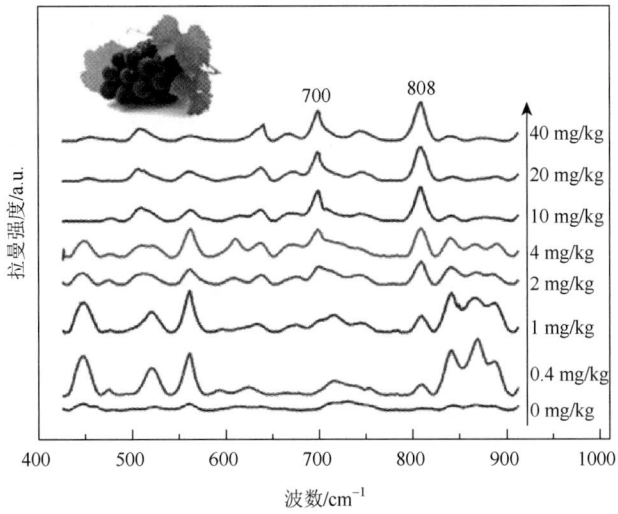

图 1.3 农药残留物苯醚甲环唑的表面增强拉曼光谱分析

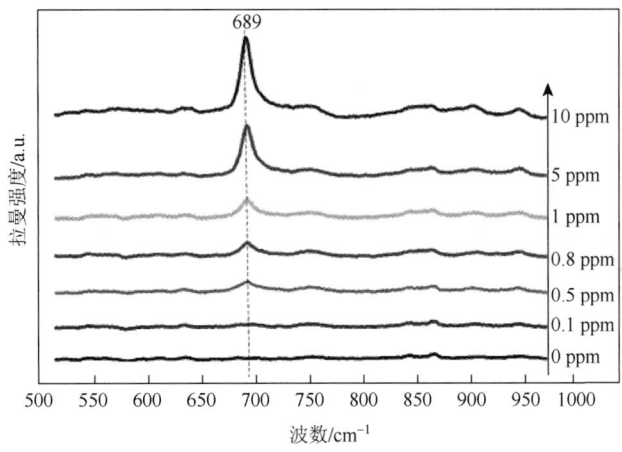

图 1.4 食品中添加的三聚氰胺的表面增强拉曼光谱分析

4）在毒品检测中的应用

毒品检测也是拉曼光谱技术检测的重要领域之一。吗啡作为常见的毒品，是 SERS 痕量检测特征物的重点。文献[76]提出利用银纳米颗粒制备 SERS 技术完成对吗啡、可待因和氢可酮三种常见毒品的检测，各个目标特征物的最小检测限可达到 1 mg/mL。如图 1.5 所示，文献[77]提出采用间接竞争免疫吸附法，利用抗体修饰后的金纳米颗粒制备成 SERS 基底，通过检测抗体在特征峰位置的强度确定吗啡的浓度，其最小检测浓度可达 $2.4 \times 10^{-4}$ ng/mL。

5）在油中糠醛检测中的应用

（1）拉曼光谱在绝缘油中糠醛含量检测中的应用

随着激光器和 CCD 等关键元件的研发，拉曼光谱技术越来越成熟，大量拉曼光谱仪实现成熟化生产。2015 年，有日本学者提出利用拉曼光谱技术检测变压器油中糠醛含量，

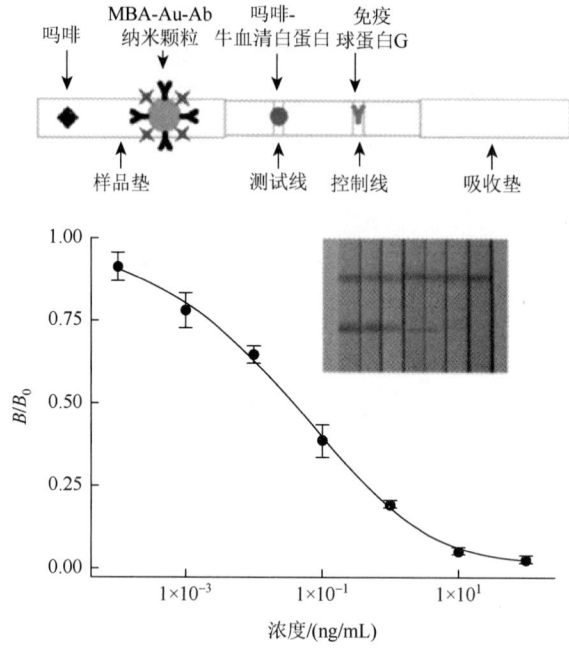

图 1.5　毒品吗啡的表面增强拉曼光谱分析

选用波长为 532 nm、功率为 1 W 且频率为 10 Hz 的脉冲激光器，经滤波后照射到含糠醛的变压器油中；经样品散射和滤波后，获得拉曼光谱信号。光谱仪积分时间为 90 ms，积分次数设为 3000 次，通过长时间曝光获取稳定的光谱图和特征峰强度[78]。

如图 1.6 所示，通过改变变压器油中糠醛的浓度获取不同拉曼光谱，其拉曼信号如图 1.6（a）所示，糠醛的拉曼特征峰选定为 1707 cm$^{-1}$，内标峰选为 1612 cm$^{-1}$，可以明显发现随糠醛浓度降低，拉曼强度明显降低。如图 1.6（b）所示，建立糠醛浓度与拉曼峰强比 $I_{1707}/I_{1612}$ 间的关系，获得两者线性函数关系，其斜率为 1.98×10$^{-4}$，然后根据 3 倍信噪比关系确定其最小检测浓度为 14.4 ppm。

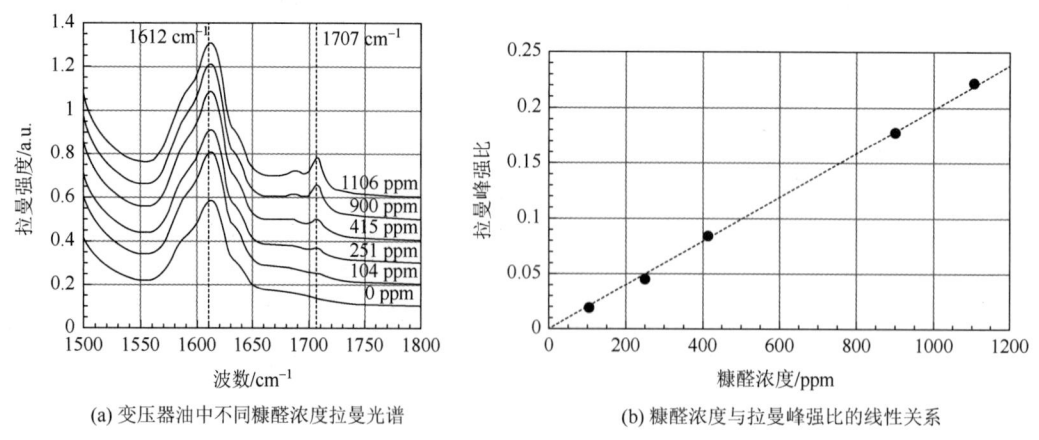

图 1.6　糠醛浓度与变压器油拉曼光谱及特征峰强度变化关系

上述方法为第一次提出将拉曼光谱技术应用于变压器油中的糠醛含量检测,但其检测下限远高于国标要求的 0.01 ppm。因此,如何提高拉曼光谱检测变压器油中糠醛含量灵敏度的问题就变得尤为重要。2016 年,本书作者团队提出结合传统液相色谱检测油中预处理技术和拉曼光谱技术,选用甲醇萃取变压器油中糠醛,再结合拉曼光谱技术对其含量进行检测。选定 1677 cm$^{-1}$ 作为糠醛拉曼特征峰,如图 1.7(a)所示,检测不同糠醛浓度条件下的拉曼谱峰,发现其特征峰强度随糠醛含量降低而明显减弱。如图 1.7(b)所示,建立糠醛浓度与特征峰面积之间的函数关系,得到明显的线性函数关系,然后根据 3 倍信噪比确定其最小检测浓度为 0.1 mg/L[58]。

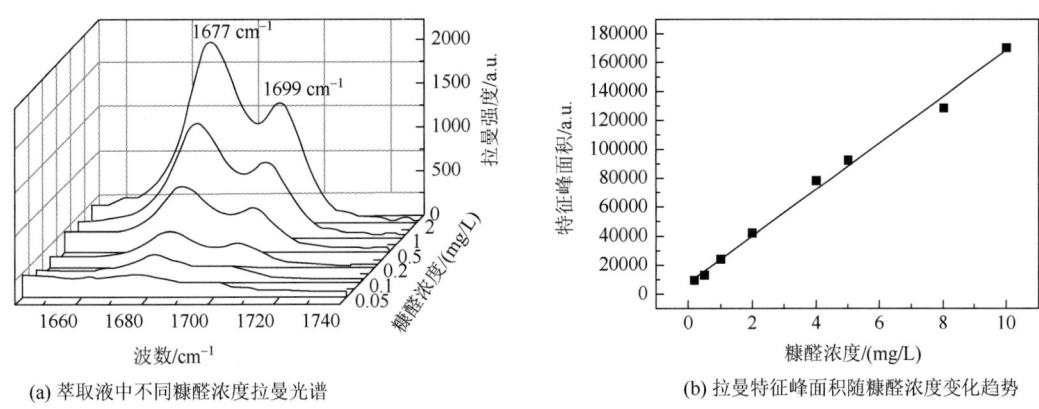

(a) 萃取液中不同糠醛浓度拉曼光谱　　　　　(b) 拉曼特征峰面积随糠醛浓度变化趋势

图 1.7　萃取液中的不同糠醛浓度与其拉曼光谱及特征峰面积变化关系

综上所述,将拉曼光谱技术应用于变压器油中溶解老化特征物检测是切实可行的。相比于传统检测手段其优势在于利用光谱信息对特征物含量进行分析,操作简单且成本低廉。但变压器油的复杂成分体系,导致在低浓度环境下特征物拉曼谱峰强度较弱,不利于特征物的定量分析。因此,提高特征物拉曼谱峰强度是解决这一困境的唯一办法。

(2) 表面增强拉曼光谱在变压器油中糠醛含量检测中的应用

利用 SERS 技术提高特征物拉曼谱峰强度是常用的方法之一,该方法已经广泛应用于很多领域。本书作者团队也根据实际变压器油中糠醛含量检测过程中的问题,设计并制作四种用于特征物检测的表面增强基底,分别是铜基银纳米片[58]、铜基银纳米颗粒[59]、硅基银纳米柱[60]和金基银纳米颗粒[61],四种基底都可以用于直接检测变压器油中糠醛含量,其检测结果如图 1.8 和图 1.9 所示。在铜基银纳米片检测条件下(图 1.8(a)和(c)),选定 756 cm$^{-1}$ 作为糠醛的特征谱峰,根据其梯度数据和线性关系确定其最小检测浓度为 0.5 mg/L;利用铜基银纳米颗粒检测(图 1.8(b)和(d)),其糠醛特征谱峰选定为 1571 cm$^{-1}$,结合梯度数据和线性关系确定最小检测浓度为 0.42 mg/L。对比前两种基底检测结果发现,受 SERS 基底的影响,其特征峰选定不同,分析其主要原因是银纳米结构的不同会对特征物分子产生不同的增强效果,这种差别也存在于增强因子方面,可以看出银纳米颗粒的增强效果更明显。

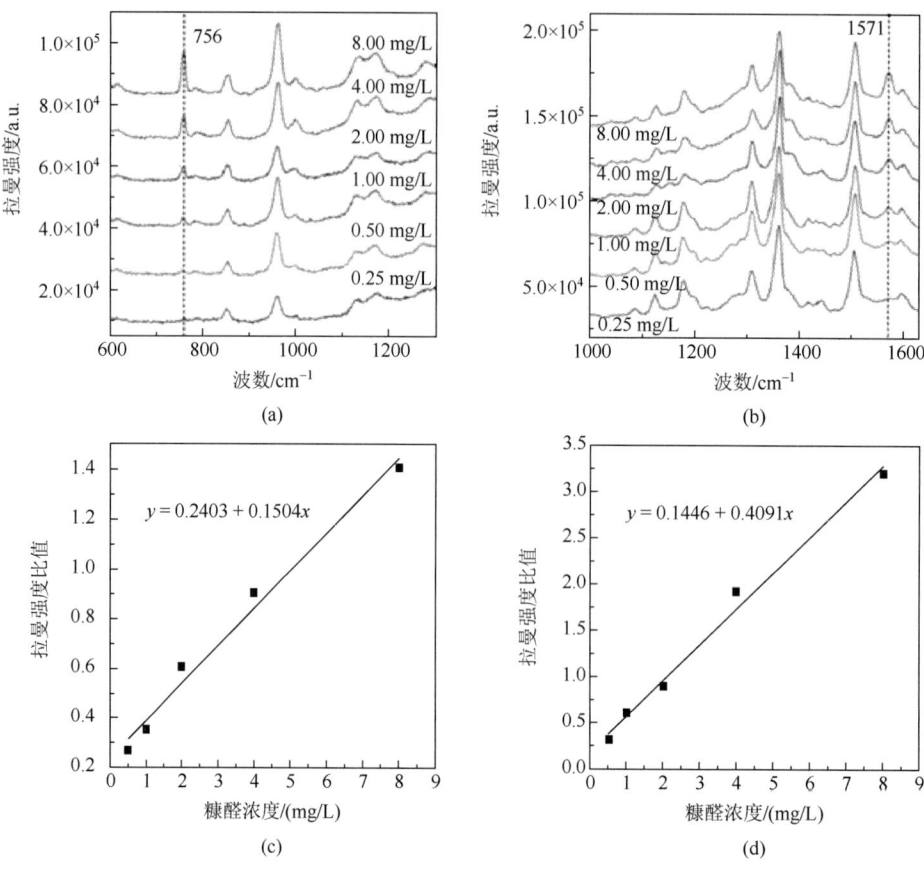

图 1.8 不同基底下糠醛浓度检测结果

（a）和（c）为铜基银纳米片基底用于检测糠醛浓度的实验结果；（b）和（d）为铜基银纳米颗粒基底用于检测糠醛浓度的实验结果

选用金基银纳米颗粒基底进行检测（图 1.9（a）和（c）），其拉曼特征谱峰选为 1662 cm$^{-1}$，确定其最小检测浓度为 0.53 mg/L；此外，利用硅基银纳米柱基底进行检测（图 1.9（b）和（d）），特征谱峰选定为 929 cm$^{-1}$，确定其最小检测浓度为 1.20 mg/L。

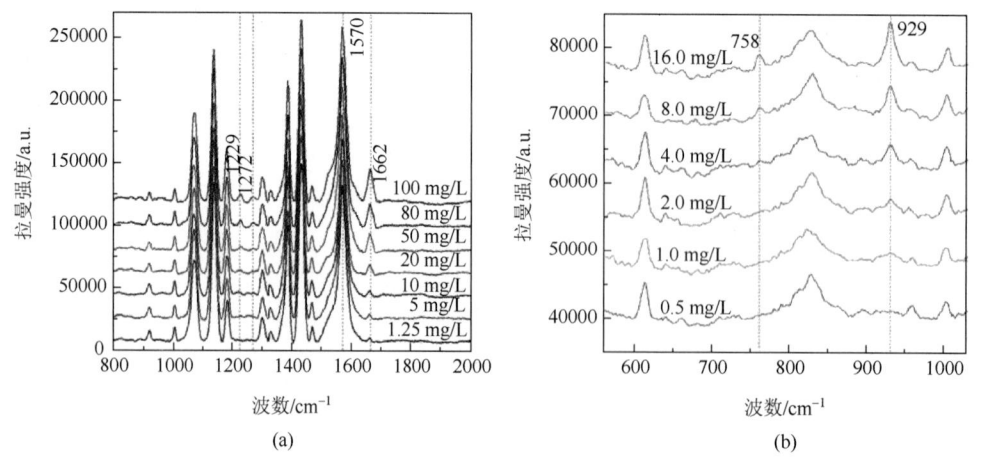

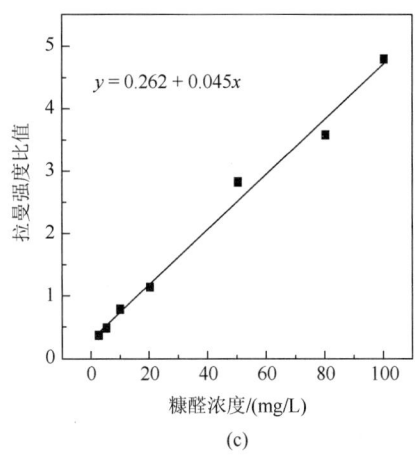 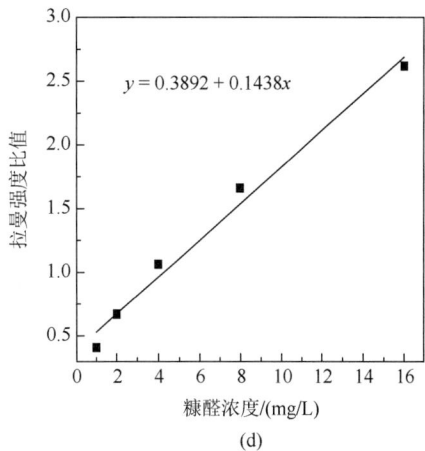

图 1.9 不同基底下糠醛浓度检测结果

(a) 和 (c) 为金基银纳米颗粒基底用于检测糠醛浓度的实验结果；(b) 和 (d) 为硅基银纳米柱基底用于检测糠醛浓度的实验结果

综上所述，对比四种增强基底在检测变压器油中糠醛含量中的应用，发现不同增强基底增强效果存在明显差异，如表 1.1 所示。四种 SERS 基底中，增强因子最大的是铜基银纳米颗粒基底，一致性最好的是硅基银纳米柱基底，但综合各个方面性能和因素，最佳基底应选定为金基银纳米颗粒。

表 1.1 用于检测变压器油中糠醛含量不同 SERS 基底的实验结果对比

| 基底种类 | 制作方法 | 增强因子 | 一致性/相对标准偏差/% | 最小检测浓度/(mg/L) |
| --- | --- | --- | --- | --- |
| 铜基银纳米片 | 化学还原 | $8.6 \times 10^3$ | 11.25 | 0.50 |
| 铜基银纳米颗粒 | 化学还原 | $9.8 \times 10^3$ | 9.88 | 0.42 |
| 金基银纳米颗粒 | 氧化还原 | $6.8 \times 10^3$ | 8.28 | 0.53 |
| 硅基银纳米柱 | 物理刻蚀和溅射 | $2.9 \times 10^3$ | 6.15 | 1.20 |

（3）化学增强效应在糠醛分子拉曼光谱仿真研究中的应用

化学增强在实验检测中极难与电磁场增强效应区分开，因此对于化学增强效应的研究目前还处于仿真研究阶段。密度泛函理论（density functional theory，DFT）作为目前用于仿真计算研究量子多体系统的重要理论之一，也常被用于仿真计算化学增强效应。如图 1.10（a）所示，文献[79][80]在做酒中糠醛含量检测时，利用 DFT 理论仿真研究糠醛分子 400～1800 cm$^{-1}$ 波数范围内的拉曼光谱数据，并与实验室测得数据进行对比研究。如图 1.10（b）所示，文献[81]仿真研究不同银原子个数对糠醛分子拉曼光谱的强度和峰位的影响，确定糠醛分子在 SERS 基底表面是垂直吸附，糠醛分子的杂五环与银表面垂直。

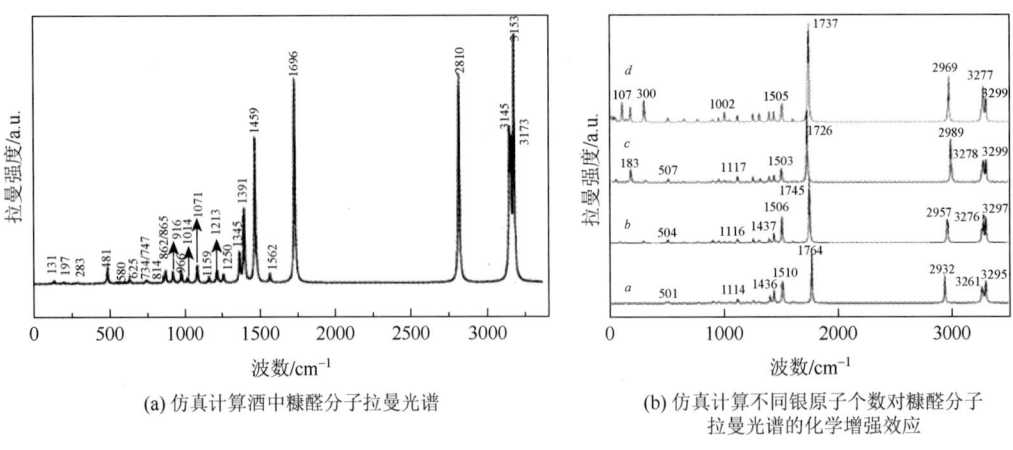

(a) 仿真计算酒中糠醛分子拉曼光谱

(b) 仿真计算不同银原子个数对糠醛分子拉曼光谱的化学增强效应

图 1.10　糠醛分子拉曼光谱仿真图

随后，本书作者团队同样利用 DFT 软件仿真研究不同基组函数对糠醛分子拉曼谱峰的影响，如图 1.11（a）所示，与实际检测糠醛溶液结果对比发现，选定 6-311G 作为优化基组最佳。此外，还仿真研究糠醛分子与银原子团簇在不同吸附条件下，其分子拉曼光谱的变化情况，如图 1.11（b）所示，发现受吸附位置的影响，其拉曼光谱强度和位置都会发生明显变化，确定当分子上的两个氧原子吸附在银团簇上时，其拉曼增强效果最佳[58]。

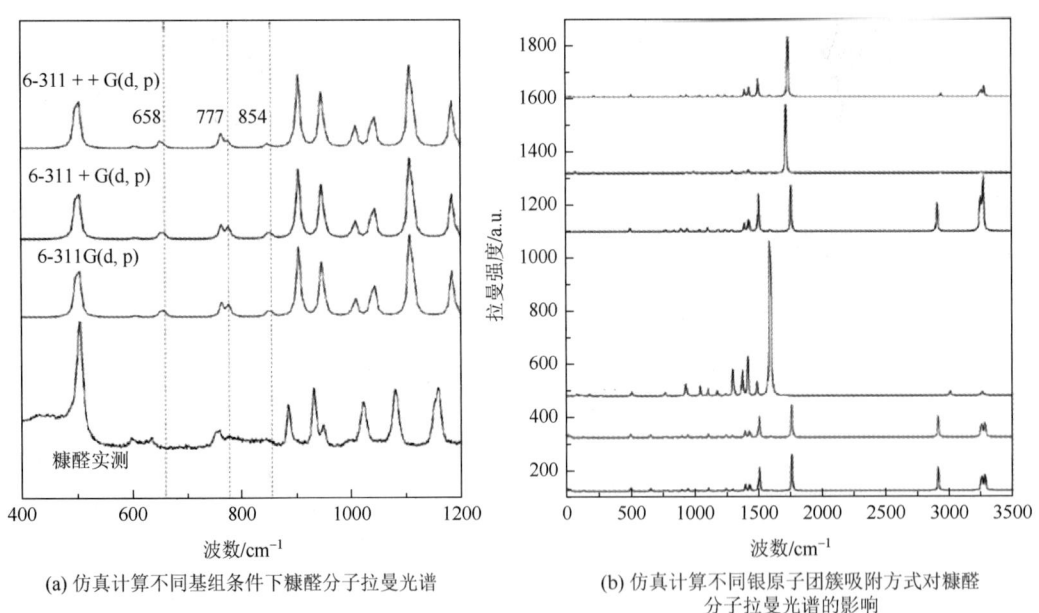

(a) 仿真计算不同基组条件下糠醛分子拉曼光谱

(b) 仿真计算不同银原子团簇吸附方式对糠醛分子拉曼光谱的影响

图 1.11　不同基组函数对糠醛分子拉曼谱峰的影响

**4. 高一致性表面增强拉曼光谱基底制备及性能提升研究现状**

自 SERS 被广泛应用于特征物检测和分析中以来，大量学者都努力设计并制作出能够产生高增强、高一致性和可重复性的 SERS 基底。而 SERS 基底增强效果主要依赖于其结构是否满足金属表面等离子体进行传播，这直接影响到拉曼信号的增强效果。与其相关的结构参数主要是尺寸、形状、间距和材料，最优化的结构不仅能够使拉曼信号得到极大增强，同样可以很好地实现信号的重复性和一致性。而解决这一问题的关键就是制作具备良好增强性能的周期性纳米结构，以下三类是目前较为常用的 SERS 基底制作方法。

1）沉积法

（1）电化学沉积法

电化学制备纳米材料是目前较为常用的一种方法，该方法操作简单且成本低，可利用模板的尺寸和实验参数有效控制纳米材料的大小和形貌，因此也被广泛应用于 SERS 基底制备方面[82-84]。例如，研究人员提出一种使用 DVD 中的镀银槽作为电化学沉积纳米颗粒和树枝结构，该方法的主要原理是利用硝酸银的还原反应在沟槽内沉积出银纳米颗粒，并可以通过电位和硝酸银浓度来控制银纳米颗粒的成核和生长。整个沉积过程可以在几分钟内完成，如图 1.12 所示沉积的银纳米颗粒具备良好周期性分布，其颗粒大小基本分布在 10~25 nm 内，通过检测确定该基底增强因子约为 $10^5$[85]，其对应相对标准偏差可达到 8%。此外，也有研究人员结合该方法的高增强性能，利用电化学沉积法在金属有机框架上制备出银纳米颗粒，通过电位和沉积时间有效控制结构形貌和覆盖率，从而获得丰富的增强"热点"，将其应用于四种多环芳烃的检测中，确定最小检测浓度可以达到 $5\times10^{-10}$ mol/L[86]。

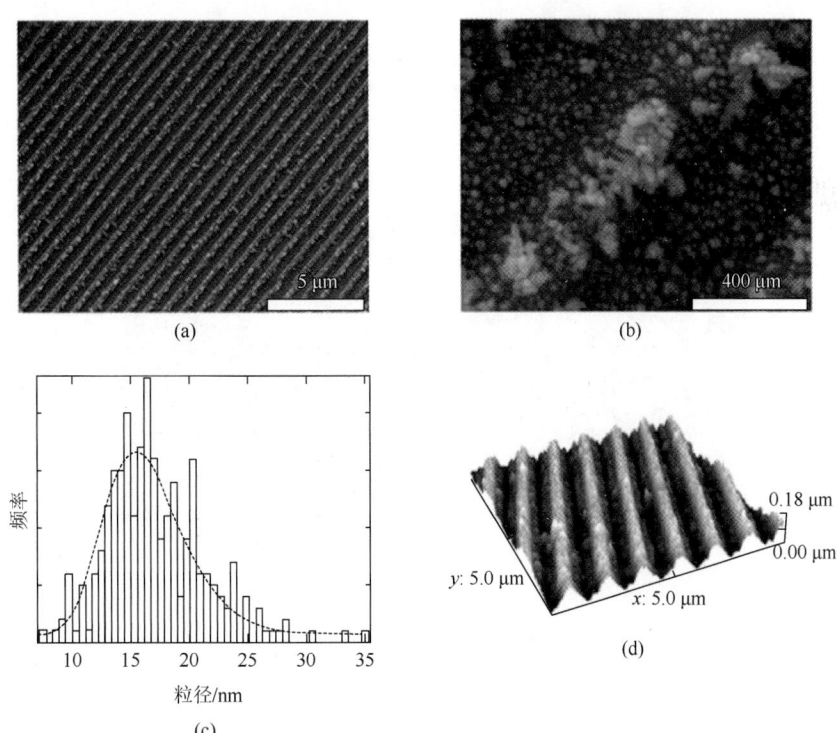

图 1.12 银纳米颗粒分布情况和电镜图

（a）和（b）分别为电化学沉积银纳米颗粒基底电镜图；（c）为镀银槽中的银纳米颗粒粒径分布情况；
（d）为电化学沉积基底的原子力扫描电镜图

(2) 表面自沉积纳米结构法

表面自沉积[87-91]主要分为两步：第一步是将固体衬底［玻璃、石英、氧化铟锡（indium tin oxide，ITO）等］进行功能化处理；一般选用特殊双官能团分子进行修饰，这些官能团主要包括氨基（—$NH_2$）、巯基（—SH）和氰基（—CN），常用分子为3-(三甲氧基甲硅烷基)-1-丙胺（APTMS）。第二步是将功能化的基底浸入含有胶体纳米粒子的溶液中，受双官能团分子影响纳米颗粒被悬挂在基团上，形成二维纳米颗粒阵列。如图 1.13 所示，由于颗粒与分子官能团之间形成化学键，因此纳米颗粒的附着性非常强，吸附后基本不会脱离。由于双官能团分子在颗粒底部，检测过程中双官能团分子信号不会对待测物信号产生较大的影响。此外，该方法最大的优势在于胶体纳米粒子是单独制备，所以纳米颗粒尺寸和形貌可通过制作过程来有效控制，也可以通过沉积时间来有效控制纳米颗粒的致密程度，从而获得较高增强和一致性的基底，最终获得 SERS 对应的相对标准偏差可达到 12%[87]。

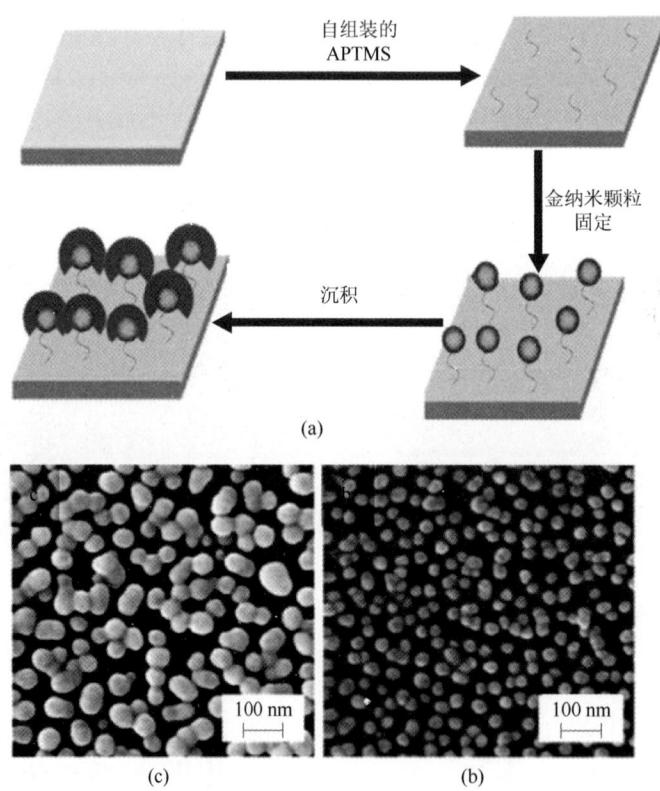

图 1.13　表面自沉积纳米颗粒过程及电镜图

（a）为表面自沉积纳米颗粒过程示意图；（b）和（c）为表面自沉积前后纳米颗粒基底的电镜图

(3) 激光诱导沉积法

激光诱导沉积法是利用飞秒激光器提供能量，使得溶液中发生还原反应产生银纳米离子，并沉积在衬底表面[92-94]。如图 1.14 所示，文献[92]利用波长为 514 nm 飞秒激光器在微流芯片通道内沉积出 4×4 圆形银纳米盘阵列，每个圆盘都是由致密的银纳米片组成的,其纳米片厚度约为 50 nm。纳米片的沉积主要是由于微流通道内注入了一定浓度的硝酸银和柠檬酸三钠,通过激光扫描微流通道内部,能量聚集处会发生氧化还原反应,生成银纳米颗粒或纳米片。可以通过控制硝酸银和柠檬酸三钠的物质的量比以及激光照射时间控制银纳米的形貌和尺寸,从而根据要求获取不同形貌和尺寸的银纳米结构。通过检测黄素腺嘌呤二核苷酸（flavin adenine dinucleotide,FAD）发现该方法制备 SERS 基底的增强因子可以达到 $10^8$,其对应相对标准偏差值仅为 5%。

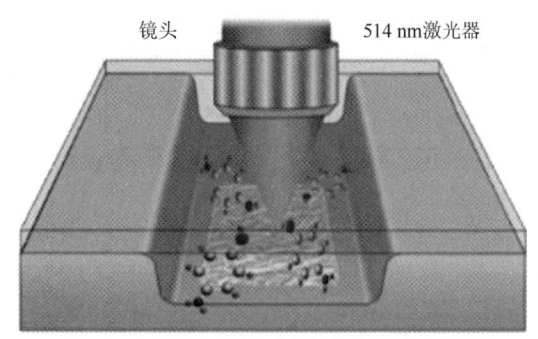

(a) 激光诱导沉积银纳米颗粒示意图

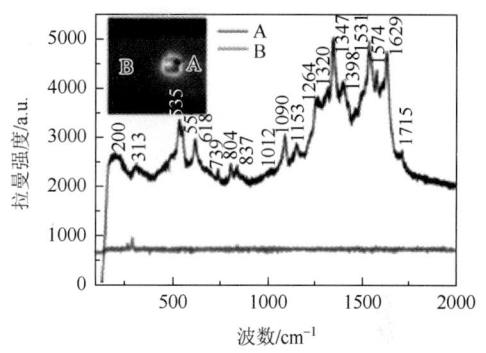

(b) 黄素腺嘌呤二核苷酸的拉曼光谱测量在银SERS基底上和旁边位置

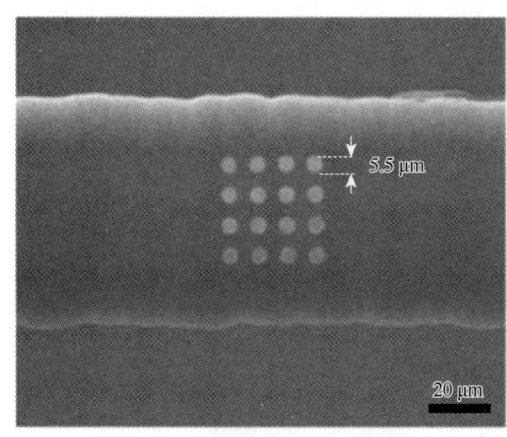

(c) 激光沉积4×4圆形银纳米盘阵列电镜图

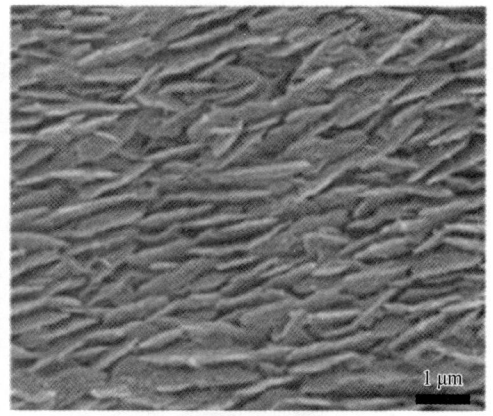

(d) 激光沉积SERS基底电镜图

图 1.14　SERS 银纳米片性能检测

2）模板法

（1）阳极氧化铝模板法

阳极氧化铝（anodic aluminum oxide,AAO）是一种自组织结构,由高度致密的六角形孔道组成。阳极氧化铝模板法就是利用这种特殊阵列结构制备周期性较好的 SERS 基底[95-100]。具体步骤如图 1.15（a）所示,首先,对阳极氧化铝箔进行精细抛光制成基板,可利用一定浓度磷酸对基板孔径进行扩大刻蚀,通过严格控制刻蚀时间,获得壁厚为（5±2）nm 的纳米通道阵列,这种刻蚀过程可以有效控制阵列中纳米颗粒的间距；其次,通过沉积的方式将银纳米颗粒放置在多孔通道中，如图 1.15（c）所示，银纳米颗粒沉积在通道中，形成周期性阵列。文献[96]利用该 SERS 基底实现对罗丹明分子进行低浓度检测，确定其增强因子可以达到 $10^5$，其对应相对标准偏差值小于 5%。

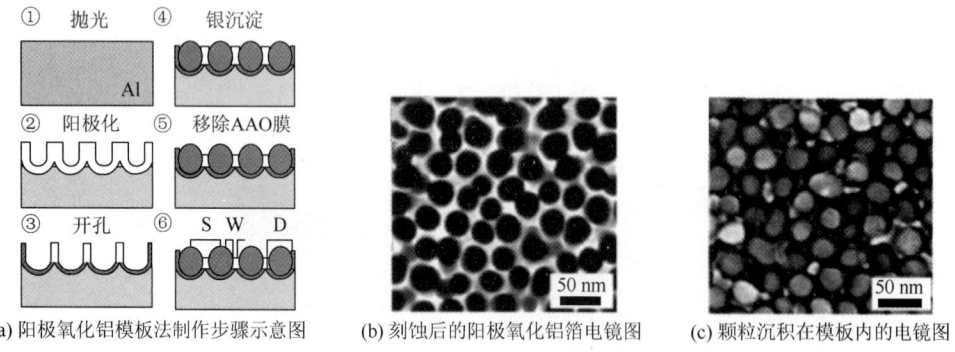

(a) 阳极氧化铝模板法制作步骤示意图　(b) 刻蚀后的阳极氧化铝箔电镜图　(c) 颗粒沉积在模板内的电镜图

图 1.15　阳极氧化铝模板法制备 SERS 基底

（2）纳米球光刻法

利用纳米球光刻技术制备 SERS 基底[101]的原理主要是将大小和形状相同的二氧化硅或乳胶纳米球沉积在亲水性良好的基片上，颗粒自组装在基片上形成六角密排阵列；该阵列对应的三角形阵列和纳米颗粒阵列都可以作为掩模板来制作基底[102-105]。如图 1.16 所示，再利用蒸发或溅射的方式将材料沉积在模板表面，最后将颗粒刻蚀即可获得周期性纳米阵列。文献[106]利用该基底实现对血清蛋白中的葡萄糖进行检测；文献[107]利用该技术制备的三角形阵列结构，获得增强因子达到 $4.5 \times 10^6$，其对应相对标准偏差值约为 5%。

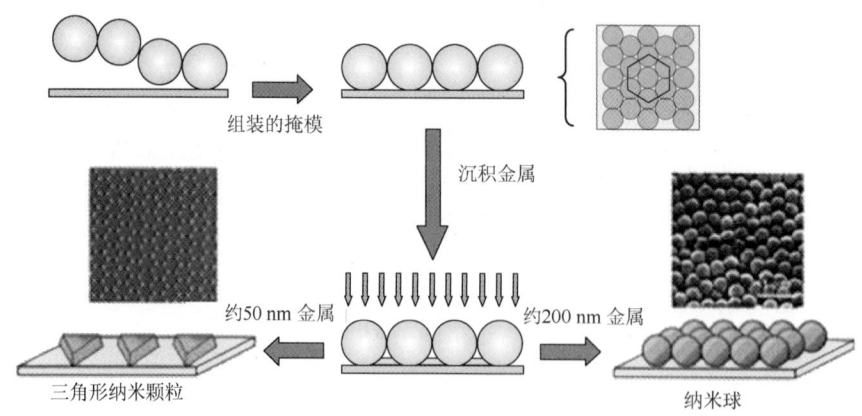

图 1.16　纳米球光刻技术制作 SERS 基底流程图

3）光刻法

（1）电子束光刻法

电子束光刻（electron-beam lithography，EBL）技术的主要原理是利用一束紧密聚焦的电子束扫描穿过辐射敏感聚合物，使其或多或少地溶于显影剂溶液中。然后，可以选择性地移除暴露或未暴露的聚合物,以产生具有良好控制几何形状和低于 20 nm 分辨率的纳米结构[108]。如图 1.17 所示,文献[109]利用遗传算法进行模拟,设计有较大增强效果的金属纳米颗粒阵列,并用 EBL 制作基底,然后结合 SERS 测试增强效果,确定其增强因子可达到 $10^4 \sim 10^5$。此外,文献[110]通过模拟优化,设计并制作更优增强基底,通过优化阵列周期和圆盘直径可以改变基底的增强效果。最终确定最优制作参数,并利用 EBL 技术进行制作,结合拉曼光谱进行测试确定其增强因子达到 $10^8$,其对应相对标准偏差值仅为 5%。此外该技术可以制作不同的纳米结构形貌,如纳米柱阵列、纳米颗粒阵列和纳米簇阵列等[111-116]。

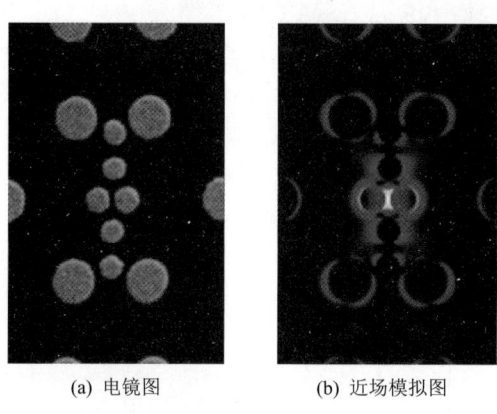

(a) 电镜图　　　　　(b) 近场模拟图

图 1.17　电子束光刻 SERS 基底电镜图和近场模拟图

（2）极紫外干涉光刻法

极紫外干涉光刻技术与 EBL 类似,唯一不同的是光刻胶上的图案是利用相干同步辐射光束进行写入。如图 1.18 所示,文献[117]利用该技术制作整体面积大约为 1 mm² 的

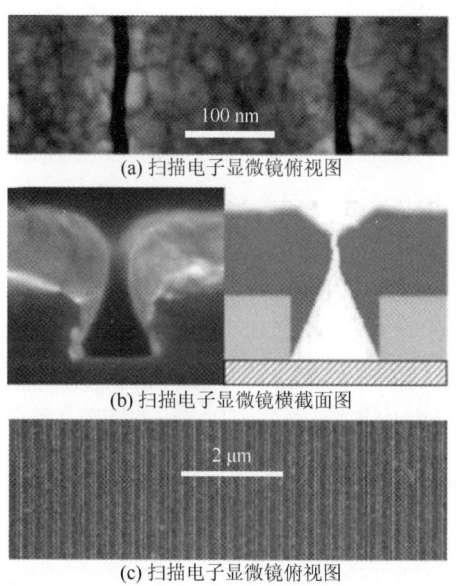

(a) 扫描电子显微镜俯视图

(b) 扫描电子显微镜横截面图

(c) 扫描电子显微镜俯视图

图 1.18　利用极紫外干涉光刻技术制作 SERS 基底的电镜图

增强基底，条形阵列间的距离约为 10 nm，条形宽度约为 250 nm；实验检测该基底具备极好的可重复性，SERS 信号的相对标准偏差仅为 3%，其最大增强因子达到 $10^6$。

（3）软光刻法

另外一种常用的制作方法为软光刻法，适用于制作二维和三维纳米尺度结构[118-121]。如图 1.19 所示，文献[122][123]利用紫外纳米压印光刻技术制备英寸级 SERS 基底，其主要制作流程为：首先利用 EBL 和反应离子刻蚀技术制作母模，然后将聚二甲基硅氧烷（polydimethylsiloxane，PDMS）按一定比例稀释在己烷溶液中，再倒入模板，静置后凝固取出；并将模板化 PDMS 图案印在抗蚀剂上，通过紫外线照射后，剥离 PDMS；最后利用溅射技术将金纳米层沉积在基片表面，形成金属纳米柱阵列。其纳米柱直径约为 220 nm，高为 50 nm，阵列周期为 400 nm，如图 1.19（f）所示。通过 SERS 检测实验，确定其增强因子达到 $3\times10^7$，其对应相对标准偏差值仅为 3%。

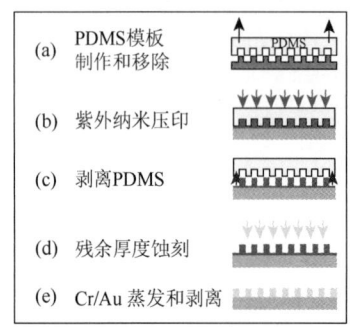
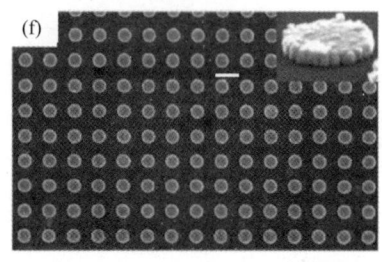

图 1.19 软光刻技术制备 SERS 基底

（a）～（e）为软光刻技术制作 SERS 基底流程图；（f）为 SERS 基底电镜图（比例尺为 50 nm）

## 1.2.2 电气设备油纸绝缘老化拉曼光谱诊断技术研究现状

通过对油纸绝缘拉曼全谱信息进行综合分析，直接基于油纸绝缘拉曼光谱特征构建其与油纸绝缘老化程度的对应关系，实现油纸绝缘的老化诊断。其基本思想是：首先利用老化状态已知的训练样本建立油纸绝缘老化拉曼光谱数据库；其次，通过特征提取算法提取不同老化程度样本的油纸绝缘拉曼光谱图特征；最后，利用诊断算法构建拉曼特征与老化程度的关联关系，建立以提取后的油纸绝缘拉曼光谱特征为自变量、老化程度为因变量的老化诊断模型。

前面所述的研究表明，油纸绝缘老化过程中产生的多种老化特征物均具有拉曼活性，且分布在 800～3200 $cm^{-1}$ 内，使用单一波长的激光即可激发其全部拉曼信号。与第一种方式不同，第二种方式对油纸绝缘这一多组分复杂体系拉曼全谱信息进行综合分析来确定油纸绝缘老化状态，其优势在于对油纸绝缘老化状态的判断不仅仅是依赖单一老化特征物的含量阈值，而是油纸绝缘拉曼全谱的综合信息，可靠性更高。但是，由于油纸绝缘系统中成分组成的复杂性，油纸绝缘老化机理及各种油纸绝缘老化特征产物的拉曼关联特性研究不足，通过油纸绝缘拉曼光谱进行老化诊断时，对老化机理、老化过程的解释性不强，还需进一步研究。单绝缘油中就含有超过 2900 种的物质，其老化过程中物质的变化情况也是多种多样的。糠醛、丙酮等极少数老化特征物是现有研究已发现的、相对稳定的油纸绝缘老化程度判别依据，然而油纸绝缘体系中极可能还包含有更多的能够反映油纸绝缘老化过程的信息，并且这些信息在其拉曼光谱中能够得到充分体现。采用这种方式进行油纸绝缘老化诊断时，拉曼分析的对象是油纸绝缘这一多组分复杂体系的拉曼全谱，数据量巨大，耗时可能较长，同时能够反映油纸绝缘老化程度的拉曼特征提取与挖掘是研究的一个重点，最后通过多个拉曼特征判断油纸绝缘老化状态的诊断模型的建立也是研究的一个难点。

自 2018 年起，本书作者团队基于第二种诊断思路，开展了油纸绝缘老化拉曼光谱诊断研究，率先搭建了如图 1.20（a）所示的用于油纸绝缘老化诊断的拉曼光谱实验平台，基于拉曼光谱技术初步建立了油纸绝缘老化拉曼光谱数据库，初步验证了油纸绝缘老化拉曼光谱诊断的可行性及优越性[95, 96]。在油纸绝缘老化拉曼光谱特征提取方面，使用主成分分析（principal component analysis，PCA）法解决了油纸绝缘老化拉曼光谱特征的多重共线性问题。PCA 通过投影变换将原始的高维光谱数据映射到一个新的坐标系中

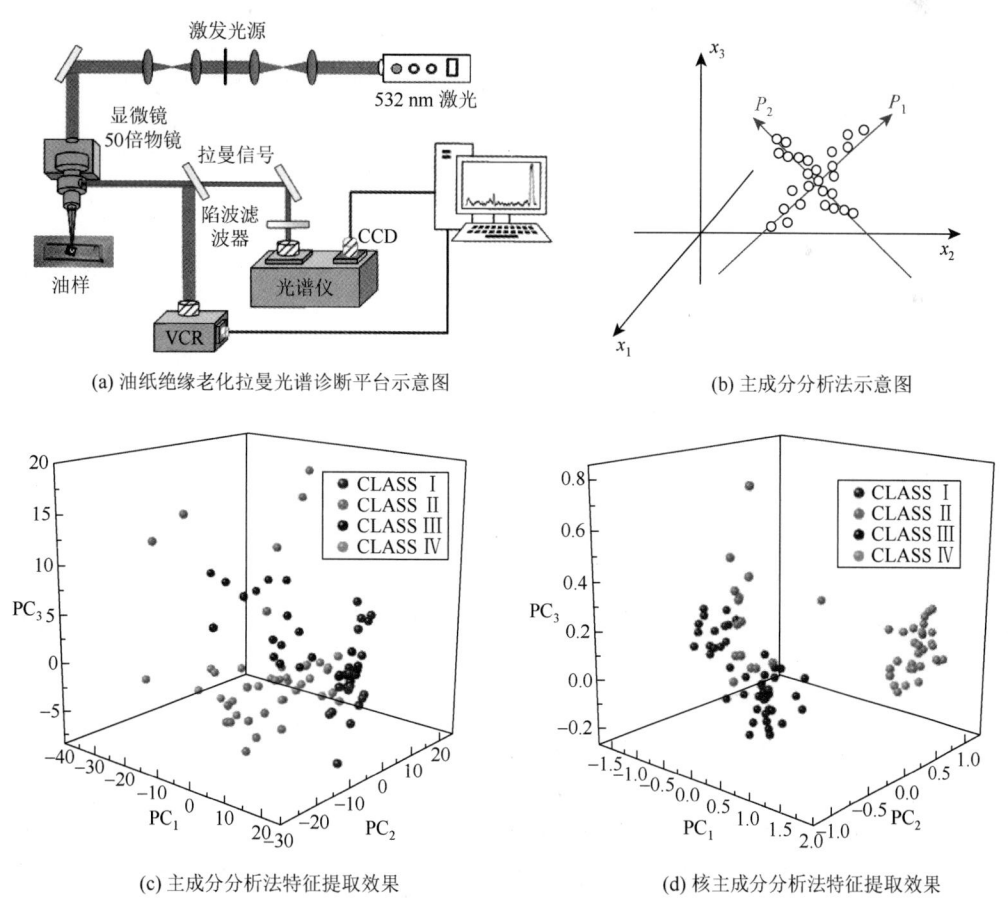

(a) 油纸绝缘老化拉曼光谱诊断平台示意图　　(b) 主成分分析法示意图

(c) 主成分分析法特征提取效果　　(d) 核主成分分析法特征提取效果

图 1.20　直接基于油纸绝缘拉曼全谱的油纸绝缘老化拉曼光谱诊断

[图1.20（b）]，按方差由大到小投影在第一个坐标（第一主成分 $P_1$）、第二个坐标（第二主成分 $P_2$）上，以此类推。保证经 PCA 变换得到的新变量相互正交（即不具相关性），消除了原始拉曼光谱数据中冗余、重叠的区域。随后在此基础上添加了核函数，将核主成分分析（kernel principal component analysis，KPCA）法应用到油纸绝缘老化拉曼光谱特征提取中，相较于基于 PCA 的油纸绝缘老化拉曼光谱特征提取［图 1.20（c）］，更有利于样本类别的划分［图 1.20（d）］[97]。此外，还有小波包能量熵法、核熵成分分析法等在油纸绝缘老化拉曼光谱特征提取中的应用[95]。尽管进行了多种尝试，也取得了一定的效果，但现有油纸绝缘老化拉曼光谱特征提取研究中大都采用无监督的特征提取方式，尚未将实验样本已知的老化程度信息有效利用，因此所提取的特征对老化过程的反映缺乏针对性。

在建立多个光谱特征与油纸绝缘老化状态的关系模型时，本书作者团队曾利用支持向量机建立如图 1.21（a）所示的油纸绝缘老化拉曼光谱诊断模型[95]，其中 $x_1, x_2, \cdots, x_N$ 表示 $N$ 个所提取的拉曼光谱特征，$K(x_i, x_j)$ 表示径向基核函数，$\sum$ 为分类决策函数。根据聚合度将老化程度分为以下几个阶段：绝缘良好（DP>900）、老化初期（500<DP<900）、老化中期（250<DP<500）和老化末期（DP<250）。对于老化样本的判别正确率为 81.43%。同时，基于费希尔（Fisher）判别法建立了如图 1.21（b）所示的油纸绝缘老化诊断模型[98]，同样将油纸样本分为四个老化阶段，对于老化样本的判别正确率达到 84.2%。此外，还有神经网络等多种诊断方法在油纸绝缘老化诊断中的应用。然而，现有研究多为实验室内的研究，主要旨在实现油纸绝缘老化程度的大致预测，尚不足以准确量化油纸绝缘的老化过程。

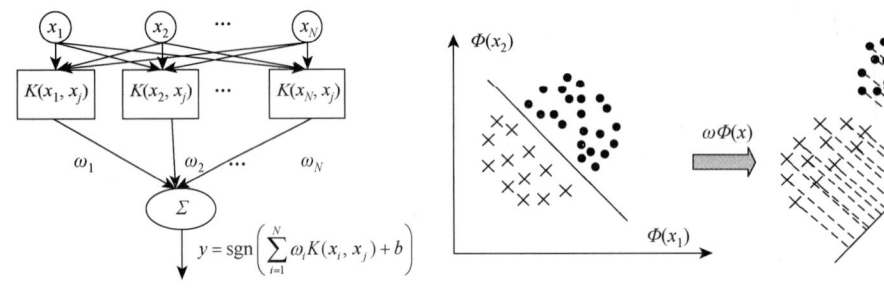

(a) 支持向量机油纸绝缘老化诊断模型示意图　　(b) 基于Fisher判别法的油纸绝缘老化拉曼光谱分类示意图

图 1.21　油纸绝缘老化诊断模型

综合上述分析，虽然两种基于拉曼光谱的油纸绝缘老化诊断方法均具备拉曼光谱法的先天优势，但直接基于油纸绝缘拉曼全谱的油纸绝缘老化拉曼光谱诊断的优势更大，主要体现在以下几个方面。

（1）对油纸绝缘老化状态的判断不仅仅是依赖单一老化特征物的含量阈值，而且是油纸绝缘拉曼全谱的综合信息，可靠性更高。

（2）碳氢键、碳氧键、碳碳键的断键与成键在拉曼光谱中信号明显且与老化过程密切相关，因此，无须像特定特征物检测一样配合特定的增强技术即可观测，操作更加方便、快速，更易于实现。

# 第 2 章　表面增强拉曼光谱基底电场分布及增强机理仿真

为满足实际特征物定量检测的应用，制备高一致性 SERS 基底是极其有必要的。在实际的基底制备过程中，由于可供选择的材料较多，所以前期通过仿真的模式确定最佳参数，为后期实验材料的制备打下理论基础。此外，通过对电场强度和分布情况的仿真结果分析，确定结构的增强因子及其影响因素，从而明确纳米结构的增强效果和一致性。

## 2.1　表面增强拉曼光谱基底电场分布仿真

### 2.1.1　仿真软件

本章选用 COMSOL 软件进行有限元多物理场仿真分析，该软件的主要特点是可以用于求解多物理场问题且结构完全开放，可尽量满足实际情况的需求。针对不同的物理场，软件都有对应的模块，本章主要选用射频模块（RF 模块）进行纳米结构电场仿真，该模块包含二维和三维空间中的电磁场和电磁波，所有建模公式均基于麦克斯韦方程组或其简化和特别公式，并结合各种介质中传输的材料本构关系，完成对电磁场模型的计算。

### 2.1.2　模型构建

模型构建的主要步骤包括：定义几何、选择材料、选择适当的 RF 接口、定义边界和初始条件、定义有限单元网格、选择求解器和结果处理。本章选用三维模型，设定物理场为 RF 接口的电磁波/频域，此物理场接口支持频域、特征频率、模式分析以及边界模式分析等。

如图 2.1 所示，该模型主要选用柱状结构，半径为 1000 nm，外层 100 nm 范围设定为完美匹配层，完美匹配层的主要作用为吸收进入该区域的波，防止反射波的形成，确保模型近似处于无限大区域；颗粒形状为球状，粒径大小可根据实际需求设定。本章主要是计算在空气环境中，在入射光激发条件下，金属颗粒置于衬底上产生的等离子体共振效应时金属颗粒周围的电场分布。因此，这里根据实验情况，设定颗粒粒径、衬底厚度以及各部件材料性质。边界条件选择为散射边界，入射光为平面波。此外，考虑到电场仿真的准确性和计算机内存有限，有限单元网格最小单元格设定为 2 nm。入射光波长设定为 532 nm，根据其他文献仿真结果，激发波长的不同会对贵金属纳米颗粒电场分布情况产生极大的影响。

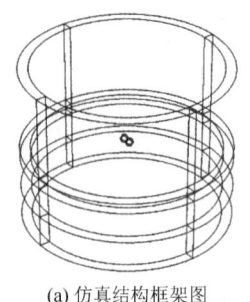 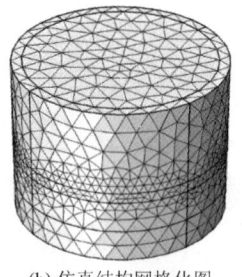 

(a) 仿真结构框架图　　(b) 仿真结构网格化图　　(c) 球形颗粒网格化图

图 2.1　仿真模型构建

## 2.2　纳米结构对表面增强基底增强效果的影响

随着增强基底研究的逐步深入,越来越多不同形貌的纳米结构被制备出来,其中包括纳米球、纳米线、纳米片、纳米棒和纳米多面体等[124-133],如图 2.2 所示。这些形貌几何结构上的差异导致电场增强效果各不相同,有些结构的增强效果甚至会严重依赖于入射光的方向和偏振,导致在实际特征物定量检测过程中存在信号可重复性差的问题。同时,根据增强因子公式,SERS 基底的增强因子与入射光偏振方向有关。因此,选择可用于实际 SERS 检测的纳米结构,应保证形貌的几何对称性。文献[134]通过控制入射光偏振方向,在银纳米立方块和银纳米球上检测 1,4-苯二硫醇分子拉曼光谱信号。

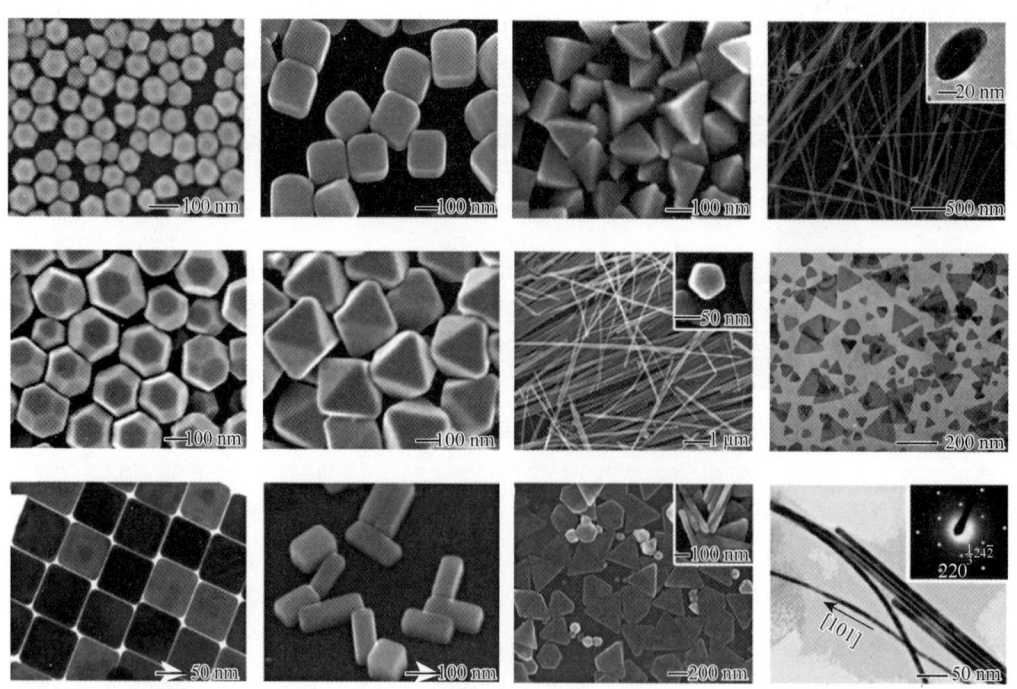

图 2.2　不同纳米金属结构电镜图

如图 2.3 所示，明显发现立方块结构在不同方向下表现的 SERS 效应不同，而纳米球结构因较好的几何对称性而表现出各方向 SERS 效应基本相同，因此，纳米球结构是高一致性 SERS 基底的最佳选择。

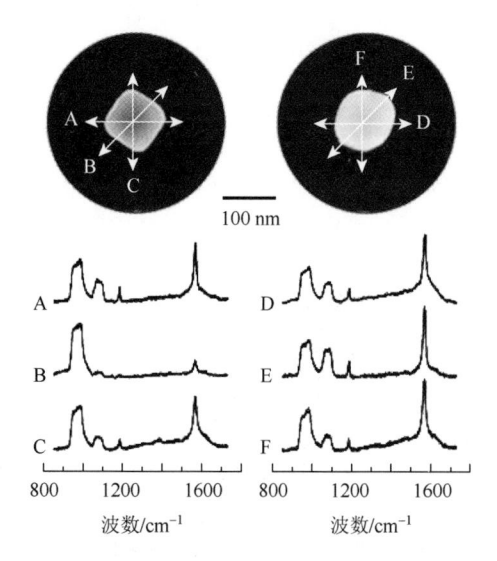

图 2.3  不同入射光偏振条件下银纳米立方块和银纳米球对分子拉曼光谱增强效果对比

根据上述实验结果，本章建立同尺寸仿真模型，其仿真结果如图 2.4 所示，银纳米立方块边长设为 100 nm，入射光方向为垂直纸面向内，电场强度设为 1 V/m。通过改变入射光偏振角度获取其电场分布情况，"热点"分布情况具备明显的尖端聚焦效应，且随着

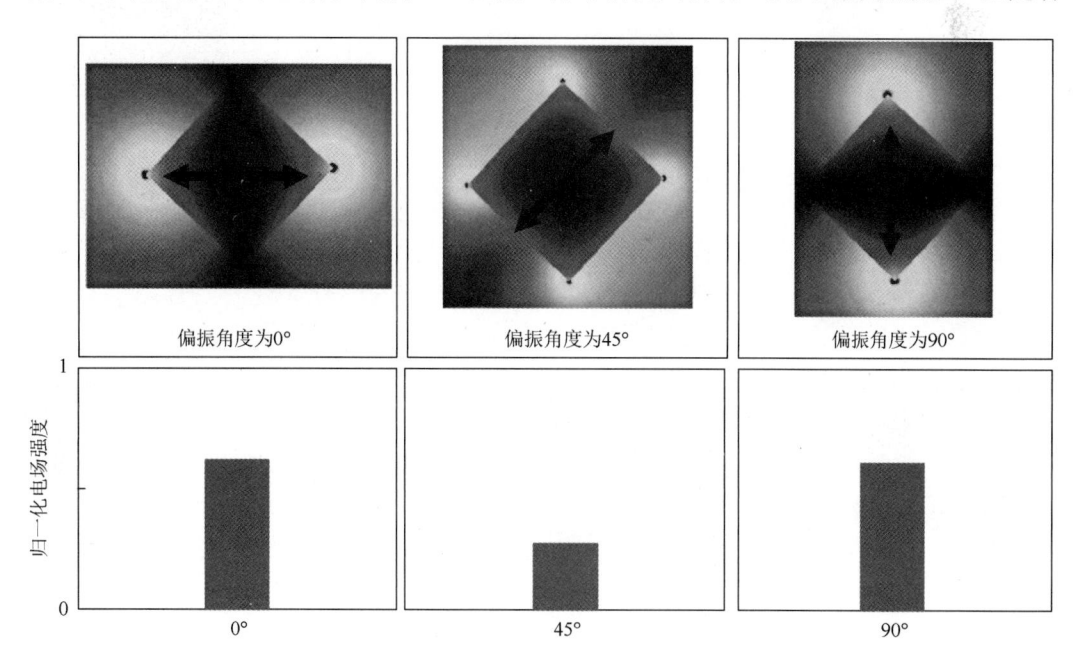

图 2.4  不同入射光偏振条件下银纳米立方块电场分布和电场强度最大值

偏振角度的改变,"热点"分布从颗粒两端转移到颗粒四角,有明显的偏振依赖性。通过对比图 2.4 中的方形图可知,偏振角度为 45°时,电场强度最弱;而偏振角度为 0°和 90°时,电场强度近似相同,这一仿真结果与图 2.3 实验数据相符。因此,银纳米立方块并不具备良好的一致性。同样的仿真研究也应用于银纳米球,如图 2.5 所示,银纳米球直径设为 100 nm,入射光方向不变。通过改变入射光偏振角度,对比分析其电场分布情况,可以明显发现电场分布情况随偏振角度的改变而改变,但其电场强度最大值并无明显变化。分析其主要原因是银纳米球具备更好的几何对称性,整体结构从任何角度都是一致的,偏振角度的改变不会引起电场强度的变化。因此,选择具备更好几何对称性的纳米球形颗粒作为 SERS 基底制备的结构,更容易获取到高一致性 SERS 基底。

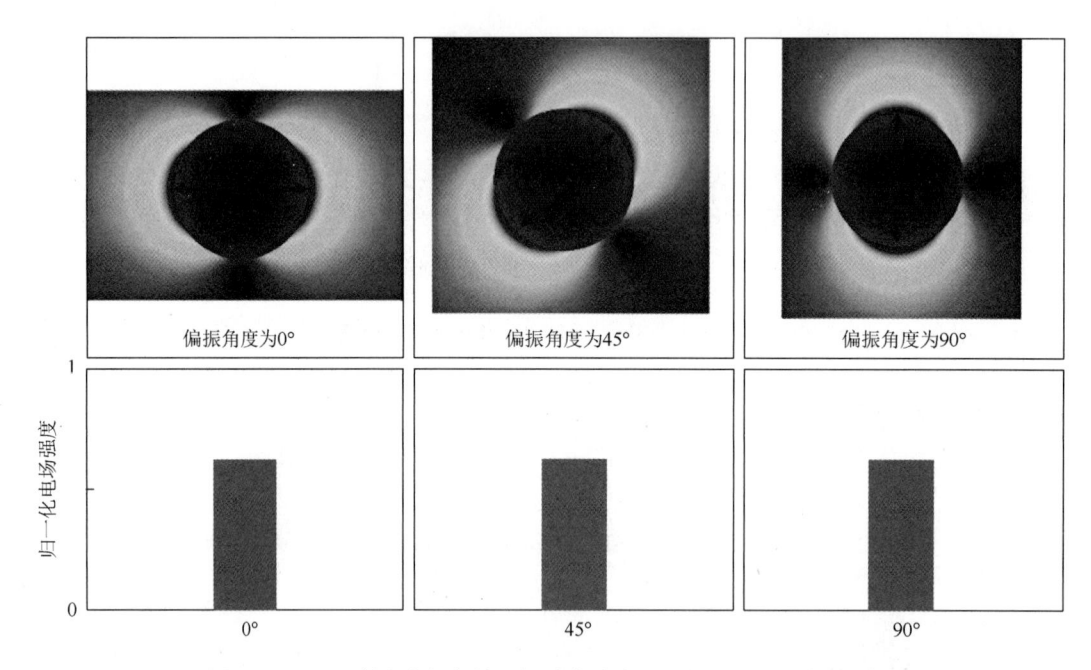

图 2.5 不同入射光偏振条件下银纳米球电场分布和电场强度最大值

## 2.3 纳米材料对表面增强基底增强效果的影响

### 2.3.1 金属纳米材料的介电常数

由增强因子公式可知,增强因子与金属纳米球的介电常数 $\varepsilon$ 有关。前期大量实验研究结果证明大多数金属的介电常数与波长有关,且介电常数多为复数。如图 2.6 所示,文献[133]总结出金、银、铜三种金属介电常数实部和虚部与波长的对应函数关系,主要由实验数据拟合而来,其拟合公式为

$$Y = A + B_1 X + B_2 X^2 + B_3 X^3 + B_4 X^4 + B_5 X^5 + \cdots \tag{2.1}$$

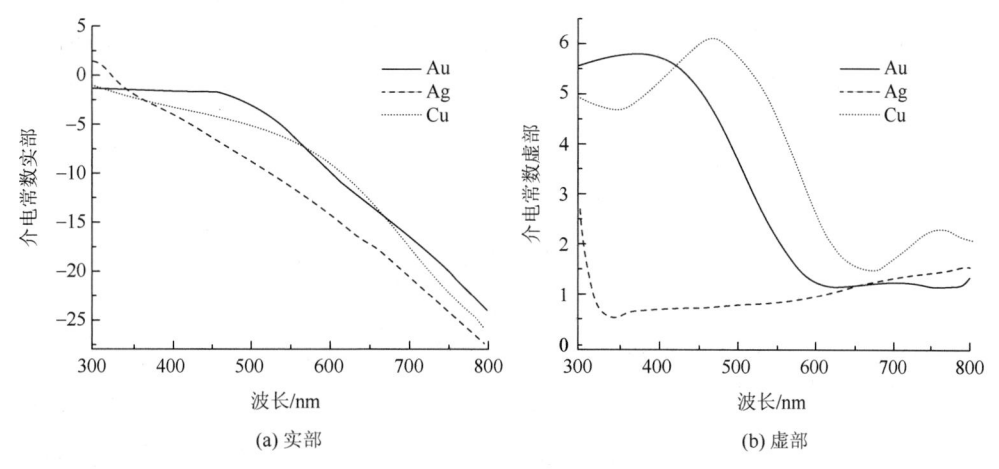

图 2.6 不同金属纳米材料介电常数实部和虚部

由图 2.6 可知，金、银、铜的介电常数实部受波长影响更明显，且均为负值。银的介电常数虚部变化主要集中在 300～350 nm 范围，而金和铜的介电常数虚部变化主要集中在 400～650 nm 范围。因此当入射光波长确定为 532 nm 时，可以明显发现银的介电常数相对较高，这也在一定程度上反映银纳米材质具备更良好的增强效果。

### 2.3.2 金属纳米颗粒材料对表面增强基底增强效果的影响

根据上述讨论，建立不同金属纳米颗粒材料的仿真计算模型，纳米球颗粒半径设为 75 nm，周围环境设为空气，电场强度设为 1 V/m。如图 2.7 所示，分析银、金、铜纳米球的电场分布情况可知，颗粒与颗粒之间电场增强"热点"主要分布在颗粒之间，有良好的电场聚集效应；且银纳米球产生的电场增强效应最大，金纳米球次之，而铜纳米球最差。由

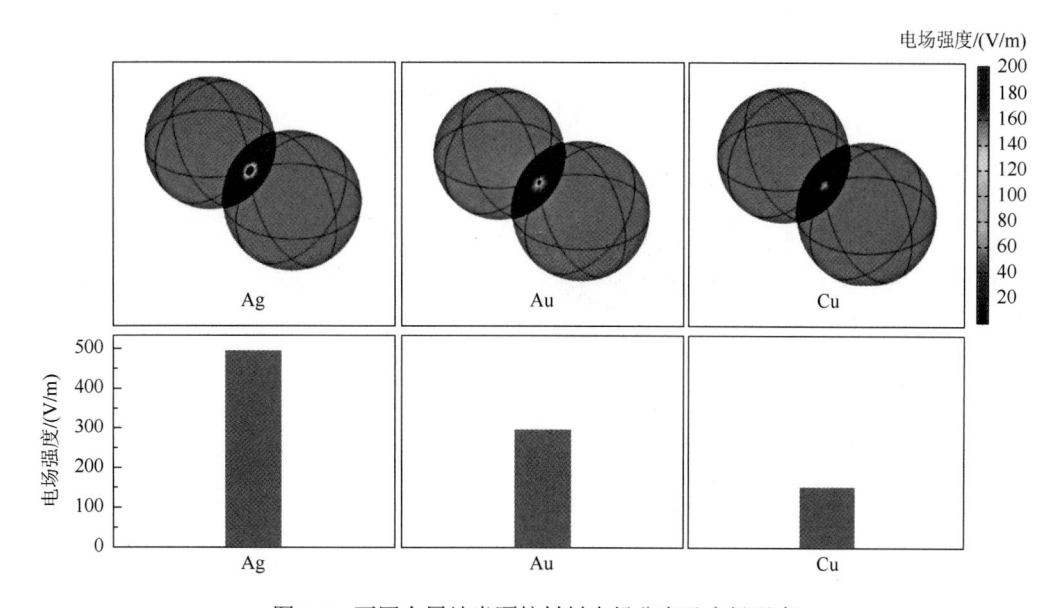

图 2.7 不同金属纳米颗粒材料电场分布及电场强度

图 2.7 中条形图可知，银纳米球周围电场强度最大值为 493 V/m，而金纳米球和铜纳米球的电场强度最大值为 296 V/m 和 148 V/m。因此，银纳米球是制备 SERS 增强基底的最佳材料。

### 2.3.3 衬底材料对表面增强基底增强效果的影响

衬底作为 SERS 基底主要的承载部分，其材料的选择也会影响 SERS 基底的增强效应。电场强度是影响电场增强效果的直观体现，而前面叙述中仅考虑颗粒之间的电场分布，其实在颗粒与衬底之间同样会产生一定程度的电场增强效应，因此衬底材料的选择也是值得研究的。之前的研究成果表明，银纳米线偏振依赖性与衬底材料的选择有关，如图 2.8 所示，当衬底材料选为金膜时，纳米线与衬底发生电荷转移效应，导致两银纳米线交叉点处的 SERS 信号主要由线与衬底、线与线的电场增强效应所决定。通过检测交叉点处拉曼信号的偏振依赖性，其偏振依赖性主要与下方的银纳米线摆放位置有关，证明线与衬底之间的增强效果要大于线与线之间。而对于玻璃衬底，因为缺少衬底与线之间的电荷转移效应，所以交叉点处的拉曼信号偏振依赖性主要与上方银纳米线摆放位置有关。因此，衬底的选择同样会直接影响 SERS 基底的整体性能。

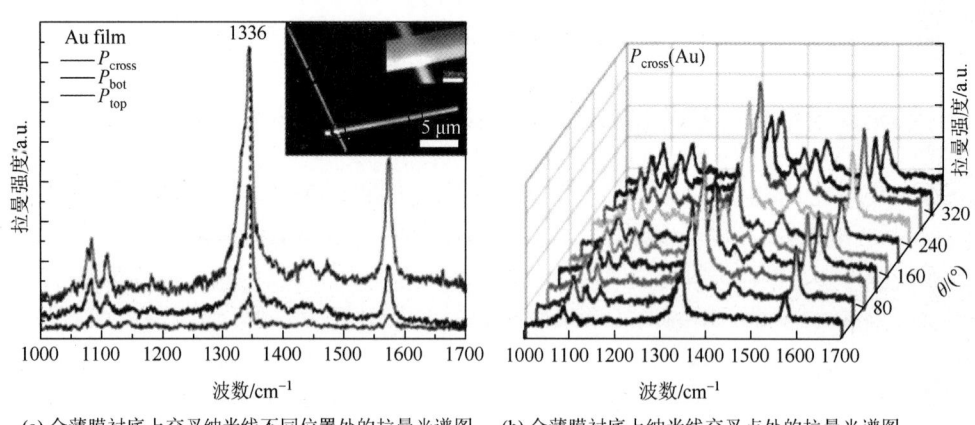

(a) 金薄膜衬底上交叉纳米线不同位置处的拉曼光谱图

(b) 金薄膜衬底上纳米线交叉点处的拉曼光谱图

(c) 硅片衬底上不同位置处的拉曼光谱图

(d) 不同衬底不同位置处的拉曼光谱偏振依赖性

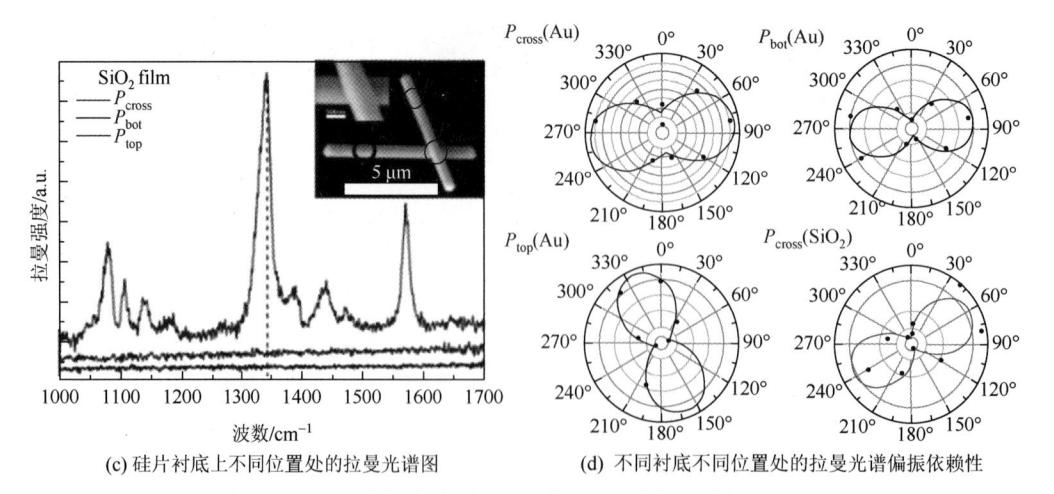

图 2.8　不同衬底材料对银纳米线 SERS 偏振依赖性的影响

如图 2.9 所示为确定最佳衬底材料，模型选用无衬底、硅片、金膜和 SiO$_2$ 作为仿真研究，仿真对象为半径 75 nm 的银纳米球，各个衬底厚度设为 100 nm。由图 2.9 可知，无衬底时，颗粒间的电场强度为 238 V/m；当衬底为金膜时，颗粒间的电场强度变为 493 V/m，颗粒与衬底之间的电场强度值为 24 V/m，颗粒间的电场强度变为前者的约 2 倍，分析其原因是衬底与颗粒间产生的电场，导致颗粒间的电场强度受影响而变大。对于硅片和 SiO$_2$ 衬底，同样出现颗粒间电场强度值有不同程度的变化，但相比于金膜衬底，变化程度并不明显，考虑出现这种情况的主要原因是三种衬底的介电常数的差异。

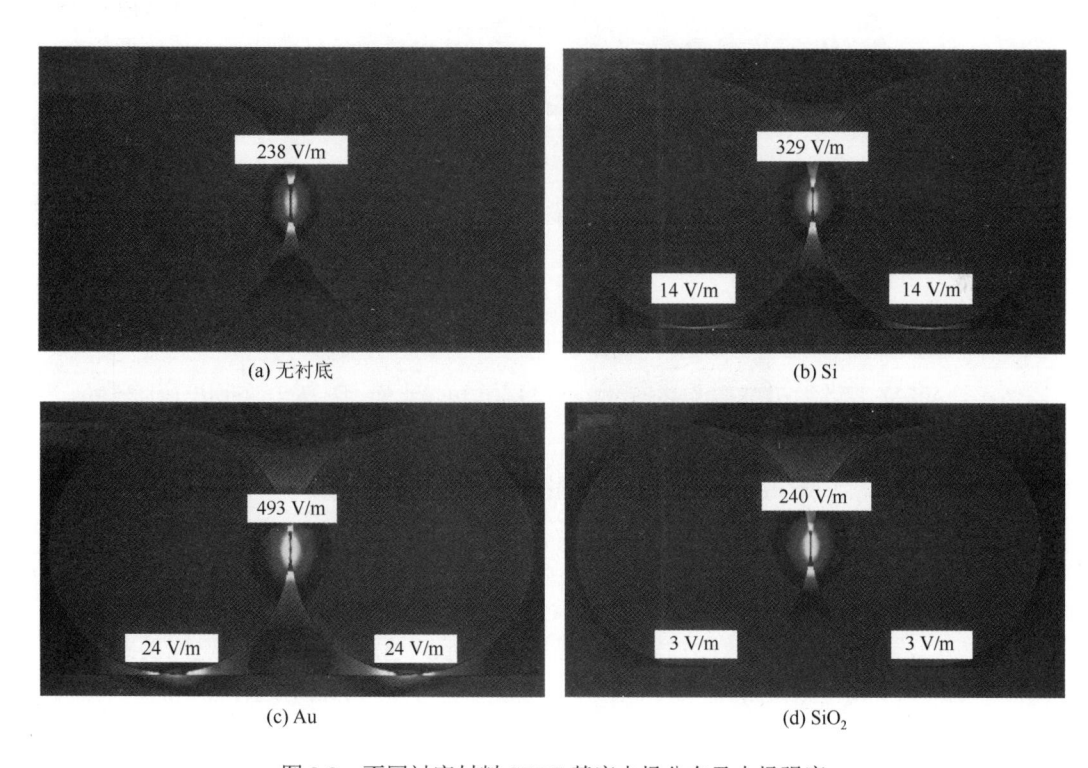

(a) 无衬底

(b) Si

(c) Au

(d) SiO$_2$

图 2.9  不同衬底材料 SERS 基底电场分布及电场强度

为进一步确定电场变化的主要原因，不同衬底上颗粒的电荷分布被计算出，如图 2.10 所示。当模型无衬底时，电荷的转移仅仅发生在颗粒本身，且转移电荷量相对不明显；而当存在衬底时，衬底上也会发生电荷的转移，从而引起颗粒与衬底间产生电场增强效应。其中，当衬底为金膜时，衬底发生电荷转移的情况最为明显，这与上述结论一致。此外，颗粒与衬底之间的电场分布，引起颗粒底部电荷也发生一部分转移，从而导致颗粒与衬底间存在极大的电场增强；同时，颗粒底部电荷的转移同样影响颗粒间电荷的分布情况，这也就是颗粒间电场相比无衬底时增强效果更明显的原因。而对于硅片和 SiO$_2$ 衬底，由于衬底造成的电荷转移不明显，颗粒间电场强度的变化也不明显。因此，为获取 SERS 基底的高增强效应，应选择金膜衬底作为其主要载体。

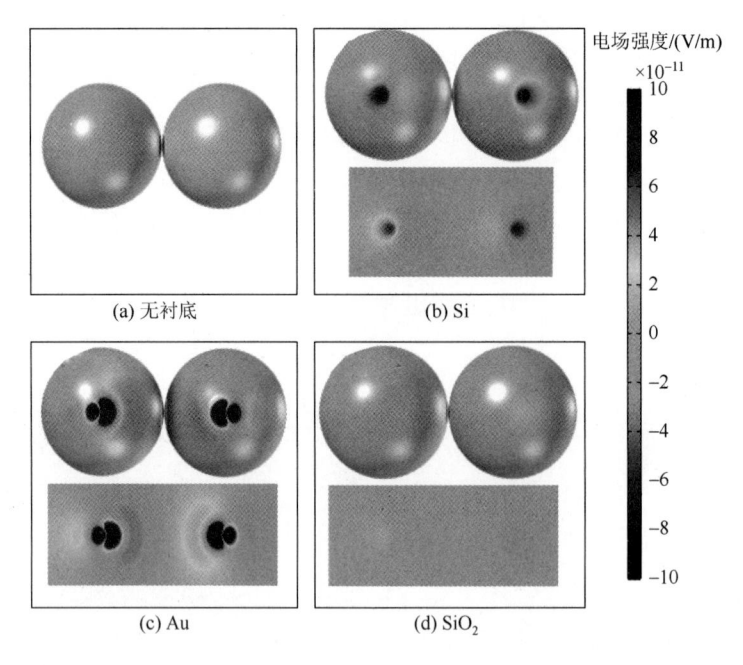

图 2.10　不同衬底材料 SERS 基底电荷分布

## 2.4　纳米颗粒间距对表面增强基底增强效果及一致性的影响

### 2.4.1　间距对电场分布和电场强度的影响

由金属颗粒表面等离子共振效应可知，电场增强效应在颗粒表面附近随距离增大而逐渐衰减，并且电场强度随距离增大而呈指数衰减。为获取具备较好增强效果的基底，颗粒间的距离是需要研究的重要内容。如图 2.11 所示，通过改变双颗粒之间的距离，仿真研究间距对电场增强效应的影响。间距的变化范围设为 1~10 nm，这样设定的原因如下。

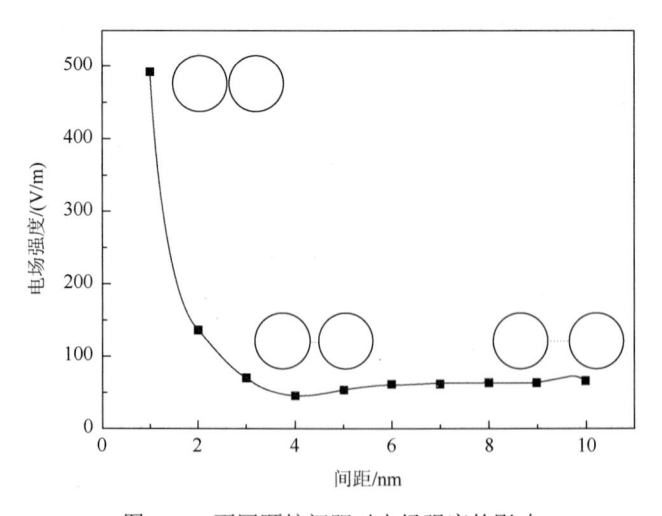

图 2.11　不同颗粒间距对电场强度的影响

一方面考虑到当纳米颗粒之间的距离小于 1 nm 时，电子的隧穿效应起作用，导致颗粒间的电场增强效果被抵消，甚至可以将双颗粒近似看成纳米棒，电场增强效应归零。因此，当间距小于 1 nm 时，经典电磁学理论就不能用于分析颗粒间的电场增强效应，需要引入量子概念[135]。另一方面是当颗粒间距大于 10 nm 时，颗粒间的相互作用可以忽略。由图 2.11 中变化趋势可知，电场强度最大值在 1~2 nm 范围内急剧衰减，电场强度从 493 V/m 衰减到 138 V/m；当间距变为 4 nm 时，电场强度变为 70 V/m，此时电场的增强仅仅是由金属单颗粒与衬底之间等离子共振效应所产生。因此，进一步增大间距，电场强度最大值都没有明显的变化。

如图 2.12 所示，分别给出间距为 1 nm、2 nm、4 nm、6 nm、8 nm、10 nm 时颗粒周围电场分布情况。可以明显看出，当间距为 1 nm 时，颗粒间的电场强度最大，且"热点"主要分布在颗粒之间。因此当分子在颗粒之间时，受电场增强效应的影响，会产生更强的散射效应，进而引起拉曼信号的增强。而当颗粒间距变大时，颗粒间的增强效果逐渐减弱，"热点"变少，导致颗粒间的分子拉曼信号得不到增强。图 2.13 给出不同颗粒间距条件下，颗粒表面电荷分布情况，当颗粒间距为 1 nm 时，发生明显的电荷转移，颗粒变成电偶极子，产生较大电场。当间距逐渐变大时，电荷分布受衬底电荷转移影响而发生改变，更多的电荷向颗粒与衬底间转移，从而导致颗粒间的电场强度变弱。当间距变为 4 nm 后，电荷分布情况基本不会随间距变化而改变，这一结果与电场强度最大值的变化相一致。

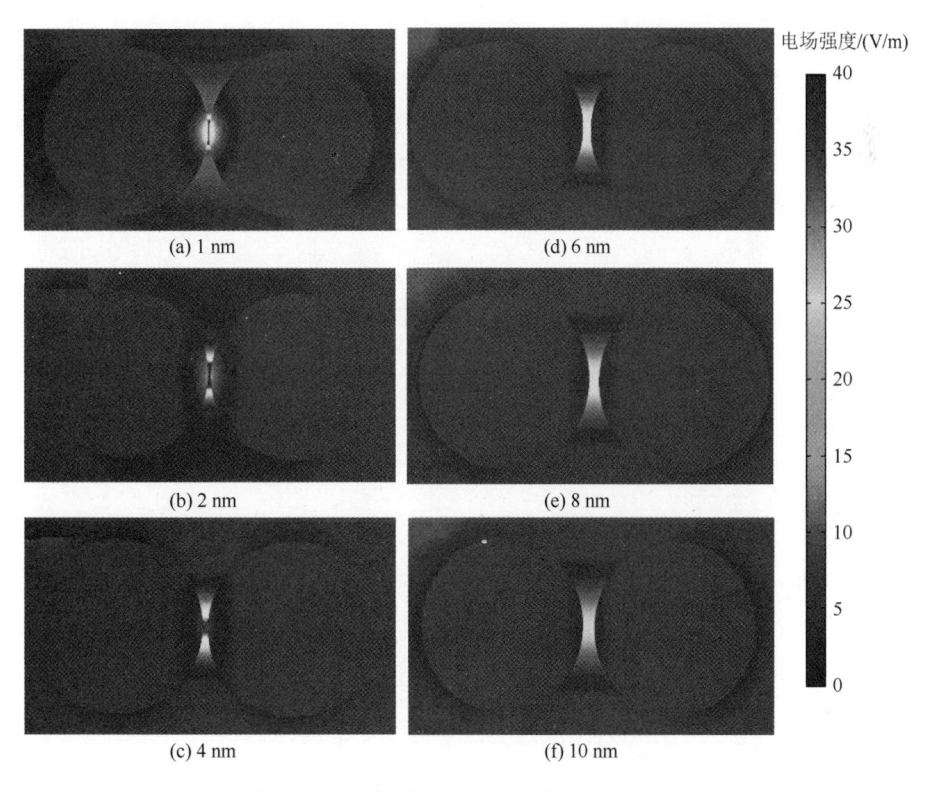

图 2.12　不同颗粒间距对电场分布的影响

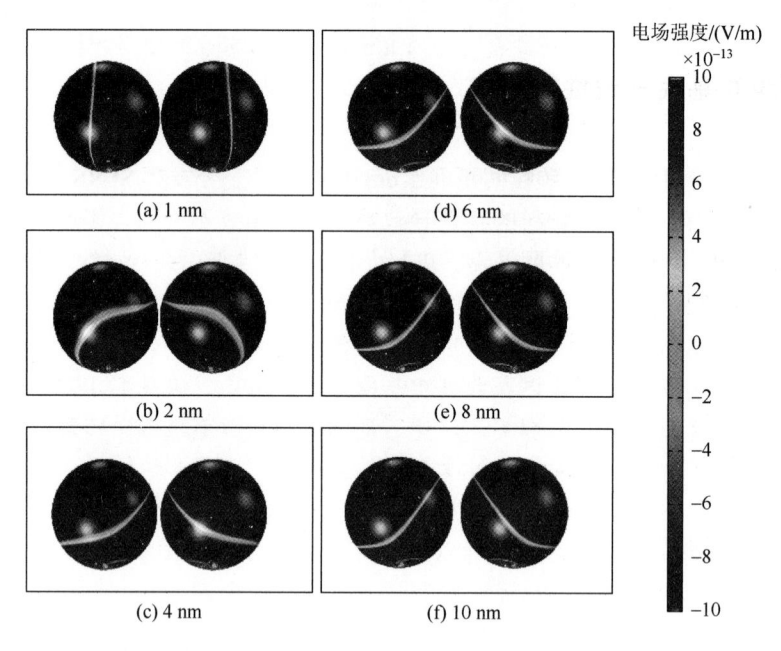

图 2.13　不同颗粒间距对电荷分布的影响

### 2.4.2　间距对基底增强因子的影响

由表面等离激元模型可知，SERS 增强因子与电场强度的 4 次方成正比。按照图 2.11 得到的电场强度与颗粒间距的关系，可以得到增强因子与颗粒间距的关系，如图 2.14 所示。其中红线代表仿真数据拟合的非线性曲线，增强因子随颗粒间距的衰减比电场强度最大值的变化更明显，颗粒间距从 1 nm 变为 2 nm 时，其衰减倍数达到 165 倍，充分表明颗粒间距对 SERS 基底增强性能有极大的影响，在制备 SERS 基底时，尽量减小颗粒间距是重要的研究内容。

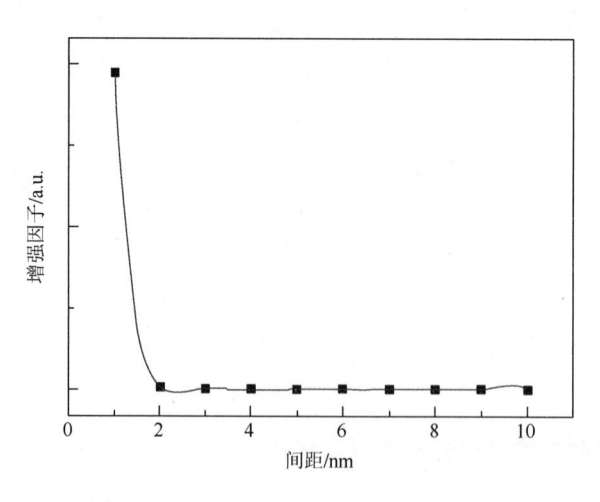

图 2.14　不同颗粒间距对增强因子的影响

### 2.4.3 间距对基底一致性的影响

通过上述讨论可知,保证颗粒间距在 1 nm 左右可以充分发挥 SERS 基底的增强效果。但实际制备过程中,大面积颗粒的存在导致颗粒间的距离不一致,因此,颗粒间距的变化就会导致 SERS 基底增强效果出现不均匀,无法满足颗粒的一致性。如图 2.15 所示,横坐标代表实际颗粒间距与 1 nm 的差值,纵坐标代表颗粒间距差值变化引起的电场强度最大值的分布的偏离情况,用数据组的相对标准偏差(relative standard deviation,RSD)来代替。在实际仿真过程中,仿真数据点选取的是离散点,因此利用非线性拟合获取颗粒间距与电场强度最大值的函数关系,然后根据其函数关系选取一段数据,计算其相对标准偏差,分析颗粒间距对 SERS 基底一致性的影响。由图 2.15 可知,随间距差值的增加,RSD 值也逐渐增大。当颗粒间距为 0.5 nm 时,RSD 值增加到 0.51,数据组已经处于离散状态。说明这种情况下,SERS 基底的一致性已经受颗粒间距严重影响。当颗粒间距进一步变大时,RSD 值更大,SERS 基底一致性更差。

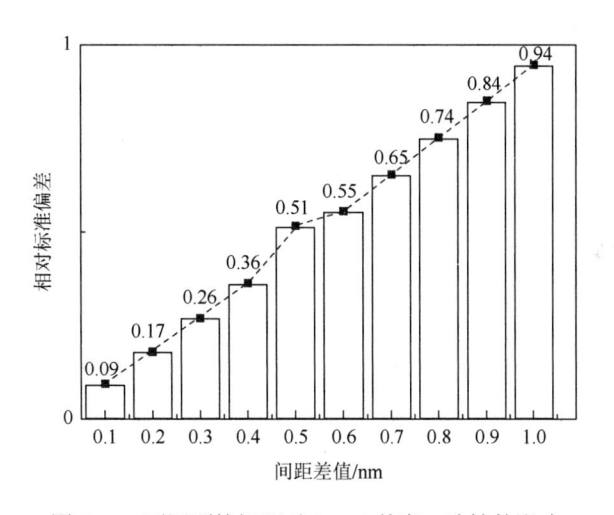

图 2.15 不同颗粒间距对 SERS 基底一致性的影响

综上所述,颗粒间距对 SERS 基底增强效果和一致性的影响是不容忽视的。为了制备高一致性 SERS,在增强基底过程中,考虑如何实现颗粒间距保持在 1~1.4 nm 范围内是极为重要的。

## 2.5 纳米颗粒粒径对表面增强基底增强效果及一致性的影响

### 2.5.1 粒径对电场分布和电场强度的影响

由增强因子公式可知,SERS 基底的增强因子与颗粒半径 $a$ 有关,并且不同尺寸贵金属纳米颗粒粒径会产生不同强度的等离子共振效应,进而造成 SERS 基底增强性能的变化。如图 2.16 所示,建立不同颗粒粒径与电场强度的关系。模型中选用银纳米球作为研究对象,颗粒的间距设为 1 nm、衬底设为 100 nm 金膜。通过改变颗粒尺寸仿真研究粒径对电场增强效应的影响,颗粒粒径范围设定为 10~250 nm。颗粒粒径范围的设定主要考虑的是当颗粒粒径小于 10 nm 时,金属费米能级的连续态分裂成分离态,出现纳米材料的量子效应,从而使得金属材料的性能发生变化,也就是常说的量子限域效应。只有当颗粒粒径大于 10 nm 时,才可以利用经典的麦克斯韦方程组对颗粒的等离子体共振效应进行理论研究。但相关研究提出当颗粒粒径较大时,电场的穿透深度小于颗粒的半径,造成整个颗粒的电场分布不均匀,导致电荷的分布发生变化,由经典模型中的电偶极子变成四极子、八极子等高阶模式,从而使得经典等离子体共振模型不能满足实际的仿真要求。

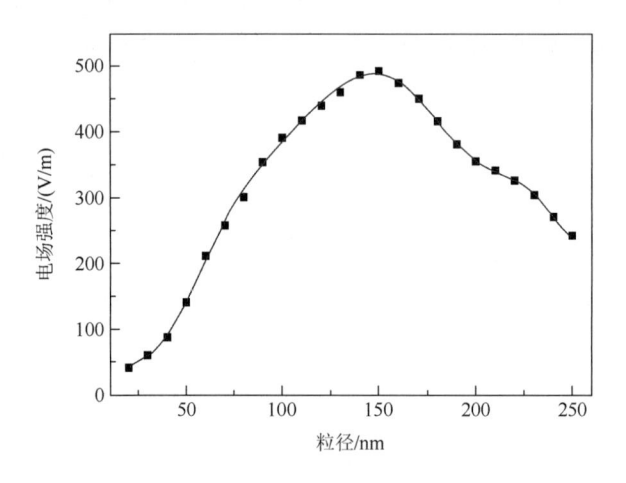

图 2.16 不同颗粒粒径对电场强度的影响

由图 2.16 可知,随颗粒粒径的增加,贵金属纳米颗粒电场最大值呈现先变大后变小的趋势。其中当颗粒粒径等于 150 nm 时,电场强度最大值达到 493 V/m;颗粒半径在 10~150 nm 范围内,电场强度最大值随颗粒粒径变大而变大。文献[136]也通过实验得到这一规律,利用实验制备的 50 nm、70 nm 和 100 nm 银纳米颗粒检测同一浓度的吡啶分子的拉曼光谱。对比分子特征峰 1009 cm$^{-1}$ 处信号强度值,发现随着颗粒粒径的增加,SERS 信号逐渐变大,表明在一定范围内 SERS 基底的增强性能与颗粒粒径呈正相关。而当颗粒粒径大于 150 nm 时,电场增强效果变弱,电场强度最大值与颗粒粒径呈负相关。考虑出现这种情况的主要原因是随着颗粒再次变大,颗粒粒径与入射光波长之间产生的等离子共振效应减弱,造成颗粒间的电场增强效应降低,使电场强度最大值降低。

如图 2.17 所示,通过对比分析不同颗粒粒径的电场分布情况,发现随颗粒粒径的变大,颗粒间的电场强度先变大后变小。其中 50 nm、70 nm、100 nm 颗粒对应的电场强度分布的变化与实验相一致,都呈现逐渐变大趋势。

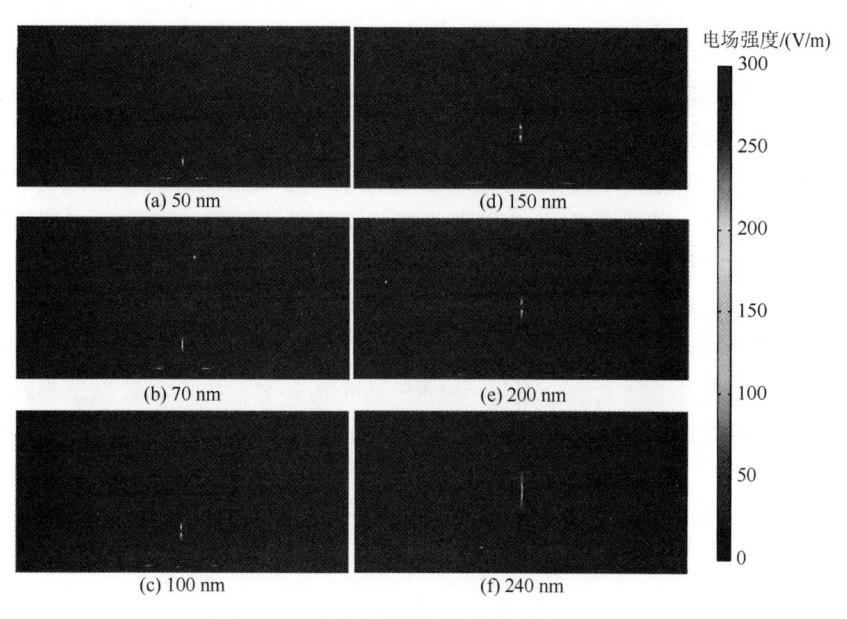

第 2 章 表面增强拉曼光谱基底电场分布及增强机理仿真

(a) 50 nm
(b) 70 nm
(c) 100 nm
(d) 150 nm
(e) 200 nm
(f) 240 nm

图 2.17 不同颗粒粒径对电场分布的影响

仿真研究不同颗粒粒径条件下，颗粒表面电荷的分布情况。如图 2.18 所示，发现随着颗粒粒径的变大，颗粒表面电荷的分布情况出现不同。当颗粒粒径分别为 50 nm、70 nm、100 nm、150 nm 时，电荷分布在颗粒表面发生转移，但始终保持电偶极子分布，考虑这种情况电场强度变化的主要原因是颗粒间电荷分布密度减小，从而导致颗粒间增强效果的变大。当颗粒粒径再次变大时，电荷的分布情况不再是电偶极子形式，而是向更为复杂的分布情况转变。同时，颗粒间的电荷密度由于电荷的重新分布而减小，从而引起颗粒间电荷强度的降低。

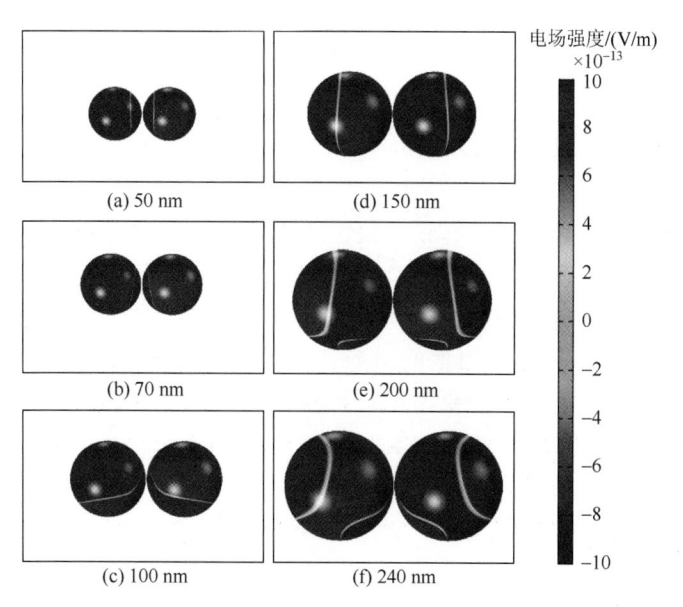

(a) 50 nm
(b) 70 nm
(c) 100 nm
(d) 150 nm
(e) 200 nm
(f) 240 nm

图 2.18 不同颗粒粒径对电荷分布的影响

## 2.5.2 粒径对基底增强因子的影响

如图 2.19 所示，根据增强因子与电场强度的 4 次方成正比，而得到颗粒半径与增强因子之间的关系，可以清晰地发现增强因子随粒径的变化规律，相比于电场强度的变化更加明显。对比之前得到的颗粒间距与增强因子关系可知，两者对 SERS 增强效应的影响不同。颗粒间距与增强因子之间主要呈现出负相关性，而颗粒粒径与增强因子之间的关系呈现出先递增后降低。当颗粒粒径为 150 nm 时，贵金属纳米颗粒的增强因子达到 $5.9\times10^{10}$，处于增强因子最大值。因此，SERS 基底制备过程中应尽量保证颗粒间距足够近，而颗粒的制备应保持在粒径为 150 nm 范围，这样才能使 SERS 基底的增强性能达到理论上的最大化。

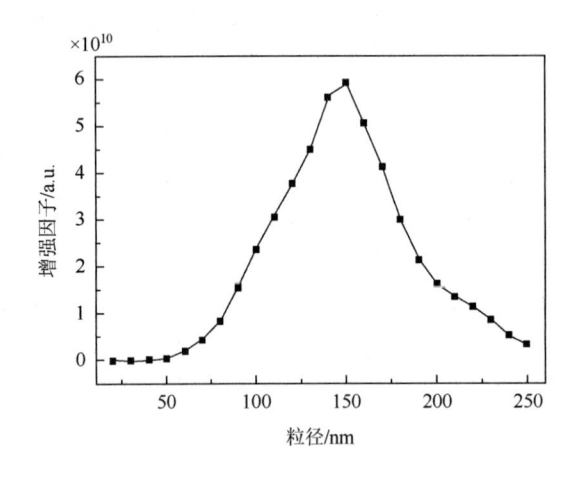

图 2.19 不同颗粒粒径对增强因子的影响

## 2.5.3 粒径对基底一致性的影响

为了研究颗粒粒径对 SERS 基底一致性的影响，将上述获得的颗粒半径和增强因子之间关系的离散点进行非线性拟合，如图 2.20（a）所示，根据拟合曲线可以更加清楚地确定颗粒半径与增强因子的函数关系。考虑在实际的银纳米颗粒制备过程中，由于受制备方法和外界不稳定因素的影响，化学制备颗粒的粒径存在一定的不均匀性。因此，在实际检测过程中需要考虑颗粒粒径不均匀对 SERS 基底一致性的影响。在实际制备过程中，一般颗粒半径的偏差值在 5 nm 左右；因此，将半径为 5~125 nm 范围内的增强因子值进行分段处理。如图 2.20（b）所示，将整个数据组分成 24 段，然后对每段数据组进行离散度分析，从而获取颗粒粒径大小对 SERS 基底一致性的影响。

(a) 非线性拟合　　　　　　　　　　(b) 数据分组方式

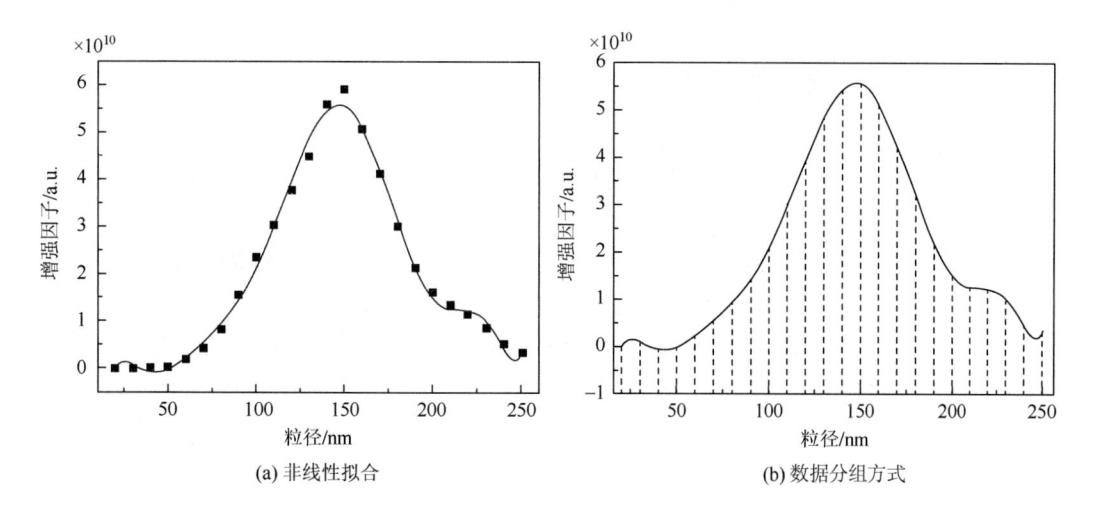

图 2.20　颗粒粒径与增强因子关系的非线性拟合和数据分组方式

图 2.21 分别给出颗粒粒径与增强因子函数关系的归一化处理以及 24 段数据组的相对标准偏差。由图 2.21 可知，当粒径为 150 nm 时，贵金属纳米颗粒的增强因子最大，而相对标准偏差值为 1.3%，处于最优值；当颗粒粒径在 70~150 nm 范围时，增强因子逐渐变大，但相对标准偏差值却逐渐减小；当颗粒粒径在 150~250 nm 范围时，增强因子逐渐变小，而相对标准偏差值存在波动性。其中，当颗粒粒径为 110 nm 时，相对标准偏差值为 2.4%，而此时增强因子为 $1.1\times10^{10}$，与理论最大值相差 5 倍。因此贵金属纳米颗粒粒径为 150 nm 时，SERS 基底的增强性能出现最优值。

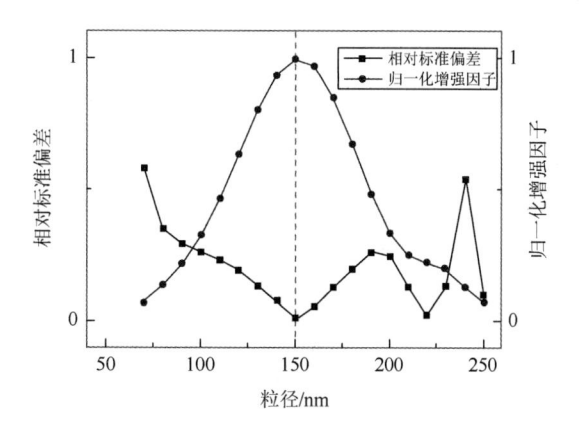

图 2.21　不同颗粒粒径对 SERS 基底一致性的影响

综上所述，贵金属纳米颗粒粒径对 SERS 基底增强性能的影响是极大的，根据理论仿真结果可以确定，在化学制备过程中保证颗粒粒径在 $(150\pm5)$ nm 范围内是实现 SERS 基底具备高增强性能和高一致性的重要一环。

# 第3章 界面自组装表面增强拉曼光谱基底的增强效果及一致性

根据第 2 章的仿真计算结果,银纳米颗粒具备良好的增强效果,理想条件下其最大增强因子可以达到 $10^{10}$,因此利用银纳米颗粒制备高一致性增强基底是极为必要的。此外,为获取 SERS 基底的高一致性,本章着重解决如何有效控制颗粒之间的间距问题。

## 3.1 银纳米颗粒和衬底的制备与表征分析

### 3.1.1 化学试剂和材料的选择

根据实验制备需求购置化学试剂和材料,具体内容如表 3.1 所示。

表 3.1 实验所需化学试剂和材料

| 药品名称 | 分子式 | 生产厂家 | 纯度 |
| --- | --- | --- | --- |
| 硝酸银 | $AgNO_3$ | 阿拉丁化学试剂 | ≥99.8%分析纯 |
| 乙二醇(EG) | $C_2H_6O_2$ | 阿拉丁化学试剂 | ≥99.5%光谱级 |
| 聚乙烯吡咯烷酮(PVP) | $(C_6H_9NO)_n$ | 阿拉丁化学试剂 | 平均分子量 58000 |
| 硼氢化钠 | $NaBH_4$ | 阿拉丁化学试剂 | 98.0%分析纯 |
| 1,4-苯二硫醇(BDT) | $C_6H_6S_2$ | 阿拉丁化学试剂 | ≥98.0%分析纯 |
| 罗丹明 6G (R6G) | $C_{28}H_{30}N_2O_3$ | 阿拉丁化学试剂 | 分析标准品 |
| 正丁醇 | $C_4H_{10}O$ | 阿拉丁化学试剂 | 99.0%分析纯 |
| 浓硝酸 | $HNO_3$ | 重庆川东化工有限公司 | 99.0%分析纯 |
| 浓盐酸 | $HCl$ | 重庆川东化工有限公司 | 99.0%分析纯 |
| 硅片 | $Si$ | 广州原晶电子科技 | 单晶硅 |
| 无水乙醇 | $CH_3CH_2OH$ | 重庆川东化工有限公司 | ≥99.5%分析纯 |
| 去离子水 | $H_2O$ | 重庆川东化工有限公司 | 电导率 0.055 |
| 二甲基硅油 | $C_6H_{18}OSi_2$ | 阿拉丁化学试剂 | 用于油浴,180℃ |

### 3.1.2 实验仪器的选择

1. 实验室纳米材料制备所需仪器

实验室纳米材料制备所需的基本仪器如表 3.2 所示,另外还需要不同尺寸量筒、烧杯和圆底烧瓶等玻璃器皿,主要功能是对液体药品的承载和称量;不同尺寸磁转子,主要功能是对液体溶剂进行搅拌。玻璃器皿和磁转子都需要提前经过王水洗涤，再由丙酮和去离子水反复冲洗后干燥使用，王水是由体积比为3∶1的浓盐酸和浓硝酸混合制成。

表 3.2 实验制备仪器

| 仪器名称 | 型号 | 主要用途 |
| --- | --- | --- |
| 油浴锅 | DF-101S | 加热实验样品 |
| 离心机 | TG-16 | 分离合成的金属纳米颗粒 |
| 超声清洗机 | KQ-200KDB | 清洗金属颗粒表面 |
| 电子天平 | FA2104 | 称取化学试剂 |
| 真空干燥箱 | DZF6030A | 干燥玻璃仪器 |

2. 表征所需仪器

纳米材料制备后需要对其形貌、尺寸和间隔进行观察，因此需要一系列的表征仪器，如表 3.3 所示。

表 3.3 表征所需仪器

| 仪器名称 | 型号 | 主要用途 |
| --- | --- | --- |
| 场发射扫描电子显微镜 | Mira3 LMH | 观察颗粒形貌和尺寸 |
| 场发射透射电子显微镜 | JEM 2100F | 观察颗粒内部结构和间距 |
| 原子力显微镜 | MFP-3D-BIO | 观察金膜衬底表面平整度 |
| X 射线光电子能谱仪（XPS） | Thermo Scientific ESCALAB 250Xi | 测试样品表面成分 |
| X 射线粉末衍射仪（XRD） | BRUCKER D8 | 测试晶向结构和成分分析 |

以上表征所需仪器数据都来源于重庆大学大型仪器设备开放共享平台和北京中科百测科技有限公司，本章相关表征数据也由此获得。

### 3.1.3 银纳米颗粒的制备

银纳米颗粒前期制备方法为柠檬酸三钠与硝酸银之间发生还原反应，该方法的优点在于制备方法简单，只需要将柠檬酸三钠和硝酸银按照一定物质的量之比混合后加热 90 min，可获得银纳米颗粒。此方法制得的银纳米颗粒粒径的均一性较差，且随着硝酸银浓度提高，颗粒整体粒径变大，粒径分布可能在 20~600 nm 范围内且伴随着其他形状的银纳米结构产生。因此，文献[137]提出用多元醇法制备银纳米颗粒，该方法可以有效制备单纯的银纳米球形颗粒，且颗粒粒径范围可控。具体制作内容如下：将 6 mL 乙二醇溶液在 165℃ 条件下加热 1 h，然后依次加入 0.08 mL 硼氢化钠溶液、1.5 mL 聚乙烯吡咯烷酮（Polyvinylpyrrolidone，PVP）溶液和 0.4 mL 硝酸银溶液，继续加热 20 min，得到灰色溶胶溶液证明银纳米颗粒已制备成功。整个制备过程选用油浴方式进行加热，加热载体选用二甲基硅油,通过磁力搅拌方式控制溶液混合速度。为确保合成后的银纳米颗粒溶胶发生团聚效应,溶胶无须清洗,直接放置在冰箱中 4℃低温冷藏。制备基底之前,利用去离子水和乙醇反复超声并离心 5 次以上,获得待用银纳米颗粒溶胶,建议清洗后立即进行基底制备,以避免颗粒在溶液中发生明显的团聚效应,从而影响基底的制备。

### 3.1.4 银纳米颗粒的表征分析

1. 颗粒形貌和尺寸

将上述制备的适量银纳米颗粒溶胶清洗,并溶于 4 mL 乙醇溶液中,再次超声 10 min 后,保持颗粒的分散性,取 2 μL 溶液滴加在干净的硅片上,空气条件下自然挥发干燥后备用。利用场发射扫描显微电镜(scanning electron microscope,SEM)观察硅片上沉积的银纳米颗粒形貌和尺寸,其主要原理是利用高速电压和电磁透镜完成对电子束的加速和聚焦,且物质与电子发生相互作用而激发出次级电子,再通过探头获取二次电信号,探测器将电信号变为光信号,并经放大器和光电倍增管完成由光信号到图像的转换,从而获取清晰的纳米颗粒图像。如图 3.1(a)所示,银纳米颗粒呈现出近似球状结构,颗粒表面光滑,表面无明显有机物残留,表明颗粒清洗干净。由图 3.1(b)所示,银纳米颗粒透射电镜图可明显看出颗粒呈现球状特征,颗粒度较为明显,且内部材质分布单一,表面无其他物质存在,颗粒粒径分布均匀。

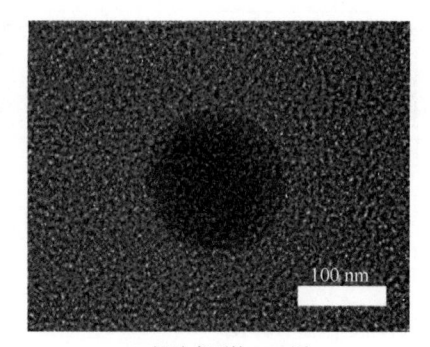

(a) 银纳米颗粒SEM图  (b) 银纳米颗粒TEM图

图 3.1　银纳米颗粒图

为进一步确定制备银纳米溶胶中颗粒粒径的分布情况,选用 Nano Measure 软件对图片中的颗粒进行粒径分布统计,其统计结果如图 3.2 所示,颗粒粒径大小分布在 70～230 nm,计算得到平均粒径大小为 150 nm,其相对标准偏差值达到 23.7%。分析其颗粒分布范围较大的原因是,利用多元醇法制备银纳米颗粒过程中,由于受温度、转速和浓度等多方面因素的影响,成核速度不同,导致颗粒大小不一。但颗粒平均粒径值为 150 nm,同样可以应用在 SERS 基底制备中,也可以获取到较多的增强"热点"分布。

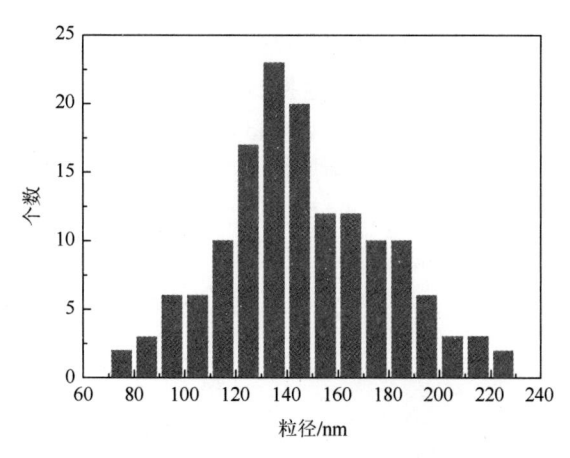

图 3.2 银纳米颗粒粒径分布图

**2. 颗粒成分分析**

将银纳米颗粒溶胶洗净后，装在 4 mL 离心管中，在 12000 r/min 转速离心 5 min 条件下，完成对银纳米颗粒的离心沉积；倒出上清液，将底部粉末取出自然挥发干燥备用。利用 X 射线粉末衍射仪（X-ray powder diffractometer，XRD）对上述制备的银纳米颗粒粉末进行测量。如图 3.3 所示，在全谱段范围内，出现 5 个镜面的衍射峰，分别对应于金属银的晶面取向，未出现其他杂质峰，这说明所测样品为面心立方结构的单相银纳米颗粒。其中，金属银 XRD 光谱参考数据来源于 ICSD 无机晶体结构数据库。

(a) 银纳米颗粒的XRD图

(b) 银纳米颗粒的XPS图

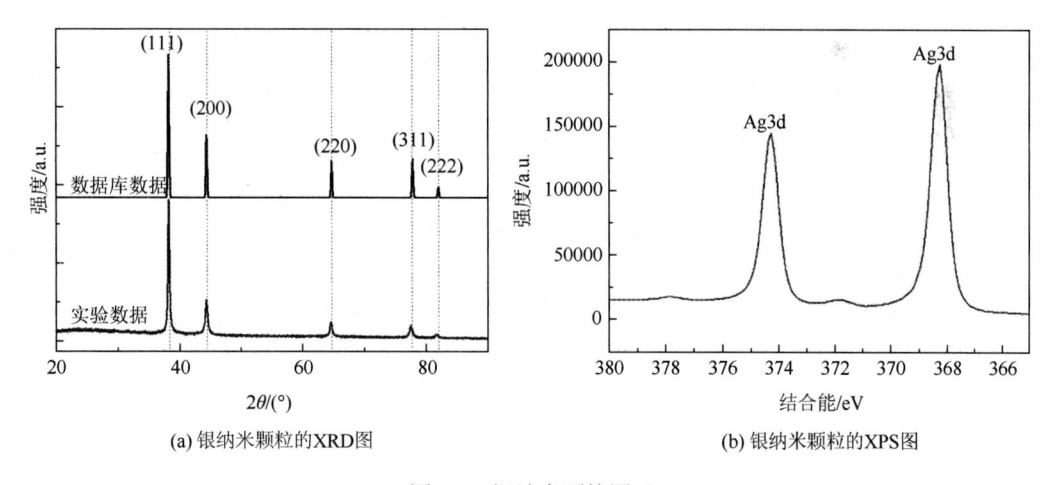

图 3.3 银纳米颗粒图示

如图 3.3（b）所示，对获取的银纳米颗粒进行 XPS 测试，其能谱图中主要结合能位置出现在 368 eV 和 374 eV 处，进一步确定纳米颗粒为银纳米颗粒。

## 3.1.5 金膜制备及表征

本章选用的金膜是由电子束蒸发系统（model Peva-600E）制备而成的，其主要原理是在高真空条件下，通过控制电子束轰击金靶材时间和电子速率，影响靶材的蒸发和溅射在硅片上的时间，从而获得不同厚度的金膜-硅片衬底。本章选定金膜的厚度为 100 nm，如图 3.4（a）所示，利用原子力显微镜（atomic force microscope，AFM）确定该金膜衬底表面粗糙度约为 2.24 nm。此外，为确定单一的金膜衬底不具备 SERS 效果，如图 3.4（b）所示，将 R6G 分子溶液滴加到金膜衬底上，检测其拉曼光谱，其结果表明激光照射条件下未在金膜表面产生局部电磁场的增强效应，因此金膜衬底自身不具备 SERS 效应。只有当表面金属膜的粗糙度达到 100 nm 时，粗糙金属表面才会产生较大的增强效应。

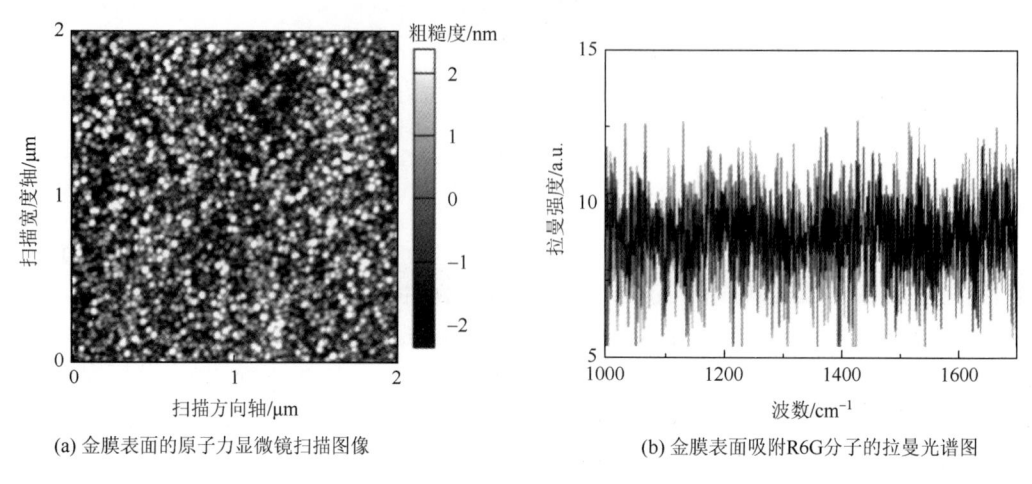

(a) 金膜表面的原子力显微镜扫描图像　　(b) 金膜表面吸附R6G分子的拉曼光谱图

图 3.4　金膜衬底图

## 3.2　界面自组装拉曼光谱表面增强基底制备方法

### 3.2.1　液-固界面自组装制备方法

液-固界面自组装制备方法主要利用颗粒自身所受重力将溶液中的金属纳米颗粒沉积在经修饰的衬底表面，从而在衬底表面形成较为致密的金属颗粒薄膜。如图 3.5 所示，具体制作流程如下。

（1）称取适量 BDT 分子加入 10 mL 烧杯中，再注入 5 mL 去离子水，搅拌后充分溶解，制成浓度为 0.1 mol/L 的 BDT 分子溶液。

（2）将洗净后的金膜衬底放置在 BDT 分子溶液底部，静置 4 h 以上。

（3）用镊子将经过分子修饰后的金膜衬底取出，并用酒精和去离子水冲洗多遍后，静置待用。

（4）利用 4 mL 离心管将合成的银纳米颗粒溶胶再次离心后超声一次，保证颗粒的分散性，随后倒入 5 mL 烧杯中。

（5）将修饰后的金膜衬底放置在银纳米溶胶底部，静置 12 h 以上。

（6）将沉积好的金膜衬底取出，再反复用酒精和去离子水冲洗多次后，放置在低温环境中自然挥发干燥。

（7）干燥后的基底可直接用于变压器油中特征物检测，也可以放置在半真空和低温环境中保存。

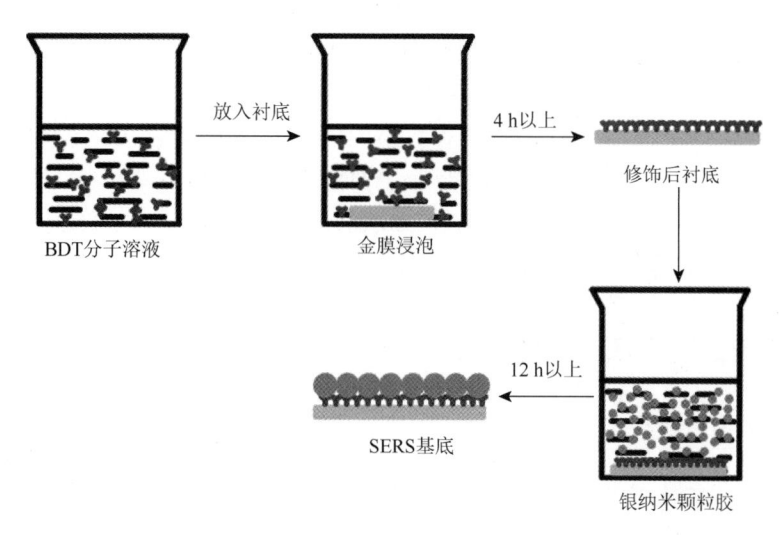

图 3.5　液-固界面自组装基底制备流程

## 3.2.2　气-液界面自组装制备方法

气-液界面自组装基底制备方法主要是利用金属纳米粒子受界面自由能最低原理的影响而在界面处发生颗粒的自组装行为，如图 3.6 所示，其具体制作流程如下。

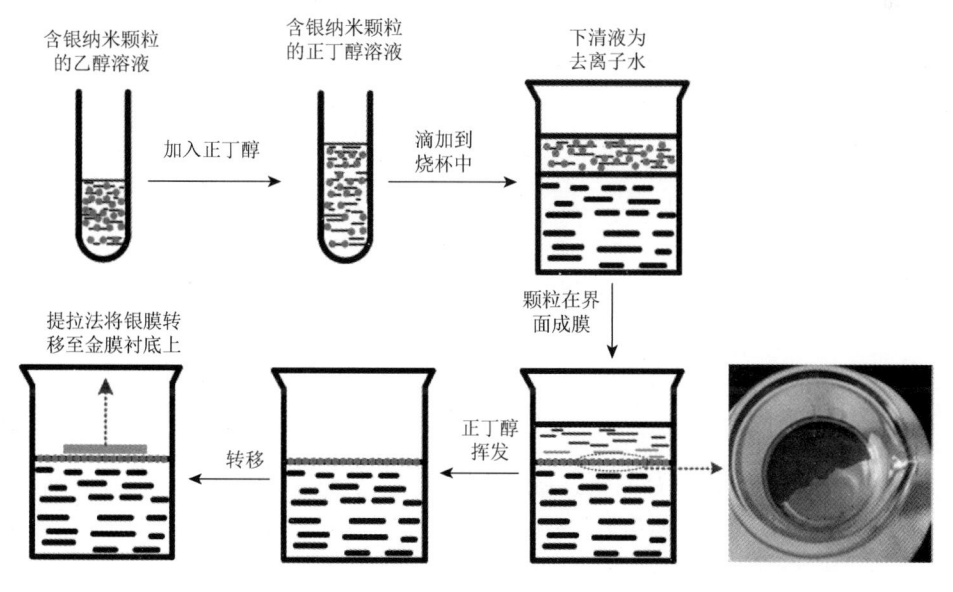

图 3.6　气-液界面自组装基底制备流程

（1）将合成的银纳米颗粒溶胶分别离心超声 5 次，洗干净后放置在酒精溶液中备用。

（2）将洗净后的银纳米颗粒乙醇溶液放置在离心机中，转速设为 1000 r/min，离心 5 min，倒出上清液后加入 0.5 mL 乙醇溶液，超声 10 min，保证颗粒均匀分散。

（3）向（2）中含银纳米颗粒乙醇溶液中加入 4 mL 正丁醇，制成含银纳米颗粒的油相。

（4）选用 25 mL 烧杯并加入适量去离子水，形成水相。

（5）将（3）中的油相溶液沿烧杯边缘逐滴加入水相表面，由于正丁醇与水不互溶，随着正丁醇在水面铺开，银纳米颗粒也不断在扩散，并最终形成银纳米薄膜。

（6）将（5）溶液静置 12 h 以上，保证上层油相溶液全部挥发，再利用提拉法将形成的银纳米薄膜转移到金膜衬底上，从而制成致密性银纳米颗粒 SERS 基底。

### 3.2.3　两种自组装制备方法的表征对比分析

*1. 液-固界面自组装基底表征分析*

根据 3.2.1 节提出的液-固界面自组装基底的制备方法，金膜表面沉积一层修饰分子，其目的是利用分子上特殊官能团实现对银纳米颗粒的吸附。这种特殊官能团包括氨基（—NH$_2$）、巯基（—SH）和氰基（—CN），这些官能团都会在贵金属（金和银）表面形成稳定的化学键，且化学键一旦形成基本不会发生脱离。选用 BDT 分子作为修饰分子的主要原因有以下几点：首先巯基官能团更容易与贵金属表面发生成键反应；其次是修饰分子之间不会发生成键反应，而氨基在贵金属表面受入射光强度的影响会发生分子间的催化反应，从而导致拉曼光谱检测过程中产生更多的拉曼信号；最后是 BDT 分子结构为苯环的对称两端有巯基，苯环在沉积过程中起到保持分子刚性的作用，使得分子在金膜表面上始终保持垂直吸附，更加有利于银纳米颗粒的吸附和沉积。如图 3.7 所示为 BDT 分子拉曼光谱图和分子结构图。由图 3.7 可知，BDT 分子拉曼特征峰为 1074 cm$^{-1}$、1186 cm$^{-1}$ 和 1561 cm$^{-1}$，相比于选用其他偶联剂分子，BDT 分子自身拉曼谱峰较少，且不会发生催化反应而产生更多的拉曼特征峰，从而不会对待测分子的拉曼谱峰产生干扰。

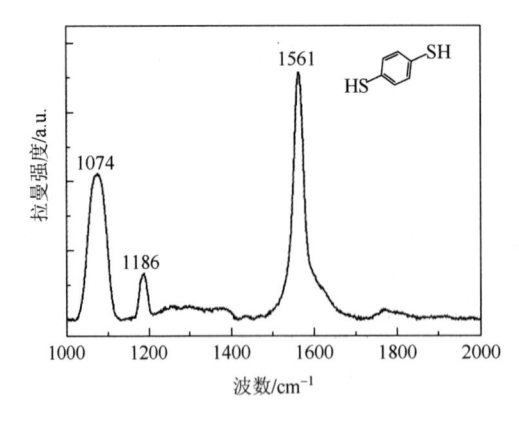

图 3.7　BDT 分子拉曼光谱图和分子结构图

如图 3.8 所示为液-固界面自组装 SERS 基底 SEM 图，银纳米颗粒受金膜表面修饰分子的吸附和自身重力的影响自动沉积在金膜衬底表面，由 SEM 图可以清晰地发现银纳米颗粒在金膜衬底上分散均匀，没有发生明显的团聚现象，这说明游离在溶液中的银纳米颗粒受金膜衬底上修饰分子的影响会快速向下沉积，从而形成较为均匀的单层银纳米颗粒膜。但照片中发现衬底表面出现较多的孔位且出现大颗粒堆积在小颗粒表面，分析产生这一现象的原因是在进行基底冲洗和干燥过程中小范围内的纳米颗粒因吸附不稳而移动。

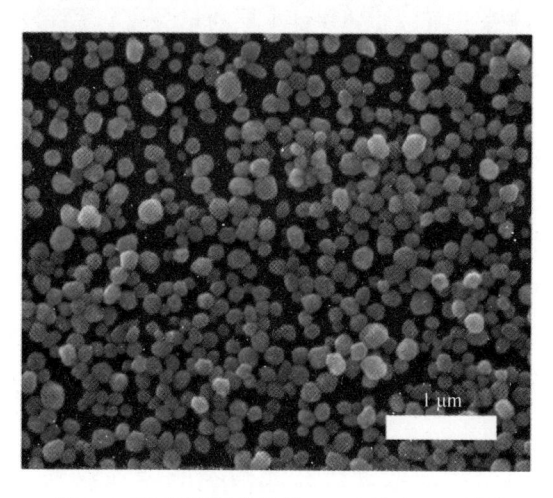

图 3.8 液-固界面自组装 SERS 基底 SEM 图

#### 2. 气-液界面自组装基底表征分析

根据 3.2.2 节提出的气-液界面自组装 SERS 基底流程制备 SERS 基底。如图 3.9 所示为气-液界面自组装 SERS 基底 SEM 图，其主要原理是利用油水界面表面张力完成对纳米颗粒的组装，银纳米颗粒分散在油相中，受重力影响而发生下沉现象，随后受到水的各向同性表面张力的影响使得颗粒稳定悬浮在水面上，又因为银纳米颗粒相互排斥作用，逐渐在水面铺开形成致密性银纳米颗粒薄膜。整个成膜过程中，油相的选取尤为重要，这里选用正丁醇作为油相的原因是正丁醇具有较低的蒸气压力。因为银纳米颗粒经表面张力压缩后又逐渐恢复到松散状态，所以只有当所选用的有机溶剂具有合适的蒸气压力才能形成稳定且完整的单层颗粒薄膜[138]。另外油相选择中还需要注意是否与水存在混溶关系，相关研究指出，有机溶剂具有与水混溶性是生成致密性单层膜的充分条件。整个过程中乙醇的添加也尤为重要，将银纳米颗粒分散在正丁醇溶液中，提前加入适量乙醇可以更好地使银纳米颗粒快速均匀地分散在正丁醇溶液中。此外，制备银纳米颗粒薄膜过程中，银纳米粒子的浓度也至关重要，浓度较高时容易形成多层膜，浓度过低就会导致薄膜致密性较差。

对上述两种方法所获取的 SEM 图进行初步对比，发现液-固界面组装方式制备的银纳米薄膜致密性相对较差，因为颗粒沉积过程主要依赖于颗粒的自由扩散，始终无法保证颗粒的沉积是均匀的，存在较大的随机性。而利用气-液界面自组装纳米颗粒制备 SERS

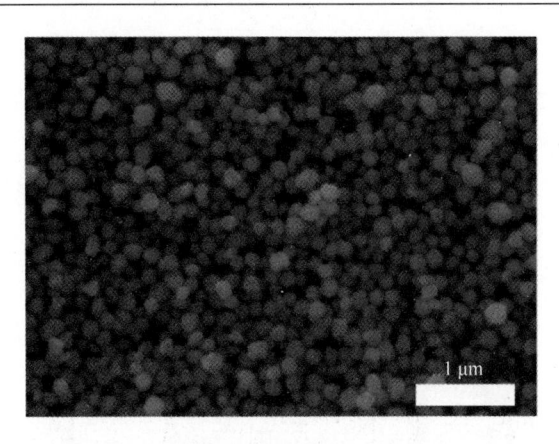

图 3.9  气-液界面自组装 SERS 基底 SEM 图

基底，利用水的界面张力和颗粒的排斥完成对银纳米颗粒的平铺，成膜过程更加可控且有效。因此初步确定气-液自组装方法更优于液-固自组装方法，该方法更加适用于制备高一致性 SERS 基底。

## 3.3 液-固界面自组装表面增强拉曼光谱基底增强效果及一致性分析

### 3.3.1 液-固界面自组装表面增强拉曼光谱基底增强效果

为确定液-固界面自组装表面增强拉曼光谱基底增强性能，将 3.2.1 节制备的 SERS 基底用于检测不同浓度 R6G 分子溶液。具体检测方法为将制备的 SERS 基底直接放置在一定浓度的分子溶液中，然后将波长为 532 nm 的激光聚焦在基底表面，获得相应的拉曼光谱。首先对浓度为 $10^{-5}$ mol/L 的 R6G 分子溶液进行检测，其检测结果如图 3.10（c）所示（红线）。为确定检测结果中各个拉曼特征峰所属情况，对 R6G 分子和空白 SERS 基底拉曼光谱进行检测，其检测结果如图 3.10（a）和（b）所示，分别对应于 R6G 分子拉曼谱峰（蓝色）和空白 SERS 基底（黑色）。由于液-固自组织 SERS 基底制备过程中，将 BDT 分子作为吸附分子，起到将银纳米颗粒吸附在金膜衬底表面上的作用，因此，空白 SERS 基底进行拉曼光谱检测过程中，其拉曼信号主要来源于吸附在金膜表面上 BDT 分子拉曼谱峰。由第 2 章仿真结果可知，选用金膜作为 SERS 基底的衬底，引起银纳米颗粒与金膜之间产生电场增强效应，并引起银纳米颗粒间电场增强效应增加。所以当分子吸附在金膜表面时，银纳米颗粒沉积处会引起此处产生较强分子拉曼信号。其次，对比分析图 3.10（a）和（c）发现，浓度为 $10^{-5}$ mol/L 的 R6G 分子溶液经 SERS 基底增强后，其拉曼光谱信号主要由 R6G 分子产生，分析其原因是大量 R6G 分子经自由扩散后吸附在银纳米颗粒表面，吸附在颗粒间的 R6G 分子受入射激光激发和颗粒间较强的电场增强效应产生较大的拉曼光谱信号。由第 2 章仿真结果发现，颗粒间的电场增强效应大于颗粒与衬底间，分析原因是颗粒间电荷密度更大。当一定浓度的 R6G 分子吸附在颗粒间时，颗粒间的分子拉曼信号大于颗粒与衬底间分子拉曼信号，因此拉曼光谱信息来源于颗粒间分子信号。

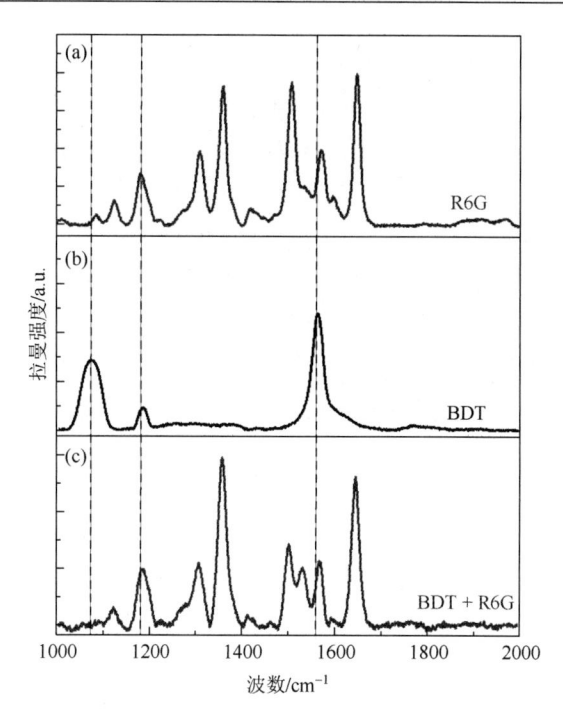

图 3.10　自组装表面增强拉曼光谱基底增强性能检测结果（浓度为 $10^{-5}$ mol/L）

（a）R6G 分子拉曼特征谱图；（b）液-固自组装 SERS 基底拉曼光谱检测图；
（c）液-固自组装 SERS 基底检测 R6G 分子溶液拉曼光谱图

为进一步确定其原因，对浓度为 $10^{-6}$ mol/L 的 R6G 分子溶液进行 SERS 检测，其检测结果如图 3.11（c）所示。对比分析图 3.11（c）和图 3.10（c）发现，受 R6G 分子浓度降低的影响，拉曼光谱发生较大变化。结合图 3.11（a）和（b）可知，当 R6G 分子浓度为 $10^{-6}$ mol/L 时，吸附在颗粒间的分子数量减少，造成 R6G 拉曼信号大幅降低，而颗粒与衬底间的 BDT 分子数量未发生变化，从而引起颗粒与衬底间的分子拉曼信号占主导位置。这一规律对于分析溶液中痕量待测分子拉曼信号不利，引入的分子拉曼信号对待测分子信号产生较大影响，如特征峰重叠和荧光波包等，造成待测分子拉曼光谱定量分析变得更加困难。

如图 3.12 所示，将液-固自组装纳米衬底应用于不同 R6G 分子浓度中进行拉曼光谱检测，随分子浓度的降低，其拉曼光谱发生较为明显的变化。首先，受 R6G 分子浓度降低的影响，R6G 分子拉曼信号由主导地位转变为次要位置；其次，随 R6G 分子浓度降低其拉曼特征峰明显减小。当 R6G 分子浓度为 $10^{-5}$ mol/L 时，观察波段为 1500~1600 cm$^{-1}$ 范围，发现此处 R6G 特征峰与分子原位拉曼光谱不同，分析其主要原因是此处受衬底表面吸附 BDT 分子在 1581 cm$^{-1}$ 处拉曼特征峰的影响，且随着目标分子 R6G 浓度降低，影响程度大幅上升。如图 3.12 右图所示，截取波段 1270~1400 cm$^{-1}$ 范围内不同 R6G 分子浓度拉曼光谱，发现 R6G 分子特征峰 1360 cm$^{-1}$ 处拉曼信号逐渐降低，且空白 SERS 基底对应拉曼光谱在 1360 cm$^{-1}$ 处不存在拉曼特征峰，因此，将特征峰 1360 cm$^{-1}$ 选定为目标分子分析拉曼特征峰。当 R6G 分子浓度为 $10^{-9}$ mol/L 时，目标分子拉曼特征峰强度

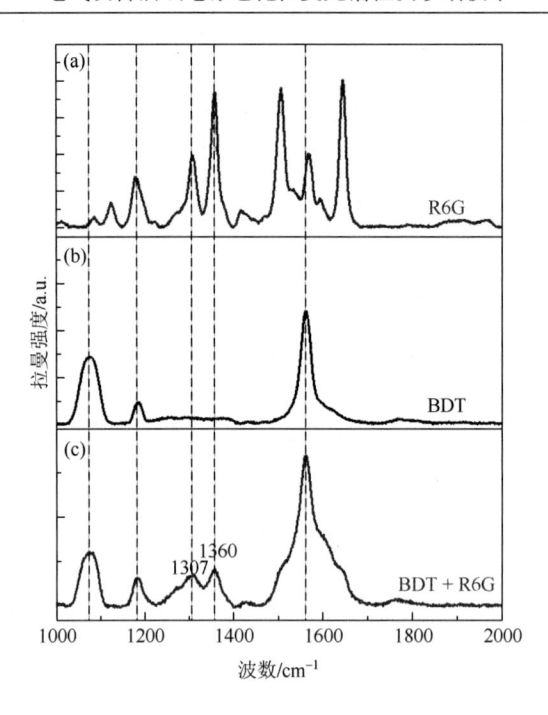

图 3.11 自组装表面增强拉曼光谱基底增强性能检测结果（浓度为 $10^{-6}$ mol/L）

(a) R6G 分子拉曼特征谱图；(b) 液-固自组装 SERS 基底拉曼光谱检测图；
(c) 液-固自组装 SERS 基底检测 R6G 分子溶液拉曼光谱图

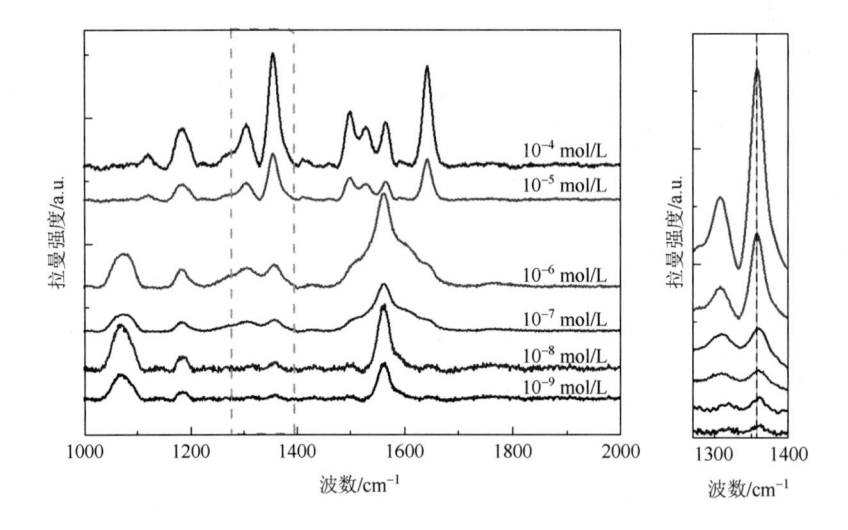

图 3.12 基于液-固自组装 SERS 基底的不同浓度 R6G 分子溶液拉曼光谱检测结果

右图为 1270～1400 cm$^{-1}$ 波段内特征峰对浓度变化情况

很弱，更多信号来源于 BDT 分子信号，分析其原因是吸附在颗粒间的目标分子数量较少，对应拉曼信号大幅衰减。

## 3.3.2 液-固界面自组装表面增强拉曼光谱基底一致性

为确定液-固界面自组装 SERS 基底用于检测目标分子拉曼光谱的一致性，实验检测过程中，对同一 R6G 分子浓度（$10^{-4}$ mol/L）和同一 SERS 基底，不同位置处进行拉曼光谱检测，其检测结果如图 3.13（a）所示，不同位置处的拉曼光谱特征基本相同。待测分子处于溶液中，浓度分布均匀，因此不存在由目标分子浓度分布不均匀而引起的光谱特征不同。由图 3.8 可知，一定区域范围中银纳米颗粒分布较为均匀，不存在明显的团聚现象，对应增强"热点"的分布也相对均匀，对目标分子都产生相近的增强效果。另外，外部环境因素的影响和设备自身的波动基本可以忽略不计。但对不同检测位置条件下，R6G 分子拉曼特征峰 1360 cm$^{-1}$ 处拉曼峰强度进行分析，如图 3.13（b）所示，其特征峰强度基本都保持在 60000 左右。通过计算相对标准偏差值对其数据分布情况进行分析，得到相对标准偏差值为 14.55%。相对标准偏差值较大，因此该基底仅适用于定性分析目标分子拉曼光谱，很难用于建立定量分析模型。

(a) 同一SERS基底不同位置检测R6G分子拉曼光谱

(b) 不同检测位置的拉曼特征峰强度

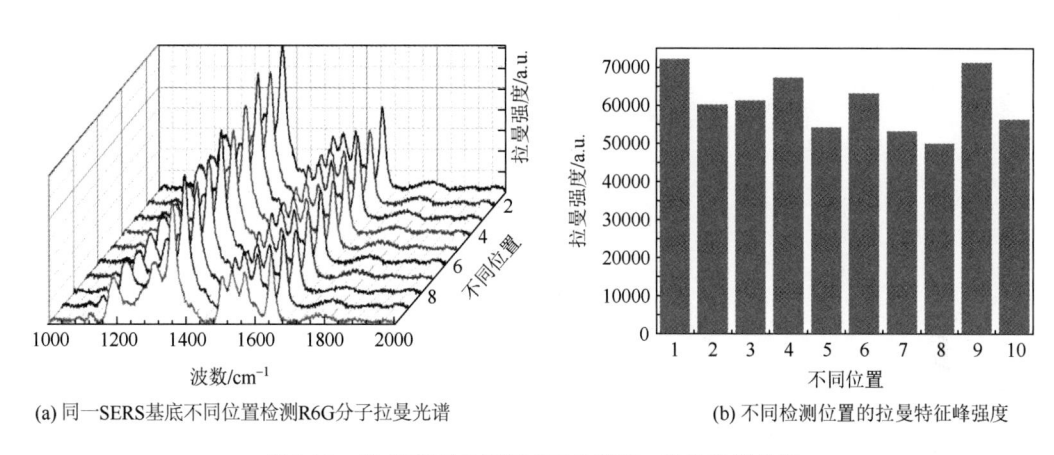

图 3.13 液-固界面自组装 SERS 基底一致性检测结果

由上述实验结果可知，利用液-固自组装 SERS 基底检测不同浓度 R6G 分子溶液，发现受修饰分子 BDT 影响，当目标分子浓度较低时，拉曼信号主要来源于 BDT 分子，而目标分子基本被覆盖。另外，对同一 SERS 基底不同位置的拉曼信号进行检测，其检测光谱特征基本相同，但对于目标分子标定拉曼特征峰处强度的分布情况较差，很难适用于建立不同目标分子浓度与特征峰强度之间的定量分析关系。

## 3.4 气-液界面自组装表面增强拉曼光谱基底增强效果及一致性分析

### 3.4.1 气-液界面自组装表面增强拉曼光谱基底增强效果

为确定气-液界面自组装表面增强拉曼光谱基底的增强效果，将制备好的 SERS 基底用于检测不同浓度的 R6G 分子溶液,具体检测过程与上述方法相同。如图 3.14 所示,红线代表用 SERS 基底检测 R6G 分子溶液的拉曼光谱,黑线代表直接检测空白基底的拉曼光谱,蓝线代表 R6G 分子的本征拉曼特征谱峰。明显发现空白基底自身没有明显拉曼特征谱峰,与液-固自组装 SERS 基底不同,气-液自组装过程中没有引入其他分子,仅仅依赖于油水界面的张力完成对银纳米颗粒的组装。对比分析图 3.14(a)和(b)可知,利用气-液自组装 SERS 基底检测 R6G 分子拉曼峰,其表面增强效果主要通过 R6G 分子的拉曼特征谱峰体现出来。表明 R6G 分子通过扩散作用吸附到银纳米颗粒表面,在激光入射和颗粒间电场增强效果的作用产生很大的拉曼信号。其增强效果直接与 SERS 基底上银纳米颗粒形成的增强"热点"有关,"热点"分布越多,对分子拉曼信号的增强效果越明显。

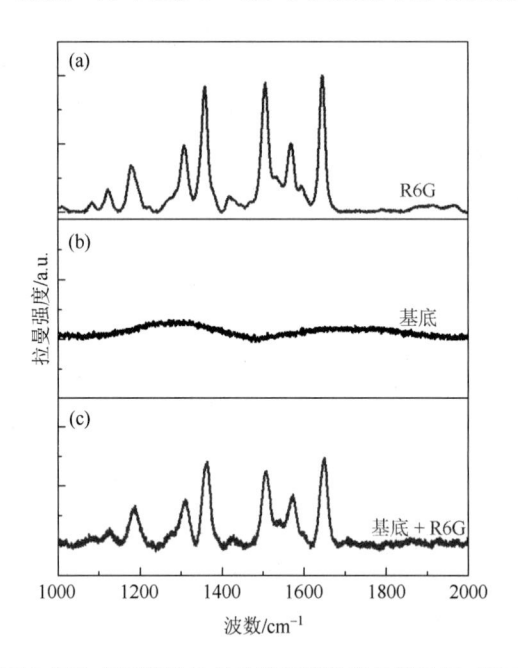

图 3.14 气-液界面自组装表面增强拉曼光谱基底性能检测结果(浓度为 $10^{-5}$ mol/L)
(a) R6G 分子拉曼特征谱图;(b) 气-液自组装 SERS 基底拉曼光谱检测图;
(c) 气-液自组装 SERS 基底检测 R6G 分子溶液拉曼光谱图

如图 3.15 所示,利用气-液自组装基底对不同浓度梯度的 R6G 分子溶液进行拉曼光谱检测。明显发现随着 R6G 分子浓度的降低,检测得到的拉曼信号强度逐渐减弱。原因是随着目标分子浓度的降低,目标分子吸附在银纳米颗粒表面的浓度降低,相应获取到的目标分子拉曼信号强度就降低。值得注意的是,R6G 自身拥有较多的本征拉曼特征谱峰,因此在实验检测过程中会发现较多的目标分子拉曼特征峰。其中较为明显的特征峰包括 1090 $cm^{-1}$、1128 $cm^{-1}$、1185 $cm^{-1}$、1312 $cm^{-1}$、1360 $cm^{-1}$、1511 $cm^{-1}$、1573 $cm^{-1}$、1650 $cm^{-1}$。从气-液自组装 SERS 基底检测特征光谱上明显发现,随着 R6G 分子浓度的逐渐降低,各个特征谱峰的降幅不同,部分拉曼谱峰甚至被基底噪声所覆盖,只有特征峰 1360 $cm^{-1}$ 和 1650 $cm^{-1}$ 较为明显,特别是当浓度为 $10^{-9}$ mol/L 时。上述实验检测过程中,根据特征峰选定原则将 1360 $cm^{-1}$ 选定为液-固自组装 SERS 基底检测 R6G 分子的特征拉曼峰。而通过气-液界面自组装基底的检测结果对比发现，波峰 1650 cm$^{-1}$ 处信号比 1360 cm$^{-1}$ 处信号更加明显。因此根据特征峰选定规则将 1650 cm$^{-1}$ 选定为气-液界面自组装 SERS 基底检测 R6G 分子拉曼信号的特征峰。

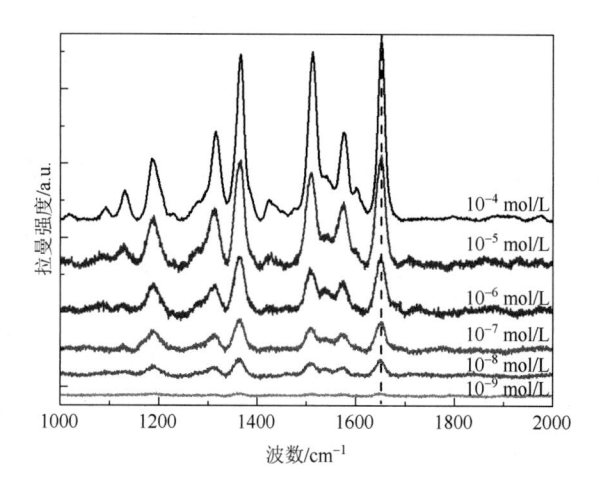

图 3.15 基于气-液自组装 SERS 基底的不同浓度 R6G 分子溶液拉曼光谱检测结果

### 3.4.2 气-液界面自组装表面增强拉曼光谱基底一致性

同样地，为确定气-液自组装 SERS 基底的一致性，对同一基底的不同位置进行 SERS 实验检测，其检测结果如图 3.16（a）所示，其中目标分子 R6G 的浓度为 $10^{-4}$ mol/L。由图明显发现，不同位置处获取的 R6G 分子拉曼光谱特征基本保持相同，说明 SERS 基底不同位置上都存在增强"热点"，且增强"热点"的分布情况大致相同。这一结果与图 3.9 所示的 SERS 基底 SEM 图相一致，金膜表面形成较为致密的银纳米颗粒薄膜，在入射光照射下，颗粒与颗粒之间都互相形成较强的电场增强效果。另外，为进一步确定各个位置处的拉曼信号增强情况，将选定的 R6G 分子特征峰 1650 cm$^{-1}$ 处拉曼信号强度值单独

(a) 同一SERS基底不同位置检测R6G分子拉曼光谱

(b) 不同检测位置的拉曼特征峰强度

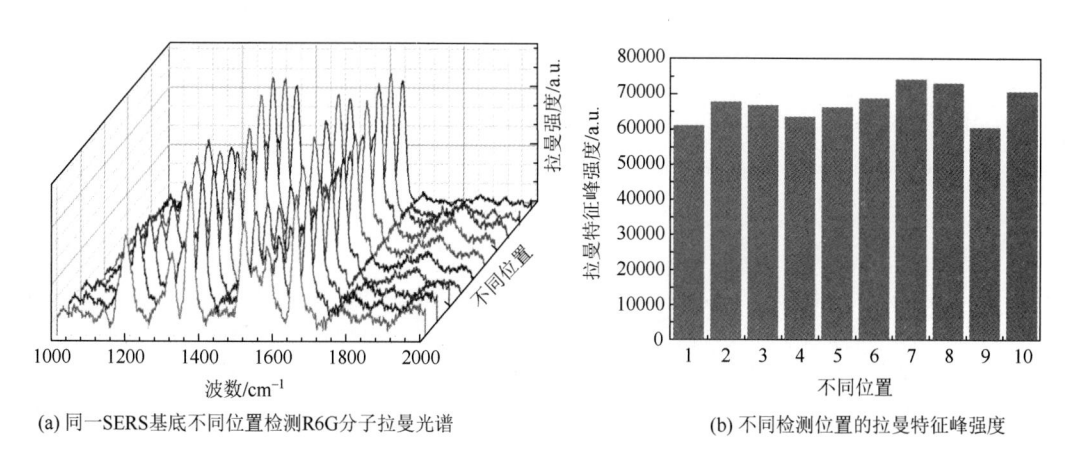

图 3.16 气-液自组装 SERS 基底的一致性检测结果

挑选出来,如图 3.16(b)所示,特征峰强度在不同位置存在差异。通过计算不同位置处获取的 R6G 分子 1650 cm$^{-1}$ 处特征峰强度分布情况,获得数据组的相对标准偏差值仅为 9.8%,表明数据的离散度相比前者的结果更优,获取的 SERS 基底"热点"分布情况更均匀,具备良好的 SERS 基底一致性。

## 3.5 两种界面自组装表面增强拉曼光谱基底性能对比分析

利用液-固自组装 SERS 基底和气-液自组装 SERS 基底对相同的目标分子(R6G)进行检测,其检测结果表明两种基底都具备对 R6G 分子拉曼信号增强的功能。根据第 2 章仿真结果,银纳米颗粒增强性能直接与衬底、颗粒间距和颗粒大小相关。上述两种 SERS 基底制作方法,从实验制作上确定其选用的相同金膜衬底和相同银纳米颗粒,而颗粒间距根据图 3.8 和图 3.9 可知存在差异,明显发现气-液自组装 SERS 基底上银纳米颗粒分布更加致密,所以在相同激光照射面积范围内,气-液自组装 SERS 基底上分布的增强"热点"更多,能够获取到的 R6G 分子拉曼信号更强。

检测结果如图 3.17 所示,图(a)和(b)分别表示两种 SERS 基底检测浓度为 10$^{-9}$ mol/L 的 R6G 分子拉曼光谱图,发现液-固自组装基底的拉曼光谱强度更强,而气-液自组装 SERS 信号相对较弱,这与前者分析结果相反。分析其主要原因是此时 R6G 分子浓度较低,液-固自组装 SERS 基底上获取的拉曼信号更多来自 BDT 分子而不是 R6G 分子,因此应主要针对目标分子特征峰进行拉曼特征峰强度对比分析。如图 3.18 所示,截取波段

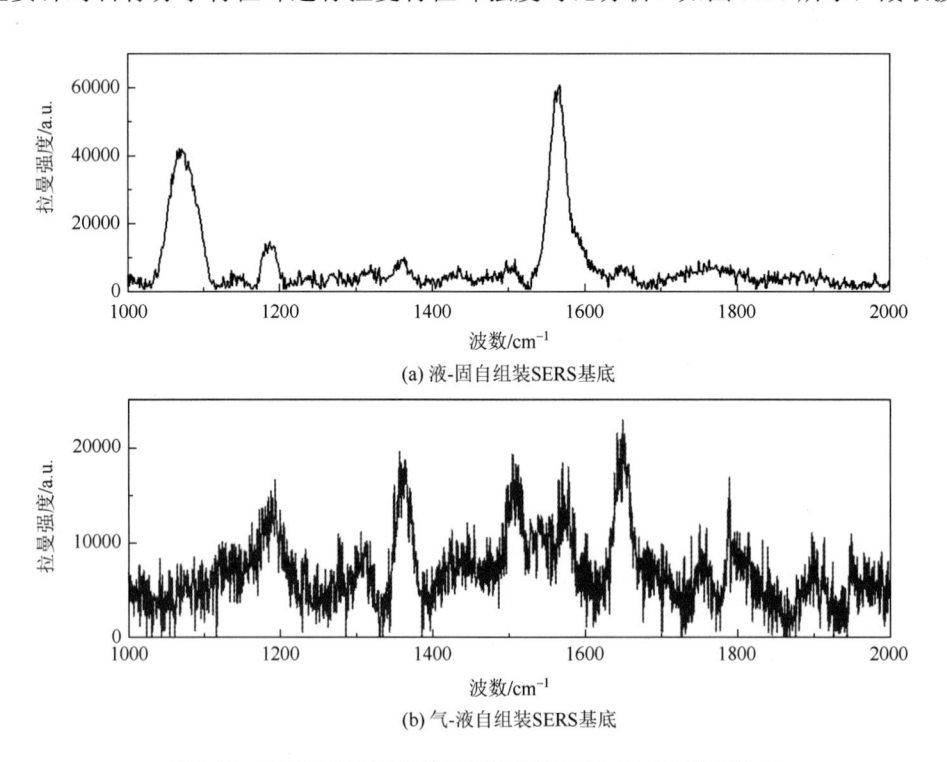

图 3.17 两种 SERS 基底检测相同浓度 R6G 分子拉曼光谱图

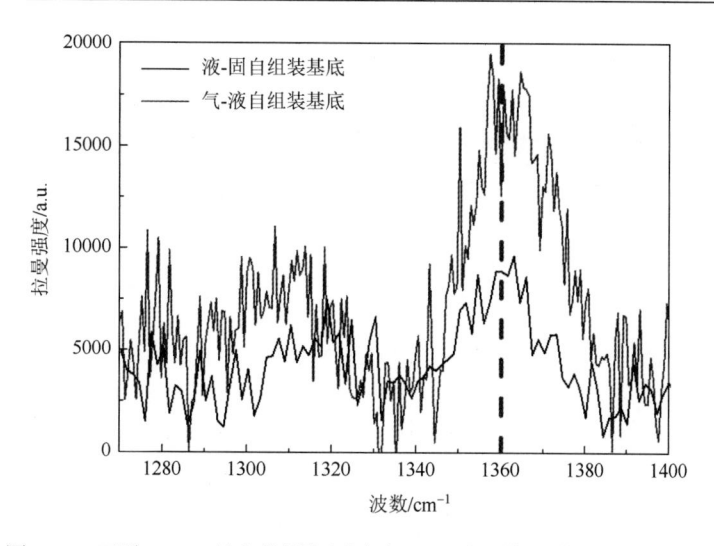

图 3.18 两种 SERS 基底检测相同浓度 R6G 分子特征波段拉曼光谱图

1270~1400 cm$^{-1}$ 范围内两种 SERS 基底检测 R6G 分子拉曼光谱图，发现在特征峰 1360 cm$^{-1}$ 处利用气-液自组装 SERS 基底获取的拉曼光谱强度大于液-固自组装 SERS 基底，说明气-液自组装 SERS 基底上存在更多的增强"热点"，从而获得更强的目标分子拉曼信号。此外，两种基底最大的差别是基底的一致性，两种基底对同一浓度条件下的目标分子检测，不同位置处的拉曼光谱特征峰强度的分布相对标准偏差值分别为 14.55%和 9.8%，这表明气-液自组装 SERS 基底不仅具备更优的增强效果，存在更多的增强"热点"，并且还具备较高的一致性。

# 第4章 金银核壳结构表面增强拉曼光谱基底的增强效果及一致性

根据第 3 章实验结果，利用 PVP 作为还原剂制备银纳米颗粒，虽然可以获取大批量的银纳米球形颗粒，但当所需颗粒粒径尺寸达到 150 nm 时，制备过程中不可控因素较多，其颗粒粒径分布范围较大，导致制备 SERS 基底的一致性较差，无法有效满足实际特征物检测的定量分析。因此，制备粒径大小在 150 nm 左右且粒径均匀的银纳米颗粒是解决 SERS 基底一致性的另一关键因素。本章主要将金纳米颗粒制备的均匀性与银纳米颗粒较强的增强性能相结合，制备一种金银核壳结构代替传统的银纳米颗粒，从而获取粒径分布均匀的金属纳米颗粒，满足 SERS 基底在实际应用过程中所必备的高一致性。

## 4.1 金银核壳结构的制备与表征分析

### 4.1.1 材料与试剂的选择

除 3.1.1 节中包括的制备所需材料外，还需要购置制备金纳米种子所需材料，其中包括：四氯金酸（$HAuCl_4$）和柠檬酸三钠（$C_6H_5O_7Na_3$），均购置于阿拉丁化学试剂公司，且四氯金酸的纯度达到 99.9%以上。为获得金银核壳结构，还需要购置抗坏血酸（$C_6H_8O_6$）作为还原剂实现在金纳米颗粒表面包裹一层银纳米薄膜，该药品同样购置于阿拉丁化学试剂公司，且其为分析纯，其纯度可达 99%以上。

此外，除上述所需纳米材料制备实验器材，还根据特殊需要在保定兰格恒流泵有限公司购置机械注射泵（LSP01-3A），注射器规格选用 1 mL，其注射流量范围为 0.08 μL/min～1.1373 mL/min。

### 4.1.2 金银核壳结构的制备方法

1. 金纳米种子的合成

金纳米种子的合成主要参考文献[139]提出的利用柠檬酸三钠作为还原剂制备球形金纳米颗粒的方法,具体合成方法如下：量取 20 mL 去离子水加入到圆底烧瓶中，再将 60 μL 浓度为 0.1 mol/L 的四氯金酸溶液滴入；利用油浴搅拌加热至 90℃后将 0.15 mL 浓度为 1%（质量分数）的柠檬酸三钠加入；1 min 左右溶液逐渐变红，再持续加热 10 min 后停止，将圆底烧瓶取出并保持自然冷却，最终将溶液取出备用。

## 2. 金银核壳结构的合成

金银核壳结构的合成主要参考文献[140]提出的制备方法，其主要制备过程为：首先量取 20 mL 去离子水加入圆底烧瓶中，将 1 mL 制备的金纳米种子溶液滴加，再将提前备好的 1 mL 浓度为 1%的柠檬酸三钠溶液和 3 mL 浓度为 0.02 mol/L 的抗坏血酸溶液逐次加入；然后，利用油浴加热的办法将混合溶液加热至 40℃，并保持加热 15 min 以上；再将提前配制的 750 μL 浓度为 0.01 mol/L 的硝酸银溶液装配在注射泵上，保持注射速度为 0.08 mL/min 滴加到混合溶液中，整个过程都需保持油浴温度为 40℃；完成注射后，继续保持加热 30 min 后将烧瓶取出，自然冷却后将溶液取出洗净备用。

### 4.1.3 金银核壳结构的表征分析

#### 1. 颗粒形貌和尺寸分析

为确认合成过程中各种贵金属纳米颗粒具体形貌，将上述制备的金纳米种子溶液和金银核壳结构纳米颗粒溶液洗净后进行形貌表征。如图 4.1 所示，从图（a）可以明显发现金纳米颗粒的形貌均为球形颗粒，粒径分布均匀，粒径基本保持在 50 nm 左右。图（b）为单一金纳米颗粒透射电镜图，可以发现颗粒表面光滑且材质单一。值得注意的是，可以通过控制柠檬酸钠的浓度来改变金纳米颗粒的粒径，且制备出的小尺寸金纳米颗粒粒径分布都非常均匀。

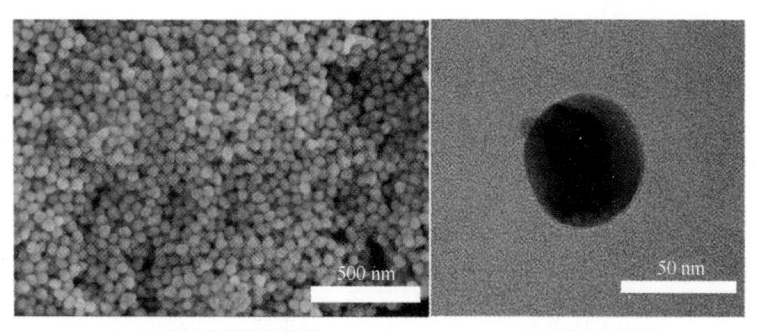

(a) 金纳米颗粒电镜图　　　　　(b) 透射电镜图

图 4.1　金纳米颗粒电镜图和透射电镜图

如图 4.2 所示，由不同标尺下的金银核壳结构纳米颗粒的电镜图可以明显发现颗粒形貌均为球状颗粒，且粒径分布均匀。由插图中的透射电镜图可知，该贵金属纳米结构为标准的核壳结构。

同样地，利用软件对颗粒粒径分布情况进行统计分析。如图 4.3 所示，分别是合成出的金纳米种子和金银核壳结构纳米颗粒的粒径分布情况，可以明显发现金纳米种子尺寸主要集中在 40~60 nm 范围内，计算得到平均粒径大小为 50 nm，表明合成得到的金纳米种子具备较好的尺寸均一性。另外，由图 4.3（b）可知，金银核壳结构纳米颗粒尺寸主要分布在 130~170 nm 范围内，计算得到平均粒径大小为 150 nm。为统计粒径数据离散

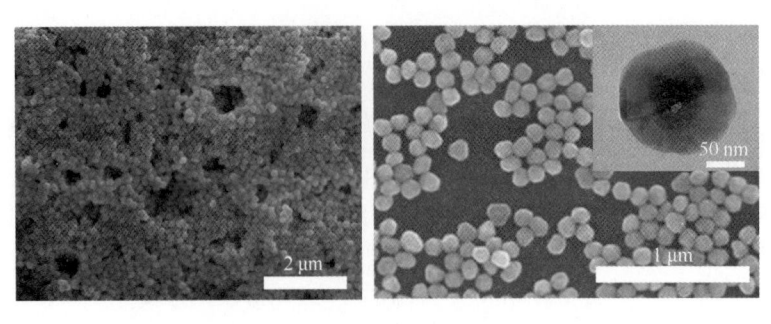

图 4.2　金银核壳结构纳米颗粒电镜图

插图为透射电镜图

(a) 金纳米颗粒粒径分布图　　(b) 金银核壳结构纳米颗粒粒径分布图

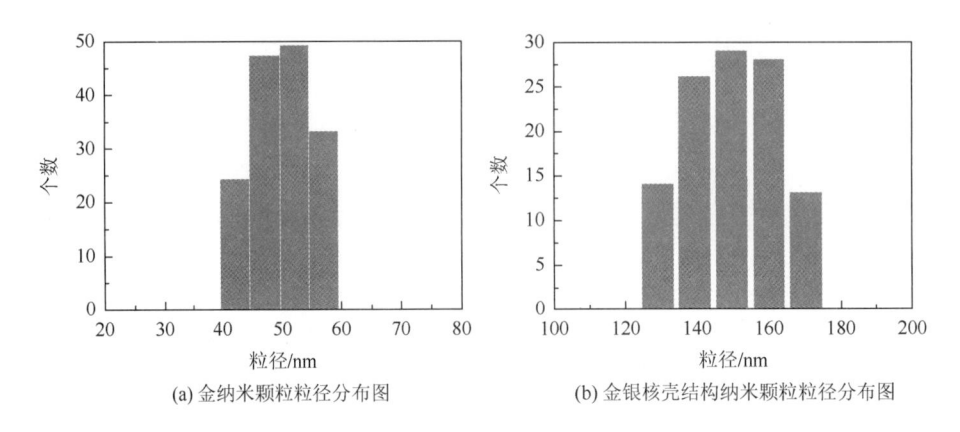

图 4.3　颗粒粒径分布图

情况,计算得到其相对标准偏差值为 11.2%,仅为第 3 章合成的纯银纳米颗粒粒径分布情况的一半,充分说明金银核壳结构纳米颗粒具备更高的粒径均一性,更适用于制作高一致性 SERS 基底。

2. 颗粒成分分析

将制备好的金纳米种子溶液和金银核壳结构纳米颗粒进行成分分析,如图 4.4 所示,利用 X 射线光电子能谱仪(X-ray photoelectron spectroscopy,XPS)对样品进行分析,发现金纳米颗粒成分主要为金。而对核壳结构纳米颗粒分析发现其表面主要成分是银,未能检测到内部金的原因是 XPS 仪器的测试深度仅能达到 10 nm,由金银核壳结构纳米颗粒的透射电镜图可知,外层银壳层的厚度达到 50 nm,因此 XPS 测试无法准确测试到核内的元素成分。

此外,为确定金银核壳结构纳米颗粒的主要成分情况,利用透射电子显微镜的能谱分析功能对纳米颗粒进行成分分析,其结果如图 4.5 所示,发现金银核壳结构纳米颗粒主要成分为金和银,其中硅峰的出现是由于测试过程中选用硅片作为实验测试衬底。同时,金银核壳结构中金元素占比为 9.53%,而银元素占比为 75.42%,表明银元素占据金银核壳结构的主要地位。

(a) 金纳米颗粒XPS能谱图  (b) 金银核壳结构纳米颗粒XPS能谱图

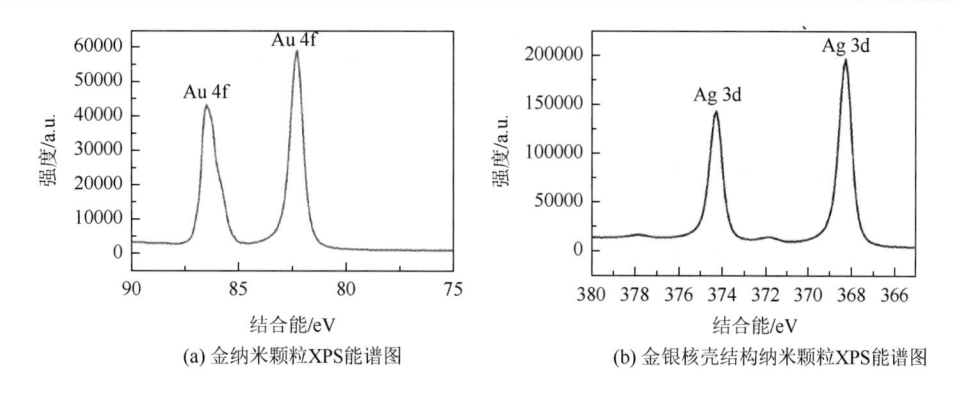

图 4.4　颗粒 XPS 能谱图

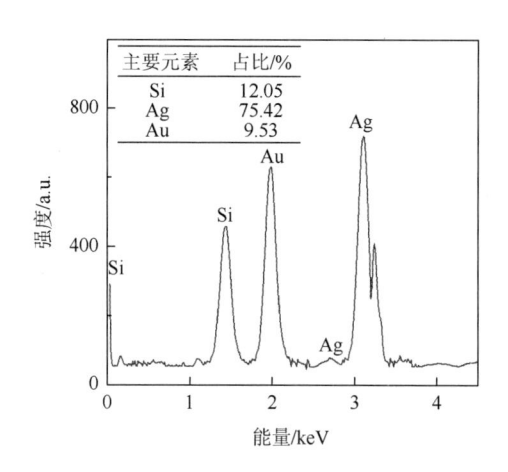

| 主要元素 | 占比/% |
|---|---|
| Si | 12.05 |
| Ag | 75.42 |
| Au | 9.53 |

图 4.5　金银核壳结构纳米颗粒的 EDS 图

场发射透射电镜分析

**3. 金属颗粒成核分析**

金属纳米颗粒的形成过程遵循 20 世纪 50 年代早期提出的机理[141]，如图 4.6 所示。这一机制基于对单分散硫胶体溶液相合成的广泛研究。在金属纳米晶合成的背景下，金属原子的浓度随着前驱体的分解（通常是通过加热或超声波作用）而稳定地增加。一旦原子的浓度达到过饱和点，原子开始通过自成核（或均匀成核）聚集成小团簇（即原子核）。一旦形成，这些原子核就会加速生长，溶液中金属原子的浓度也会下降。如果原子的浓度迅速下降到最小过饱和度以下，就不会发生额外的成核事件。通过前驱体的不断分解，原子核将成长为尺寸越来越大的纳米晶体，直到纳米晶体表面的原子和溶液中的原子达到平衡状态。

对于银纳米颗粒而言，在生长初期，主要由扩散控制生长，其生长晶向主要依赖于晶向（111），可形成球状晶体。但随着尺寸的变化，其生长方向越来越倾向于晶向（100），形成多面体结构晶体。同时，随着尺寸在变化，生长过程由扩散控制转变为反应控制，使得颗粒的生长过程更易受到外界因素的影响，从而导致各个颗粒的生长速度不同，且

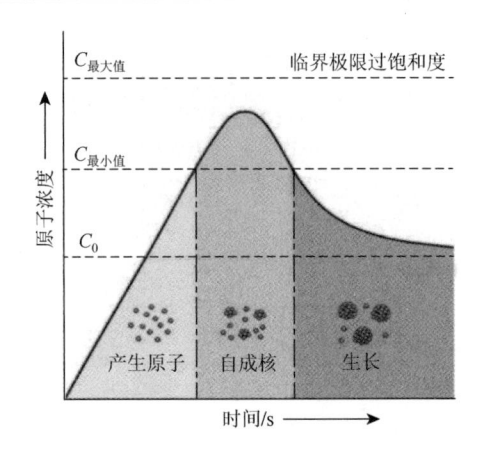

图 4.6 颗粒成核过程中原子浓度与时间的关系

其形貌结构由球体转变为多面体。而对于金银核壳结构，充分利用小尺寸金纳米颗粒生长过程中形状的均匀性和金银相近的晶体结构，从而实现在金纳米种子表面包裹上一层一定厚度的银纳米壳层，从而完成对大尺寸金属纳米颗粒的均匀制备。

## 4.2 金银核壳结构表面增强基底制备与表征

### 4.2.1 金银核壳结构 SERS 基底制备方法

首先将制备好的金银核壳结构纳米颗粒溶液经多次超声和离心后洗净，将 4 mL 金银核壳结构银纳米颗粒溶胶离心沉淀后，加入 0.5 mL 乙醇溶液和 4 mL 正丁醇溶液；然后对混合溶液进行超声，为保证颗粒在溶液中的分散性，应保证溶液超声时间大于 10 min，并且保证立即使用，分散好的纳米颗粒混合溶液缓慢滴入含一定量水溶液的 25 mL 烧杯中，随溶胶的滴入，含颗粒的混合溶液在水面进行平铺扩散，形成油水界面；最后，等待静置完成后利用提拉的方式将纳米颗粒薄膜转移到金膜衬底上，制成致密性金银核壳结构纳米颗粒 SERS 基底。

### 4.2.2 金银核壳结构 SERS 基底表征

如图 4.7 所示为利用金银核壳结构纳米颗粒制备 SERS 基底的电镜图，明显发现纳米颗粒粒径分布均匀，且保持密排结构。由第 3 章气-液自组装 SERS 基底的原理可知，金银核壳结构纳米颗粒受油水界面上张力和斥力的相互作用在水面上形成颗粒的薄膜，经金膜衬底转移后制成 SERS 基底。插图为金银核壳结构纳米颗粒制成 SERS 基底的透射电镜图，发现颗粒间的距离较为均匀，说明制备 SERS 基底从结构上看具备良好的颗粒和间距的均匀性，所以该基底适用于作为高一致性检测目标分子 SERS 基底。

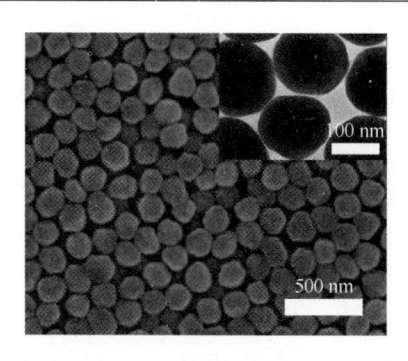

图 4.7　金银核壳纳米颗粒制备 SERS 基底电镜图

插图为透射电镜图

## 4.3　金银核壳结构表面增强拉曼光谱基底电场及增强因子仿真

为提高化学合成银纳米颗粒粒径的均一性,选用金银核壳结构作为 SERS 基底的增强材料。由上述获取的金银核壳结构的电镜图可知,金银核壳粒径分布范围远小于纯银纳米颗粒,该结构更适用于制备高一致性 SERS 基底。此外,由第 2 章仿真结构可知,当材质选用纯银纳米颗粒,银纳米颗粒粒径为 150 nm 时,其增强效果最明显;纳米结构的材质也会影响其增强效果,所以本节针对金银纳米核壳结构进行电场分布仿真研究,确定最佳金银核壳结构粒径及粒径对增强因子的影响规律。

### 4.3.1　模型构建

该模型构建步骤与前面相同,主要区别在于其结构不同,如图 4.8 所示,仿真模型中利用分层的方式获得这种特殊核壳结构,且为减小仿真模型与实际的差别,对内部分截面进行忽略处理,从而获得整体性较好的金银核壳结构。其内部材质为金,尺寸根据实验表征结果确定粒径设为 50 nm;外部是介电常数所定义的银材质,其壳层厚度可通过仿真需要进行优化处理,其优化范围设定为 5~75 nm。整个模型同样选用柱状结构,边界条件为散射边界,入射光波长同样设定为 532 nm,有限单元网格最小单元格设定为 2 nm。

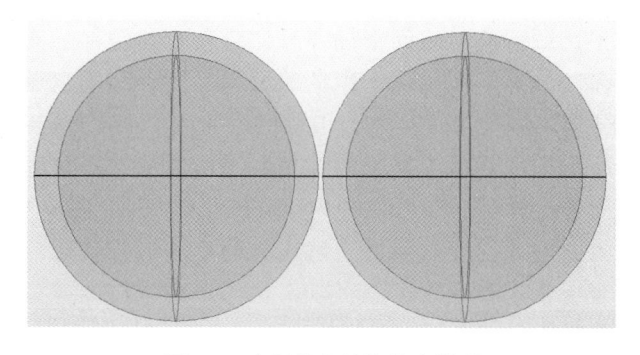

图 4.8　金银核壳结构仿真模型

### 4.3.2 粒径对金银核壳结构电场分布和电场强度的影响

设定不同粒径金银核壳结构，仿真计算粒径对电场强度的影响。如图4.9（a）所示，随着颗粒粒径由60 nm增至200 nm，仿真金银核壳结构中的电场强度最大值随粒径先变大后变小，存在最大值。当纳米颗粒粒径为150 nm时，其电场最大值达到489 V/m，表明其电场增强倍数达到近500倍。在金银核壳结构尺寸较小时，其电场增强倍数随颗粒粒径增大而增大，该规律与实际实验结果相符。另外，由图4.9（a）可知，对比分析纯银纳米结构与金银核壳纳米结构的电场强度最大值随粒径改变的变化规律相一致，且强度基本相同。如图4.9（b）所示，两者电场最大值的差值在±5范围内，相比于电场强度最大值，其大小可以忽略不计。通过这一仿真结果可以确定金银核壳纳米结构与纯银纳米结构具备相同的增强效果，且两者最佳纳米结构粒径都为150 nm，都可实现电场强度的最大增强。

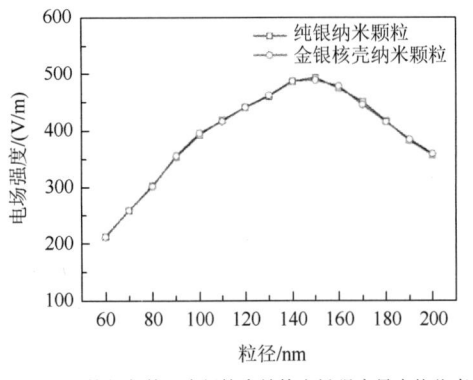

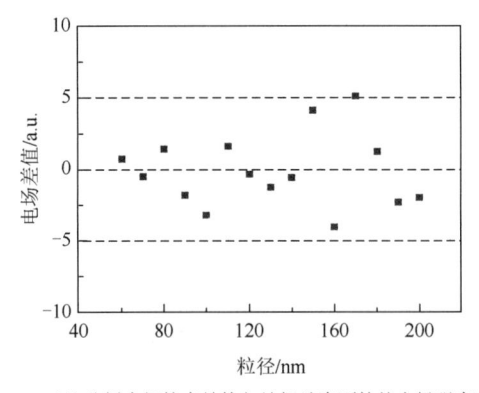

(a) 不同粒径条件下金银核壳结构电场强度最大值仿真结果　(b) 对比分析金银核壳结构与纯银纳米颗粒的电场强度不同

图4.9　不同粒径条件下金银核壳结构纳米颗粒电场强度结果

如图4.10所示，分别给出粒径为60 nm、90 nm、120 nm、150 nm、180 nm、200 nm金银核壳结构电场分布情况，发现电场增强位置主要集中在颗粒间和颗粒与衬底间，且颗粒间的增强效果比颗粒与衬底间更加明显。随着颗粒粒径的变大，颗粒间的电场增强效果也更加明显。为确定产生这一现象的原因，同样利用电场分布对其表面电荷分布情况进行仿真分析，由图4.11可知，当颗粒尺寸小于150 nm时，其表面电荷始终保持电偶极子分布，不同的是单个纳米颗粒表面电荷的分布不对称，从而无法在颗粒间形成极大的增强效果，只有当颗粒粒径为150 nm时，其单颗粒表面电荷分布对称，在颗粒周围形成较大的电荷密度，从而引起极大的电场增强效应。进一步随着颗粒粒径的增大，其电偶极子模式转变为多偶极子，从而造成颗粒间电荷分布减少，引起颗粒间的电场增强效果降低。

电场强度/(V/m)

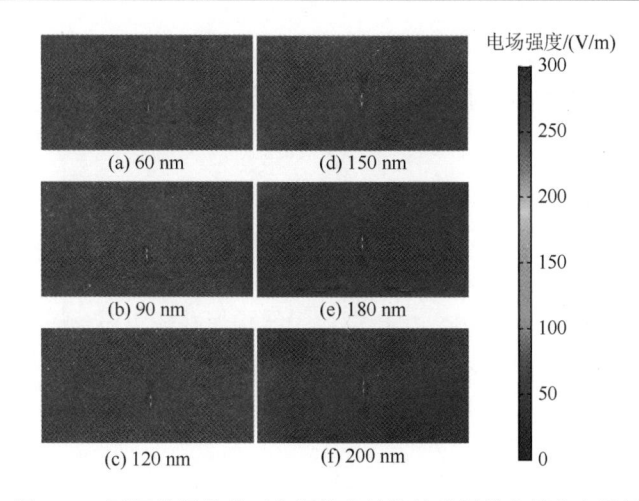

(a) 60 nm    (d) 150 nm

(b) 90 nm    (e) 180 nm

(c) 120 nm   (f) 200 nm

图 4.10　不同粒径条件下金银核壳结构纳米颗粒电场分布结果

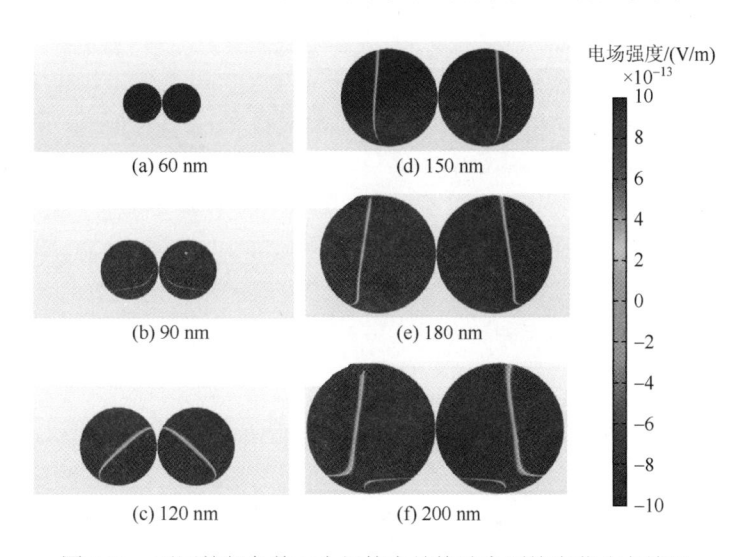

电场强度/(V/m)
×10⁻¹³

(a) 60 nm    (d) 150 nm

(b) 90 nm    (e) 180 nm

(c) 120 nm   (f) 200 nm

图 4.11　不同粒径条件下金银核壳结构纳米颗粒电荷分布结果

### 4.3.3　粒径对金银核壳结构增强因子的影响

由上述仿真结果可知，金银核壳结构的电场增强效果与纯银纳米颗粒基本相同。因此，由金银纳米核壳结构所制备的 SERS 基底，从仿真角度而言，其增强因子随粒径的变化趋势与纯银纳米结构相同，如图 4.12 所示，同样保持其随增强因子的变大而先变大后变小，存在最大值。当颗粒粒径达到 150 nm，其增强因子最大值可达到 $5.7×10^{10}$。与银纳米颗粒的最大增强因子相比，两者增强因子相差 $2×10^9$，差值仅占银纳米颗粒最大增强因子的 3.39%。因此，本书作者团队发现利用金银核壳结构替代纯银纳米颗粒制备 SERS 基底，从理论角度分析，其对增强因子的影响可以忽略不计。

综合考虑上述仿真结果可知，选用一致性更好的金银纳米核壳结构代替纯银纳米颗粒作为 SERS 基底制备材料，从理论上不会对电场分布和电场强度产生较大的影响。同

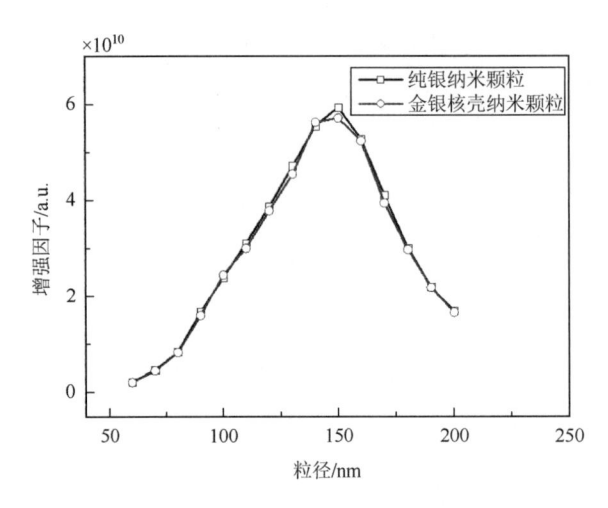

图 4.12 纳米颗粒增强因子随粒径变化情况

样地，当金银纳米核壳结构颗粒粒径为 150 nm 时，电场强度增强倍数和增强因子都最大；随粒径的增加，电场强度最大值和增强因子都先增大后减小。从 SERS 基底的增强性能来说，材质的更换并不会产生较大的影响。另外，对于其 SERS 基底的一致性，本书作者团队发现粒径对增强因子的影响规律与纯银纳米颗粒相同。由第 2 章仿真结果可知，只有当颗粒粒径保持在 150 nm 附近时，对应相对标准偏差值最小。换句话说就是由仿真结果可知当颗粒粒径为（150±5）nm 范围内时，对应 SERS 基底的增强倍数最大，且衬底一致性最佳。因此，利用金银核壳结构作为制备高一致性 SERS 基底是切实可行的。

## 4.4 金银核壳结构表面增强拉曼光谱基底增强效果及一致性分析

### 4.4.1 金银核壳结构表面增强拉曼光谱基底增强效果

利用制备好的金银核壳结构 SERS 基底检测浓度为 $10^{-4}$ mol/L R6G 分子溶液，获得拉曼光谱图如图 4.13（c）所示，呈现出明显的 R6G 分子的拉曼特征峰。检测空白金银核壳结构 SERS 基底获取的拉曼光谱得到图 4.13（b），无明显拉曼特征谱峰，仅由荧光波包组成。与前者纯银纳米颗粒组装的 SERS 基底相同，利用金银核壳结构 SERS 基底检测目标分子过程中，R6G 通过扩散的方式吸附在金银核壳结构表面，受颗粒间较大的电场增强效应，从而获得较大的 R6G 分子拉曼光谱信号。同样地，根据特征峰选取原则，将波峰 1650 cm$^{-1}$ 选定为目标分子的拉曼特征峰。

如图 4.14 所示，利用金银核壳结构 SERS 基底对不同浓度的 R6G 分子溶液进行拉曼光谱检测，明显发现随着 R6G 分子浓度的降低，获得的目标拉曼信号明显降低。这一规律与前者相同，由前述仿真结果可知，利用金银核壳结构替代纯银纳米颗粒对其增强效果并无明显的影响，所以检测相同浓度的 R6G 分子拉曼光谱信号两种 SERS 基底的增强性能并无明显的差别，且随目标分子浓度的变化也存在相同的变化规律。

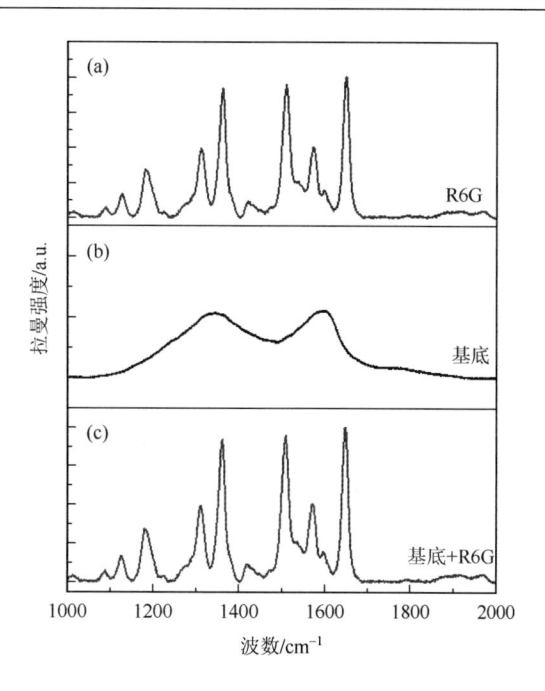

图 4.13 金银核壳结构 SERS 基底增强性能检测结果

(a) R6G 分子拉曼特征谱图；(b) 金银核壳结构 SERS 基底拉曼光谱检测图；
(c) 金银核壳结构 SERS 基底检测 R6G 分子溶液拉曼光谱图

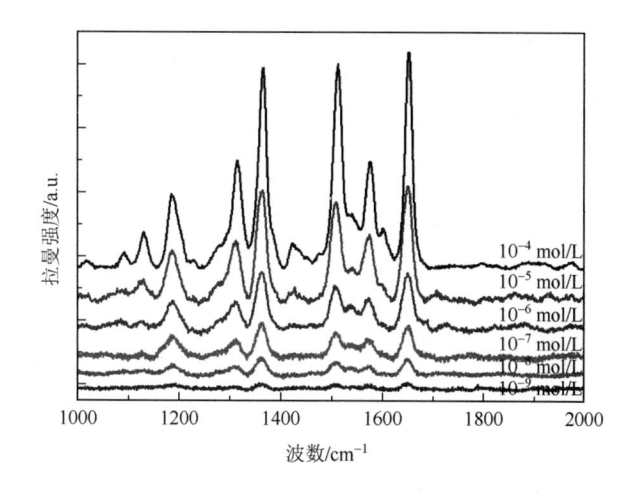

图 4.14 基于金银核壳结构 SERS 基底的不同浓度 R6G 分子溶液拉曼光谱检测结果

## 4.4.2 金银核壳结构表面增强拉曼光谱基底一致性

如图 4.15(a)所示，在金银核壳结构 SERS 基底不同位置上获取相同浓度为 $10^{-4}$ mol/L R6G 分子拉曼信号，其检测结果表明不同位置处的拉曼光谱信号始终保持 R6G 分子拉曼信号的整体特征分布。同样地，对特征峰 1650 cm$^{-1}$ 处拉曼特征峰强度变化情况进行分析，如图 4.15（b）所示，特征峰强度始终保持在 7000～8000 范围内，相比于前者其波动情况并不明显；通过计算得到其强度值分布对应相对标准偏差值为 4.8%，其结果明显优于利用纯银纳米颗粒组装 SERS 基底，其主要原因是金银核壳结构的粒径分布更优于纯银纳米颗粒。

(a) 同一SERS基底不同位置检测R6G溶液拉曼光谱

(b) 不同检测位置的拉曼特征峰强度

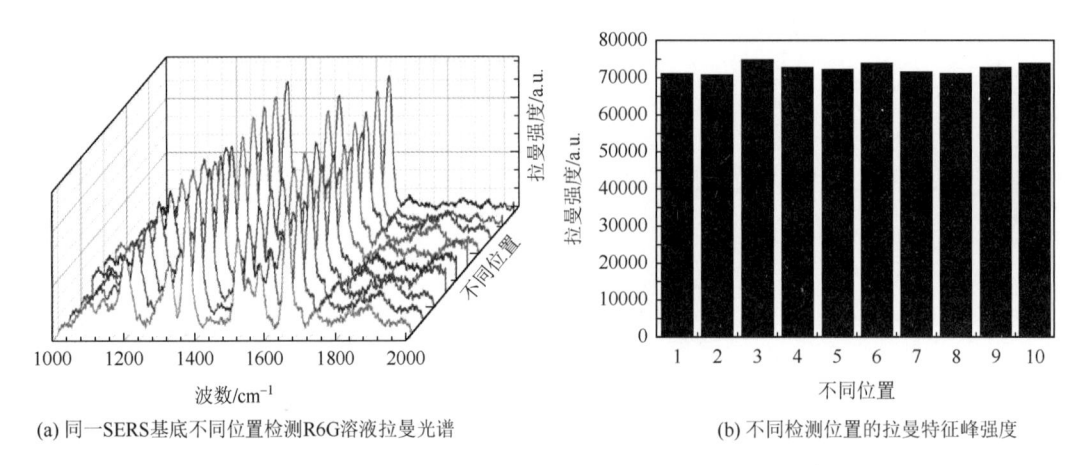

图 4.15　金银核壳结构表面增强拉曼光谱基底一致性检测结果

### 4.4.3　不同 SERS 基底性能的对比分析

1. 增强因子的计算

式（2.1）提到入射光与贵金属纳米颗粒之间形成电场增强效应而产生的增强因子，其为微观理论上增强因子的计算方法。在实际特征物检测过程中常用的增强因子计算公式[142,143]为

$$\mathrm{EE}_{\mathrm{SERS}}(\omega_v) = \frac{\left|E_{\mathrm{out}}(\omega)^2\right|\left|E_{\mathrm{out}}(\omega \pm \omega_v)^2\right|}{E_0^4} = \frac{[I_{\mathrm{SERS}}(\omega_v)/N_{\mathrm{SERS}}]}{[I_{\mathrm{NERS}}(\omega_v)/N_{\mathrm{vol}}]} \quad (4.1)$$

其中，$E_{\mathrm{out}}$ 和 $E_0$ 分别为出射电场强度和入射电场强度；$I_{\mathrm{SERS}}$ 和 $N_{\mathrm{SERS}}$ 分别为表面增强目标分子拉曼光谱信号强度和信号区域范围内所含分子数量；$I_{\mathrm{NERS}}$ 和 $N_{\mathrm{vol}}$ 分别为目标分子正常拉曼信号强度和信号区域范围内所含分子数量。其中，根据 R6G 粉末密度为 0.79 g/cm$^3$、激光光斑面积为 1 μm$^2$、激光穿透深度约为 2 μm 阿伏伽德罗常数（Avogadro constant）和分子摩尔质量为 479 g/mol，计算得到 $N_{\mathrm{vol}}$ 约为 $1.98 \times 10^9$；对于浓度为 $10^{-6}$ mol/L 的 R6G 溶液，对应体积分数为 $6.06 \times 10^{-7}$，计算得到 $N_{\mathrm{SERS}}$ 约为 1199。因此可以将式（4.1）变为

$$\mathrm{EF} = 1.65 \times 10^6 \times I_{\mathrm{SERS}}/I_{\mathrm{NERS}} \quad (4.2)$$

2. 不同 SERS 基底性能对比分析

为确定上述制备的 SERS 基底的增强因子，将实验检测浓度为 $10^{-6}$ mol/L R6G 溶液的拉曼光谱图进行对比分析。如图 4.16 所示，紫色线代表直接检测 R6G 粉末得到的拉曼光谱图，蓝色线代表利用液-固自组装 SERS 基底检测 R6G 拉曼光谱图，红色线代表利用

气-液自组装 SERS 基底检测 R6G 拉曼光谱图,黑色线代表利用金银核壳结构 SERS 基底检测 R6G 拉曼光谱图。液-固自组装基底检测 R6G 分子时,特征峰 1650 cm$^{-1}$ 与 BDT 分子拉曼峰重叠,因此,选定波峰 1360 cm$^{-1}$ 处拉曼强度值作为增强因子计算特征峰。

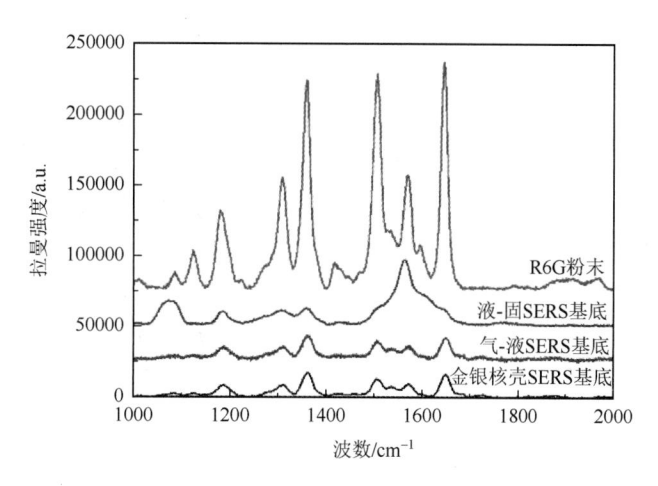

图 4.16　不同 SERS 基底检测浓度为 10$^{-6}$ mol/L R6G 溶液拉曼光谱图

由图 4.16 可知,R6G 粉末在 1360 cm$^{-1}$ 处对应拉曼特征峰强度为 133128;液-固自组装 SERS 基底对应特征峰 1360 cm$^{-1}$ 处拉曼信号强度为 5148;气-液自组装 SERS 基底对应特征峰 1360 cm$^{-1}$ 处拉曼信号强度为 13452;金银核壳结构 SERS 基底对应特征峰 1360 cm$^{-1}$ 处拉曼信号强度为 14094。由式(4.2)可知,液-固自组装 SERS 基底的增强因子为 $6.38\times10^4$,气-液自组装 SERS 基底的增强因子为 $1.66\times10^5$,金银核壳结构 SERS 基底的增强因子为 $1.75\times10^5$。由此可知,相比液-固自组装 SERS 基底,由于气-液自组装 SERS 基底上银纳米颗粒更加致密,从而具备更良好的增强性能。相比纯银纳米颗粒,金银核壳结构纳米颗粒产生的增强效果并不突出。

如表 4.1 所示,将不同 SERS 基底各项性能进行具体的对比分析,利用气-液自组装方法将金银核壳结构纳米颗粒制备出的 SERS 基底在增强性能和一致性都具备较大的优势。分析产生这一现象的原因是气-液自组装 SERS 方法可以更好地完成颗粒的致密性平铺,使 SERS 基底具备更多的增强"热点";另外,金银核壳结构纳米颗粒粒径的均一性,为 SERS 基底具备更高的一致性打下基础。

表 4.1　不同 SERS 基底各项性能对比分析

| 基底 | 衬底 | 颗粒材质 | 制作时间 | 机理 | 拉曼光谱特征 | 增强因子 | 一致性(RSD 值)/% |
|---|---|---|---|---|---|---|---|
| 液-固自组装 SERS 基底 | 金膜 | 银纳米颗粒 | 16 h 以上 | 颗粒自然沉降和分子吸附 | 偶联分子拉曼谱峰对待测分子产生影响 | $6.38\times10^4$ | 14.55 |
| 气-液自组装 SERS 基底 | 金膜 | 银纳米颗粒 | 12 h 以上 | 油水界面张力 | 主要为待测分子拉曼谱峰 | $1.66\times10^5$ | 9.8 |
| 金银核壳结构 SERS 基底 | 金膜 | 金银核壳结构纳米颗粒 | 12 h 以上 | 油水界面张力 | 主要为待测分子拉曼谱峰 | $1.75\times10^5$ | 4.8 |

# 第5章  基于金银核壳结构表面增强的变压器油中糠醛拉曼光谱检测特性

　　油纸绝缘变压器老化状态的监测是保证电力系统可靠运行的关键之一,因此针对变压器油中老化特征物含量检测技术研究就变得尤为重要。考虑到传统检测技术存在的不足,将拉曼光谱技术与老化特征物相结合,借助光谱技术的优越性完成对特征物的检测是目前变压器状态监测研究的热点之一。糠醛作为变压器油中由大分子纤维素老化产生的唯一产物,是目前公认的可以直接反映变压器老化的特征物之一,将拉曼光谱技术应用于变压器油中糠醛含量的检测就变成光谱检测老化特种物中的关键一环。糠醛作为一种液体特征物,其化学性质较为活泼,并且变压器油作为烷烃类液体物质,建立针对液体特征物拉曼光谱检测平台和成熟的检测技术就变得尤为必要。

## 5.1  变压器油中糠醛拉曼光谱未增强原位检测方法

### 5.1.1  拉曼光谱检测平台

　　拉曼光谱作为光散射中的一种,其主要目的就是检测入射光与物质作用后产生的散射光能量,因此根据光谱信号的收集方式可以分为透射式拉曼光谱和反射式拉曼光谱。两者的区别就在于收集散射光的角度不同,透射式拉曼光谱主要收集与入射光所呈角度为180°附近的散射光,常用于气体特征物的检测;反射式拉曼光谱主要收集与入射光所呈角度为0°附近的散射光,常用于液体和固体特征物检测。如图5.1所示为反射式拉曼光谱检测平台示意图,激光经偏振片和反光片后,再经滤光片过滤,进入物镜,经聚焦照射在样品表面,其散射光经物镜收集聚焦后,经分光片改变路径,再由短波通边缘滤

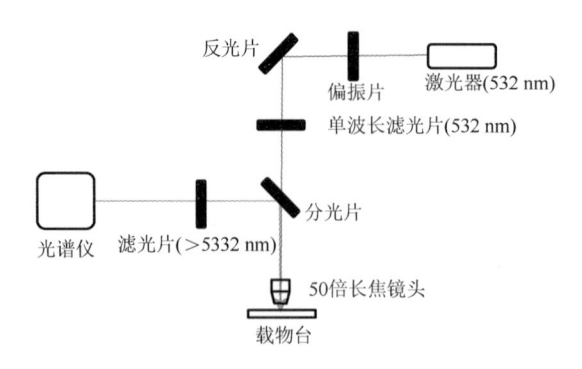

图 5.1  反射式拉曼光谱检测平台示意图

光片过滤后进入光谱仪，经光谱仪对拉曼光谱信号分光、收集和转换，最终由光信号变成谱图信号。可根据计算机呈现的光谱信号对样品性质或含量进行定性或定量分析。

拉曼光谱关键部件包括激光器、滤光片、显微镜头和光谱仪。由拉曼光谱原理可知，拉曼光谱与入射光波长无关，但短波长激光更容易产生较强的荧光，且对于有色样品，受光吸收效应的影响，波长的选择不当会直接导致光谱信息完全被荧光信号所覆盖。因此激光器波长的选择既要考虑功率和稳定性，也要考虑待测物的实际检测需求。在拉曼光谱检测中，常用的四种滤光片有长波通边缘滤光片、短波通边缘滤光片、陷波滤光片和激光线滤光片，可根据激光器的波长和实际检测需求选择合适的滤光片。显微镜头是检测液体样品和 SERS 检测中的必要部分，针对待测物液体样品的情况，常选用长焦镜头，避免样品与镜头发生触碰；且在液体 SERS 实验中，待测液体有一定深度，需要长焦镜头实现将激光能量聚焦在 SERS 基底表面上。光谱仪中主要包含光栅和 CCD，光栅的选择直接影响光谱范围和光谱分辨率，通常情况下选用 600 g/mm 和 1200 g/mm 进行光谱检测，利用较低密度光栅获取特征物更大的光谱范围，再用较高密度光栅对特定窄谱范围进行高分辨率检测。CCD 的选择直接影响光谱信号的质量，因此在成本允许的条件下，选用更高性能的 CCD 有利于获取更加丰富和准确的光谱信息。

本章所使用拉曼光谱仪为实验室搭建，主要包括光源模块、光路模块、样品模块、检测模块和分析模块 5 个部分，其中光源模块主要选用 Cobolt 公司 04-01 Samba$^{TM}$ 系列 532 nm 型固态半导体连续激光器作为激发光源，其最大输出功率为 100 mW，线宽小于 0.001 pm，8 小时长期运行其功率波动偏差小于 2%。光路模块选用 Leica DM2700 型正置显微镜和 50 倍长焦镜头，其最大检测距离为 8.2 mm。液体检测过程中，液体具备一定的深度，因此为防止镜头污染，需选用长焦镜头完成对液体样品拉曼光谱的检测。样品模块选用石英比色皿作为样品室，比色皿尺寸为 2.5 mm×12.5 mm×2.5 mm，在可见光范围内透光率可达到 95%以上。检测模块选用 Andor 公司的 SR-500i 色散型拉曼光谱仪，其中光栅包含 600 g/mm、1200 g/mm 和 1800 g/mm 三种，通过电动塔轮进行可控切换。配套选用 iDus-416 型 CCD，其主要芯片尺寸为 3.8 mm×30 mm，分辨率可达 256×2000，其光谱检测范围为 200～1100 nm，完全满足近红外到紫外范围内的光谱信号检测，正常工作条件下其制冷温度设为–70℃。整个检测平台关键部件的选择都是根据实际样品检测需求而设定，从而可以满足对绝缘油中多复杂特征物拉曼光谱的检测。

## 5.1.2 变压器油中糠醛拉曼光谱未增强原位检测可行性分析

为确定利用拉曼光谱技术未增强原位检测变压器油中糠醛含量的可行性和检测限，首先在实验室配制不同浓度糠醛的变压器油溶液，主要是将过量的糠醛溶液与纯变压器油混合，经搅拌后静置沉淀；未溶解部分的糠醛溶液沉在容器底部，取出上层混合溶液；经高效液相色谱标定，确定饱和溶液的糠醛浓度约为 350 mg/L；最后利用纯变压器油按体积比 1∶1 进行稀释，获得浓度为 176 mg/L、88 mg/L、44 mg/L、22 mg/L、11 mg/L、5.5 mg/L 变压器油中溶解糠醛溶液。将配制好的含糠醛的变压器油滴加在比色皿中，然后将比色皿放置在显微镜的载物台上，将激光聚焦在溶液中，设定积分时间和积分次数进行光谱检测，获得光谱信息。

如图 5.2 所示，在相同实验条件下，分别检测纯变压器油、纯糠醛和浓度为 176 mg/L 糠醛的绝缘油的拉曼光谱。变压器油是从石油炼制天然烃类混合物中提取的矿物型绝缘油，其主要成分为烷烃、环烷饱和烃、芳香族不饱和烃等化合物。因此，其成分的复杂性导致其拉曼光谱也较为复杂，包含较多的拉曼光谱信息，且在强光照射下具有很强的荧光效应，如图 5.2（a）所示。另外，由图 5.2（a）的插图可知变压器油更宽范围的拉曼光谱信息。对比分析图 5.2 三组数据可知，糠醛的大部分拉曼谱峰都被变压器油自身的拉曼谱峰所淹没，其中最为明显的就是 1300～1500 cm$^{-1}$ 范围内，糠醛所包含的 1300 cm$^{-1}$、1359 cm$^{-1}$ 和 1450 cm$^{-1}$ 都被变压器油的拉曼峰 1439 cm$^{-1}$ 覆盖。在波数 300～1300 cm$^{-1}$ 范围内，糠醛的拉曼谱峰主要是被变压器油较强的荧光信号所淹没。只有在 1700 cm$^{-1}$ 附近，变压器油自身不具备较为复杂的拉曼光谱信息，且此处荧光信号也相对较弱，所以对于糠醛浓度为 176 mg/L 的变压器油溶液，其中属于糠醛的拉曼谱峰出现在 1706 cm$^{-1}$ 处。根据拉曼特征峰选定规则，将 1706 cm$^{-1}$ 选定为含糠醛的变压器油拉曼光谱检测特征峰。此外，根据图 5.2（c）插图可以获得更宽范围内含糠醛的变压器油拉曼光谱图信息。以上实验结果表明，利用拉曼光谱检测变压器油中糠醛含量是切实可行的，可以利用整个谱图中特征峰 1706 cm$^{-1}$ 的信息确定变压器油中是否含有糠醛，进行定性分析。

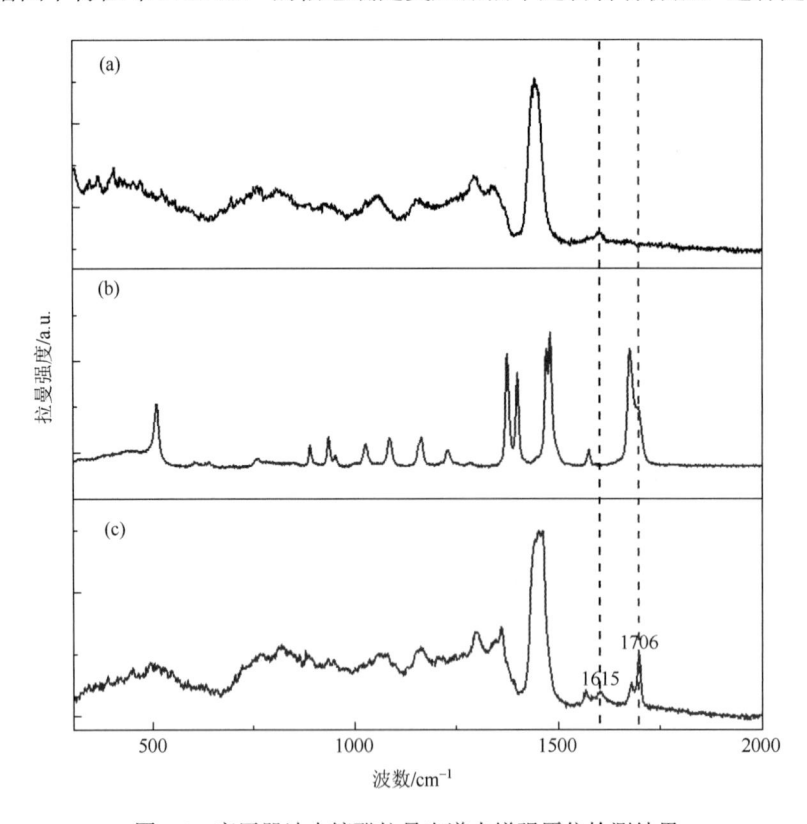

图 5.2  变压器油中糠醛拉曼光谱未增强原位检测结果

（a）纯绝缘油拉曼光谱图；（b）纯糠醛拉曼光谱图；（c）含浓度为 176 mg/L 糠醛的绝缘油拉曼光谱图

## 5.1.3 变压器油中糠醛拉曼光谱未增强原位检测定量分析方法

为实现变压器油中糠醛拉曼光谱未增强原位检测的定量分析，需在糠醛浓度与糠醛拉曼特征峰数学参量之间建立一定的数学关系。因此，针对不同糠醛浓度的变压器油进行拉曼光谱检测。如图 5.3 所示，检测不同糠醛浓度的变压器油拉曼光谱图，为更加清楚地发现糠醛浓度的变化对特征峰 1706 cm$^{-1}$ 处拉曼强度的变化情况，截取波数 1500～2200 cm$^{-1}$ 范围进行研究。从图中可以明显发现随着糠醛浓度的降低，特征峰 1706 cm$^{-1}$ 处的拉曼强度逐渐降低。由于样品配制按照体积比 1∶1 稀释，对应拉曼峰强度的变化较为明显，特别是浓度由 176 mg/L 降低到 22 mg/L 时，其特征峰强度大幅度降低。

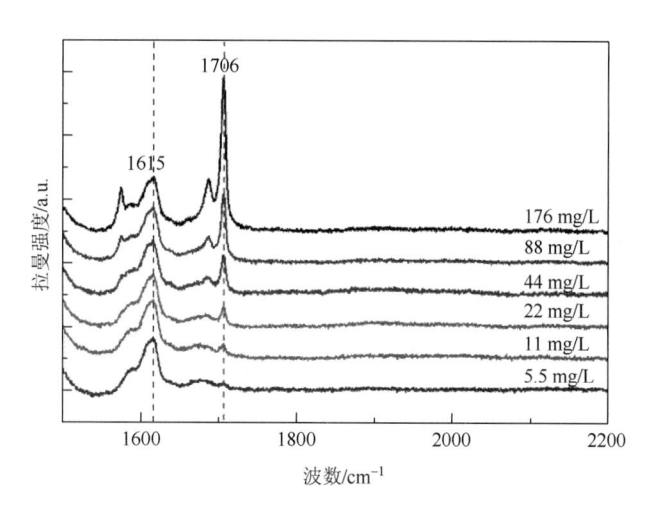

图 5.3 不同糠醛浓度的变压器油拉曼光谱图

值得注意的是，随糠醛浓度的降低，拉曼峰 1615 cm$^{-1}$ 未发生明显的变化。通过图 5.3 发现，拉曼峰 1615 cm$^{-1}$ 属于变压器油自身独有的拉曼谱峰，在纯糠醛拉曼光谱中并未发现有相同特征峰。因此，将拉曼峰 1615 cm$^{-1}$ 标定为未增强原位检测变压器油中糠醛拉曼光谱的内标峰。该内标峰的目的主要是减小在检测过程中光谱基线波动对定量分析过程产生的影响。如图 5.4 和图 5.5 所示，分别利用糠醛特征峰 1706 cm$^{-1}$ 的强度和特征峰与内标峰的比值，建立与糠醛浓度的数学关系。因此可知两者特征峰与糠醛浓度之间都存在较为良好的线性关系，其线性函数如下：

$$\begin{cases} y_1 = 256.14x + 742.92 \\ y_2 = 0.015x + 0.034 \end{cases} \quad (5.1)$$

其中，$x$ 为糠醛浓度；$y_1$ 和 $y_2$ 分别为糠醛拉曼特征峰 1706 cm$^{-1}$ 处特征峰强度 $I_{1706}$ 和特征峰与内标峰强度比值 $I_{1706}/I_{1615}$。通过线性函数关系发现两者并不存在较为明显的区别，但选择使用内标峰可以使定量模型更加不受光谱基线的波动而影响，因此最优的选择是使用特征峰和内标峰的比值关系建立与糠醛浓度之间的函数关系。此外，根据 3 倍信噪比关系，确定拉曼光谱技术未增强原位检测变压器油中糠醛含量的最小检测浓度为 2.5 mg/L，但这一检测下限尚不能满足实际运行变压器中糠醛含量的检测要求。

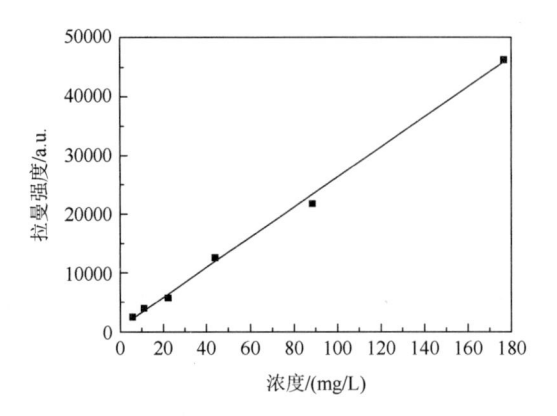

图 5.4 糠醛浓度与特征拉曼谱峰强度的线性关系

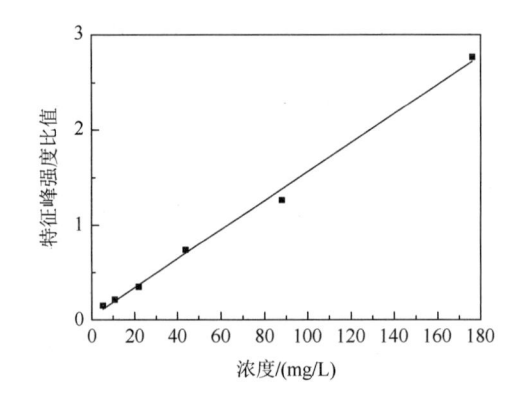

图 5.5 糠醛浓度与特征峰强度比值的线性关系

### 5.1.4 拉曼光谱信噪比计算

拉曼光谱信噪比主要指的是光谱信号与相应噪声的比值，拉曼光谱检测过程中其主要噪声来源包括信号散粒噪声、背景散粒噪声、探测器暗噪声、$1/f$ 噪声和读出噪声。其中信号散粒噪声主要指当没有其他信号源时，信号的标准偏差由散粒噪声极限决定；背景散粒噪声是指由激光、样品和环境所产生但不属于所分析拉曼光子的光子信号；探测器暗噪声主要指 CCD 自身具有热激发电子所导致的暗信号，主要依赖于温度的控制；$1/f$ 噪声主要指低频和高频调制的激光强度所引起拉曼散射和拉曼信号的变化；读出噪声是指从某一探测器常数信号进行大量读出的标准偏差。因此，拉曼光谱信噪比就是信号与这些噪声值标准偏差的比值。标准的拉曼信噪比具体计算方式为

$$\mathrm{SNR} = \frac{I_{\mathrm{Ram}}}{\sqrt{I_{\mathrm{BG}} + I_{\mathrm{Ram}}}} \tag{5.2}$$

其中，$I_{Ram}$ 为对应特征拉曼谱峰强度；$I_{BG}$ 为信号测量的本底噪声，也就是特征峰的基线处对应的拉曼强度。标准的信噪比定义能够直接反映仪器自身的检测性能，同样也可以用于定量分析模型中确定最小检测浓度。

## 5.2 糠醛分子拉曼光谱化学增强效应仿真

### 5.2.1 糠醛分子拉曼谱峰仿真

由图 5.3 可知，选定 1706 cm$^{-1}$ 处作为检测变压器油中糠醛拉曼光谱特征峰，但根据纯糠醛拉曼光谱发现特征峰并未出现在 1706 cm$^{-1}$，而是出现在波数 1670 cm$^{-1}$ 附近，说明糠醛的拉曼谱峰受变压器油的影响而发生偏移。为明确特征峰发生偏移的具体原因，利用 Gaussian 09W 软件对糠醛分子进行拉曼光谱仿真研究。单个糠醛分子的模拟拉曼光谱如图 5.6（蓝线）所示。可以看到，在计算结果中没有发现虚拟频率，表明经过优化后的糠醛分子处于稳定态，适用于计算其分子拉曼光谱。通过对比分析图 5.6 糠醛拉曼光谱仿真结果和实验结果，发现在整个拉曼光谱中 1368 cm$^{-1}$、1393 cm$^{-1}$、1474 cm$^{-1}$ 及 1670 cm$^{-1}$ 占主导地位。理论和实验结果近似一致，校正因子为 0.98。然而，仍然有一些细微的差别。从宏观上看，造成这种差异的主要原因是单糠醛分子拉曼光谱的模拟，没有考虑分子间的相互作用，而实验数据是基于大量的分子和较为复杂的液态环境。为进一步了解特定的微观机制，对不同振动模式的拉曼光谱进行识别。对比实验和理论结果，

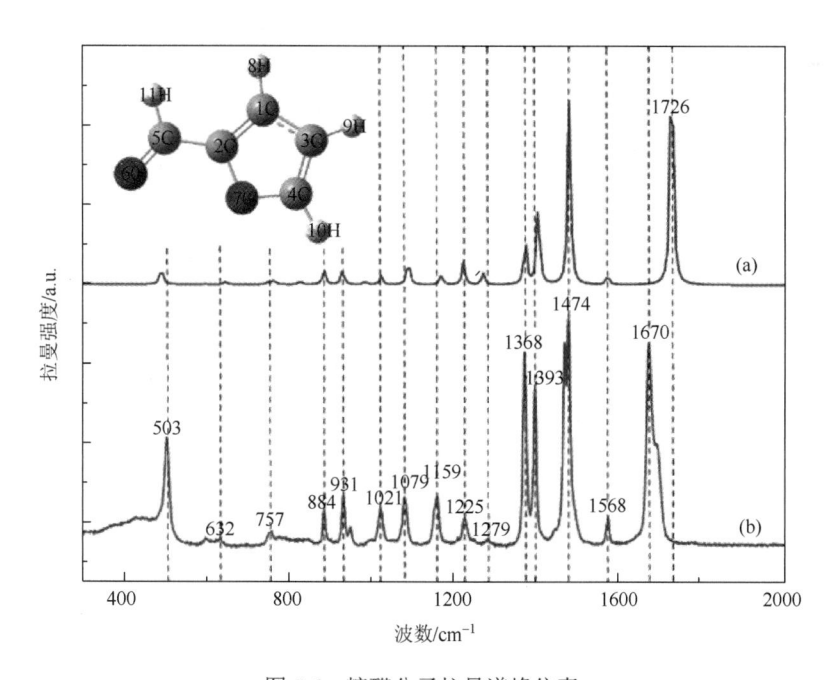

图 5.6 糠醛分子拉曼谱峰仿真

（a）糠醛分子仿真拉曼光谱图；（b）实验检测纯糠醛拉曼光谱图

大部分拉曼特征峰相差都小于 10 cm$^{-1}$，除特征峰 1726 cm$^{-1}$ 外，因此针对该特征峰进行分析。由振动模式指认结果可知，特征峰 1726 cm$^{-1}$ 主要对应 C=O 的伸缩振动，这表明实际检测结果与仿真偏差较大，主要是由于外界因素对该振动模式产生较大影响，从而引起对应拉曼特征峰的变化。如图 5.7（a）所示，通过仿真糠醛分子周围电子密度差分布情况，发现在 C=O 键附近电子由红色部分向绿色区域迁移，存在集中的电荷转移现象；而电荷转移也是化学增强效应的本质，所以电荷转移密集区更容易受到外界因素影响而产生变化，从而引起 C=O 键对应拉曼特征峰的偏移。此外，为进一步确认，如图 5.7（b）所示，仿真计算糠醛分子静电势分布情况，其中蓝色和红色区域分别代表电势高低，可用于分析分子的相对朝向、结合强度和分子吸附等问题。根据分子之间静电势互补原则，分子表面静电势正值区域倾向于接触负值区域，因此电子的转移更倾向于 C=O 键之间，相对应也更易受外界因素的影响。

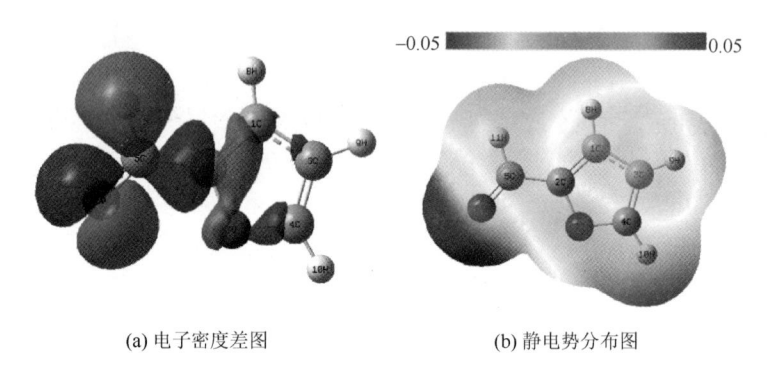

(a) 电子密度差图　　(b) 静电势分布图

图 5.7　糠醛分子仿真

## 5.2.2　糠醛分子化学增强拉曼光谱效应仿真

金属小团簇对分子拉曼信号化学增强的影响特性一直是实验和计算的重点。然而，在表面增强效应中物理增强占据主要组成部分，而在实验过程中很难判定是否存在化学增强现象，所以用密度泛函理论仿真计算金属小团簇对分子拉曼信号的化学增强效应。在图 5.8 中，通过对比分析 Furfural-Ag$_X$（$X = 1, 2, 3, 4$）复合物的拉曼光谱可知，随着银原子数的增加，特征峰的强度变化明显，银团簇的化学增强效应更强。产生这一现象的原因主要包括两个方面：分子极化率的变大和银原子团簇的电荷转移量的提高。当糠醛分子吸附在金属小团簇上时，引起糠醛分子电荷密度的重新分布，导致极化率的变化。当原子个数增加时，分子静态极化率和电荷转移量都有明显增加，且变化趋势与拉曼活性改变相一致。如图 5.8 所示，分子表面静电势差值也越来越明显。此外，对糠醛分子的 C=O 键键长进行统计，如表 5.1 所示，当 $X = 1 \sim 3$ 时，拉曼特征峰在 1726 cm$^{-1}$ 处发生明显蓝移现象，C=O 化学键键长变长。同时注意到当 C=O 键长变短时，特征峰 1726 cm$^{-1}$ 出现红移。因此，进一步证明糠醛特征峰的偏移与 C=O 键的变化情况有关。

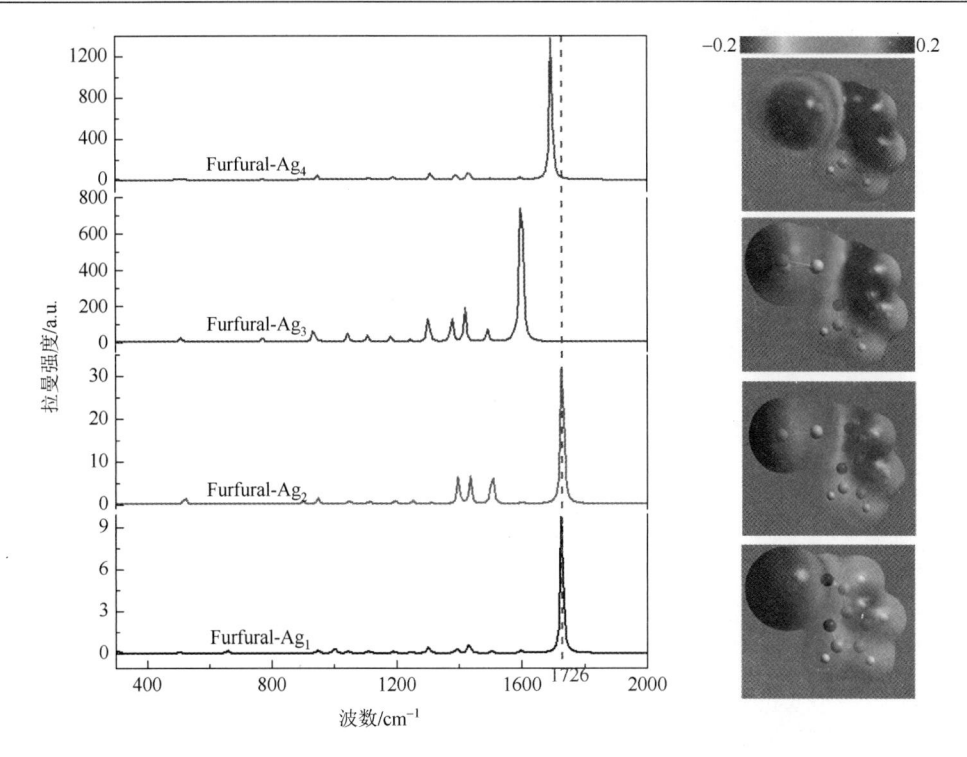

图 5.8　不同银原子个数对糠醛分子拉曼光谱影响仿真结果

表 5.1　糠醛分子的 C=O 键键长随银原子个数变化情况

| 银原子个数/个 | C=O 键键长/Å |
|---|---|
| 0 | 1.2137 |
| 1 | 1.2136 |
| 2 | 1.2232 |
| 3 | 1.2390 |
| 4 | 1.2369 |

## 5.3　基于金银核壳结构表面增强的变压器油中糠醛拉曼光谱检测方法

根据 5.2 节的结论可知，利用拉曼光谱未增强原位检测变压器油中糠醛含量，其对应最小检测浓度为 2.5 mg/L，尚不能满足运行变压器油中糠醛含量的检测要求。因此本节主要研究将表面增强拉曼光谱技术应用于变压器油中糠醛含量检测，利用制备的高一致性金银核壳结构 SERS 基底未增强原位检测变压器油中糠醛的含量，并根据特征峰与糠醛浓度的关系建立定量分析模型，确定最小检测浓度，为拉曼光谱技术在变压器油中老化特征物的检测打下基础。

### 5.3.1 标准样品配制

标准样品的配制主要是利用实验室配制的饱和糠醛-变压器油溶液，按比例稀释后得到浓度为 100 mg/L 的糠醛-变压器油溶液；然后以体积比为 9∶1 将溶液浓度稀释到 10 mg/L，最后按照体积比 1∶1 将溶液分别稀释，得到浓度为 5 mg/L、2.5 mg/L、1.25 mg/L、0.625 mg/L 的溶液。配制不同浓度梯度的糠醛-变压器油溶液并放置在密封且避光环境下保存，由于糠醛性质的特殊性，建议样品放置时间不宜过长。

### 5.3.2 实验检测方法

利用 SERS 基底进行拉曼光谱检测目标特征物时，保证目标分子能够吸附在贵金属纳米颗粒的表面是关键之一。因此，为保证糠醛分子与金银核壳结构纳米颗粒充分接触，应提前将同一批次制备好的高一致性 SERS 基底放置在不同浓度梯度的糠醛-变压器油溶液中，放置时间超过 12 h，且整个过程中应尽量保证样品密封避光保存。另外，为保证变压器油中的糠醛不迅速挥发，选用尺寸为 45 mm×12.5 mm×3.5 mm 的石英比色皿，其优势在于石英具备更佳的透光性且自身拉曼信号不会对特征物检测产生影响。如图 5.9 所示，将不同浓度的糠醛-变压器油溶液和高一致性 SERS 基底同时放置在比色皿中，经波长为 532 nm 激光聚焦在 SERS 基底表面获得拉曼光谱信号。

图 5.9  检测糠醛-变压器油溶液拉曼光谱样品池实物图

### 5.3.3 特征峰选取方法

为确定高一致性 SERS 基底对变压器油中糠醛拉曼信号的增强效果，对浓度为 100 mg/L 的糠醛-变压器油溶液进行 SERS 检测，其检测结果如图 5.10（c）所示。此外，如图 5.10（a）和（b）所示，对纯糠醛溶液和制备的高一致性 SERS 空白基底拉曼光谱进行检测，发现空白基底自身并不具备明显的拉曼光谱特征峰。对比分析图 5.10（b）和图 5.10（c）发现，直接原位检测浓度为 100 mg/L 的糠醛-变压油溶液，糠醛的拉曼特征峰大部分被变压器油荧光信号所覆盖；而通过高一致性 SERS 基底的增强效果，引起糠醛的拉曼信号变得清晰明了。此外，值得注意的是特征峰 1368 cm$^{-1}$ 和 1393 cm$^{-1}$ 发生明显的重叠，且特征峰 1474 cm$^{-1}$ 和 1468 cm$^{-1}$ 完全重叠，分析其原因是高一致性 SERS 基底对不同位置的拉曼特征峰都产生影响，引起各个特征峰峰宽变宽，导致相邻特征峰之间的重叠。对比分析图 5.10（a）和（c）发现，经高一致性 SERS 基底检测的拉曼信号具备明显的糠醛拉曼光谱特征，具备相似的相对峰强和峰位；但部分特征峰仍有差异，较为明显的是在 1670 cm$^{-1}$ 处糠醛特征峰峰宽变大，重叠峰的现象变得不明显。另外，特征峰 1670 cm$^{-1}$ 峰位发生 5 cm$^{-1}$ 的偏移，这一结果与 5.3.2 节仿真结果相对应，金银核壳结构纳米颗粒引起糠醛分子 C=O 键伸缩振动的变化，从而导致对应特征峰 1670 cm$^{-1}$ 发生改变。利用高一致性 SERS 基底检测变压器油中糠醛溶液获得的光谱信息中，特征峰 1665 cm$^{-1}$ 处的强度比其他拉曼谱峰强度要大，且波峰 1665 cm$^{-1}$ 相对独立，不易受其他物质拉曼谱峰所干扰，所以将 1665 cm$^{-1}$ 确定为高一致性 SERS 基底检测油中糠醛的拉曼特征峰。

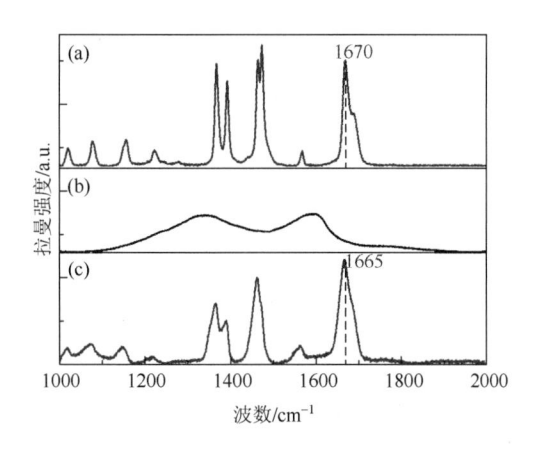

图 5.10　SERS 基底对变压器油中糠醛拉曼信号的增强效果图

（a）纯糠醛溶液拉曼光谱图；（b）空白 SERS 基底拉曼光谱图；（c）100 mg/L 糠醛-变压器油溶液 SERS 检测拉曼光谱图

## 5.4　基于金银核壳结构表面增强的变压器油中糠醛拉曼光谱定量分析

### 5.4.1　不同糠醛浓度检测

为确定高一致性 SERS 基底用于检测不同浓度变压器油中糠醛溶液的增强性能，对上述配制的标准溶液样品进行 SERS 检测，其检测结果如图 5.11 所示。由图可知，随着糠醛在变压器油中含量逐渐降低，各个拉曼特征峰强度都逐渐减小。浓度较高时，糠醛的拉曼特征峰信息更加丰富，随着浓度的变化，其特征峰个数逐渐减少，当浓度为 1.25 mg/L 时，还能观察到的特征峰包括 1665 cm$^{-1}$、1474 cm$^{-1}$ 和 1368 cm$^{-1}$。将波峰 1665 cm$^{-1}$ 确定为糠醛在混合溶液中拉曼光谱检测的特征峰，随着糠醛浓度的减少，1665 cm$^{-1}$ 处特征峰强度逐渐减小。根据拉曼光谱信息中特征峰强度与待测物质浓度之间的关系，可以利用糠醛的特征峰强度与对应变压器油中糠醛含量建立相应的关联，从而建立糠醛浓度与特征峰强度之间的数学关系。

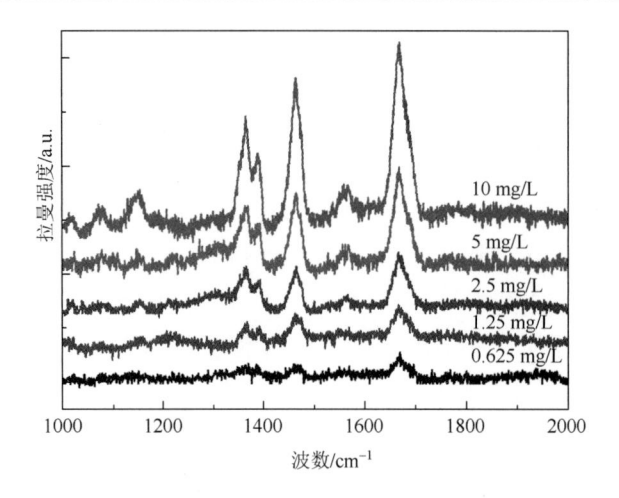

图 5.11 不同浓度糠醛-变压器油溶液 SERS 检测拉曼光谱图

## 5.4.2 定量分析模型

利用上述实验得到的不同浓度糠醛-变压油溶液 SERS 检测拉曼光谱数据，建立糠醛浓度与特征峰 1665 cm$^{-1}$ 拉曼强度之间的关系。获取到不同浓度条件下的特征峰 1665 cm$^{-1}$ 处拉曼强度，再利用最小二乘法建立浓度值与峰强之间线性回归关系。如图 5.12 所示，经过拟合后发现糠醛浓度值与峰强之间存在较好的线性关系，其拟合优度达到 99.5%，确定其线性回归方程为

$$y = 555.11x + 612.01 \tag{5.3}$$

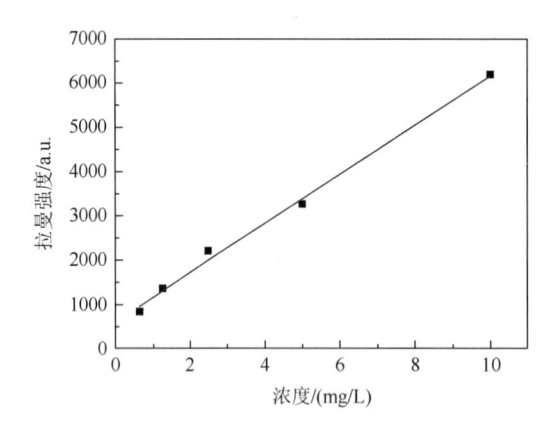

图 5.12 糠醛浓度与特征峰 1665 cm$^{-1}$ 处拉曼强度之间的关系

## 5.4.3 最小检测浓度

如图 5.13 所示，为确定利用高一致性 SERS 基底原位检测变压器油中糠醛含量的最小检测浓度，将上述实验检测浓度为 0.625 mg/L 糠醛-变压器油溶液拉曼光谱的部分波段

截取。波段选择范围为 1600～1720 cm$^{-1}$，主要用于计算该浓度条件下对应拉曼光谱的信噪比。由式（5.2）可知，波峰 1665 cm$^{-1}$ 对应的特征峰强度 $I_{Ram}$ 为 763，而此时的本底噪声 $I_{BG}$ 约为 200，所以当浓度为 0.625 mg/L 时，其对应信噪比大小为 20.39 dB。因此，再根据糠醛浓度与峰强之间的线性关系，确定 3 倍信噪比对应的最小检测浓度为 0.092 mg/L。

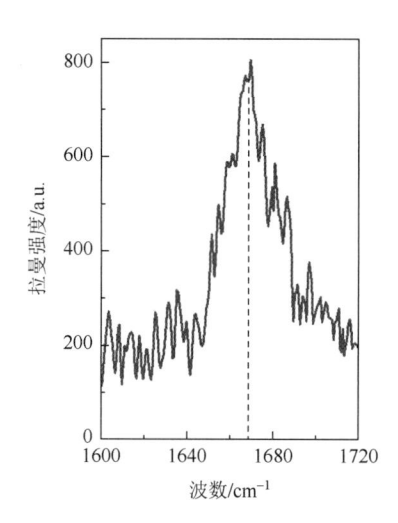

图 5.13　浓度为 0.625 mg/L 糠醛-变压油溶液 SERS 检测部分拉曼光谱图

由上述实验结果可知，利用高一致性 SERS 基底检测变压器油中糠醛溶液拉曼光谱是切实可行的，并确定波峰 1665 cm$^{-1}$ 为糠醛在混合溶液中的拉曼特征峰。同时，对不同浓度梯度的糠醛-变压器溶液检测结果发现，糠醛浓度与特征峰强度存在一定的线性函数关系。最后，通过糠醛浓度与特征峰强度之间的线性函数关系和信噪比，计算得到其最小检测浓度为 0.092 mg/L。

## 5.5　金银核壳结构表面增强基底对变压器油中糠醛拉曼光谱检测性能影响及分析

### 5.5.1　增强因子计算

如图 5.14 所示，为确定高一致性 SERS 基底检测变压器油中糠醛溶液拉曼光谱对应增强因子，对纯糠醛溶液拉曼光谱图和 10 mg/L 糠醛-变压器油中溶液 SERS 检测拉曼光谱图进行对比分析。由式（5.1）可知，对于纯糠醛溶液拉曼光谱检测，根据糠醛密度为 1.16 g/cm$^3$、激光穿透深度为 2 μm、激光光斑面积为 1 μm$^2$、分子摩尔质量为 96.08 g/mol 和阿伏伽德罗常数计算得到 $N_{vol}$ 为 1.45×10$^{10}$。对于浓度为 10 mg/L 糠醛-变压器油溶液，对应体积分数为 8.62×10$^{-6}$，计算得到 $N_{SERS}$ 约为 1.25×10$^5$，因此式（4.2）可变为

$$\text{EF} = 1.16 \times 10^5 \times I_{SERS} / I_{NERS} \tag{5.4}$$

其中，$I_{SERS}$ 为实验测得浓度为 10 mg/L 糠醛-变压器溶液拉曼光谱特征峰强度；$I_{NERS}$ 为实

验测得纯糠醛溶液拉曼光谱特征峰强度。根据上述讨论将 1665 cm$^{-1}$ 确定为糠醛-变压器油溶液 SERS 检测拉曼光谱特征峰,因此由图 5.14 可知,特征峰 1665 cm$^{-1}$ 处对应拉曼光谱强度 $I_{\text{SERS}}^{1665}$ 为 6847。对于纯糠醛溶液拉曼光谱,其特征拉曼谱峰选定为 1670 cm$^{-1}$,因此其对应拉曼信号强度 $I_{\text{NERS}}^{1670}$ 为 175136,所以计算得到高一致性 SERS 基底用于检测变压器油中糠醛溶液的增强因子可达到 $4.53 \times 10^3$。

(a) 纯糠醛溶液拉曼光谱图

(b) 10 mg/L糠醛-变压器油溶液SERS检测拉曼光谱图

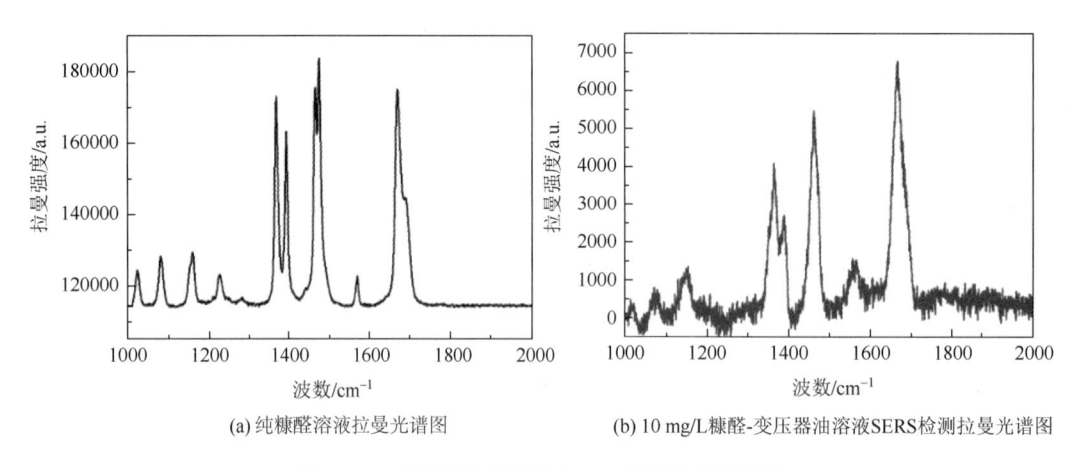

图 5.14 变压器油中糠醛 SERS 检测拉曼光谱图

### 5.5.2 一致性分析

如图 5.15(a)所示,利用高一致性 SERS 基底对变压器油中糠醛溶液进行检测时,选择不同位置处拉曼光谱信息进行检测。其检测结果表明不同位置处获得的拉曼光谱信号的谱图特征相近,都包含指认变压器油中糠醛的几个拉曼特征谱峰。同样地,为具体分析位置改变对变压器油中糠醛拉曼光谱信号强度的影响,对不同位置检测拉曼光谱在特征峰 1665 cm$^{-1}$ 处强度进行分析,如图 5.15(b)所示,明显看出检测位置的改变在一

(a) 不同位置处获得的糠醛-变压器油溶液拉曼光谱图

(b) 不同位置特征峰1665 cm$^{-1}$拉曼强度值的变化

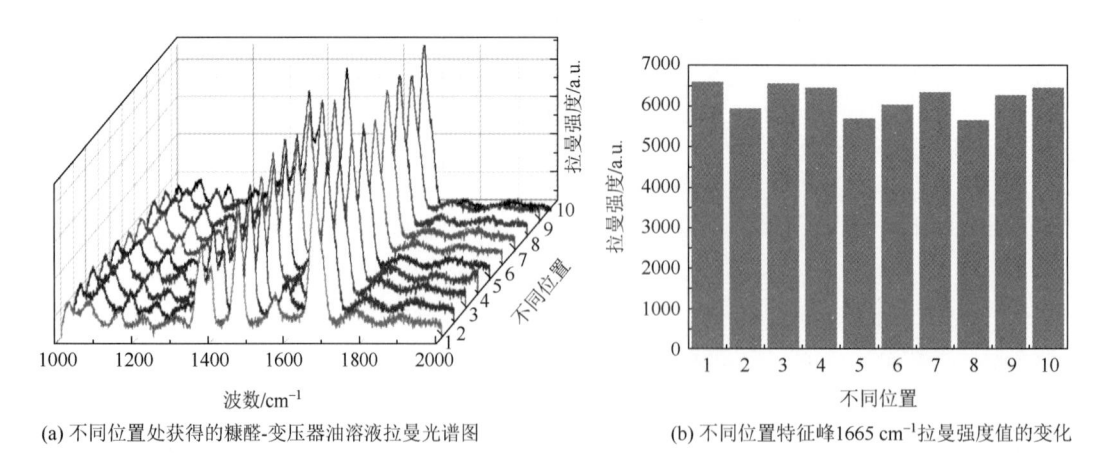

图 5.15 变压器油中糠醛溶液中的 SERS 基底一致性检测

定程度上会导致特征峰强度的变化。为确定其数据变化情况，计算得到其相对标准偏差值为 5.6%。与前者测量 R6G 溶液对应相对偏差值不同，分析其原因主要是糠醛分子吸附作用与 R6G 分子不同，因此导致不同位置处检测拉曼光谱的一致性存在差异。

### 5.5.3 抗氧化能力分析

如图 5.16 所示，将制备好的高一致性 SERS 基底分别保存不同的时间，然后对浓度为 10 mg/L 糠醛-变压器油溶液进行拉曼光谱检测，获得随时间变化其对应糠醛特征峰 1665 cm$^{-1}$ 处强度的变化情况。由图 5.16 可知，分别利用间隔 1 周的 SERS 基底对溶液进行检测，共完成四次检测获得其特征峰强度。特征峰强度由最初的 6716 减小到 4946，拉曼信号强度衰减 26.4%。分析其增强性能变差的主要原因是金银核壳结构氧化的影响，即使其保存在真空条件下，也无法避免其增强性能的衰减，因此建议制备好的基底在真空环境保存下一周内使用。

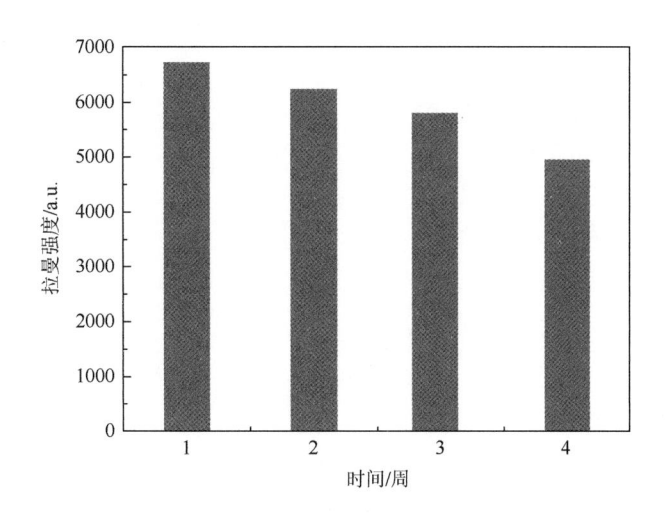

图 5.16 糠醛-变压器油溶液 SERS 检测拉曼光谱特征峰 1665 cm$^{-1}$ 处强度随时间的变化

# 第6章 基于分子动力学模拟的电气设备油纸绝缘老化过程及其与拉曼特征的关联

## 6.1 电气设备油纸绝缘老化过程

### 6.1.1 纤维素绝缘纸老化物理化学过程

纤维素绝缘纸在电力设备绝缘中地位极高,是油纸绝缘电力装备中应用最早的绝缘材料之一。尽管多年来新型绝缘材料的研究及改进中不乏优秀的成果,因成本较低、性能优异、容易裁剪、环保等诸多优势,纤维素绝缘纸至今仍是油纸绝缘电力设备的首选材料[99-102]。

纤维素绝缘纸的主要成分为纤维素,纤维素大分子由 D-葡萄糖基组成,其分子式如图 6.1 所示。除两端的葡萄糖基外,每个糖基有 3 个游离羟基,$C_2$、$C_3$ 为仲醇羟基(—CHOH),$C_6$ 为伯醇羟基(—$CH_2OH$)(本书中碳原子序号从上到下按顺序排列)。纤维素的氧化、酯化、醚化、氢键、共聚等多种基本性质都由上述基团决定。三个羟基反应速度不同,其中伯醇羟基的反应速度大于仲醇羟基。

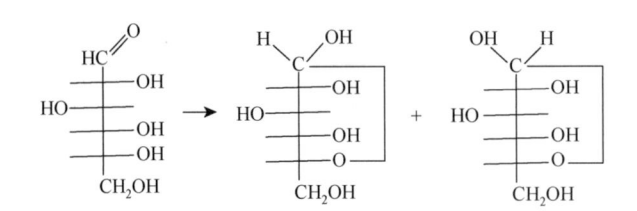

图 6.1 D-葡萄糖基结构

纤维素绝缘纸的绝缘性能、老化状态取决于许多因素,其中以纤维本身的化学构成情况以及纤维素分子之间的物理化学键影响较大。纤维素的降解机理复杂,且取决于环境条件,通常可以归结为以下形式之一。

(1) 水解降解:这是指在糖苷键处的裂解,最终降解产生葡萄糖,如式(6.1)所示:
$$(C_6H_{10}O_5)_n(纤维素) + nH_2O \rightarrow nC_6H_{12}O_6(葡萄糖) \tag{6.1}$$

(2) 氧化降解:纤维素极易被氧化,羟基是形成羰基和羧基的薄弱区域,最终会引起二次反应,导致断链。

身为多羟基化合物,纤维素极易发生氧化反应。通常情况下,纤维素 $C_2$、$C_3$、$C_6$ 上的 3 个羟基稳定性不高,导致不同形式的氧化反应一般在此发生,以醛基、酮基和羧基为主要反应产物。

总体来说，纤维素的氧化通常有两种形式：一种是选择性的，另一种是整体性的。选择性氧化，即氧化反应仅仅在伯羟基或仲羟基中的一种上选择性发生。整体性氧化，即伯羟基或仲羟基同时被氧化。所处的化学环境不同，将导致发生的氧化方式不同。本书所研究的油纸绝缘老化体系中，由于油纸绝缘体系的成分繁多且所处的环境复杂，它们均可能发生。

纤维素上不同的羟基被氧化，主要有以下7种可能的趋势（图6.2）。

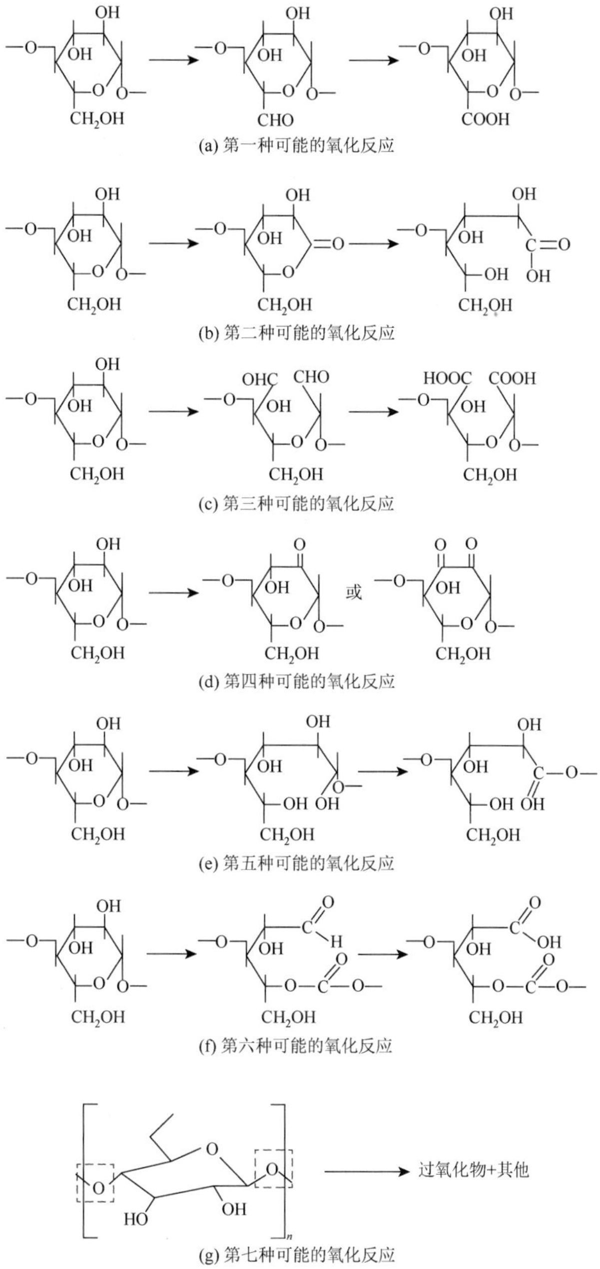

(a) 第一种可能的氧化反应

(b) 第二种可能的氧化反应

(c) 第三种可能的氧化反应

(d) 第四种可能的氧化反应

(e) 第五种可能的氧化反应

(f) 第六种可能的氧化反应

(g) 第七种可能的氧化反应

图6.2 不同位置的羟基可能发生的7种氧化反应

①伯羟基（—CH₂OH）被氧化成为醛基（—CHO）或羧基（—COOH）；
②图 6.2 中的末端基被氧化成为羧基（—COOH）；
③葡萄糖基环破裂，$C_2$、$C_3$ 上仲羟基被氧化成为醛基或进一步氧化成羧基；
④葡萄糖基环不破裂，$C_2$、$C_3$ 上的仲羟基中一个或全部被氧化成为酮基；
⑤葡萄糖基环中 $C_1$、$C_5$ 断裂，$C_1$ 上氧化形成 C═O 键；
⑥葡萄糖基环中 $C_1$、$C_2$ 断裂，$C_1$ 上氧化形成碳酸酯基，$C_2$ 上氧化形成醛基；
⑦连接纤维素分子环的"氧桥"（—O—）被氧化成过氧化物，导致纤维素分子断链。
（3）热降解：低于 200℃时，降解与纤维素的正常老化相似，但比之更快。

## 6.1.2 矿物绝缘油老化物理化学过程

如图 6.3 所示，目前主要通过对石油的脱水、脱盐、分馏等操作来获取电力行业使用的矿物绝缘油。首先通过加热和冷凝把石油分成不同沸点范围的产物。在 300～350℃ 条件下获取的重油即为绝缘油的原油，后通过精制并加入适当的添加剂，得到可用的绝缘油。对于变压用的绝缘油，通常还需加入适量的浓硫酸除去不饱和碳氢化合物，用 NaOH 中和剩余的硫酸。用蒸馏水除去 $Na_2SO_4$ 及其他水溶性物质，干燥去水分后进一步用白土（$Al_2O_3 \cdot mSiO_2 \cdot nH_2O$）、硅胶等除去水分、酸、碱等杂质。最后加入适量的添加剂（如抗氧化剂、抗凝剂、抗析气剂及阻燃剂等）以进一步改善绝缘油的性能。因此，绝缘油的主要成分是各种烷烃、环烷烃及少量的芳香烃，也伴随有一些少量的其他衍生物。

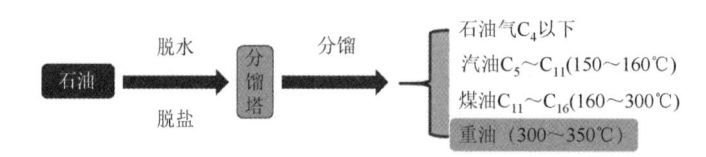

图 6.3 矿物绝缘油的获取过程

在烷烃、环烷烃和芳烃中，烷烃的热稳定性最差，其碳氢化合物的热分解通常分为一次分解和二次分解。在一次分解过程中，分解产物与母体烃处于平衡状态，而二次分解包括一次分解的所有产物，在热的进一步作用下发生分解。对于烷烃的初级分解，烷烃是通过 C—C 键的裂解和脱氢来分解的，产物为低分子量烷烃、烯烃和氢。在烷烃的热分解过程中，下列反应同时发生：

$$\begin{cases} C_nH_{2n+2} \longleftrightarrow H_2 + C_nH_{2n} \\ C_nH_{2n+2} \longleftrightarrow CH_4 + C_{n-1}H_{2(n-1)} \\ \vdots \\ C_nH_{2n+2} \longleftrightarrow C_{n-2}H_{2n-2} + C_2H_4 \end{cases} \quad (6.2)$$

总的来说，这些化学反应可以总结为以下化学反应：

$$C_nH_{2n+2} \leftrightarrow \alpha_0(H_2+C_nH_{2n}) + \alpha_1(CH_4+C_{n-1}H_{2(n-1)}) + \cdots + \alpha_{n-2}(C_{n-2}H_{2n-2}+C_2H_4) \quad (6.3)$$

其中

$$\alpha_0 + \alpha_1 + \cdots + \alpha_{n-2} = \sum \alpha_i = 1 \quad (6.4)$$

其次是烯烃、环烷烃和芳烃的分解。文献[103]认为未使用的绝缘油可能不含烯烃。然而本书对新鲜矿物绝缘油的气-质谱分析结果表明，即便是新鲜的绝缘油中也含有部分烯烃。烯烃通过碳链裂解和脱氢来分解也是一个公认的事实。一个烯烃通过碳碳键的分裂分解为两个烯烃、一个烷烃和一个二烯烃或者一个炔烃。烯烃的脱氢会产生氢和二烯或炔烃。初级分解产物也可由式（6.3）计算。

事实上，无论在加速老化实验中还是变压器实际运行中，尽管努力将油纸绝缘电力设备做到密封良好，绝缘油中仍然有一定量的氧气存在。绝缘油中的氧分子较为特殊，它可以通过分子的形式与其他易被氧化的成分反应，并生成过氧化物。这些过氧化物也具备较强的氧化能力，在后续的反应中将继续与其他成分发生复杂的氧化反应。氧化过程中氧分子中的一个氧氧键断裂形成的活性基（—O—O—），与油纸绝缘系统中其他分子发生的氧化反应表示为

$$X + O_2 = XO_2 + YXO + YO \quad (6.5)$$

式中，$X$ 为易被氧化的物质；$XO_2$ 为过氧化物；$Y$ 为难以被氧化的物质；$YXO$ 与 $YO$ 为生成的氧化物。

新生成的过氧化物 $XO_2$ 极不稳定，最终还将生成醇、醛、酮、酸等物质。因此，丙酮等物质目前被许多研究者认为是反映变压器老化的一种指标。

## 6.2 基于分子动力学的电气设备油纸绝缘老化仿真

随着分子动力学的发展，分子模拟已广泛应用于各行各业，其中也包括电气领域[104-109]。胡舰[110]利用 COMPASS 力场分析了绝缘纸在加热条件下的老化机理，得到了 $O_2$、$H_2O$ 等对绝缘纸热解的相关影响。廖瑞金[106]和 Zheng 等[108]也通过 ReaxFF 力场得到了纤维素热解的一般规律。此外，王五静等[104, 107]也利用 ReaxFF 力场，通过构建烷烃、环烷烃、芳香烃三种矿物绝缘油成分来模拟研究过矿物绝缘油的热解过程。

然而，油纸绝缘系统是一个极其复杂的体系，除了含有以纤维素为主的绝缘纸外，绝缘油的成分往往非常复杂。因此，目前为止，鲜有对整个油纸绝缘系统进行分子动力学综合模拟分析的研究。本节主要基于 ReaxFF 力场对油纸绝缘系统进行热老化条件下的分子动力学模拟研究。不同于以前研究的是，本书在进行仿真分析之前首先对 25# 克拉玛依矿物绝缘油进行了气-质谱联合的成分分析，获取了其中含量较高的几种成分，并将这些成分按照真实矿物绝缘油的比例与绝缘纸（纤维素为主）一起建立了油纸绝缘晶胞体系，从而进行综合的、全面的分子动力学模拟研究。相比之前的研究，本书模拟的油纸绝缘体系计算、优化、模拟虽然更为复杂，却更加贴近于油纸绝缘老化的真实情况。

### 6.2.1 电气设备油纸绝缘老化分子动力学仿真原理

ReaxFF 力场是对量子力学与分子力学的综合产物，有别于传统经典力场的是，它通过引入键级的概念，根据反应前后原子之间的键级大小，评估原子与原子之间结合关系。这使得 ReaxFF 力场可以巧妙地通过分析键距、键能、键级之间的关系变化来评估原有化学键是否断裂以及新的化学键是否形成，模拟化学反应过程。ReaxFF 力场通过分子动力学或蒙特卡罗方法，在宏观与微观之间模拟复杂体系中各原子之间的键级变化，推导可能发生的化学反应，以及体系热学性质、力学性质等变化。适用于高温热解、燃烧、催化、溶液环境、界面、金属和金属氧化物表面等多种分子反应的模拟。使用笔记本电脑可运行几千原子的模拟，小规模集群即可计算支持上百万原子的模拟。

ReaxFF 中势能 $E_{\text{system}}$ 的计算如下：

$$E_{\text{system}} = E_{\text{bond}} + E_{\text{lp}} + E_{\text{over}} + E_{\text{under}} + E_{\text{val}} + E_{\text{pen}} + E_{\text{coa}} + E_{\text{tors}} + E_{\text{conj}} \\ + E_{\text{C2}} + E_{\text{H-bond}} + E_{\text{vdWaals}} + E_{\text{Coulomb}} \tag{6.6}$$

其中，$E_{\text{bond}}$ 为键能：

$$E_{\text{bond}} = -D_e^{\sigma} \cdot BO_{ij}^{\sigma} \cdot \exp\left(p_{be1}\left(1-\left(BO_{ij}^{\sigma}\right)^{p_{be2}}\right)\right) - D_e^{\pi} \cdot BO_{ij}^{\pi} - D_e^{\pi\pi} \cdot BO_{ij}^{\pi\pi} \tag{6.7}$$

$D_e^{\sigma}$、$p_{be1}$、$p_{be2}$ 均为键参数；$BO_{ij}^{\sigma}$ 为单键键级贡献；$BO_{ij}^{\pi}$ 和 $D_e^{\pi\pi}$ 为双键与三键的键级贡献。$E_{\text{lp}}$ 为孤对电子的影响：

$$E_{\text{lp}} = \frac{p_{\text{lp2}} \cdot \Delta'}{1+\exp(-75\times\Delta')} \tag{6.8}$$

其中，$p_{\text{lp2}}$、$\Delta'$ 为外层孤对电子的能量贡献参数。在诸如 $H_2O$ 之类的体系中，孤对电子的影响不可忽略。$E_{\text{over}}$、$E_{\text{under}}$ 为调整项，它们分别指的是在配位数大于 0 时与小于 0 时，对过配位的能量调整。$E_{\text{val}}$、$E_{\text{pen}}$、$E_{\text{coa}}$ 为键角能量项：

$$\begin{aligned} E_{\text{val}} = & \left(1-\exp\left(-p_{\text{val1}}\times BO_{ij}^{p_{\text{val2}}}\right)\right) \times \left(1-\exp\left(-p_{\text{val1}}\times BO_{ik}^{p_{\text{val2}}}\right)\right) \\ & \times \left(p_{\text{val3}} - \left(p_{\text{val3}}-1\right) \times \frac{2+\exp\left(p_{\text{val4}}\times\Delta_j\right)}{1+\exp\left(p_{\text{val}}\times\Delta_j\right)+\exp\left(-p_{\text{val5}}\times\Delta_j\right)}\right) \\ & \times \left(p_{\text{val6}} - p_{\text{val6}} \times \exp\left(-p_{\text{val7}}\times\left(\theta_0(BO)-\theta_{ijk}\right)^2\right)\right) \end{aligned} \tag{6.9}$$

其中，$\Delta_j$ 为配位数；$\theta_0$ 与 $\theta_{ijk}$ 分别为平衡键角与原子间实际键角；$p_{\text{val1}} \sim p_{\text{val7}}$ 为键参数。

$$\begin{aligned} E_{\text{pen}} = & p_{\text{pen1}} \times \frac{2+\exp\left(-p_{\text{pen2}}\cdot\Delta_j\right)}{1+\exp\left(-p_{\text{pen2}}\cdot\Delta_j\right)+\exp\left(p_{\text{pen4}}\cdot\Delta_j\right)} \times \exp\left(-p_{\text{pen3}}\cdot\left(BO_{ij}-2\right)^2\right) \\ & \times \exp\left(-p_{\text{pen3}}\cdot\left(BO_{ik}-2\right)^2\right) \end{aligned} \tag{6.10}$$

其中，$p_{pen1} \sim p_{pen3}$ 为键参数。

$$E_{coa} = p_{coa1} \times \frac{1}{1+\exp(p_{coa2} \cdot \Delta_j)} \times \exp\left(-p_{coa3}\left(-BO_{ij} + \sum_{n=1}^{neighbour(i)} BO_{in}\right)^2\right)$$
$$\times \exp\left(-p_{coa3}\left(-BO_{jk} + \sum_{n=1}^{neighbour(i)} BO_{kn}\right)^2\right) \quad (6.11)$$
$$\times \exp\left(-p_{coa4}(BO_{ij}-1.5)^2\right) \times \exp\left(-p_{coa4}(BO_{jk}-1.5)^2\right)$$

其中，$p_{coa1} \sim p_{coa4}$ 为键参数。

$E_{tors}$ 为扭矩能，$E_{conj}$ 为结合能，通常被称为四体项，主要用于在处理二面角时描述原子四体的连接情况。

$E_{C2}$ 为双键修正项：

$$E_{C2} = k_{C2} \times (BO_{ij} - \Delta_i - 0.04 \times \Delta_i^4 - 3)^2 \quad (6.12)$$

其中，$k_{C2}$ 为双键修正参数；$BO_{ij}$ 为键级；$\Delta_i$ 为配位数。对于两个 C 原子，ReaxFF 力场将给予一个较强的三键，其能量远高于双键。为了修正实际中三键末端的自由基的减弱效果，故引入了此项。

$E_{H\text{-}bond}$ 为氢键修正项，$E_{vdWaals}$、$E_{Coulomb}$ 为非键能作用项。

在分子动力学模拟分析中，通常有 3 种系综可供选择，分别为微正则系综、正则系综与巨正则系综。其中，巨正则系综通常用于能够与较大热源既交换能量又交互粒子的系统。本书中设计的油纸绝缘系统主要受热应力的影响，粒子数相对固定，故选取了 NVT 正则系综。即系统的微粒数 $N$ 是保持不变的，系统的体积 $V$ 也是恒定的，系统达到平衡状态以后温度 $T$ 也维持稳定，通过热交换与外界进行能量交换的一个封闭式系统。

时间与步长是本书模拟分析中的关键参数。过长的时间可能给计算徒增复杂度，甚至在计算中带来维数灾难；过短的时间又可能会限制仿真模拟的想象力，不足以模拟出各种可能发生的反应。参考文献[104]的研究，本章选取 3000 K 作为仿真温度，选取 100 ps 作为仿真模拟的时间、0.002 ps 作为仿真的步长。

ReaxFF 方法应用于油纸绝缘老化仿真有助于从微观的角度定向、定量地理解油纸绝缘系统分子结构与宏观性质的关系。其中，最为主要的问题在于仿真的温度与实际温度不对应，但是根据文献[104]，这一点可以通过时温等效原理来解决，即温度在油纸绝缘老化仿真中仅仅影响了反应的速率，并未改变反应的本质。本章在较高的温度和密度下进行分子动力学仿真模拟，这是为了让反应快速发生。在 ReaxFF 使用周期性边界条件，设置默认单元格为边长 120 Å 的立方体。

### 6.2.2 电气设备油纸绝缘老化分子动力学仿真结果分析

绝缘油的成分组成非常复杂，以烃类物质为主，衍生物极其丰富，主要组成元素有 C 元素、H 元素以及少量的 O 元素。已有研究[105,110]表明矿物绝缘油中环烷烃占主要碳氢化合物的比重超过 50%，烷烃和芳香烃，不同型号、不同批次的矿物绝缘油可能稍有差异，但一般情况下差异并不明显。本章对新鲜的克拉玛依 25#变压器矿物绝缘油进行了气-质谱联用的成分分析，其结果如图 6.4 与表 6.1 所示，除常见的已知成分外，还发现了几种占比较大的有代表性的烃类，它们分别是环己烯、癸烷、十三烯、十六炔等；另外，除烃类外，还有少量的植醇以及戊酸。因此，本章根据上述分析结果搭建模拟真实油纸绝缘成分组成的仿真模型。

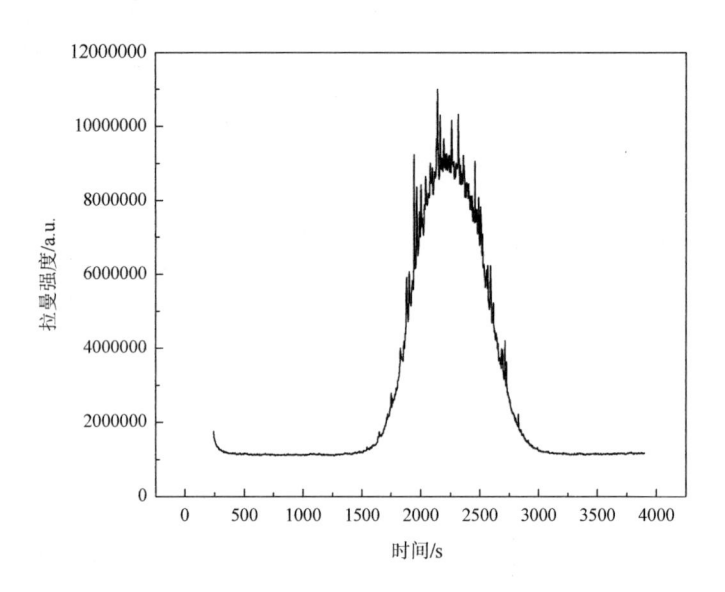

图 6.4 克拉玛依 25#变压器矿物绝缘油气-质谱图

表 6.1 克拉玛依 25#变压器矿物绝缘油气-质谱分析结果

| 名称 | 保留时间/s | 面积占比/% |
| --- | --- | --- |
| 环己烯 | 2713.8 | 3.50 |
| 癸烷 | 2141.2 | 3.0565 |
| 戊酸 | 1944.8 | 2.3382 |
| 十三烯 | 2566.8 | 2.2308 |
| 十六炔 | 2360.3 | 1.6079 |
| 植醇 | 2260.5 | 1.4191 |

纤维素的分子式为$(C_6H_{10}O_5)_n$，$n$ 为聚合度数值。在仿真模拟中，上千的聚合度数值将不利于模拟计算，考虑到纤维素链的长度不影响其仿真模拟结果，本章将 $n$ 的数值设置为 12，如图 6.5（a）所示。

环烷烃是矿物绝缘油中占比最高的碳氢化合物，本章设计的环烷烃分子模型由两个环组成，如图 6.5（b）所示。除环烷烃之外，芳香烃与烷烃是矿物绝缘油中占比最高的两种碳氢化合物，本章设计的芳香烃分子模型如图 6.5（c）所示。癸烷是烷烃的一种，

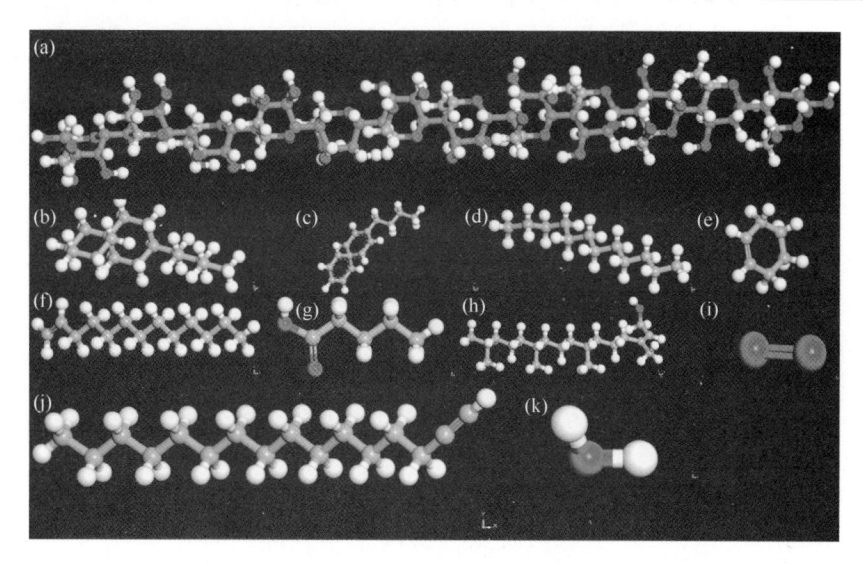

图 6.5 油纸绝缘系统分子模型

同时也是本章对新鲜矿物绝缘油样本进行气-质谱分析中发现的一种含量较高的烷烃，其分子结构模型如图 6.5（d）所示。C═C 双键在之前众多的矿物绝缘油仿真模拟研究中容易被忽略，考虑到矿物绝缘油组成的复杂性，为了尽可能模拟油纸绝缘老化的真实情况，本章考虑了苯环结构中的 C═C 双键与链式结构中的 C═C 双键。环己烯与十三烯是本章对新鲜矿物绝缘油样本进行气-质谱分析中发现的两种含量相对较高的有机物，其分子结构模型如图 6.5（e）与图 6.5（f）所示。除了上述烃类物质之外，在气-质谱分析中本章还发现，即便是新鲜的矿物绝缘油中，通常也含有少量的酸类物质与醇类物质，其中酸类以戊酸相对含量最高，其分子结构如图 6.5（g）所示，醇类以植醇相对含量最高，其分子结构如图 6.5（h）所示。最后，C≡C 键也在矿物绝缘油中少量存在，其中以含量最高的十六炔分子为代表，其分子结构如图 6.5（j）所示。同时，尽管在应用时会尽可能地避免将水分与氧气引入油纸绝缘系统中，但由于现有技术工艺的局限性，仍有少量的水分与氧气在实际运行过程中被带入油纸绝缘系统中，参与油纸绝缘的老化过程。因此，本章在仿真中也加入了氧气分子与水分子，其模型如图 6.5（i）与图 6.5（k）所示。

综合上述各种分子模型，本章在 ReaxFF 场中使用周期性边界条件，构建单元格为边长 120 Å 的油纸绝缘立方体晶胞模型，如图 6.6 所示。

随后在温度为 3000K 的 NVT 正则系综中进行仿真，模拟油纸绝缘的老化过程，仿真总时长为 100 ps，共分为 50000 步，单步时长为 0.002 ps。在 2 ps 左右，纤维素链开始断裂，如图 6.7（a）中红色虚线框内所示。随老化时间的增长，纤维素链断裂加剧，在 4 ps 左右，纤维素链已有多处断裂，如图 6.7（b）中红色虚线框内所示。整体上，纤维素长链断裂呈现开始快，随后逐渐放缓的趋势；断裂后的产物又与绝缘油中的其他有机分子复合，发生一系列化学反应，并最终形成如图 6.7（c）所示的形态，整体上看，油纸绝缘系统中，大分子化合物减少，形成了较多小分子化合物。

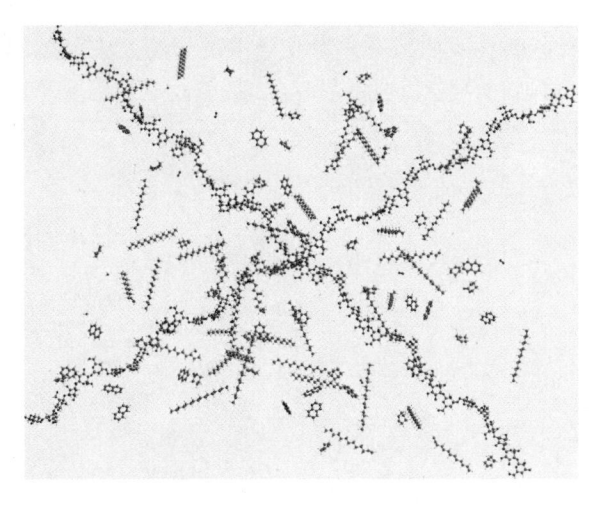

图 6.6 油纸绝缘晶胞整体模型

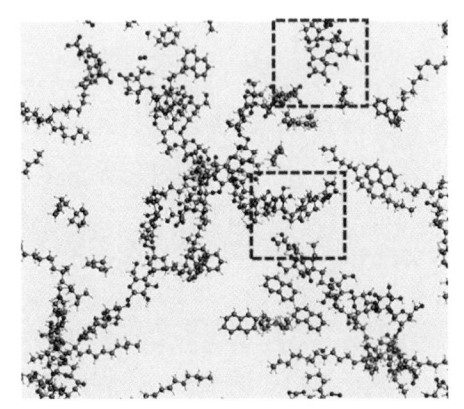

(a) 仿真2 ps时油纸绝缘体系情况

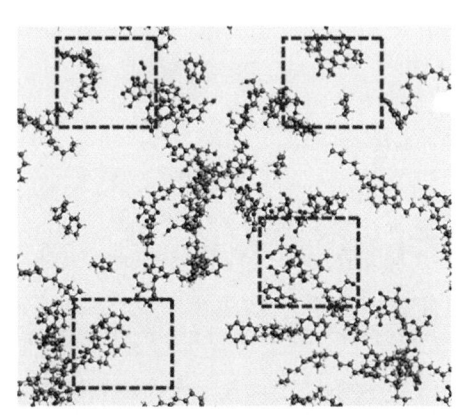

(b) 仿真4 ps时油纸绝缘体系情况

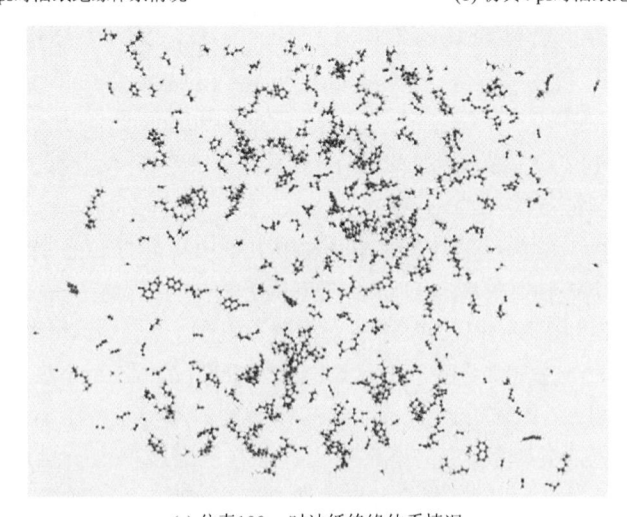

(c) 仿真100 ps时油纸绝缘体系情况

图 6.7 油纸绝缘系统仿真结果

仿真过程中，油纸绝缘体系的分子总数变化情况如图 6.8 所示，随老化进程的加深，大分子结构不断分裂，同时伴随着一系列氧化、裂解反应，各种小分子结构不断生成，整个体系的分子总数不断增加。

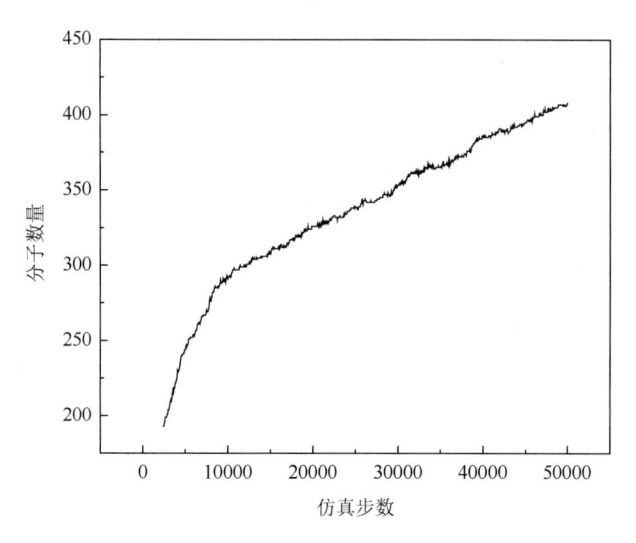

图 6.8　仿真中油纸绝缘体系的分子总数变化情况

以十六炔、癸烷、环己烯、乙烯为代表，本章的仿真过程中主要 C、H 化合物的变化情况如图 6.9 所示，十六炔分子总数随老化时间增加而逐渐减少，烯烃与炔烃在老化过程中发生了 C—C 键热解和脱氢反应。相比之下，癸烷与环己烯在老化过程中分子总数变化不是很明显，但也有所减少，本章推测其在老化过程中与某些中间过程产物发生了一些氧化反应。总的来说，仿真过程中大分子物质明显减少，乙烯等小分子物质数量逐渐增加，与 2.1 节中的分析一致。

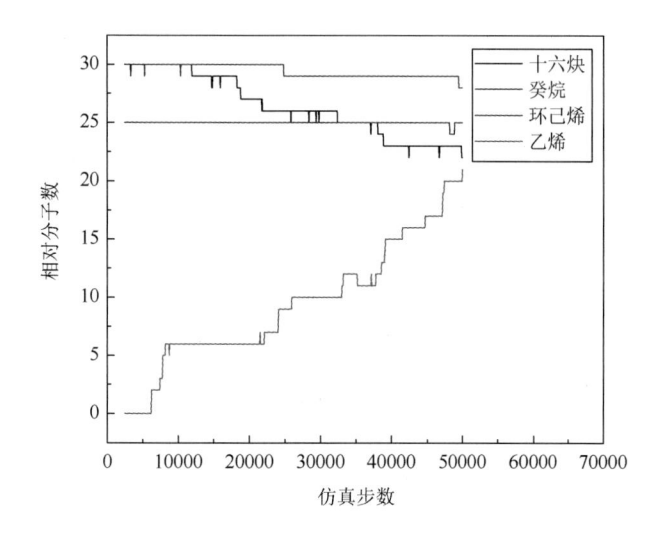

图 6.9　仿真中主要 C、H 化合物的变化情况

通过上述仿真分析，发现油纸绝缘的老化过程除了纤维素长链的断链以外，以氧化反应为主导。对于仿真的油纸绝缘体系中含 C、H、O 三种元素的氧化物，以 $C_2H_4O$、$C_3H_6O$、$C_4H_6O_4$ 为例进行说明，其分子结构如图 6.10 所示。

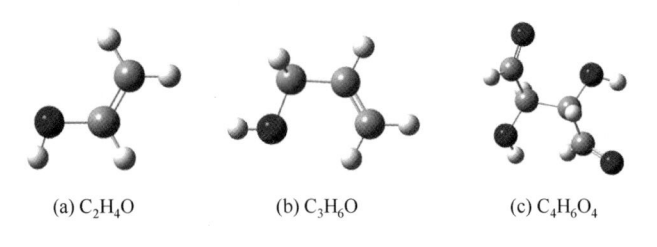

(a) $C_2H_4O$　　(b) $C_3H_6O$　　(c) $C_4H_6O_4$

图 6.10　仿真中主要氧化物

在本章的仿真分析中，ReaxFF 力场模拟的是油纸绝缘体系内所有原子随时间推移在特定环境下的位移信息及不同原子之间的连接情况，因此，从这些轨迹中可以追踪到以上 3 种主要氧化产物的来源，本章的研究发现，它们均来源于纤维素分子，如图 6.11 所示，图中已将其他无关原子及其连接以线条形式体现，将 3 种主要氧化物以球棍模型进行展示。

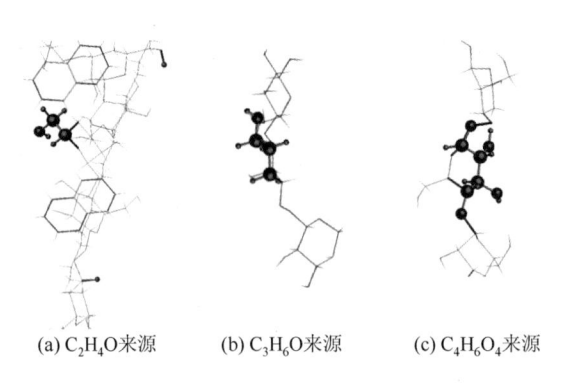

(a) $C_2H_4O$ 来源　　(b) $C_3H_6O$ 来源　　(c) $C_4H_6O_4$ 来源

图 6.11　仿真中主要氧化物的来源

上述 3 种分子在仿真中的数目变化情况如图 6.12 所示。在油纸绝缘老化初期，氧化反应频繁发生，生成了较多的大分子氧化物、过氧化物；作为较大分子量的过氧化物，$C_4H_6O_4$ 在老化初期数量猛增，这可能是油纸绝缘体系中大分子有机物被氧化所生成的产物。随着老化的继续，这些大分子 C、H、O 化合物作为中间产物继续与其他有机物、烃类物质发生反应，并将其氧化，导致大分子氧化物、过氧化物数量减少，更小分子量的氧化物生成。例如，$C_2H_4O$ 在老化初期几乎不存在，在老化的中期开始生成，老化的末期数量迅速增加。相比过氧化物 $C_4H_6O_4$，氧化物 $C_3H_6O$ 要相对稳定一些，其数量在老化初期迅速增长后，一直在一定的幅度内来回波动：一方面，过氧化物与其他物质反应可能生成 $C_3H_6O$ 导致其数量增加；另一方面，$C_3H_6O$ 本身也可能氧化其他物质，导致其数量减少。

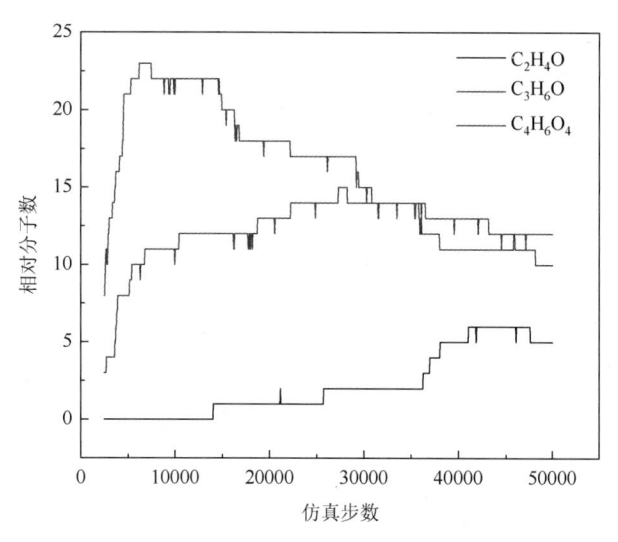

图 6.12 仿真中主要氧化物的数目变化情况

在油纸绝缘老化的仿真分析中，发生最为频繁的化学反应如图 6.13（a）所示。其次，反应次数最多的反应如图 6.13（b）与图 6.13（c）所示，为图 6.13（a）中第二生成物的后续反应。标签总通量表示在模拟时间内观察到反应的频率，而速率常数 $k$ 指正向反应。反应式左边的来源为纤维素大分子的断链，右边是其在仿真中生成的化学基团。反应频次统计表明，图 6.13（a）中生成的基团充分参与了油纸绝缘的老化过程，因此有必要对其进行相应的拉曼仿真分析。

图 6.13 仿真中发生频次最高的化学反应

图（b）、（c）为图（a）中第二生成物的后续反应

## 6.3 电气设备油纸绝缘老化拉曼特征关联分析

### 6.3.1 基于老化特征物的电气设备油纸绝缘老化拉曼光谱关联分析原理

油纸绝缘系统是一个复杂的多组分体系，无论在初始的未老化状态，还是在老化过程中，其成分种类都极多。如果对包含多种物质的体系同时进行统一的拉曼光谱仿真计算，其计算量过大，现有设备条件很难实现。因此，本章考虑对油纸绝缘老化仿真中涉及的主要特征产物进行拉曼光谱仿真研究，以反映油纸绝缘整体拉曼光谱在老化中的变化情况。朗伯-比尔定律为本章这种分析思路奠定了理论基础。

对于油纸绝缘这种复杂多组分体系，其拉曼光谱可用朗伯-比尔定律运算进行表示。若油纸绝缘体系中共有 $n$ 种成分，每种成分的拉曼光谱为 $s_1, s_2, \cdots, s_n$，油纸绝缘体系中各种成分的相对含量分别为 $c_1, c_2, \cdots, c_n$，则根据朗伯-比尔定律的加和定律，该油纸绝缘的拉曼光谱 $x$ 理论上为上述成分混合叠加后的拉曼光谱，即

$$x = c_1 s_1 + c_2 s_2 + \cdots + c_n s_n + e \tag{6.13}$$

其中，$e$ 为仪器的量测误差。其具体的矩阵表示为

$$\begin{cases} x_1 = c_1 s_{11} + c_2 s_{12} + \cdots + c_n s_{1n} + e_1 \\ x_2 = c_1 s_{21} + c_2 s_{22} + \cdots + c_n s_{2n} + e_2 \\ \vdots \\ x_m = c_1 s_{m1} + c_2 s_{m2} + \cdots + c_n s_{mn} + e_m \end{cases} \tag{6.14}$$

其中，$m$ 为波数；$x_m$ 为混合物在波数 $m$ 处的拉曼散射强度；$s_{mn}$ 为第 $n$ 种纯组分在波数 $m$ 处的拉曼散射强度。

因此，从理论上看，油纸绝缘体系中宏观的成分构成与其拉曼光谱有着极为密切的联系，它们之间可以相互推导。然而油纸绝缘体系的成分构成过于复杂，难以在仿真中完全复现，因此，本章在研究中重点关注其中的主要部分。无论油纸绝缘老化仿真模拟中发生频次较高的化学反应，还是老化过程中主要的特征产物，都与油纸绝缘的氧化密切关联。考虑到各种氧化产物，包括反应的两种主要生成物都是以 C、H、O 三种元素构成的氧化物，其共性是其中的化学链接都主要包括 C—C 键、C=C 键、C—O 键、C=O 键、C—H 键等。而拉曼光谱恰恰能够反映这些信息，无论前面分析的老化特征物 $C_2H_4O$、$C_3H_6O$、$C_4H_6O_4$，还是发生频次最高的化学反应中的生成物，都以这些化学链接为主。

对仿真获得的油纸绝缘老化特征物，基于 GaussView 为其构建简正坐标下相应的模型，随后借助 Gaussian 09W 实现拉曼计算与分析。考虑到老化特征物的主要元素组成为碳、氢、氧，拉曼计算中采用 6-31G* 基组。其主要思路是：假定分子为谐振子，则振动频率为能量对任一原子在某个方向上的坐标的二阶导数（黑塞矩阵）。通过点群操作从黑塞（Hessian）矩阵得到振动模式，即正则模式分析。对于某个具体的振动模式，使原子

在振动方向上做特定步长的微小移动,计算由此引起的极化率的变化。然后根据极化率变化的幅度,计算拉曼光谱的散射强度,完成拉曼仿真分析。

## 6.3.2 电气设备油纸绝缘老化特征物拉曼仿真及分析

Gaussian 仿真结果表明,发生频次最高的化学反应中第一生成产物在本章所关心范围内主要的拉曼谱峰如图 6.14 所示,在 800~2000 cm$^{-1}$ 范围内出现了多个拉曼特征峰。其中,拉曼活性相对较高的出峰位置分别位于 1171 cm$^{-1}$、1335 cm$^{-1}$、1463 cm$^{-1}$、1628 cm$^{-1}$、1662 cm$^{-1}$、1706 cm$^{-1}$ 与 1924 cm$^{-1}$ 附近,各个拉曼特征峰对应的拉曼活性及谱峰归属如表 6.2 所示。

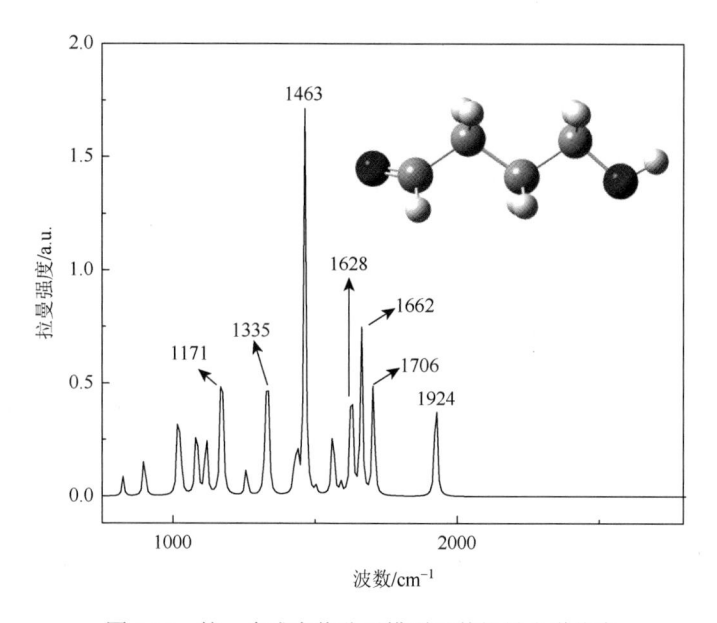

图 6.14 第一生成产物分子模型及其拉曼光谱仿真

表 6.2 第一生成产物主要拉曼谱峰分布情况

| 拉曼谱峰位置/cm$^{-1}$ | 拉曼活性 | 谱峰归属 |
| --- | --- | --- |
| 1171 | 14.9 | C—O 键伸缩振动 |
| 1335 | 6.6 | 亚甲基非平面摇摆振动并伴随 O—H 键剪式振动 |
| 1463 | 29.3 | 亚甲基 C—H 键摇摆振动 |
| 1628 | 13.7 | 亚甲基 C—H 键摇摆振动 |
| 1662 | 14.3 | 亚甲基 C—H 键摇摆振动 |
| 1706 | 11.3 | 亚甲基 C—H 键摇摆振动 |
| 1924 | 12.2 | C=O 键伸缩振动 |

对于第一种生成物,C—O 键伸缩振动产生的拉曼谱峰在 1171 cm$^{-1}$ 位置附近,其

拉曼活性为 14.9，其振动情况如图 6.15（a）所示。亚甲基非平面摇摆振动并伴随 O—H 键剪式振动产生的拉曼谱峰在 1335 cm$^{-1}$ 位置附近，其拉曼活性为 6.6，其振动情况如图 6.15（b）所示。三个亚甲基 C—H 键同时的左右摆振动产生的拉曼谱峰分别在 1463 cm$^{-1}$ 位置附近，由于是三个亚甲基 C—H 键同时的振动，其计算拉曼活性也相对较高，达到了 29.3，其振动情况如图 6.15（c）所示。从左至右三个亚甲基 C—H 键各自单独上下摆振动产生的拉曼谱峰分别在 1628 cm$^{-1}$、1662 cm$^{-1}$、1706 cm$^{-1}$ 位置附近，其计算拉曼活性分别为 13.7、14.3、11.3，其振动情况如图 6.15（e）所示。虽同为亚甲基 C—H 键上下摆振动产生的拉曼谱峰，但分别隶属于三个不同位置的亚甲基，后续链接的结构不同，因此拉曼光谱中的出峰位置也有明显差异，但计算拉曼活性较为相近，且明显弱于三个亚甲基 C—H 键同时同步振动在 1463 cm$^{-1}$ 位置附近拉曼谱峰的拉曼活性。C═O 键伸缩振动产生的拉曼谱峰在 1924 cm$^{-1}$ 位置附近，其拉曼活性为 12.2，其振动情况如图 6.15（d）所示。C—O 键伸缩振动与 C═O 键伸缩振动的拉曼活性较为相近。

(a) 第一生成物C—O键伸缩振动情况

(b) 第一生成物亚甲基非平面摇摆振动并伴随O—H键剪式振动情况

(c) 第一生成物亚甲基左右摆振动情况

(d) 第一生成物C═O键伸缩振动情况

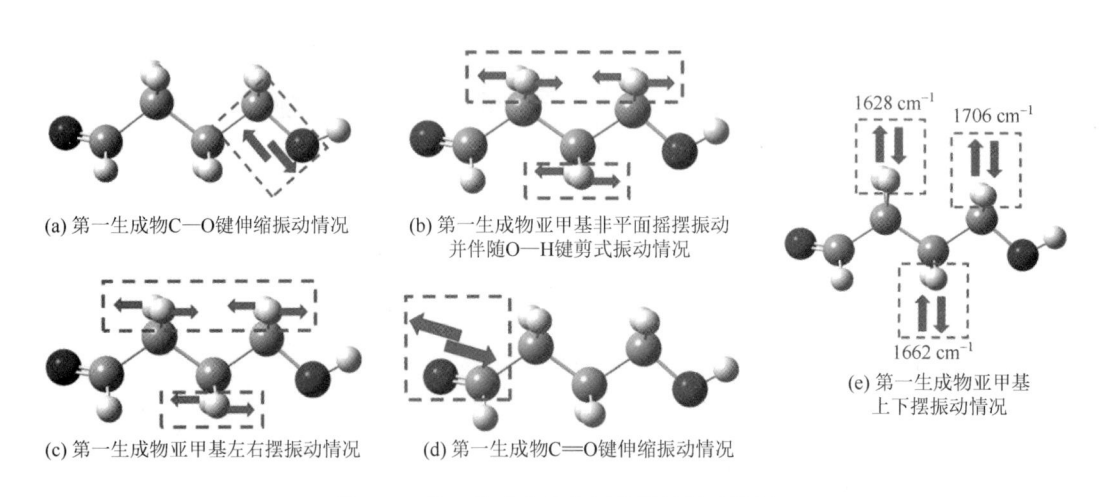

(e) 第一生成物亚甲基上下摆振动情况

图 6.15　第一生成产物分子化学键振动情况

发生频次最高的化学反应中第二生成产物在本章所关心范围内主要的拉曼谱峰如图 6.16 所示。其中，拉曼活性相对较高的出峰位置分别位于 834 cm$^{-1}$、1039 cm$^{-1}$、1143 cm$^{-1}$、1367 cm$^{-1}$、1659 cm$^{-1}$ 与 1923 cm$^{-1}$ 附近，其对应的拉曼活性及谱峰归属如表 6.3 所示。

对于第二种生成物，亚甲基 C—H 键摇摆振动产生的拉曼谱峰在 834 cm$^{-1}$ 位置附近，其拉曼活性为 5.2，其振动情况如图 6.17（a）所示。C—C 键伸缩振动产生的拉曼谱峰在 1039 cm$^{-1}$ 位置附近，其拉曼活性为 4.9，其振动情况如图 6.17（b）所示。C—O 键伸缩振动产生的拉曼谱峰在 1143 cm$^{-1}$ 位置附近，其拉曼活性为 9.4，其振动情况如图 6.17（c）所示。亚甲基 C—H 键旋转摇摆振动与亚甲基 C—H 键剪式振动产生的拉曼谱峰分别在 1367 cm$^{-1}$ 与 1659 cm$^{-1}$ 位置附近，其拉曼活性分别为 12.6 与 13.8，其振动情况如图 6.17（d）与图 6.17（e）所示。C═O 键伸缩振动产生的拉曼谱峰在 1923 cm$^{-1}$ 位置附近，其拉曼活性为 9.3，其振动情况如图 6.17（f）所示。

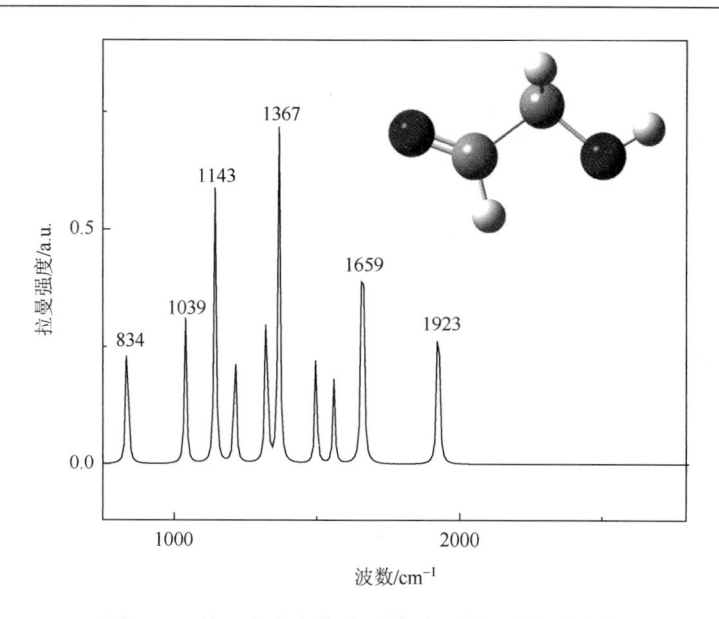

第 6 章　基于分子动力学模拟的电气设备油纸绝缘老化过程及其与拉曼特征的关联　·95·

图 6.16　第二生成产物分子模型及其拉曼光谱仿真

表 6.3　第二生成产物主要拉曼谱峰分布情况

| 拉曼谱峰位置/cm$^{-1}$ | 拉曼活性 | 谱峰归属 |
| --- | --- | --- |
| 834 | 5.2 | 亚甲基 C—H 键摇摆振动 |
| 1039 | 4.9 | C—C 键伸缩振动 |
| 1143 | 9.4 | C—O 键伸缩振动 |
| 1367 | 12.6 | 亚甲基 C—H 键旋转摇摆振动 |
| 1659 | 13.8 | 亚甲基 C—H 键剪式振动 |
| 1923 | 9.3 | C=O 键伸缩振动 |

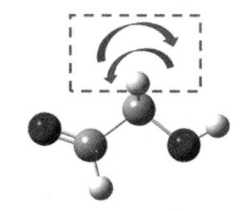

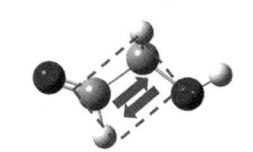

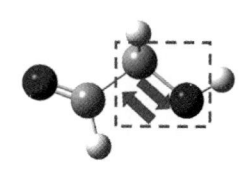

(a) 第二生成物亚甲基C—H键摇摆振动情况　(b) 第二生成物C—C键伸缩振动情况　(c) 第二生成物C—O键伸缩振动情况

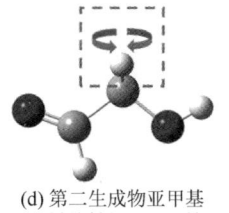

(d) 第二生成物亚甲基
C—H键旋转摇摆振动情况

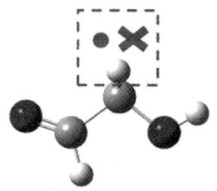

(e) 第二生成物亚甲基
C—H键剪式振动情况

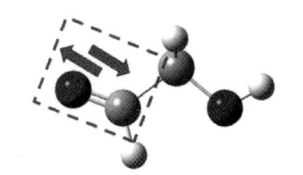

(f) 第二生成物C=O键伸缩振动情况

图 6.17　第二生成产物分子化学键振动情况

从以上分析可以看出，1367 cm$^{-1}$ 与 1659 cm$^{-1}$ 位置附近的两个拉曼峰虽为同一个亚甲基 C—H 键的振动所产生的，但是振动方式不同，出峰位置可能差别较大。

对比表 6.2 与表 6.3 可以发现，两种产物中都存在 C—O 键的伸缩振动所产生的拉曼谱峰，其出峰位置分别在 1171 cm$^{-1}$ 与 1143 cm$^{-1}$，两者相差 28 cm$^{-1}$。此外，两种产物中还同时存在 C=O 键伸缩振动所产生的拉曼谱峰，其出峰位置分别在 1924 cm$^{-1}$ 与 1923 cm$^{-1}$，两者仅相差 1 cm$^{-1}$。

对于不同分子结构中具有拉曼活性的相同振动模式，其拉曼谱峰会有一定的偏差，但通常情况下偏差不会太大。产生偏差的原因是：例如，两种物质中虽然都有 C—O 键的伸缩振动存在，但在两种分子中 C—O 键伸缩振动通常都是伴随着其他链接基团的振动而存在的，这些伴随振动会引起分子电子云的变化，从而导致极化率的变化，并最终导致纯 C—O 键伸缩振动拉曼谱峰的偏移。不同结构的分子 C—O 键连接的基团不同，导致的纯 C—O 键伸缩振动拉曼谱峰的偏移也不尽相同。对于 C—O 键而言，两种生成物的 O 原子其中一端都是连接的 H 原子，另一端连接一个 C 原子。对于第一种生成物，这个 C 原子另外三端分别连接着 2 个 H 原子与 1 个 CH$_2$；对于第二种生成物，这个 C 原子另外三端分别连接着 2 个 H 原子与 1 个 CHO。CH$_2$ 与 CHO 存在相对明显的差异，因此两者 C—O 键的伸缩振动所产生的拉曼谱峰位置相差 28 cm$^{-1}$。对于 C=O 键而言，O 原子只有 2 个外层电子，在这两种生成物中都是除了与 C 原子连接外不再有其他连接；在第一种生成物中，与 O 原子连接的 C 原子还分别连接了一个 H 原子与一个 CH$_2$—CH$_2$—CH$_2$—OH；在第二种生成物中，与 O 原子连接的 C 原子还分别连接了一个 H 原子与一个 CH$_2$—OH，直接与 C 原子相连的都是一个 H 原子与一个 CH$_2$。因此，两种生成物的 C=O 键伸缩振动所产生的拉曼谱峰相差不大。

除了上述仿真分析外，本章还对仿真中其他的油纸绝缘老化中间产物、特征产物进行了拉曼仿真分析，同时结合了现有研究[64-75]，最终确定了油纸绝缘老化过程中拉曼光谱中大部分谱峰的成峰原因，如图 6.18 所示。

由于对烃类、苯环等结构的分析与上述分析类似，同时也已有多项针对烃类、苯环的研究可供参考，因此尽管它们参与了油纸绝缘的老化过程，本章不再一一进行分析。本章对包括上述特征物在内的多种油纸绝缘老化过程中存在成分的拉曼特征进行了总结，其结果如表 6.4 所示。

拉曼光谱是以基团的特征频率为分析基础的，较强的拉曼信号通常对应于不具极性的基团伸缩振动，如油纸绝缘体系中有关 C—H 键的伸缩振动。甲基（CH$_3$）的反对称和对称伸缩振动分别出现在 2940~2980 cm$^{-1}$ 和 2850~2890 cm$^{-1}$ 附近，亚甲基（CH$_2$）的反对称和对称伸缩振动分别出现在 2905~2950 cm$^{-1}$ 和 2810~2860 cm$^{-1}$ 附近，这两者形变振动产生的拉曼谱峰都相对较弱。存在若干相邻亚甲基的物质，摇摆振动对应的拉曼出峰位置通常位于 1300 cm$^{-1}$ 附近。对于 C—C 键，在 800~1100 cm$^{-1}$ 范围内可能产生一系列特征谱带。C=C 键在拉曼光谱中 1450~1850 cm$^{-1}$ 附近出现，苯环的 C=C 键稍靠前，在 1450~1600 cm$^{-1}$ 附近出现。在油纸绝缘体系的拉曼光谱中，醇类、酚类的 O—H 键可能不易观测。C—O 键在油纸绝缘的拉曼光谱中可能会有所体现，但强度应该不高，可能出现在 1000~1280 cm$^{-1}$ 范围内。羟基化合物的 C=O 键在拉曼光中通常位于 1560~1950 cm$^{-1}$ 范围内。

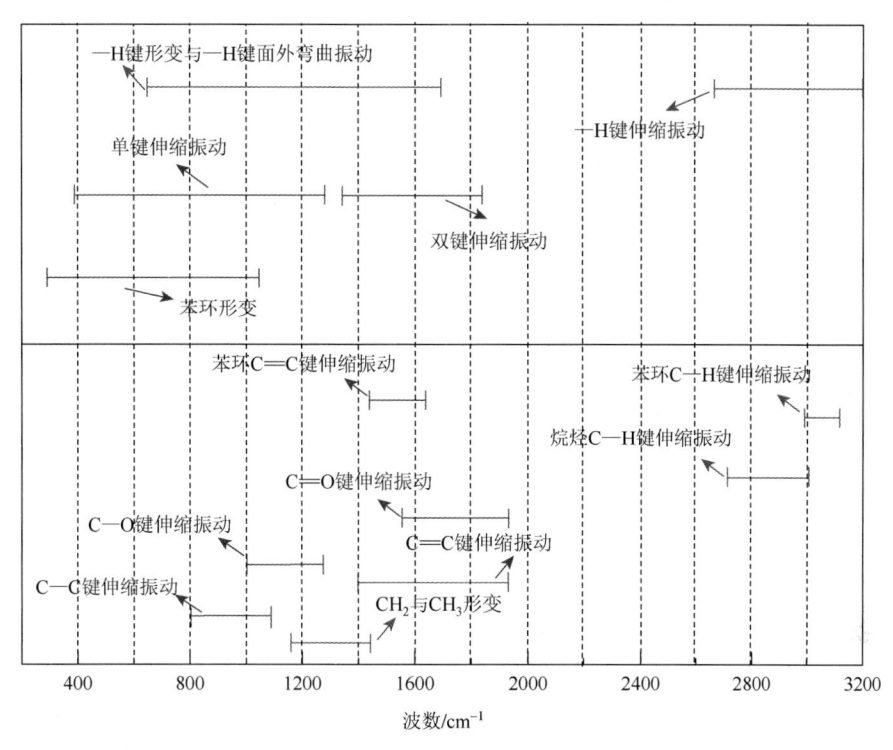

图 6.18 油纸绝缘老化大部分拉曼谱峰分布及成因

表 6.4 油纸绝缘老化主要拉曼谱峰分布情况

| 拉曼谱峰位置/cm$^{-1}$ | 拉曼强度 | 谱峰归属 |
| --- | --- | --- |
| 2850~2890、2940~2980 | 强 | 甲基（CH$_3$）C—H 键伸缩振动 |
| 2810~2860、2905~2950 | 强 | 亚甲基（CH$_2$）C—H 键伸缩振动 |
| 800~1100 | 中等偏弱 | C—C 键振动 |
| 1450~1850 | 弱 | C=C 键振动 |
| 1000~1280 | 弱 | C—O 键振动 |
| 1560~1950 | 弱 | C=O 键振动 |

# 第7章 电气设备油纸绝缘老化拉曼光谱及平衡化光谱数据库的建立

第 6 章中对油纸绝缘老化的机理及其老化产物的拉曼特征进行了理论研究与仿真分析,本章将根据油纸绝缘老化机理设计油纸绝缘加速老化实验,获取不同老化程度的油纸绝缘样本,搭建油纸绝缘老化拉曼光谱检测平台,获取油纸绝缘老化样本的拉曼光谱并进行相应的光谱数据预处理方法研究,建立有代表性的油纸绝缘老化拉曼光谱数据库。

## 7.1 电气设备油纸绝缘老化样本的获取

油纸绝缘加速老化实验已被研究者们广泛应用[3, 111-117],本章对这些研究加以改进,设计了油纸绝缘加速老化实验平台,如图 7.1(a)所示。通过油浴(二甲基硅油)加热实现为油纸绝缘系统提供均匀的热应力。可控温度不仅覆盖了油纸绝缘设备正常运行的温度范围,而且也包括了油纸绝缘加速老化实验的一般温度(25#变压器油的闪点温度在 140℃左右,一般油纸绝缘加速热老化温度小于等于 130℃)[111-113]。相比文献[114]中以空气为传热介质的方式,这种方式加热更加均匀、稳定,这是因为二甲基硅油的比热容远大于空气。考虑到运行油纸绝缘设备(如油浸式变压器)内部由于温度差等因素,往往存在对流,本平台加入了一个循环泵来控制实验罐内的液体流动(一般变压器内部上下层油的流速≤0.1 m/s),更加符合油纸绝缘老化的实际情况。

本章所设计的绕组尺寸为 12 mm×3.5 mm,绕组芯为铜条,外层由 12 层牛皮绝缘纸包裹,每层绝缘纸设计厚度 0.09 mm。绝缘纸与铜条均采购于重庆南瑞博瑞变压器厂,规格符合现役变压器的要求,如图 7.1(b)所示。为了模拟绕组在变压器中的自然弯折,本章在绕组两端设计了 45°的弯折。绕组的引入是为了模拟变压器内部的真实情况,如真实变压器一样为老化引入了铜作为老化催化剂。虽然实验平台的设计是运行电应力加入的,但油纸绝缘老化过程中电应力与热应力的影响并非简单的线性叠加,其联合老化规律尚不清楚。同时,现行电力行业标准《油浸式变压器绝缘老化判断导则》(DL/T 984—2018)中也明确指出,变压器在正常工作电压运行条件下,电老化的作用远远小于热老化,可以忽略。因此,本章中进行的油纸绝缘加速老化实验仍以热老化实验为主。

对于油纸绝缘加速热老化实验,根据 IEEE 相关导则[118]及其他研究者的前期探索[111-114,116],本章中的油纸绝缘加速老化实验温度选取在 130℃,既保证实验温度低于本章所使用的 25#变压器油的闪点温度,又能保证油纸绝缘的快速老化。实验流程如图 7.2 所示。油纸绝缘材料相关参数如表 7.1 所示。

# 第 7 章 电气设备油纸绝缘老化拉曼光谱及平衡化光谱数据库的建立

(a) 油纸绝缘加速老化实验平台

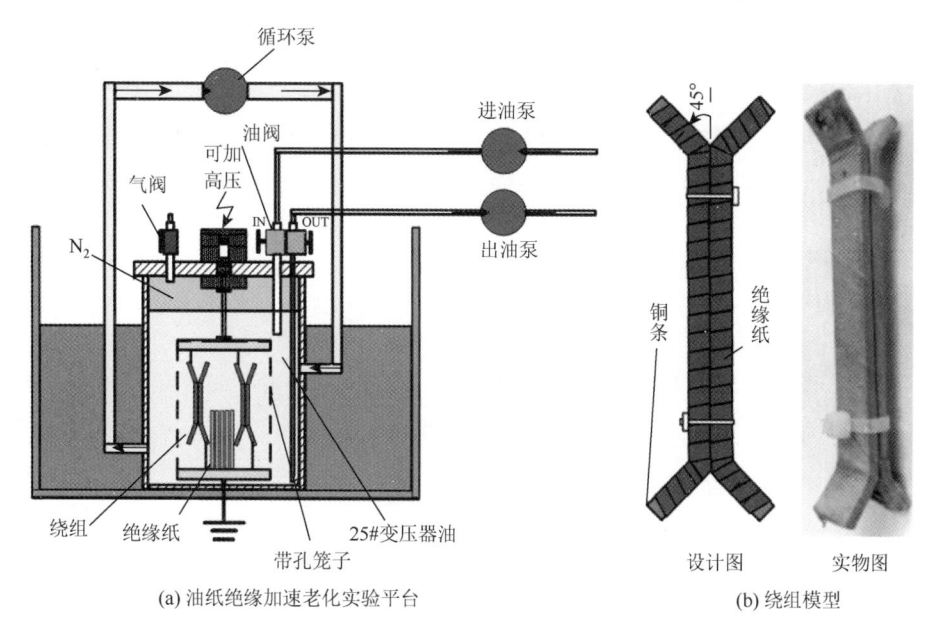

(b) 绕组模型

图 7.1 油纸绝缘加速老化实验平台及其绕组模型

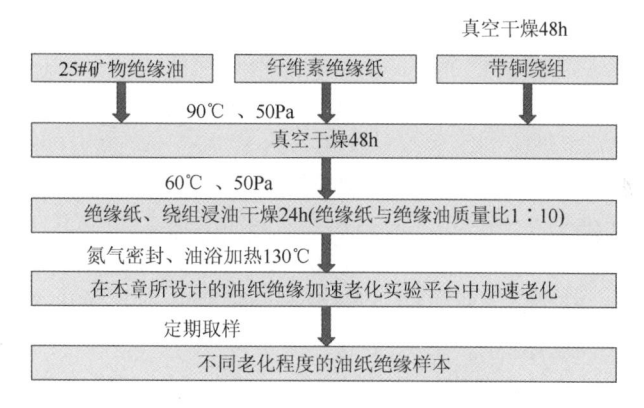

图 7.2 油纸绝缘加速老化实验流程

表 7.1 油纸绝缘材料相关参数

| 材料 | 参数 | 数值 | 材料 | 参数 | 数值 |
|---|---|---|---|---|---|
| 绝缘油 | 黏度（40℃）/(mm²/s) | <13 | 绝缘纸 | 初始水分含量/% | 7.0 |
|  | 密度（20℃）/(kg/cm³) | 895 |  | 干燥后含水量/% | 0.3 |
|  | 闪点温度/℃ | >140 |  | 紧度/(g/cm³) | 1.00~1.25 |
|  | 击穿电压/(kV/mm) | >14 |  | 灰分含量/% | 0.6 |
|  | 凝点/℃ | −25 |  | 抗张强度/(N/mm²) | 50 |
|  | 含水量/ppm | <10 |  | 纤维含量/% | 92 |
|  | 颗粒度（100 mL） | <2000 |  | 厚度/mm | 0.09 |

分别在 90℃、50 Pa 的真空条件下持续干燥 48 小时,然后将纤维素绝缘纸、带铜的绕组浸入油中,在 60℃、50 Pa 的真空条件继续干燥 24 小时,操作时保证绝缘纸与绝缘油的质量比为 1:10。随后将干燥好的样本放入本章所设计的油纸绝缘加速老化实验平台中,在恒温 130℃ 条件下开展加速热老化实验。实验中所获取的不同老化时间的油纸绝缘样本如图 7.3 所示。

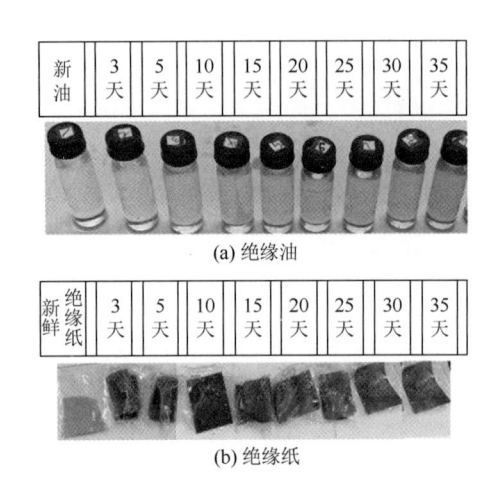

图 7.3 部分不同老化时间的油纸绝缘样本

在 130℃ 条件下,本章对油纸绝缘样本进行了 0~35 天不等的加速老化实验,共获取了新鲜油纸绝缘样本 50 个、老化 1 天的油纸绝缘样本 50 个、老化 2 天的油纸绝缘样本 50 个、老化 3 天的油纸绝缘样本 50 个、老化 5 天的油纸绝缘样本 50 个、老化 10 天的油纸绝缘样本 50 个、老化 15 天的油纸绝缘样本 30 个、老化 20 天的油纸绝缘样本 30 个、老化 25 天的油纸绝缘样本 20 个、老化 30 天的油纸绝缘样本 20 个、老化 35 天的油纸绝缘样本 10 个,共计 410 个不同老化程度的油纸绝缘样本。其中部分有代表性的样本如图 7.3 所示。随着老化天数的增加,绝缘油样本从开始的清澈透明到不断变黄、变褐,颜色加深的同时透明度明显下降。绝缘纸样本也随着老化时间的增加从最开始的土黄色不断变褐,韧性也不断衰减,老化时间越长的绝缘纸样本越脆,老化 35 天的绝缘纸样本可轻易用手指掰碎。

为了量化油纸绝缘的老化程度,本章根据相关国际标准、国家标准、行业标准对所获取全部油纸绝缘样本进行了测试。聚合度测试根据《新老纤维素电绝缘材料聚合平均黏度的测定》(IEC 60450),使用上海思尔达科学仪器有限公司生产的 NCY-2 自动黏度测试仪在 20℃ 条件下进行测定;油中糠醛测试根据《变压器油中糠醛含量的测定 液相色谱法》(DL/T 1355—2014),使用岛津 LC-20AD 高效液相色谱仪在柱温 35℃ 流动相为"甲醇-水"条件下进行测定;油中 CO、$CO_2$ 含量根据《变压器油中溶解气体分析和判断导则》(DL/T 722—2014),使用河南中分 2000 系列气相色谱仪进行测定;油纸绝缘样本的老化程度参考《油浸式变压器绝缘老化判断导则》(DL/T 984—2018)进行判定。

绝缘纸的聚合度测试:油纸绝缘样本在 130℃ 条件下的老化过程中绝缘纸聚合度随老化时间的变化情况如图 7.4(a)所示。未老化时,绝缘纸的聚合度在 1200 左右;随老化

(a) 聚合度

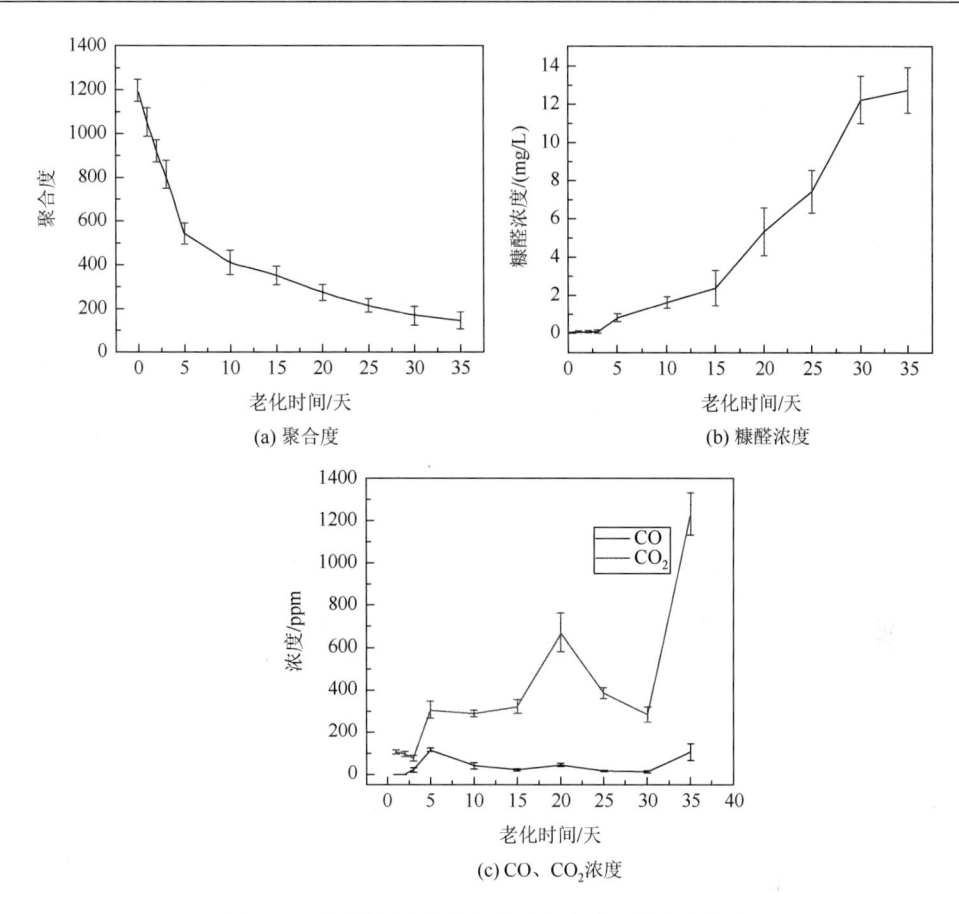

(b) 糠醛浓度

(c) CO、$CO_2$浓度

图 7.4　油纸绝缘老化特征量随老化时间的变化关系

时间的增加，绝缘纸聚合度开始下降，整体上呈现开始时下降较快，随后变缓的趋势，这个临界点出现在聚合度等于 500 左右。这主要是因为老化前期绝缘纸降解的区域集中在无定形区，这里分子间作用力不强，老化后期则主要在结晶区，降解速度不再像之前那么迅速。老化过程中油中糠醛浓度的变化如图 7.4（b）所示，油中糠醛浓度整体上随老化时间的增加而逐渐增加，相比聚合度，糠醛浓度的波动要更加明显，尤其是在老化的中后期。这可能是由于通过高效液相色谱技术检测糠醛浓度时需要配置流动相、完成萃取等工作，包括糠醛的挥发，这些都可能导致糠醛浓度检测的误差。油中 CO、$CO_2$ 浓度随老化时间的变化情况如图 7.4（c）所示，《油浸式变压器绝缘老化判断导则》（DL/T 984—2018）中明确提到使用油中 CO、$CO_2$ 浓度判断油纸绝缘老化程度的准确性不如聚合度与糠醛，本章的研究中也并未发现油中 CO、$CO_2$ 浓度与油纸绝缘老化之间的明显关联关系。这也可能是振荡脱气、气相色谱手动进气、标气误差等多种误差因素而造成的。参考文献[111]～文献[114]、文献[116]中的油纸绝缘老化实验，本章中实施的油纸绝缘加速老化实验符合老化规律，可用于后续的油纸绝缘老化诊断研究。

考虑到绝缘纸的聚合度是表征油纸绝缘老化程度公认的黄金准则，本章按照绝缘纸的聚合度对所获取的全部实验样本进行老化程度的划分,具体情况如表 7.2 所示。参考《油浸式变压器绝缘老化判断导则》(DL/T 984—2018),本章在聚合度降至 400 之后对油纸绝缘样本的老化阶段进行了更加精细的划分。

表 7.2 依据聚合度的样本老化程度划分情况

| 老化程度 | 聚合度范围 | 样本数量 | 样本来源 |
| --- | --- | --- | --- |
| 第一阶段 | 1000～1300 | 100 | 新鲜样本与加速老化 1 天的样本 |
| 第二阶段 | 800～1000 | 78 | 加速老化 2 天与部分老化 3 天的样本 |
| 第三阶段 | 600～800 | 52 | 部分加速老化 3 天与老化 5 天的样本 |
| 第四阶段 | 400～600 | 50 | 加速老化 10 天的样本 |
| 第五阶段 | 300～400 | 30 | 加速老化 15 天的样本 |
| 第六阶段 | 200～300 | 45 | 加速老化 20 天、25 天与部分 30 天的样本 |
| 第七阶段 | 150～200 | 27 | 部分加速老化 30 天与部分 35 天的样本 |
| 第八阶段 | 0～150 | 8 | 部分加速老化 35 天的样本 |

## 7.2 电气设备油纸绝缘老化拉曼光谱检测

### 7.2.1 便携式电气设备油纸绝缘老化拉曼光谱现场检测装置

由于测试过程的复杂性,传统的老化诊断方法在现场检测中的应用受到限制。油纸绝缘系统老化的现场,特别是在线监测,是电力系统一个亟待解决的问题。针对这种现状,许多研究者将目光聚焦到了拉曼光谱测试技术,但目前能够满足油纸绝缘老化检测要求的拉曼光谱仪器多为实验室用大型拉曼光谱仪。基于拉曼光谱的油纸绝缘老化诊断研究大都是局限于实验室内的分析。针对这一现状,本章搭建便携式油纸绝缘老化拉曼光谱现场检测装置,以求实现油纸绝缘老化的现场监测。

绝缘油复杂的混合光谱给便携式油纸绝缘老化拉曼光谱现场检测装置的设计提出了以下几点要求。

(1)在保证能够清晰反映油中老化特征的前提下,尽量减小装置体积,做到便携,同时又要考虑现场用电及电磁干扰。

(2)开放式设计模块化结构,能够满足不同激光功率下绝缘油全波段拉曼谱图信息的获取,同时又要确保能独立地对特定老化特征物质进行检测。

(3)拉曼装置光路结构需具备极高的稳定性,不受运输途中震动的干扰,对同一样品具有较高的检测重复性。

(4)针对绝缘油样品配备特定、简便、高效的样品池,保证换样的方便,减小人为操作带来的误差。

针对以上要求,本章设计了便携式油纸绝缘老化拉曼光谱现场检测装置,如图 7.5 所示。

# 第7章 电气设备油纸绝缘老化拉曼光谱及平衡化光谱数据库的建立

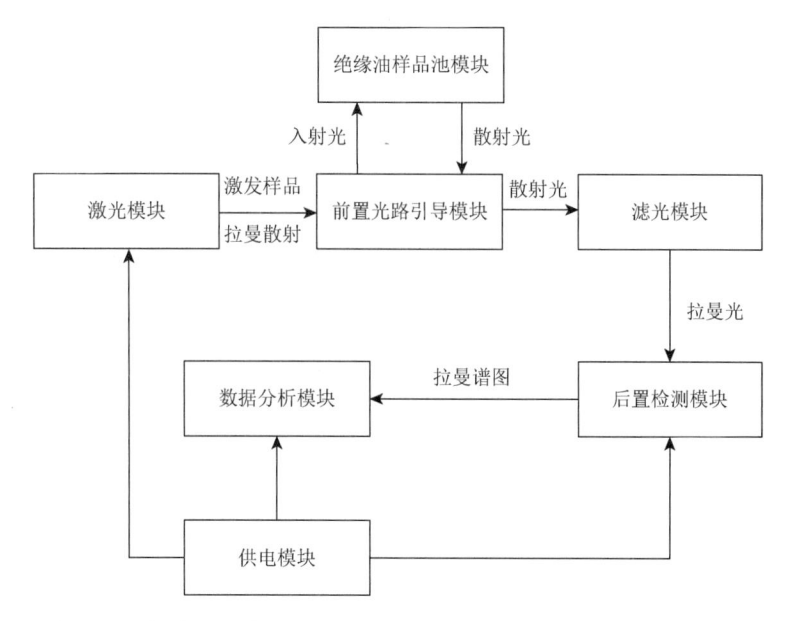

图 7.5 便携式油纸绝缘老化拉曼光谱现场检测装置主要模块及其关系

激光模块提供激励光源从而用于激发物质得到其拉曼信号；前置光路引导模块是作为激发光源入射到样品池并收集拉曼散射光的一个中介；滤光模块是为了滤除瑞利散射光，减小对拉曼信号的干扰从而减小实验误差；后置检测模块包括光谱仪和 CCD 探测仪，光谱仪用于分光，将不同频率的拉曼散射光分开并测量其强度，CCD 探测仪则是将拉曼信号转换为电信号输入数据分析模块（计算机）；数据分析模块则将拉曼光谱数据呈现出来以便于分析和处理。

一般来说，拉曼光谱检测仪器收集拉曼散射光的方式分为反射式收集与透射式收集。对于老化初期的变压器油，因其中颗粒型杂质较少，且变压器油较为清澈，呈透明状，两种收集方式都能起到不错的效果，如图 7.6（a）所示。对于老化末期的变压器油，其老化程度较深，油中的颗粒型杂质增多，同时油的颜色也会变黄、发褐。这严重影响了变压器油的透光性能，淹没了透射的拉曼信号。图 7.6（b）中给出了 130℃条件下加速热老化 20 天的绝缘油样本进行透射式拉曼光谱采集与反射式拉曼光谱采集的效果对比，可见对于老化程度较深的样本，透射式采集的拉曼光谱信号较弱且形变严重，反射式采集效果优于透射式。因此，本章采用反射式收集方式进行拉曼光谱装置的设计。

传统的反射式拉曼光谱检测仪器结构如图 7.7（a）所示，激光通过一小块反射镜聚集在待测样品上，但如此一来，样品的拉曼散射光在收集时会受到反射镜的遮挡，尽管这种结构的反射镜不会很大，还是会不可避免地遮挡部分样品的拉曼散射光。影响拉曼光谱技术广泛应用的最大原因就是样本的拉曼散射信号较为微弱，因此这种结构不利于进行微量特征物的检测。油纸绝缘老化过程中有许多微量变化的老化特征物能够反映其老化程度信息，不适用于此种检测结构。

(a) 新鲜

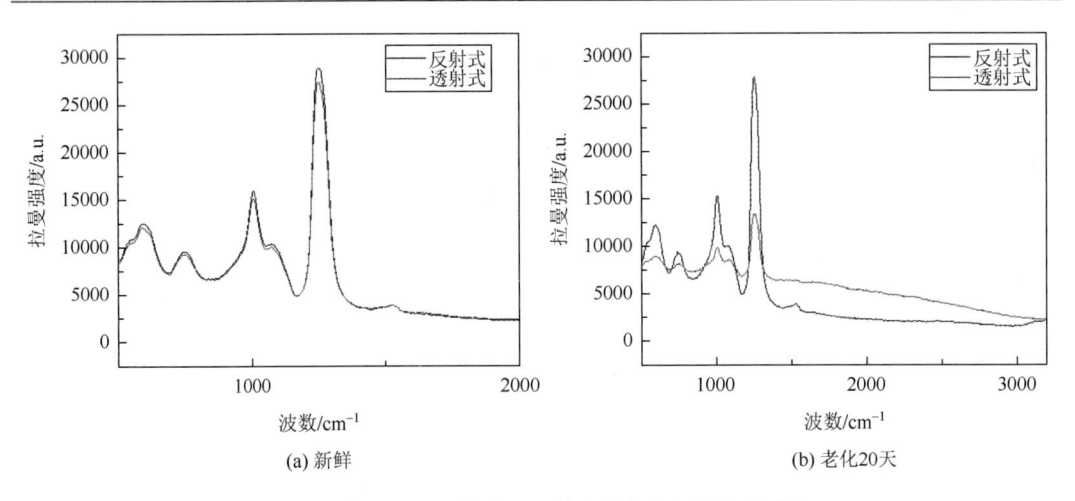

(b) 老化20天

图 7.6 变压器油反射式与透射式收集的拉曼光谱对比

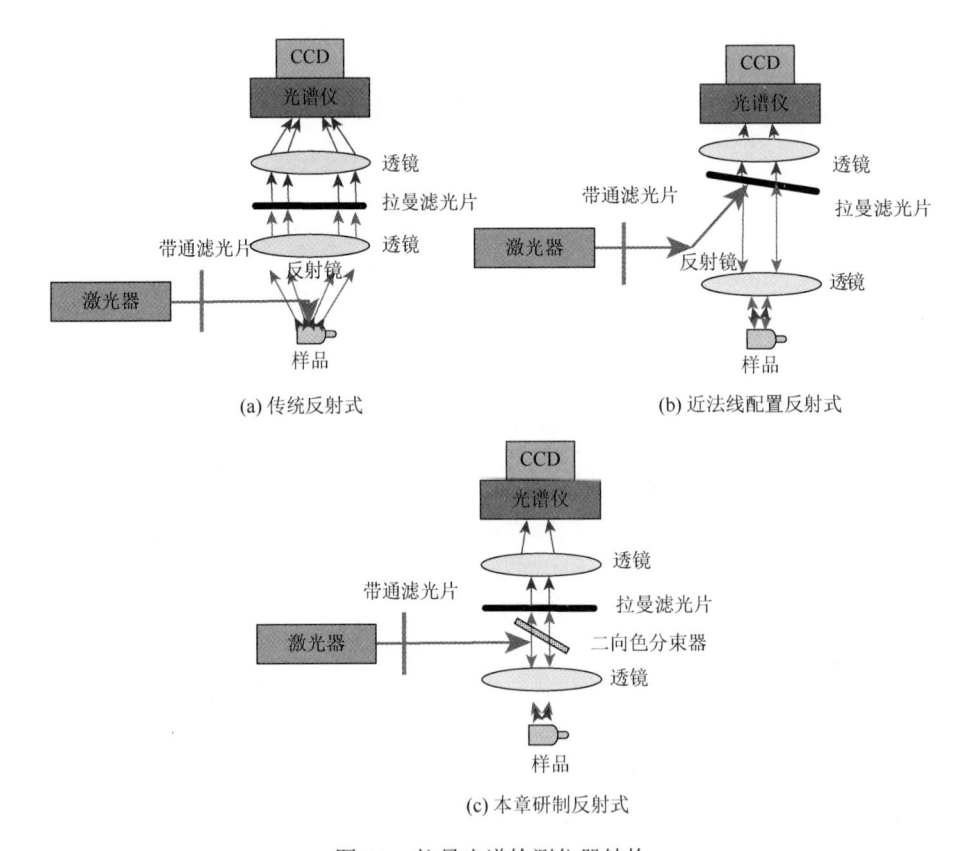

(a) 传统反射式

(b) 近法线配置反射式

(c) 本章研制反射式

图 7.7 拉曼光谱检测仪器结构

在传统拉曼光谱仪器结构的基础上有另一种改进方式，如图 7.7（b）所示。这种结构通常被称为近法线配置结构，通过调整反射镜与拉曼滤光片的角度，激光发出的激发光近似于垂直地落在待测样品上。这种巧妙的调整解决了传统结构中反射镜遮挡样品拉曼散射光的问题，但由于是"近法线"配置，仍不能有效解决问题。本章研制的便携式油纸绝缘老化拉曼光谱诊断装置采用的是如图 7.7（c）所示的 45°角配置结构。得益于二向色分束器的发展，由激光发出的激发光可以通过呈 45°角配置的二向色分束器反射到样品上；同时样品受激发出的拉曼散射光又不会被二向色分束器所遮挡，被后续的光谱仪全部收集。这里，巧妙放置的二向色分束器起到了一个类似带通滤波器的作用，它反射激光器发出光波长的激光，透射样本受激发出的拉曼散射光（频率发生了改变）。这种结构在收集微弱的绝缘油的拉曼信号时表现极佳。

确定了主要光路结构后，本章设计了装置的整体结构，便携式油纸绝缘老化状态拉曼光谱诊断装置的设计原理示意图如图 7.8 所示。

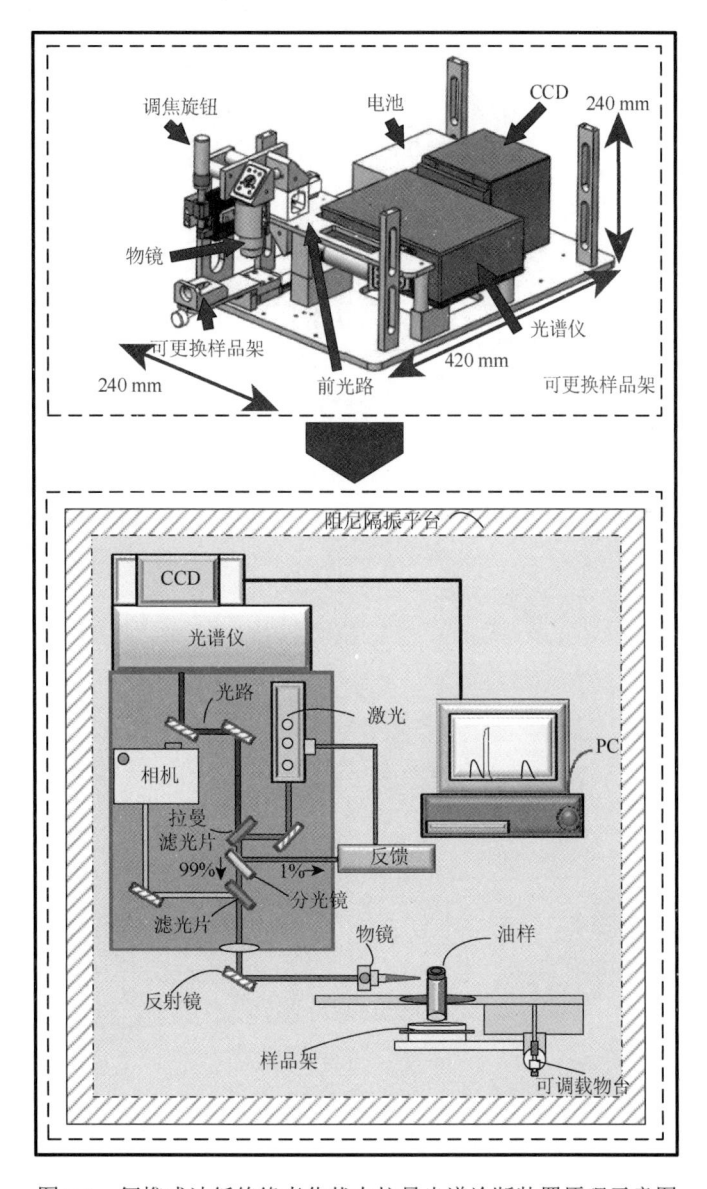

图 7.8　便携式油纸绝缘老化状态拉曼光谱诊断装置原理示意图

该装置主要部件包括激光器、光谱仪、CCD 等，其选型如下。

1. 激光器

为避开变压器油的荧光，本章采用 TEO 厂商的 L0785-500 型号 785 nm 波长激光器，功率 0～500 mW，连续可调，激光线宽＜0.1 nm，如图 7.9 所示。

图 7.9　本章所用 785 nm 激光器模块实物

2. 光谱仪

光谱仪将拉曼光信号通过光栅色散分光，在光谱仪出口得到高质量的成像光谱。本章选用 TEO 厂商的 RTS-100 型号光谱仪，焦长 100 mm，保证装置的小型化。内置光栅为 900 刻线，600 nm 闪耀波长，狭缝宽度 100μm；满足 750～3200 波数范围内绝缘油拉曼光谱信号的采集，如图 7.10 所示。

图 7.10　本章所用光谱仪模块实物

3. CCD

CCD 将光谱仪出口的光谱信号转换为电信号，由数据采集与处理系统处理，得到样品的拉曼光谱。本章中 CCD 检测器采用 Critical Link 公司的 MityCCD-H70311007-DS-LE 高灵敏度背照射 CCD 芯片，CCD 芯片零下 10℃制冷降低热噪声，提高信噪比。有效像元数为 2048×122，像元尺寸 12 μm×12 μm，如图 7.11 所示。

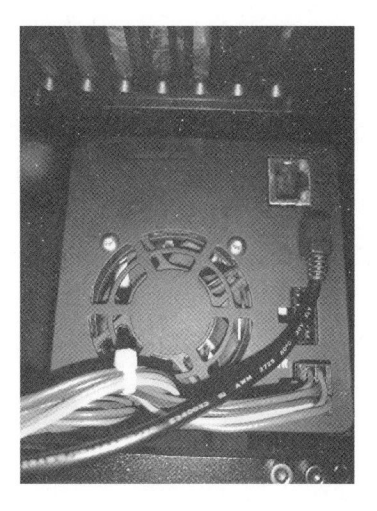

图 7.11  本章所用 CCD 模块实物

4. 光路系统

光路系统是实现油纸绝缘老化拉曼光谱检测的核心，为了实现油纸绝缘老化拉曼光谱检测仪器的便携式、小型化，本章进行诸多具体的实验尝试，最终确定本平台具体的光路结构实现如图 7.12 所示。在有限的空间内（240 mm×240 mm×420 mm）保证入射

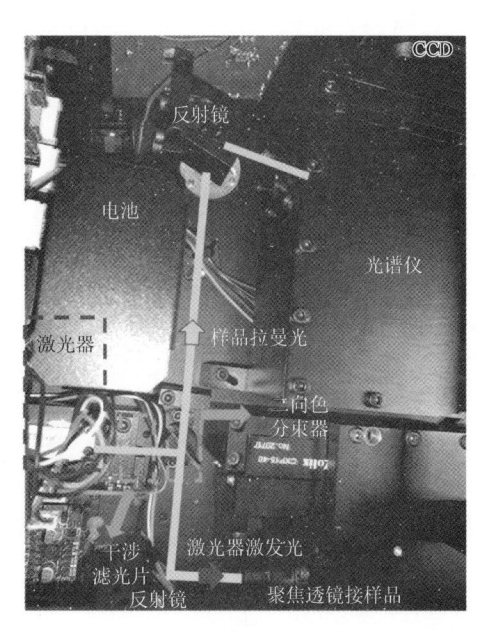

图 7.12  本章所用光路结构

的单色激光能够准确聚焦到待测样品上，同时待测样品的拉曼散射光能够被 CCD 与光谱仪有效收集。其中干涉滤光片选用 Semrock LL01-785 硬镀膜滤光片，保证入射光优良的单色性。下方反射镜采用 BB05-E03 平面反射镜，上方反射镜采用 ThorLabs PF05-03-P01。

### 7.2.2 电气设备油纸绝缘拉曼光谱

本章的研究中，溶解在绝缘油中的物质大都为有机物，其拉曼特征波段通常位于 $800\sim3200\ \mathrm{cm}^{-1}$ 范围内，第 2 章中对老化特征产物拉曼光谱的仿真分析也印证了这一点，这是本章选取绝缘油拉曼光谱检测波段的主要原因。利用 7.2.1 节所设计的拉曼光谱检测装置所获取的不同老化时间油纸绝缘样本的拉曼谱图如图 7.13 所示，检测时激光功率为 300 mW，曝光时间为 0.3s，累计次数为 10 次。

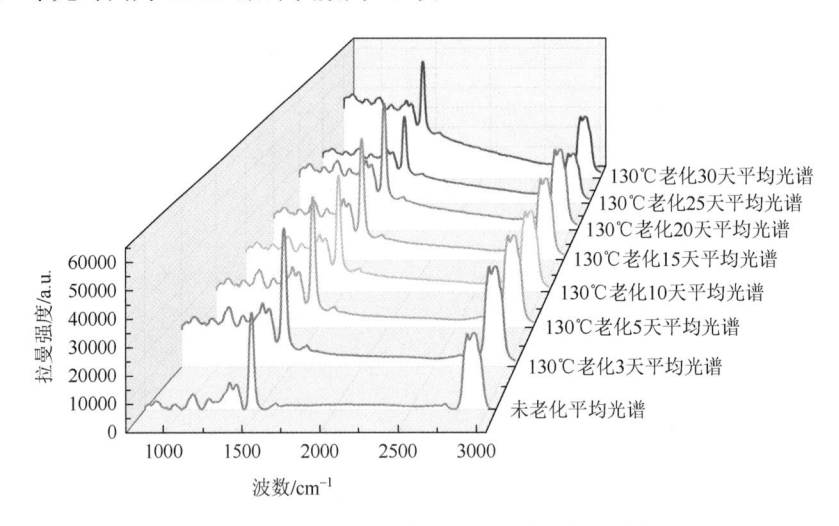

图 7.13 130℃条件下不同老化时间油纸绝缘样本的拉曼光谱

从图 7.13 中可以看出，随着老化时间的增加，变压器油拉曼谱图的基线出现明显的上升趋势。这是因为：有机物中单个简单荧光发色团（如羰基、乙烯基、硝基基团等）通常不在本章所收集的拉曼光谱区域发光，但油纸绝缘体系中物质种类及数量繁多，在老化过程中各种分子间相互作用，若干个基团的联合为波长的延伸提供了先决条件，将使吸收范围的长波会延伸到可见光区和更长的波长，这就是老化了的绝缘油具有荧光背景的主要原因。新鲜的油纸绝缘样本基本没有荧光基线，因此油纸绝缘拉曼光谱中基线的变化是油纸绝缘老化过程的一种侧面反映，其中包含了相当一部分的油纸绝缘老化程度信息。然而，基线的上移并非单调线性变化，因此无法简单凭基线进行老化判断。

除了基线，在油纸绝缘的老化过程中各谱峰轮廓也在发生变化。整体上看，随着老化时间的增长，油纸绝缘的拉曼谱图中并未有明显的新特征峰的形成或原有特征峰的消失，主要体现为原有特征峰的变化。油纸绝缘老化在绝缘油中的体现主要为各种以烃类为主的有机物的氧化反应及其连锁反应，在这个过程中"得氧"与"去氢"是主要的过程。在 $2800\sim3050\ \mathrm{cm}^{-1}$ 内的强峰代表其中各种化合物的 C—H 键伸缩振动模式，在

1400~1500 cm$^{-1}$ 内的强峰多来源于 C—H 键弯曲振动、C=O 键伸缩振动等。这些部分都是油纸绝缘老化前后拉曼谱图中重点变化的部分。此外，在其他波段绝缘油拉曼谱图也或多或少发生了变化，因此绝缘油的拉曼光谱富含了丰富的油纸绝缘老化信息，本章也将综合整张谱图的拉曼信息进行后续分析。

此外，本章对油纸绝缘拉曼光谱中的一些明显谱峰的出峰位置进行了标注，如图 7.14 所示。结合第 2 章的分析，本章推断 834 cm$^{-1}$、947 cm$^{-1}$、1069 cm$^{-1}$ 位置附近的拉曼特征峰可能与 C—C 键的伸缩振动有关，1173 cm$^{-1}$ 位置附近的拉曼特征峰极有可能归属于 C=O 键的伸缩振动，1310 cm$^{-1}$ 位置附近及其后紧邻的 1378 cm$^{-1}$ 位置附近的拉曼特征峰与甲基的对称弯曲振动关系密切，1457 cm$^{-1}$ 位置附近的拉曼特征峰可能归属于甲基的反对称弯曲振动，1618 cm$^{-1}$ 位置附近的峰可能性较多，有可能归属于苯环的骨架振动峰，最后 2876 cm$^{-1}$ 与 2921 cm$^{-1}$ 附近的特征峰分别应归属于甲基的对称伸缩振动峰和亚甲基的反对称伸缩振动峰。

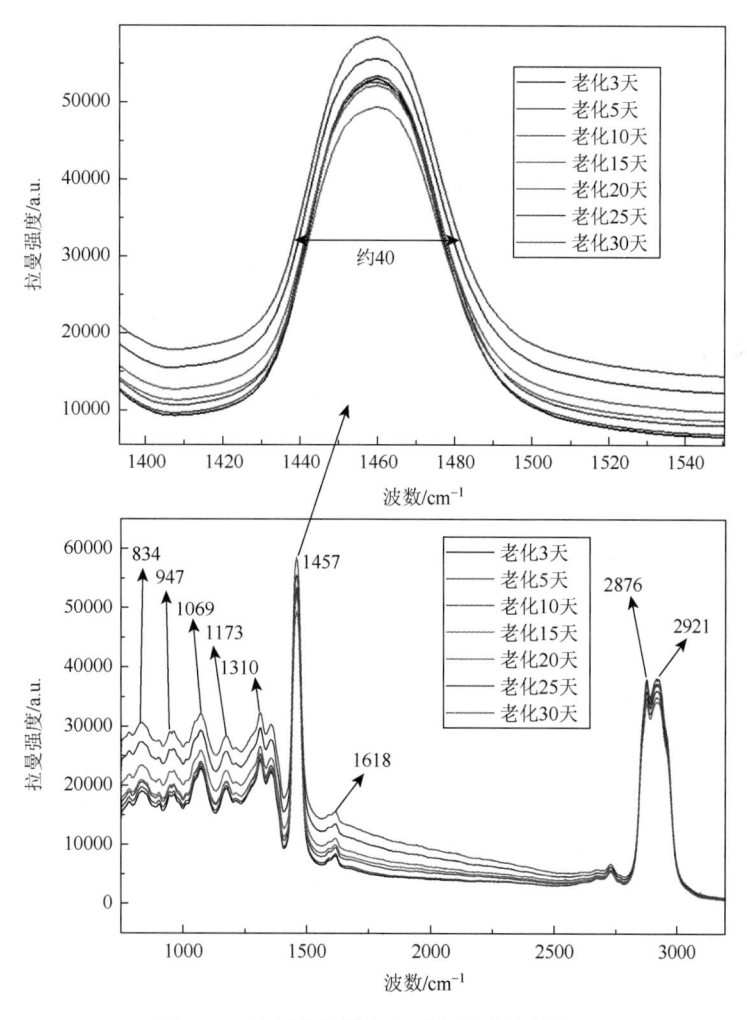

图 7.14 油纸绝缘样本主要拉曼谱峰的标识

另外，拉曼峰的半高峰宽通常可以用来表示特征物的纯度，然而对于油纸绝缘样本的拉曼光谱，即便是位于 1457 cm$^{-1}$ 附近较窄的拉曼特征峰，其半高峰宽也约为 40 cm$^{-1}$，这说明了油纸绝缘体系成分的复杂性，且其中含有多种拉曼特征峰较为相近的相似物质，致使在现有仪器设备条件下获取的拉曼谱峰多呈现为较宽的拉曼峰。

## 7.3　电气设备油纸绝缘拉曼光谱数据预处理

当使用拉曼光谱信号作为分析的唯一依据时，宇宙射线、光线变化、温湿度变化、CCD 电流噪声等多种来自周围环境或样品自身的变化与波动，都可能致使样本的拉曼谱图中含有诸多干扰信号。拉曼光谱的预处理通常包括尖峰去除、平滑去噪、图谱归一化、荧光抑制（基线扣除）等。

本节将着重对油纸绝缘老化拉曼光谱数据的尖峰去除、平滑去噪、图谱归一化进行讨论，而不考虑荧光抑制。这是因为，对于油纸绝缘老化样本的拉曼谱图（图 7.13），其拉曼光谱中基线的变化是老化程度的一种体现方式。因此，在本章研究中，为了尽可能地保留油纸绝缘的老化信息，不能简单地将基线视作干扰信号进行去除。

### 7.3.1　尖峰去除

无论检测对象是否为油纸绝缘样品，获得的拉曼光谱信号中总是有随机的、尖锐的谱峰，这些尖锐的谱峰的宽度通常是小于 2 cm$^{-1}$ 的，被称为尖峰。这些尖峰一般被认为是宇宙射线造成的。宇宙射线出现的概率会随着拉曼扫描曝光时间的增加而增加。这些尖峰信号明显，干扰严重，因此必须避免宇宙射线在光谱中的出现。本章是从实验操作和数据处理两方面入手来解决这个问题的。

实验操作方面，由于宇宙射线照射到 CCD 探测器上是有一定概率的，当长时间扫描一个样本的拉曼光谱时，容易受到宇宙射线的干扰。因此，本章在实验中采取短积分时间、高激光强度的采样方式来尽量避免宇宙射线的干扰，实验中积分时间仅为 0.3s，样品检测的激光强度为 300 mW。

数据处理方面，由于宇宙射线产生的尖峰特点明显（高强度、窄峰宽），文献[119]基于滑动窗口分析、残差分析、拟合分析实现了拉曼光谱中宇宙射线的算法消除，但其步骤复杂、计算相对烦琐，因此，本章根据宇宙射线尖峰的数据特点提出一种基于导数光谱的尖峰识别及基于三次曲线的尖峰去除方法，其具体流程如图 7.15 所示。对于所获取的油纸绝缘样本的拉曼谱图，首先对其进行求导，获得其导数光谱。拉曼光谱中每一个谱峰在导数光谱上都表现为一个先增后减的过零点的转折信号，这是因为在没有到达峰顶时，光谱曲线逐渐升高，其导数值为正，且呈现先增后减的趋势。到达谱峰顶点时，其导数值等于零，随后光谱曲线逐渐降低，直至谱峰峰脚位置。在谱曲线逐渐降低的过程中，其导数始终小于零，直至谱峰峰脚位置时导数又等于零。因此，导数光谱中每一个过零点的转折信号就对应于原始光谱中的每一个拉曼谱峰，拉曼谱峰的全宽与转折信号的全宽一致。如前面所述，宇宙射线产生的尖峰一般宽度小于 2 cm$^{-1}$，这个宽

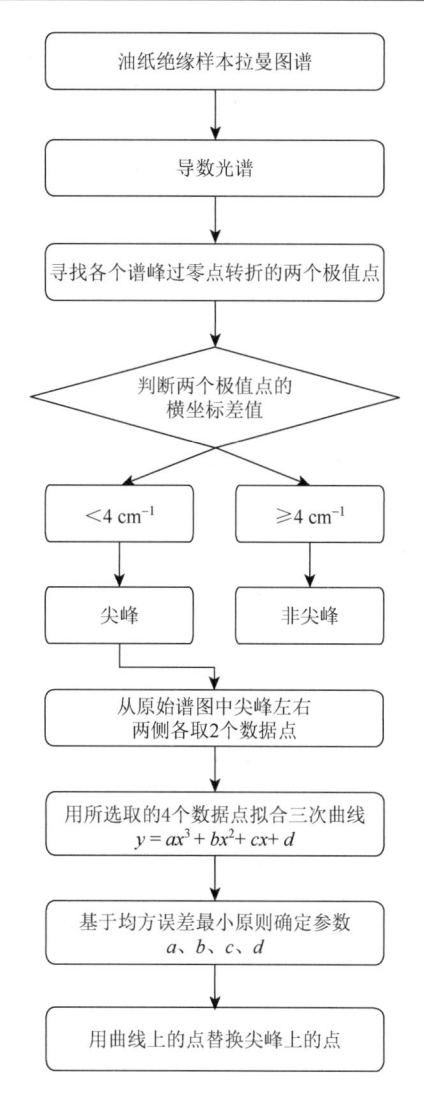

图 7.15 基于导数光谱的尖峰识别及基于三次曲线的尖峰去除流程图

度通常指的是半高峰宽而不是全宽。在导数光谱中虽然不易直接找出谱峰的半高峰宽，但转折信号的两个极值点容易找到，正的极值点是谱峰上光谱曲线上升速度最快的点，它位于上升沿峰脚与峰顶点之间；负的极值点是谱峰上光谱曲线下降速度最快的点，它位于下降沿峰脚与峰顶点之间。在本章的研究中，基于这两个点之间间距来判断谱峰是否为宇宙射线所产生的尖峰，在宇宙射线所产生的尖峰半高峰宽小于 $2\ \text{cm}^{-1}$ 时，这个阈值一般为 $4\ \text{cm}^{-1}$。至此，本章完成了油纸绝缘样本拉曼光谱检测中尖峰的识别。识别出尖峰之后，还需对尖峰进行去除，关键是尽量保持原始谱图的形状不发生改变。为了实现上述目的，本章从基于高次多项式的拉曼光谱基线拟合方法中受到了启发，提出基于三次多项式的尖峰去除方法。高次多项式因其形状可随参数变化而被广泛应用于拉曼光谱基线的拟合。拉曼光谱中的基线，多数时间是荧光背景所造成的，荧光本身就是一个宽波长范围内强度不突变的光，因此对于尖峰去除来说，由于尖峰宽度较窄，通常情况下其局部基线变换虽然是非线性的，却较为平缓，通常情况下使用三次曲线即可模拟。基于此，本章在识别出尖峰之后分别在尖峰左右两侧各取相邻的 2 个数据点来拟合其局部基线，用所选取的 4 个数据点拟合下列三次曲线：

$$y = ax^3 + bx^2 + cx + d \tag{7.1}$$

其中，$x$ 为波数；$y$ 为相对拉曼强度；$a$、$b$、$c$、$d$ 均为待定参数。以拟合出的三次曲线与 4 个数据点的均方误差最小作为标准来确定待定参数 $a$、$b$、$c$、$d$。均方误差的计算方式为

$$\text{MSE} = \frac{1}{4} \sum_{i=1}^{4} (\hat{y}_i - y_i)^2 \tag{7.2}$$

其中，$\hat{y}_i$ 为拟合曲线在所选取数据点位置的强度预测值；$y_i$ 为所选取数据点位置的强度实际值。由此确定参数 $a$、$b$、$c$、$d$ 后就确定了所拟合的三次曲线，用此三次曲线上的点代替尖峰上的点即可完成尖峰的去除。

本章在油纸绝缘老化的拉曼光谱检测中获得的一个受宇宙射线干扰的拉曼谱图如图 7.16 所示。从图中可以清楚看出，在此油纸绝缘样品的拉曼检测时，1940 cm$^{-1}$ 位置附近产生了一个尖峰，其信号明显且峰宽极窄，这将对后续的分析产生十分不利的影响。

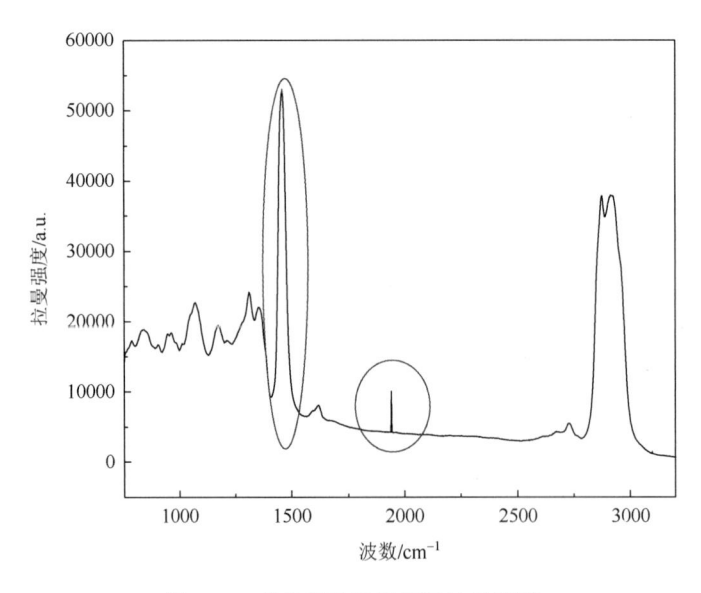

图 7.16 有尖峰的油纸绝缘拉曼光谱

基于上述方法，本章对其进行了尖峰去除。首先，是导数光谱的获取，以样本拉曼谱线强度（纵坐标）为因变量，波数（横坐标）为自变量对谱线求取一阶导数，一阶导数光谱如图 7.17（a）所示。从图 7.17（a）中不难发现，有多个过零点的转折信号，而且这些转折信号精准对应于图 7.16 中的各个谱峰，包括正常的油纸绝缘样本的拉曼谱峰与异常的尖峰，正常的油纸绝缘样本的拉曼谱峰对应的转折信号如图 7.17（a）中蓝色椭圆圈所示，尖峰所产生的转折信号如红色椭圆圈所示，其局部放大图分别如图 7.17（b）与图 7.17（c）所示。从图 7.17（b）中容易看出，对于正常的过零转折信号，其正负两

个极值点之间的波数间距为 1474.3−1442.5 = 31.8＞4，因此可以判定出它并非需要滤除的尖峰。从图 7.17（c）中可以发现，对于尖峰产生的转折信号，其正负两个极值点之间的波数间距为 1943.4−1939.5 = 3.9＜4，因此可以判定出它是需要滤除的尖峰。应用图 7.17（d）中所示的此尖峰左右两侧相邻的 4 个数据点（如图中红点所示）拟合三次曲线 $y = ax^3 + bx^2 + cx + d$，并用曲线上的点（如图中红色线段所示）代替尖峰上的数据点即完成了尖峰的去除，同时也较好地保护了样本拉曼谱线原有的形状信息。

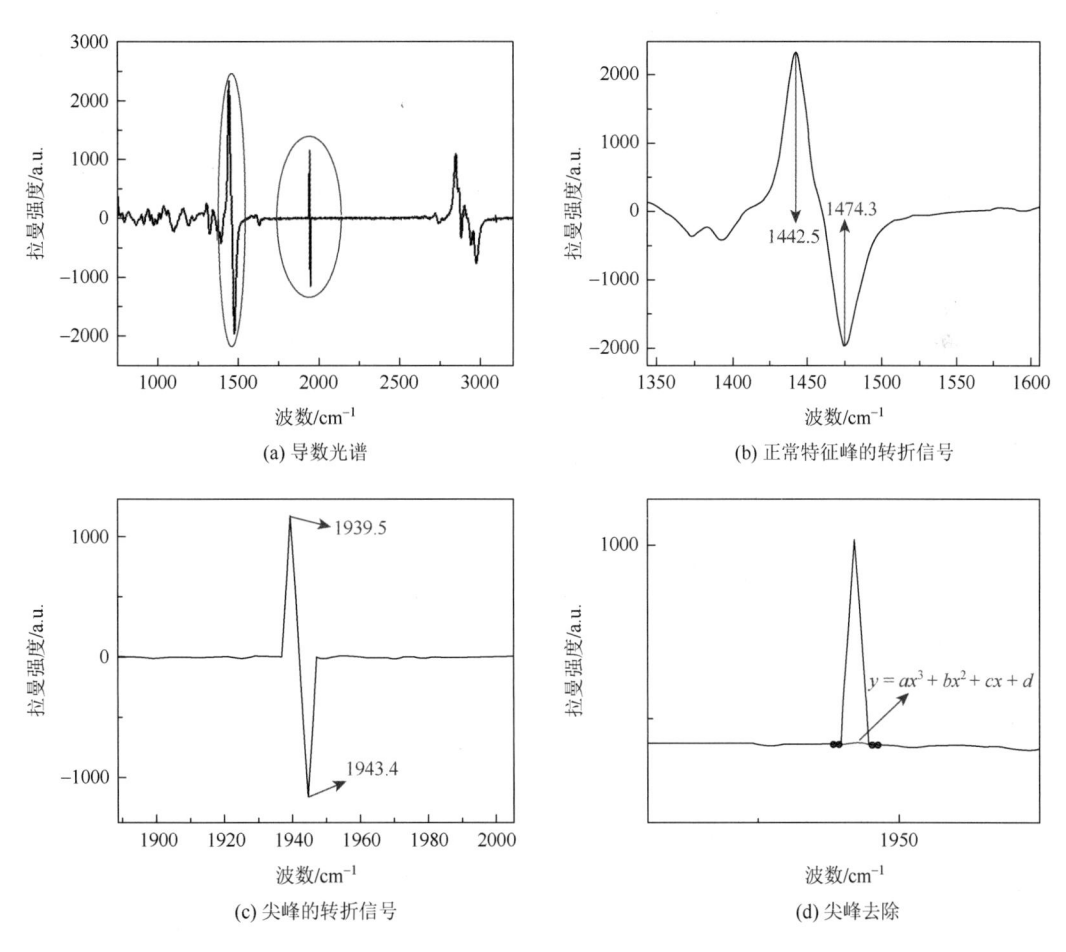

图 7.17 拉曼光谱尖峰去除过程

## 7.3.2 平滑去噪

使用拉曼光谱数据对油纸绝缘老化程度进行评价时，油纸绝缘的拉曼谱图是判别的唯一依据，因此，获取准确、纯净的油纸绝缘拉曼谱图对于后续样品的老化诊断至关重要。消除样本拉曼光谱测量中，因激光噪声、CCD 噪声等造成的毛刺状的噪声信号，是一项基础工作。本章提出一种适用于油纸绝缘样本拉曼光谱平滑去噪的三点循环逆快速傅里叶变换（inverse fast Fourier transform，IFFT）中值平滑去噪方法。

本章中获取的油纸绝缘样本的拉曼谱图，首先在操作上进行第一步平滑去噪，由于实验中的噪声多为随机性极强的白噪声，可认为在采集次数趋于无穷大时，其平均光谱中噪声基本可以相互抵消，所以实验中采取的是多次采集取平均的方式来获取样本的拉曼光谱。7.3.1 节提到本章中每次采集的曝光时间为 0.3 s，配合 10 次的采集次数，一次采样的总时长也仅为 3 s。在这样的参数设置下，样本采集时噪声的干扰已经降低到了一个可控的水平，可以配合接下来的平滑去噪算法进行更进一步的优化。

对于油纸绝缘样本的拉曼光谱，在处理时将其看成一个 $n \times m'$ 的光谱矩阵，其中 $n$ 为样本的拉曼光谱中数据点的个数，$m'$ 为相应光谱数据点处的强度。由于用于检测样本拉曼光谱的仪器已经固定不变，每次获取的拉曼谱图中各数据点的波数间隔也保持不变。进而可将一张光谱看作一个顺序排列的 $n$ 维向量，即 $(m_1', m_2', \cdots, m_n')$。

首先对其进行快速傅里叶变换，得到变换后的数组 $(m_1, m_2, \cdots, m_n)$。

对于这个光谱向量，每次取其中 $k$ 个数据按从小到大的顺序排列 $m_1 \leqslant m_2 \leqslant \cdots \leqslant m_k$，得到其中值 $m_{中}$：

$$m_{中} = \mathrm{Med}\{m_1, m_2, \cdots, m_k\} = \begin{cases} m_{\frac{k-1}{2}}, & k\text{为奇数} \\ \dfrac{1}{2}\left(m_{\frac{k}{2}} + m_{\frac{k+2}{2}}\right), & k\text{为偶数} \end{cases} \quad (7.3)$$

有一个序列 {2, 1, 3, 4}，重新排列后为 {1, 2, 3, 4}，则 Med{2, 1, 3, 4} = 2.5 即为其中值。对于一维的油纸绝缘拉曼光谱数据，本章中基于 FFT 的平滑选取的是一个 $k$ 为 3 的窗口，将窗口中第二个光谱数据用中值进行替换，窗口不断循环前移，最终在对所有数据进行中值平滑后，进行逆快速傅里叶逆变换即可得到平滑去噪后的光谱。

所谓 $k$ 点循环快速逆傅里叶变换中值平滑去噪方法，即每次从样本的光谱向量中顺序选取 $k$ 个数据点，按照式（7.3）所示的中值法进行平滑去噪，本章研究了 $k$ 取不同值时样本拉曼数据的平滑去噪效果，最终确定了基于三点循环逆快速傅里叶变换中值的平滑去噪方法作为油纸绝缘样本拉曼光谱平滑去噪的一个较佳方法。

使用上述方法对本章获取的一个油纸绝缘样本的原始拉曼谱图进行处理，其效果如图 7.18 所示，图 7.18（a）中展示了基于三点循环逆快速傅里叶变换中值的平滑去噪方法的整体去噪效果，本章在采集光谱时就采用了 10 次采集取平均的方式，在整体上不易看出此方法的效果。图 7.18（b）是对图 7.18（a）中 2300~2500 cm$^{-1}$ 波段（拉曼静默区）的局部放大，可以清楚看到未处理前样本的拉曼光谱中还是存在一些毛刺状的噪声，经本章的方法平滑去噪后，其拉曼谱图得到了较好的改善。图 7.18（c）与图 7.18（d）分别展示了三点 IFFT 对于原始油纸绝缘拉曼谱图中 2800~3000 cm$^{-1}$ 波段内的去噪效果以及三点、五点、七点 IFFT 平滑去噪效果的对比。从图 7.18（d）中不难发现，随着点数的增加，曲线的平滑程度更高，但去噪后的波形将产生一定程度的失真，对于本章的研究范畴来说，基于三点循环逆快速傅里叶变换中值平滑去噪方法已经可以满足油纸绝缘拉曼光谱平滑去噪的需求，且失真程度较小，尽可能地保留了油纸绝缘老化的拉曼光谱信息，因此本章最终选定了此种方式。

(a) 整体平滑去噪

(b) 2300~2500 cm$^{-1}$局部范围去噪

(c) 2800~3000 cm$^{-1}$局部范围去噪

(d) 三点、五点、七点IFFT去噪

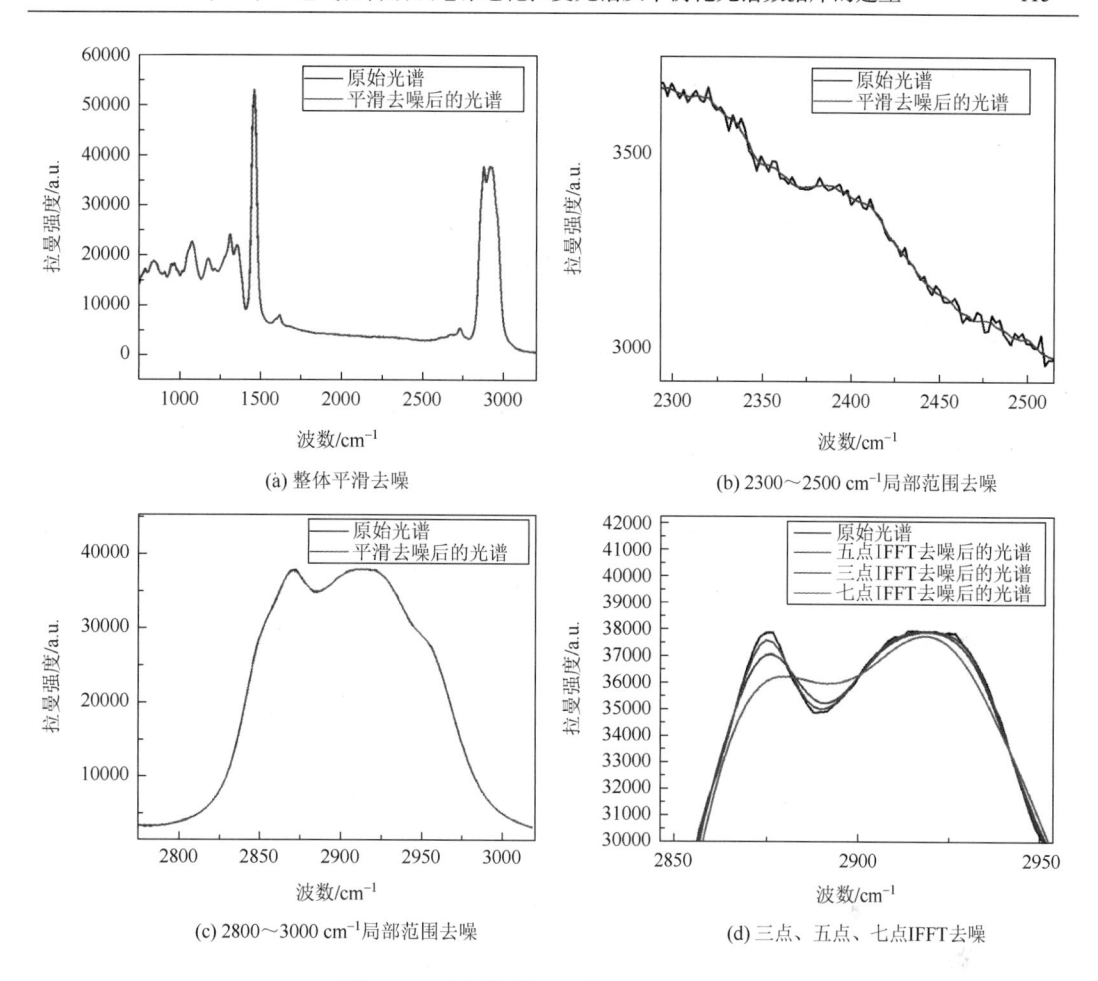

图 7.18 油纸绝缘拉曼谱图平滑去噪效果

## 7.3.3 图谱归一化

在进行样本的拉曼光谱检测时，所有的部件性能不可能一直保持在一个绝对稳定的数值，以激光器为例，在检测时将激光器的出口功率调整到 300 mW，激光器的功率只能相对稳定在 300 mW，并在 300 mW 附近上下波动。一方面这将影响定量分析时绝对的定量，另一方面，对于整张光谱而言，各个谱峰受影响的程度相同，相对关系不变，因此可通过归一化技术将数据标准化。同时，也考虑到有时后续的算法计算中，对于纵坐标数值上万的光谱数据点是十分不利的，本章对油纸绝缘拉曼光谱进行了归一化研究。光谱归一化不影响本章后续的诊断分析，是因为本章利用拉曼光谱进行油纸绝缘的老化诊断实际上是分析油纸绝缘老化过程中原有物质的减少、新物质的产生、各种成分相对含量的变化，而归一化时各个拉曼谱峰同以一定比例变化，不改变各个拉曼谱峰的相对高度。

归一化实际上是指对油纸绝缘拉曼光谱特征的缩放过程，主要有以下三种方式。

（1）最大最小值归一化：

$$x_{new} = \frac{x_i - x_{min}}{x_{max} - x_{min}} \tag{7.4}$$

其中，$x_{new}$ 为归一化后的新特征值；$x_i$ 为原特征值；$x_{max}$ 与 $x_{min}$ 分别为光谱中最大的特征值与最小的特征值，此归一化的范围是[0, 1]。

（2）均值归一化：

$$x_{new} = \frac{x_i - x_{mean}}{x_{max} - x_{mean}} \tag{7.5}$$

其中，$x_{new}$ 为归一化后的新特征值；$x_i$ 为原特征值；$x_{max}$ 与 $x_{mean}$ 分别为光谱中最大的特征值与特征均值，此归一化的范围是[−1, 1]。

（3）标准归一化：

$$x_{new} = \frac{x_i - x_{mean}}{\sigma} \tag{7.6}$$

其中，$x_{new}$ 为归一化后的新特征值；$x_i$ 为原特征值；$x_{mean}$ 与 $\sigma$ 分别为特征均值与特征的标准差，此归一化的范围是实数集。

考虑到本章中归一化的对象是油纸绝缘的拉曼光谱，其特征值（拉曼散射强度）始终为正值，为了保证其对应性，本章主要考虑第一种归一化方式。对油纸绝缘样本拉曼光谱进行归一化的效果如图 7.19 所示。图 7.19（a）为归一化前的油纸绝缘拉曼光谱，图 7.19（b）为归一化后的效果。

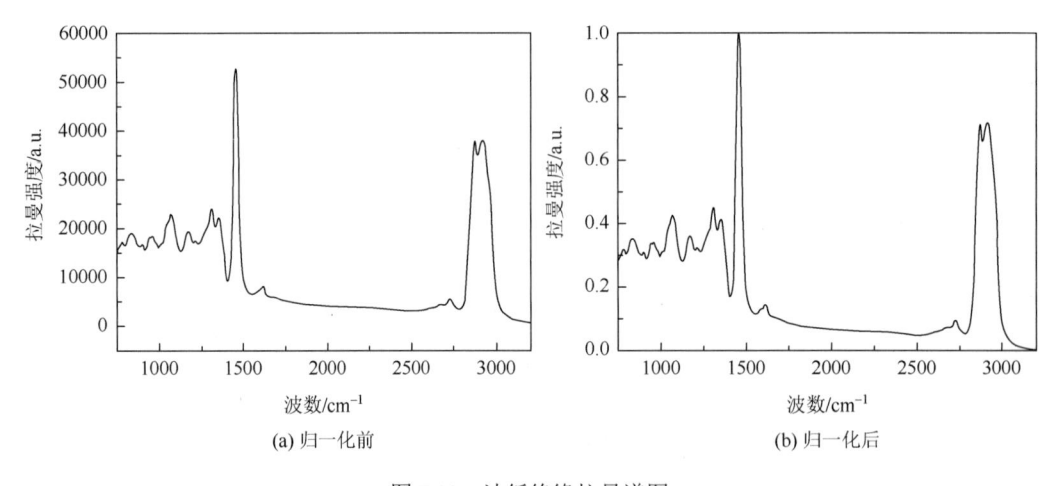

(a) 归一化前

(b) 归一化后

图 7.19　油纸绝缘拉曼谱图

## 7.4　原始及平衡化电气设备油纸绝缘老化拉曼光谱数据库的建立

### 7.4.1　原始电气设备油纸绝缘老化拉曼光谱数据库

本章获取了不同老化程度的油纸绝缘样本共计 410 个，并利用复杂的传统手段（聚合度、糠醛等）对其老化程度进行了大致的标定，为其贴上了老化程度标签；利用前面所述的便携式油纸绝缘老化拉曼光谱检测装置对这 410 个样本进行了拉曼光谱检测，获取了其拉曼谱图；又对其进行了必要的光谱数据预处理，因此可以初步建立起油纸绝缘老化的拉曼光谱数据库，数据库中主要储存两种主要信息，一种是样本的拉曼光谱，另一种是样本的老化程度标签。然而这个数据库中样本分布情况极不平衡，如图 7.20 所示。

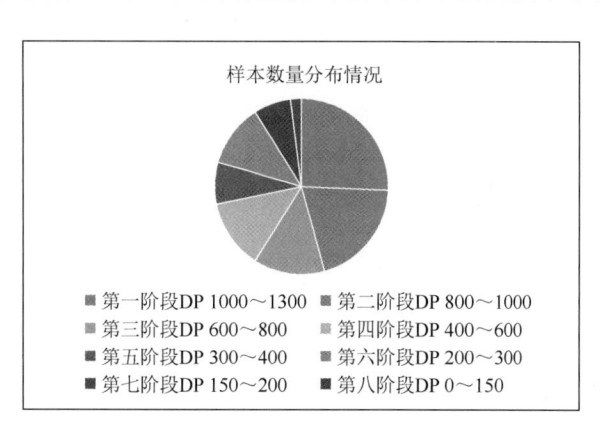

图 7.20 原始油纸绝缘老化拉曼光谱数据库的样本分布情况

油纸绝缘老化的拉曼光谱诊断与当今的许多数据挖掘及分析应用一样，通常是在先验条件下建立起一个涵盖绝大多数中间过程的数据库，通过机器学习算法对数据库中不同特征样本的学习，来体现样本特征与样本状态之间的联系。然而，建立的这个数据库通常情况下是不平衡的，因为各个状态过程的样本获取的难易程度不同，不同状态过程的样本的数量难以保证一致。这主要是因为，油纸绝缘老化过程中，新鲜的油纸绝缘样本数量充足，而老化程度较深的样本则必须通过长时间的有效老化才能够获得，其数量必然稀少。在不平衡的数据库中学习是一个相对较新的挑战。这一挑战表现为：少数的重点案例和罕见的实例。少数重点案例出现在稀有对象（少数类样本）非常感兴趣的领域，机器学习算法的目标是尽可能准确地识别这些少数类样本。本章所研究的油纸绝缘老化诊断领域即是如此，通常希望通过诊断分析准确识别老化程度较深的样本，因为老化程度越深对电力系统的威胁也就越大，越需要准确识别来判断接下来的解决策略，然而这些有代表性的老化程度较深的样本在数量上是十分稀少的。相比之下，新鲜的油纸绝缘样本以及老化程度没有那么深的样本的获取要相对容易得多。利用统计学、机器学习等方法对不平衡的数据库进行诊断学习时，诊断结果往往容易偏向样本数量较多的那种状态，这是本章所不愿看到的。因此，本章开展了平衡化油纸绝缘老化拉曼光谱数据库的研究。

通常来说，处理不平衡学习问题的主要研究方法可分为以下三个主要方向。

（1）抽样策略。该方法旨在开发各种过采样和欠采样技术，改善不平衡分布。

（2）合成数据方法。该方法通过人工生成数据来克服原始数据集的不平衡性。

（3）成本敏感型学习。不同于上述两种方式，该方法通过构造不同的成本矩阵，监督学习过程，从而解决数据分布不平衡的问题。

## 7.4.2 平衡化电气设备油纸绝缘老化拉曼光谱数据库

对于原始的分布不平衡的油纸绝缘老化拉曼光谱数据库，本章选取的是合成数据的方法，为不平衡油纸绝缘老化拉曼光谱数据库中的罕见样本的自适应合成数据。基本思想是根据少数类样本的分布情况自适应地额外生成少数类样本，为那些更难学习的少数类样本生成更多的合成数据。目的是减少由于原始数据分布不均衡所带来的学习偏差，便于后续章节中对油纸绝缘样本老化程度进行准确诊断。

对于含有 $m$ 个样本的数据集：

$$D = \{x_i, y_i\}, \quad i = 1, 2, \cdots, m \tag{7.7}$$

其中，$x_i$ 为第 $i$ 个油纸绝缘样本的 $n$ 维拉曼光谱特征；$y_i$ 为第 $i$ 个样本的老化程度标签。定义 $m_l$ 表示数据库中老化程度标签为 $l$（以图 7.20 中 8 个老化阶段作为老化程度标签时表示第 $l$ 阶段）的样本的个数。如果使用图 7.20 中 8 个老化阶段作为老化程度标签时，第一阶段的样本数量最多为 100 个；对其他老化阶段的样本分别计算不平衡度：

$$d_{l/1} = m_l / m_1, \quad l = 2, 3, \cdots, 8 \tag{7.8}$$

定义不平衡度容忍阈值 $d = 0.9$，也就是说其他阶段的样本数量要额外生成到第一阶段的样本数量的 90%。那么，当 $d_{l/1} < 0.9$ 时就执行生成步骤。

对于一个样本数量不足的阶段，在其已知样本中随机选取一个的样本 $(x_i, y_i)$，在以样本拉曼光谱特征值构成的 $n$ 维空间中基于欧氏距离求 $K$ 邻域（本章 $K$ 取 10），并计算比值 $r_i$：

$$r_i = \Delta_i / K, \quad i = 1, 2, \cdots, m_l \tag{7.9}$$

其中，$\Delta_i$ 为 $K$ 邻域内不属于第 $l$ 阶段的样本的个数；$K$ 为 $K$ 邻域内样本总数。

根据式（7.10）对 $r_i$ 进行标准化：

$$\hat{r}_i = r_i / \sum_{i=1}^{m_l} r_i, \quad i = 1, 2, \cdots, m_l \tag{7.10}$$

然后计算第 $l$ 阶段少数样本需要生成的合成数据的数量：

$$g_i = \hat{r}_i \times G_l \tag{7.11}$$

对于需要生成合成样本的阶段内的已有样本 $(x_i, y_i)$，从其 $K$ 邻域内随机抽取一个与其同阶段的另一个样本 $(x_{zi}, y_{zi})$，通过式（7.12）生成合成样本特征值与老化程度标签值，重复 $g_i$ 次。

$$x_{\text{new}} = x_i + (x_{zi} - x_i) \times \lambda \tag{7.12}$$

其中，$x_{\text{new}}$ 为新生成的合成样本；$\lambda$ 为 $[0, 1]$ 内的随机数。

$$y_{\text{new}} = y_i + (y_{zi} - y_i) \times \lambda \tag{7.13}$$

其中，$y_{\text{new}}$ 为新生成的合成样本的聚合度估计数值；$\lambda$ 为式（7.12）中所选取的 $\lambda$。以上过程在二维空间中的示意图如图 7.21 所示，图 7.21 中红色三角符号与蓝色圆圈符号分别代表两种阶段的样本数据点。

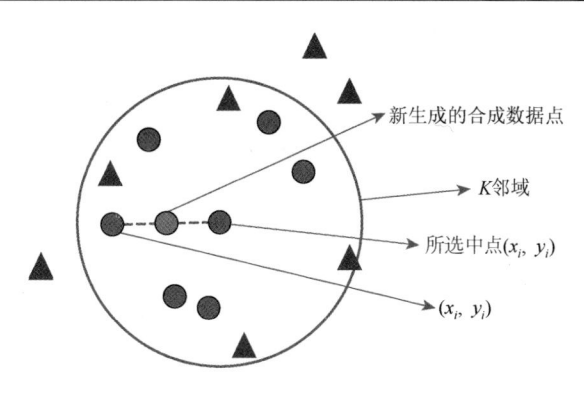

图 7.21 合成样本生成的示意图

重复以上步骤，直至当前阶段样本量满足 $d_{l/1} \geq 0.9$，此阶段样本合成完毕。依次类推，对其他阶段逐个完成上述步骤，最终形成平衡化油纸绝缘老化拉曼光谱数据库。

使用上述方法，本章共自适应合成样本 340 个，平衡化油纸绝缘老化拉曼光谱数据库中共有样本 730 个，第一阶段样本数量 100 个，其他阶段样本数量均为 90 个，分布较为均匀，样本分布情况如表 7.3 与图 7.22 所示。

表 7.3 平衡化后的样本分布情况

| 老化程度 | 聚合度范围 | 平衡化后样本数 |
| --- | --- | --- |
| 第一阶段 | 1000～1300 | 100 |
| 第二阶段 | 800～1000 | 90 |
| 第三阶段 | 600～800 | 90 |
| 第四阶段 | 400～600 | 90 |
| 第五阶段 | 300～400 | 90 |
| 第六阶段 | 200～300 | 90 |
| 第七阶段 | 150～200 | 90 |
| 第八阶段 | 0～150 | 90 |

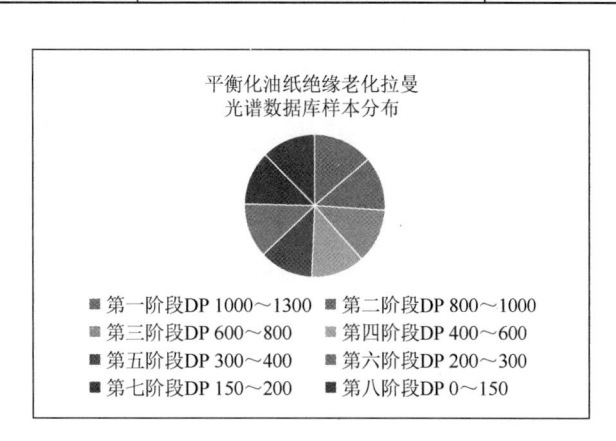

图 7.22 平衡化油纸绝缘老化拉曼光谱数据库的样本分布情况

# 第8章 电气设备油纸绝缘老化拉曼光谱多尺度特征提取及分析

本章将基于第 7 章所建立的平衡化油纸绝缘老化拉曼光谱数据库，可对不同老化程度的油纸绝缘样本进行拉曼特征分析，挖掘其老化程度与拉曼光谱特征的关联关系，为后续基于油纸绝缘拉曼光谱的老化状态诊断奠定坚实基础。实际情况下绝缘油成分复杂，其经检测后的拉曼光谱所含信息非常丰富，同时也不乏诸多干扰信号，直接用于老化诊断的可能性非常低，所以需要通过一系列方法充分挖掘绝缘油老化拉曼光谱中的特征信息。经检测后的拉曼光谱样本数据点过多，而光谱中所包含的各个信息并非全都与油纸绝缘的老化程度有较大的关系，其中包含着许多冗杂重复的以及无关可以忽略的数据。因此如何在众多的光谱数据中提取出最主要的特征信息来解释油纸绝缘的老化状态便是关键。

光谱领域常用无监督的光谱特征提取方式，这种方式具有较强的普适性，对绝大多数数据都适用，它能够在一定程度上消除谱图特征之间的相关度、降低特征空间的维度、更有利于分类。文献[95]~文献[98]中的拉曼特征提取使用的就是这种方式。然而对于油纸绝缘老化诊断而言，无监督的光谱特征提取方式只考虑了光谱数据本身的特点，并没有考虑到样本本身的老化类别信息。针对油纸绝缘的拉曼诊断，实际上有着更加丰富的可利用信息，因为在训练模型时各个谱图所对应的老化状态是已知的，如果不将这个信息充分利用，难以达到更好的诊断效果。本章将在老化程度的监督下利用多种手段，在多个尺度下提取油纸绝缘拉曼光谱中与老化密切相关的特征，主要使用的方法有随机森林（random forest，RF）算法、线性判别分析（linear discriminant analysis，LDA）法、偏最小二乘（partial least square，PLS）法以及基于二次互信息（quadratic mutual information，QMI）的油纸绝缘老化拉曼光谱特征提取方法。

## 8.1 基于随机森林算法的油纸绝缘老化拉曼光谱原始特征遴选

### 8.1.1 油纸绝缘老化拉曼光谱原始特征遴选原理

随机森林算法是机器学习中的建模方法，通常情况下，它们被用来构建自变量与因变量之间的分析模型，以实现通过自变量预测因变量的目的[120-126]。它通过构造多个基础的决策树分析模型对样本进行训练并预测，在许多基础问题的分析中都能起到良好的效果。

本章在研究之初也是考虑基于油纸绝缘样本的原始光谱数据，直接进行随机森林聚合度预测分析。然而，此种模型直接基于油纸绝缘样本的全部原始光谱数据进行建模诊断，原始光谱数据维度较高且并未消除数据冗余、交叉干扰等影响。因此，本章调整了思路，有别于传统的基于随机森林算法的分类或回归建模，本章针对油纸绝缘老化拉曼光谱数据特点，改进随机森林算法的功能，并将其应用于特征提取，提取出与油纸绝缘老化过程密切相关的拉曼光谱信息，以便后续准确地诊断分析。基于随机森林算法进行油纸绝缘老化拉曼光谱特征提取的主要思想如图 8.1 所示。

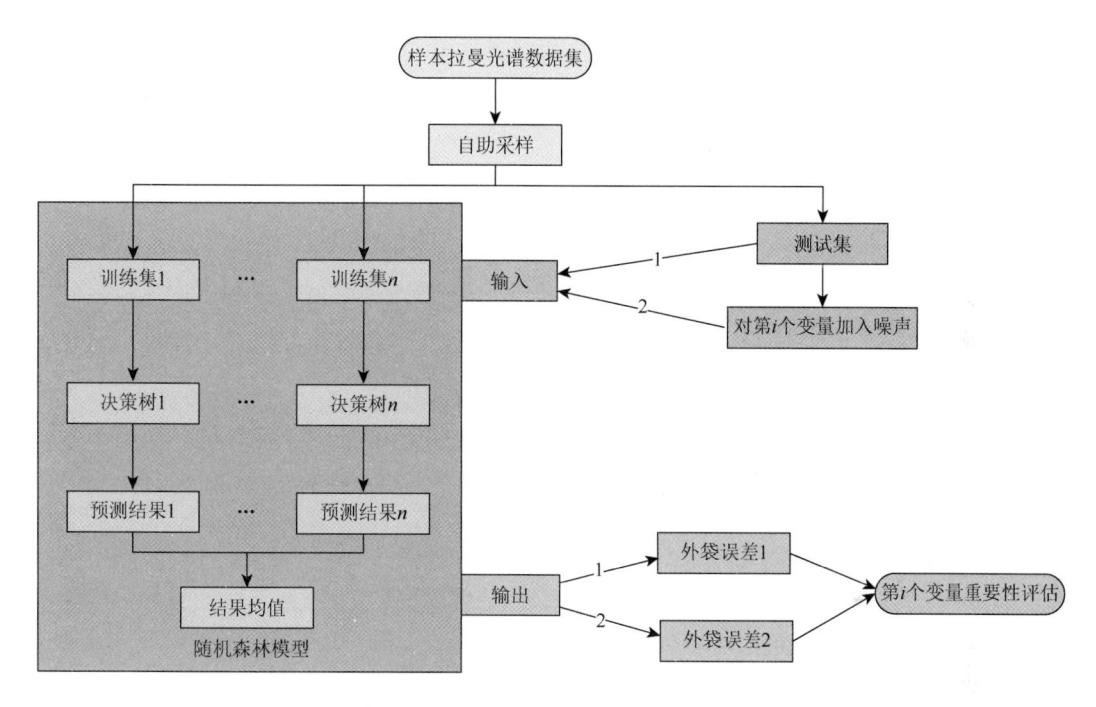

图 8.1　基于随机森林的油纸绝缘老化拉曼光谱变量重要性评估流程

首先，是样本的划分问题。本章通过自助采样过程将油纸绝缘样本的拉曼光谱数据集划分成训练集与测试集两个部分。从前面所建立的油纸绝缘样本的拉曼光谱数据库中有放回的采样获得 $n$ 个子集；利用各个子集配合基础决策树构建 $n$ 个基础学习器；再通过求取均值综合各个学习器的学习经验、均摊各个基础学习器的判别误差，获取最终的学习成果。

其次，对于自助采样，从不同老化程度样本的拉曼光谱数据库 $D$ 中，自助采样生成新的集合 $D'$：单次采样时，随机从原始数据库 $D$ 中选定一个样本，并将其复制到 $D'$；重复 $m$ 次生成新的集合 $D'$。由于对于被选中的样本执行的是复制操作，而不是剪切操作，所以原始数据库中同一个样本可能被选中多次，而有部分样本可能始终都没有被选中过。因此，样本在 $m$ 次采样中从来没有被采样采到过的概率为

$$(1-1/m)^m \tag{8.1}$$

当 $m$ 无限大时，式（8.1）无限趋近于 $1/e = 0.368$。即在采样后，样本的原始拉曼光

谱数据库 $D$ 中约有 36.8%的样本在采样中从未被选中过，这是训练集与测试集分配的一个绝佳比例。于是可以将生成的新集合 $D'$ 用于训练，而 $D-D'$ 则可用于测试。

从样本的平衡化拉曼光谱数据集中，从每个老化阶段中随机选取 10 个样本构成初始数据集 $D$，使用上述方法随机采样，共生成 80 个训练集（$m=80$）。初始拉曼光谱数据库中未被选中过的数据作为测试集，根据式（8.1），测试数据约占总体的 36.6%，训练数据则约占 63.4%，这是本章认为一个较优的占比。

对于通过上述方式构建的 80 个训练集，分别训练 80 个决策树模型，然后生成随机森林判别模型。对于单个决策树模型，一张拉曼谱图具有 1023 个数据点，每个数据点都将作为训练样本的一个特征。通过打包组合多个决策树实现随机森林诊断模型。其中，切分变量（特征）、切分点的选取是训练决策树的关键之一，本章采用穷举搜索法，即试凑各特征所有可能的取值，通过比较确定最佳的切分变量和切分点。在比较时，以切分后节点的不纯度来衡量其是否为较好的切分变量和切分点：

$$G(x_i, v_{ij}) = \frac{n_{\text{left}}}{N_s} H(X_{\text{left}}) + \frac{n_{\text{right}}}{N_s} H(X_{\text{right}}) \tag{8.2}$$

其中，$x_i$ 为带衡量的一个切分变量；$v_{ij}$ 为该切分变量的一个切分值；$n_{\text{left}}$ 为切分后左子节点的训练样本个数；$n_{\text{right}}$ 为切分后右子节点的训练样本个数；$N_s$ 为当前节点所有训练样本个数；$X_{\text{left}}$ 为左子节点的训练样本集合；$X_{\text{right}}$ 为右子节点的训练样本集合；$H(X)$ 为判断该节点不纯度的函数。选择平方平均误差函数作为衡量节点不纯度的函数：

$$H(X_m) = \frac{1}{N_m} \sum_{i \in N_m} (y - \overline{y}_m)^2 \tag{8.3}$$

其中，$\overline{y}_m$ 为当前节点样本目标变量的平均值。

决策树中某一节点的训练过程在数学过程中等价于优化：

$$(x^*, v^*) = \underset{x,v}{\text{argmin}} \, G(x_i, v_{ij}) \tag{8.4}$$

由于选择了平方平均误差函数作为衡量节点不纯度的函数，针对某一切分点有

$$G(x, v) = \frac{1}{N_s} \left( \sum_{y_i \in X_{\text{left}}} (y_i - \overline{y}_{\text{left}})^2 + \sum_{y_j \in X_{\text{right}}} (y_j - \overline{y}_{\text{right}})^2 \right) \tag{8.5}$$

使用未参与建模的测试数据判定随机森林判别模型的效果，得到错误率 $\text{Error}_1$（外袋误差 1）。然后在第 $i$ 个变量加入干扰，并得到模型的预测错误率 $\text{Error}_2$（外袋误差 2）。因为随机森林中有 80 个决策树，定义第 $i$ 个变量的重要性为

$$\text{Importance}_i = \sum (\text{Error}_2 - \text{Error}_1) / 80 \tag{8.6}$$

当对特定特征加入噪声后，如果基于随机森林建立的油纸绝缘老化拉曼光谱诊断模型的错误率显著提升（$\text{Error}_2$ 上升），则此特征对油纸绝缘的老化诊断贡献较大，进而可确定为能够反映老化的重要特征。反之，若对特定特征加入噪声后，诊断模型的错误率基本不发生变化，则说明该特征对老化诊断结果的影响不大，可能与老化的关系不明显。综上，本章所提出的指标 $\text{Importance}_i$ 可用于判断原始油纸绝缘拉曼光谱特征是否对老化程度的反映有突出贡献（在老化诊断中的重要性）。使用上述方法计算每个原始油纸绝缘

拉曼光谱特征的 Importance$_i$，并根据其贡献程度确定要保留的特征比例可以得到一个新的、浓缩的、与老化相关性高的特征集合。

## 8.1.2 油纸绝缘老化拉曼光谱重要特征分析

依据上述方法，本章计算油纸绝缘样本原始拉曼谱图的每个数据点特征的重要性，并按降序排序，最为重要的 30 个特征如图 8.2 所示。

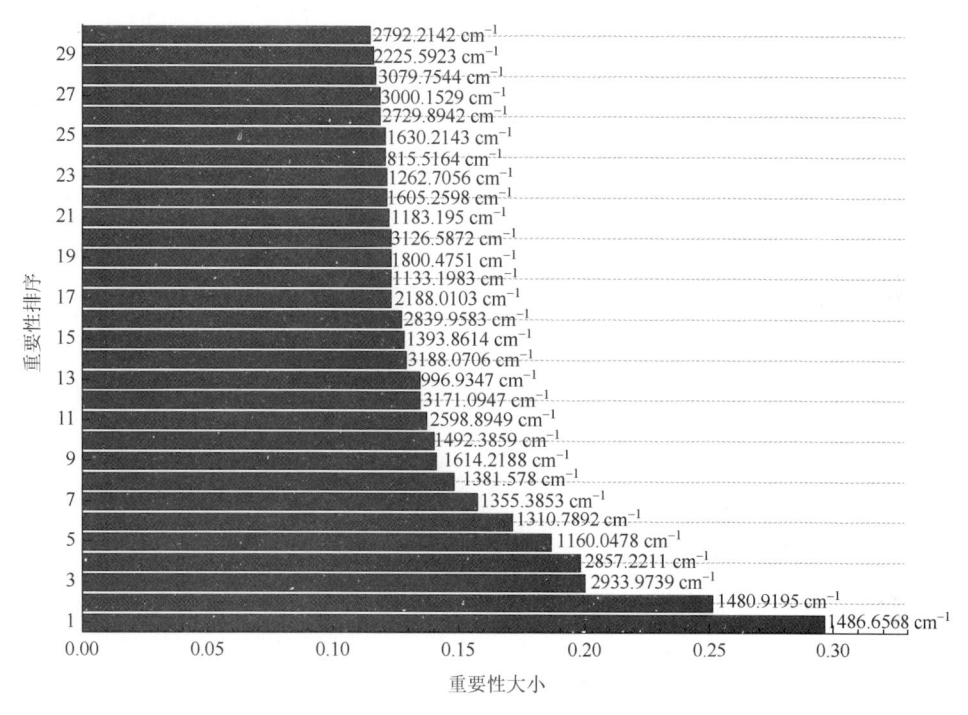

图 8.2　油纸绝缘老化拉曼光谱前 30 个重要数据点分布情况

重要性最高的是分布在 1486 cm$^{-1}$ 附近的拉曼谱峰，该峰归属于甲基的反对称弯曲振动峰。其次是分布在 2800~3200 cm$^{-1}$ 范围内反映 C—H 键伸缩振动的拉曼谱峰，这部分拉曼谱峰反映的并非单一物质。烷烃类物质及其同分异构体 C—H 键伸缩振动、苯环类物质及其同分异构体 C—H 键伸缩振动等多种物质都将在此区域产生诸多极其邻近的拉曼特征峰。由于现有仪器设备的局限，所获取的拉曼谱图尚不足以将它们完全分开，因此，其在油纸绝缘拉曼谱图中的体现是一个峰宽较宽的综合型谱峰。除了上述主要谱峰之外，在使用随机森林算法分析了油纸绝缘拉曼谱图之后，发现与老化过程密切相关的谱峰还包括：分布在 1160 cm$^{-1}$ 附近的拉曼谱峰，该峰归属于 C—O 键的伸缩振动峰；分布在 1310 cm$^{-1}$ 附近的拉曼谱峰，该峰归属于亚甲基的摇摆振动峰；分布在 1355 cm$^{-1}$ 附近的拉曼谱峰，该峰可能归属于苯环上甲基的对称弯曲振动峰；分布在 1381 cm$^{-1}$ 附近的拉曼谱峰，该峰归属于甲基的对称弯曲振动峰；分布在 1614 cm$^{-1}$ 附近的拉曼谱峰，该峰的可能性较多，有可能归属于苯环的骨架振动峰。整体上来看，油纸绝缘老化的拉曼谱图出峰确实是以烷烃和芳香族的峰为主。但是,C—O 键的谱峰明显且重要性较高,同时半高峰宽较宽,表明油纸绝缘老化过程中应该有多种醇类物质的存在。

将特征重要性阈值设置为 0.1 后可以剔除绝大多数不重要的特征,保留下重要性较高的 59 个特征,得到一个仅有 59 个新特征的特征集。如图 8.3 所示,图中红色圆点即为所提取出来的 59 个重要特征点。

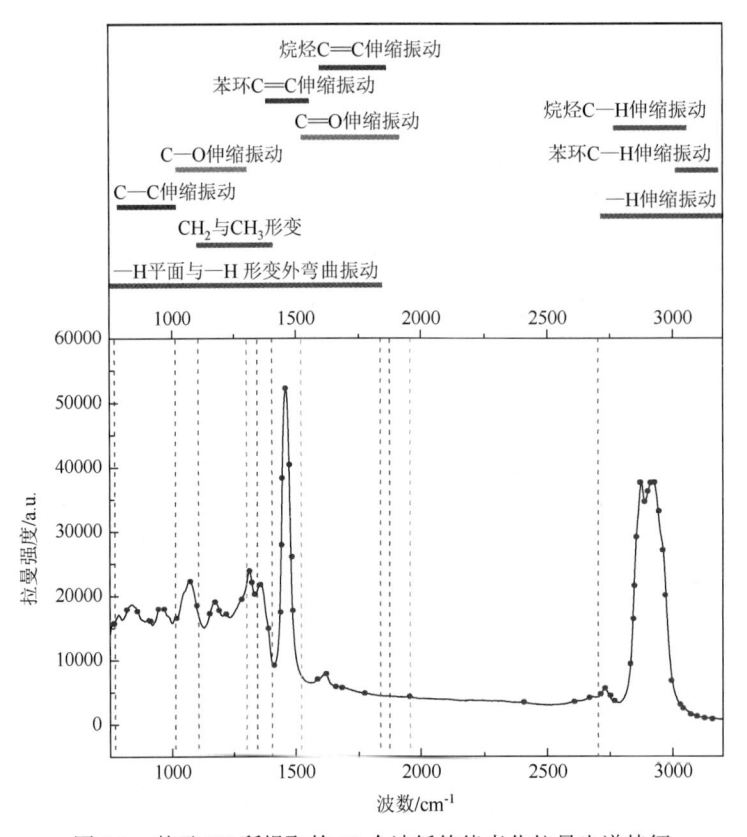

图 8.3 基于 RF 所提取的 59 个油纸绝缘老化拉曼光谱特征

从图 8.3 中可以看出,这些重要特征包含了油纸绝缘样本拉曼谱图中的大多数谱峰。这些谱峰主要包括 C—H 键的峰、C—O 键的峰、C=O 键的峰、C—C 键的峰、C=C 键的峰等。油纸绝缘的老化过程中有机物的氧化反应和还原反应居多,它们也是老化诊断的关键。在老化过程中,这些谱峰轮廓上的变化就是通过这些波数点处重要特征值(强度)的变化来体现的,这也为后续使用重要特征值进行老化判别分析奠定了基础。

## 8.2 基于线性判别分析的不同老化阶段电气设备油纸绝缘拉曼光谱特征提取

### 8.2.1 油纸绝缘拉曼光谱类别特征提取原理

LDA 在光谱领域常被用于诊断[127-130],但同时,它也是一种有监督的光谱特征提取方法，本章在此项工作中对其加以开发与应用，在消除谱图特征之间的相关度、减少数据信息的冗余的同时使用已知的样本的老化状态信息来进行监督，从而针对老化程度组合原始特征、提取更具有针对性的新特征。

对于实验获得的老化样本，本章在前面内容中已根据《新老纤维素电绝缘材料聚合平均黏度的测定》（IEC 60450）测得其聚合度，并根据其聚合度划分了 8 个阶段。因此可根据每个样本所处的阶段为其贴上老化标签 $L$。

将实验获取的油样拉曼光谱数据与其对应的老化状态以集合的形式展现：

$$\{(Y_i, L_i), i = 1, 2, \cdots, n\} \tag{8.7}$$

其中，$Y_i(Y_i \in \mathbb{R}^d)$ 为第 $i$ 个样本的拉曼光谱向量，即 $Y_i = [y_i^1, y_i^2, \cdots, y_i^d]^T$，在本章的实验中一张谱图具有 1023 个数据点，即 $d = 1023$；$L_i$ 为第 $i$ 个样本的老化状态标签（此处老化状态标签为第 7 章所划分的 8 个老化阶段）。

定义 $\mu_j$ 为老化状态标签为 $j$ 的样本类别中心：

$$\mu_j = \frac{1}{N_j} \sum_{Y \in D_j} Y \tag{8.8}$$

其中，$N_j$ 为老化状态标签为 $j$ 的样本的个数；$D_j$ 为老化状态标签为 $j$ 的样本的集合；$Y$ 为样本的拉曼光谱向量。

定义 $\Delta_j$ 为第 $j$ 类样本的协方差矩阵：

$$\Delta_j = \sum_{Y \in D_j} (Y - \mu_j)(Y - \mu_j)^T \tag{8.9}$$

其中，$D_j$ 为老化状态标签为 $j$ 的样本的集合；$Y$ 为油纸绝缘样本拉曼光谱的向量表示；$\mu_j$ 为老化状态标签为 $j$ 的样本的类别中心。

本章所获取的样本分别处于 8 个阶段，将原始拉曼数据投影到一个 7 维的超平面即可获取以老化阶段标签监督的 7 个特征。假设超平面是由基向量（$w_1, w_2, \cdots, w_7$）构成，基向量组成的矩阵为 $W$。则对任意一个光谱向量 $Y_i$，它在超平面的投影为 $W^T Y_i$，对于各类别的中心点 $\mu_j$，在超平面的投影为 $W^T \mu_j$。

本章的思想是最大化不同老化程度油纸绝缘样本拉曼光谱数据类别中心之间的距离，以尽可能有差别地表示不同老化程度的样本，即最大化下面公式：

$$\begin{cases} \|W^T \mu_1 - W^T \mu_2\| \\ \|W^T \mu_1 - W^T \mu_3\| \\ \|W^T \mu_2 - W^T \mu_3\| \\ \vdots \end{cases} \tag{8.10}$$

同时，本章的另一个目的是，缩小同一老化程度样本映射后空间分布的欧氏距离，这一点从样本映射后的协方差入手，即最小化 $\sum W^T \Delta_j$。因此

$$\underset{W}{\operatorname{argmax}} J(W) = \frac{\prod_{\text{diag}} W^T S_b W}{\prod_{\text{diag}} W^T S_w W} \tag{8.11}$$

其中，$S_w$ 为类内散度矩阵；$S_b$ 为类间散度矩阵；$W$ 为所投影的超平面的基向量组成的矩阵。

为了实现上述目标，可采用如图 8.4 所示的方法。

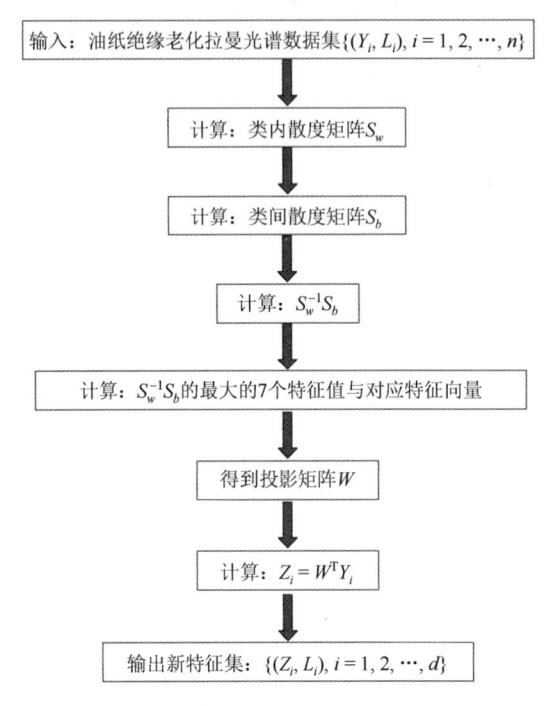

```
输入：油纸绝缘老化拉曼光谱数据集{(Y_i, L_i), i = 1, 2, …, n}
              ↓
      计算：类内散度矩阵 S_w
              ↓
      计算：类间散度矩阵 S_b
              ↓
      计算：S_w^{-1} S_b
              ↓
  计算：S_w^{-1} S_b 的最大的7个特征值与对应特征向量
              ↓
      得到投影矩阵 W
              ↓
      计算：Z_i = W^T Y_i
              ↓
    输出新特征集：{(Z_i, L_i), i = 1, 2, …, d}
```

图 8.4 基于 LDA 的油纸绝缘老化拉曼光谱特征提取流程

首先，计算类内散度矩阵：

$$S_w = \sum_{j=1}^{k} S_{wj} = \sum_{j=1}^{k} \sum_{Y \in Y_j} (Y - \mu_j)(Y - \mu_j)^T \tag{8.12}$$

其中，$Y$ 为变压器油样本的拉曼光谱向量；$\mu_j$ 为老化状态标签为 $j$ 的样本中心。

其次，计算类间散度矩阵：

$$S_b = \sum_{j=1}^{k} N_j (\mu_j - \mu)(\mu_j - \mu)^T \tag{8.13}$$

其中，$N_j$ 为第 $j$ 类样本的个数；$\mu_j$ 为老化状态标签为 $j$ 的样本的中心；$\mu$ 为所有样本的均值向量。

然后，计算矩阵 $S_w^{-1} S_b$ 及其最大的 7 个特征值和对应的 7 个特征向量，得到投影矩阵 $W$。

最后通过：

$$Z_i = W^T Y_i \tag{8.14}$$

可将样本光谱数据的特征 $Y_i = [y_i^1, y_i^2, \cdots, y_i^d]^T$ 转化为新特征，得到新的样本集：

$$\{(Z_i, L_i), i = 1, 2, \cdots, d\} \tag{8.15}$$

这样一来，在进行 LDA 特征提取时，同一个老化程度的样本的投影点会尽可能地接近，不同老化程度的样本的投影中心之间的距离会尽可能地大，于是就实现了有监督的特征提取。

与文献[96]所使用的 PCA 方法相比，本章使用 LDA 在老化程度监督下进行油纸绝缘老化拉曼光谱特征提取的优势在于可以有针对性地选择投影方向。为了便于解释，以二维的示意图表示，如图 8.5 所示。

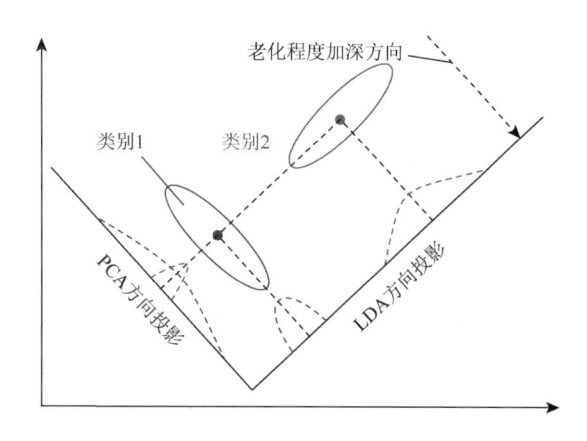

图 8.5　LDA 在油纸绝缘老化拉曼光谱特征提取中的优势示意图

假设一张谱图仅有 2 个特征（一个 2 维数据点），图 8.5 中的红、蓝椭圆圈分别代表 2 类谱图的集合。使用 PCA 提取特征时，仅考虑到数据本身的特点来降维，这时提取后的特征不一定能够很好地区分出两种样本的类别信息（图 8.5 中在 PCA 方向投影后两个类别样本的特征有重叠）。而使用老化程度信息监督时的 LDA 方法则大不相同，由于老化程度信息在特征提取时已知，降维时投影方向更具针对性，提取出的相应特征也在老化程度区分时具有更好的效果。上述分析是在假设原始谱图仅有 2 个特征的前提下进行的，实际中绝缘油的拉曼谱图特征远不止 2 个，而其原理可类比。

## 8.2.2　油纸绝缘拉曼光谱类别特征分析

基于上述方法，提取油纸绝缘老化拉曼光谱 LDA 特征，将油纸绝缘样本的原始拉曼谱图由 1023 维特征降为 7 维。在特征提取后，LDA 特征随老化时间的变化情况如图 8.6 所示。其中 LD1 至 LD7 分别代表样本拉曼光谱的第一 LDA 特征至第七 LDA 特征。

从图 8.6 中可以看出，不同批次的老化样本各 LDA 特征值在相应的老化时间点稍有波动，但依然可以看出一些大致规律：第一 LDA 特征 LD1 随老化时间大致呈现缓慢减小的趋势，第四 LDA 特征 LD4 随老化时间呈现缓慢增长的趋势，其他 LDA 特征波动规律不明显。为了综合、全面地利用 LDA 特征进行油纸绝缘老化诊断，本章并未选取单个 LDA 特征作为老化程度判别的阈值，而是综合利用所提取的全部 7 个 LDA 特征，构建样本 LDA 特征与样本老化程度（聚合度）之间的定量回归模型。

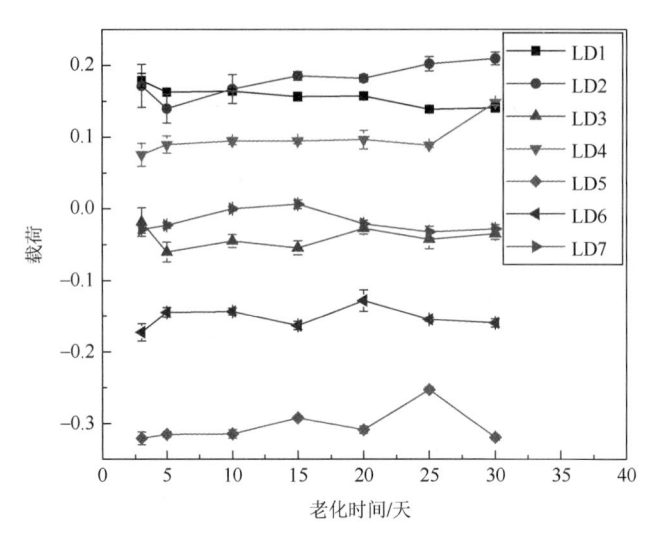

图 8.6　7 个 LDA 特征随老化时间的变化关系

各油纸绝缘老化拉曼光谱 LDA 特征的载荷图如图 8.7 所示。载荷是 LDA 分析时各原始变量与 LDA 特征之间的关系，它表达了 LDA 特征与原变量（原始拉曼光谱数据）之间的相互解释关系。在油纸绝缘拉曼光谱中 2800~3050 cm$^{-1}$ 内的强峰代表其中各种化合物的 C—H 伸缩振动模式，在 1400~1500 cm$^{-1}$ 内的强峰多来源于 C—H 弯曲振动、C=C 伸缩振动模式等。从各 LDA 特征的载荷图中可以看出 2800~3050 cm$^{-1}$（图 8.7 中蓝色虚线右侧）与 1400~1500 cm$^{-1}$ 这两个波段内的光谱数据对油纸绝缘拉曼光谱的 LDA 特征有较大影响，也就是说光谱数据经 LDA 方法特征提取后的新特征值 $Z_i = [z_i^1, z_i^2, \cdots, z_i^7]^T$ 中，$z_i^1, z_i^2, \cdots, z_i^7$ 的值在极大程度上受这 2 个波段数据的影响。这与前面内容中对绝缘油拉曼谱图的分析完全相符，油纸绝缘的老化过程中一个主要的反应就是有机物的氧化还原反应，主要涉及碳氢键、碳碳键和碳氧键的断键与成键。这和我们在拉曼谱图中看到的结果是高度一致的。除了受这两个波段的影响以外，其他波段的光谱数据均对各 LDA 特征的值产生了一定的影响。

另外，从图 8.7 中还可以看出，糠醛在 1471 cm$^{-1}$、1677 cm$^{-1}$ 的峰，乙酸在 891 cm$^{-1}$ 的峰，CO 在 2144 cm$^{-1}$ 的峰，$CO_2$ 在 1388 cm$^{-1}$ 的峰等[23, 24]，对各 LDA 特征均有一定影响；即各 LDA 特征的取值受多个位置处拉曼强度的影响，这也从侧面印证了油纸绝缘体系的复杂性。本章所提取的 LDA 特征正是油纸绝缘拉曼谱图特征的高度浓缩，基于油纸绝缘拉曼光谱 LDA 特征的老化分析不同于基于单一老化特征物的分析，是一种全面综合的分析方法。

从上述分析来看，虽然相比文献[96]，使用基于 LDA 的油纸绝缘老化拉曼光谱特征提取方法有了一定的提升，但是，还有一个关键问题没有解决。无论本章中的 LDA 方法还是 PCA 方法，都是针对分类的模式识别问题，所提取的特征适用于大致判断老化程度。尽管相比文献[96]中将油纸绝缘老化过程分成 4 个大类的研究，本章中将油纸绝缘老化过程分为 8 个阶段更为精细，但油纸绝缘的老化实质上还是一个连续的变化过程，各阶段之间没有明显的划分界限。因此，如果希望得到较高的诊断精度，实际上要解决的

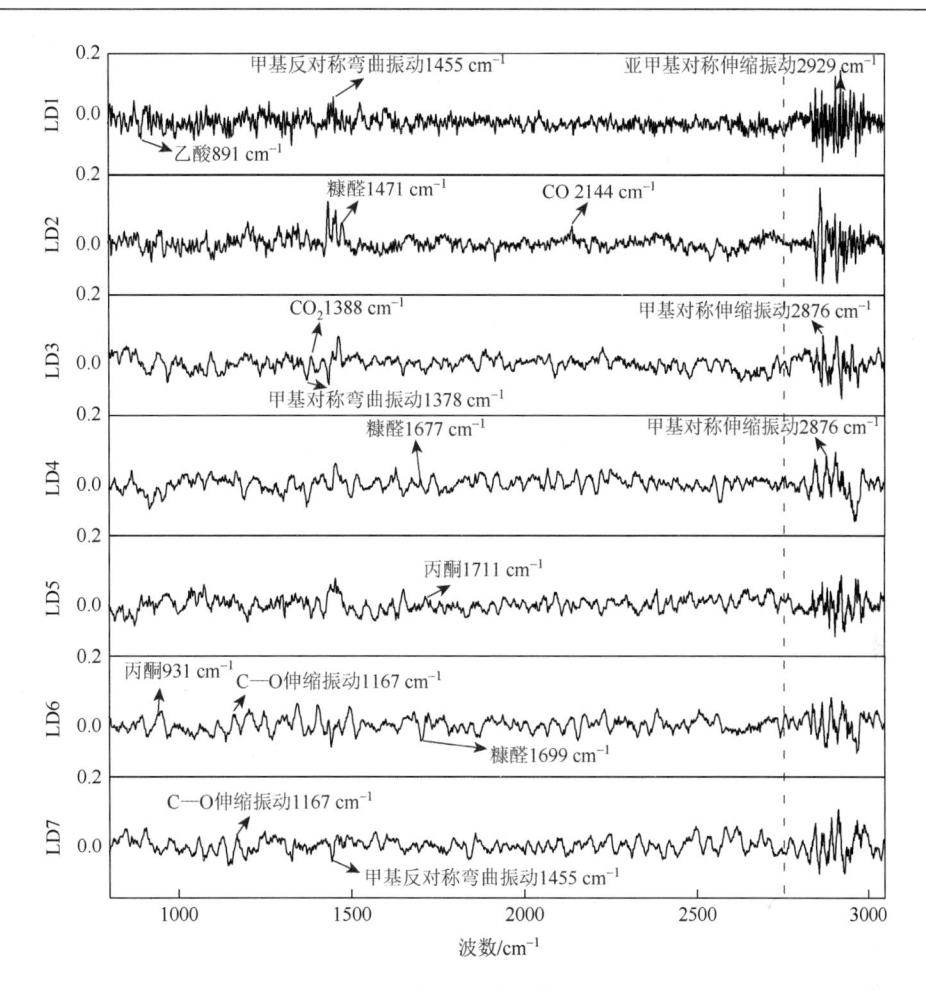

图 8.7　7 个 LDA 特征的载荷图

不是分类问题，而是一个定量回归的问题。本章也将在接下来的章节中继续探讨油纸绝缘老化拉曼光谱特征提取的研究。

## 8.3　电气设备油纸绝缘老化拉曼光谱聚合度映射特征提取

### 8.3.1　基于偏最小二乘算法的电气设备油纸绝缘老化拉曼光谱聚合度映射特征提取及分析

8.2 节在为油纸绝缘样本划分的 8 个老化阶段标签的监督下提取了油纸绝缘老化拉曼光谱的 LDA 老化特征，本节将进一步探索基于 PLS 的特征提取方法，以油纸绝缘老化过程中连续变化的聚合度数值监督反映老化程度的关键特征的提取。

PLS 作为一种有监督的特征提取方法，能够很好地处理变量间的强相关性。使用 PLS 时，将油纸绝缘拉曼光谱中各个拉曼频移处数据点的强度作为自变量，将绝缘纸聚合度作为响应变量。本章旨在通过 PLS 方法找到最优的变量组合,以最大化响应变量的协方差,并在提取自变量成分时,提高其对因变量的解释能力。PLS 不仅要最大限度地总结预测变量的变异性,而且要最大限度地提高各分量与响应变量之间的相关系数。

本章中使用 PLS 进行油纸绝缘老化拉曼光谱特征提取的思路如图 8.8 所示。

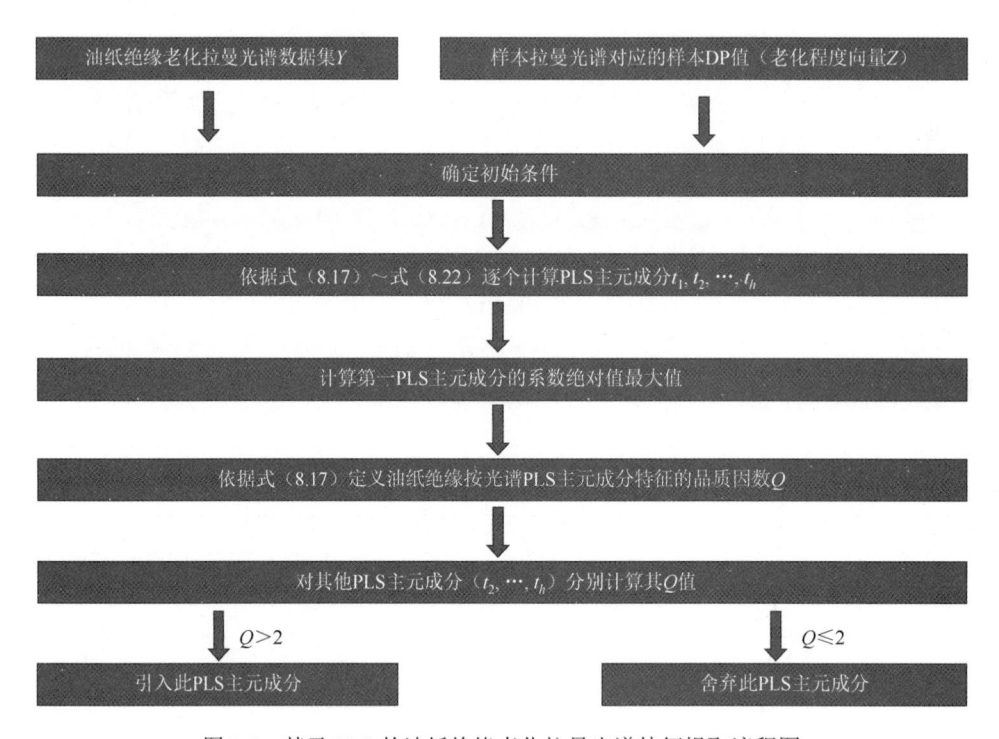

图 8.8 基于 PLS 的油纸绝缘老化拉曼光谱特征提取流程图

对于油纸绝缘样本的响应变量 DP,原始光谱特征向量的集合为

$$Y = \{y_i, i = 1, 2, \cdots, n\} \tag{8.16}$$

其中,$y_i$ 为第 $i$ 个样本的原始光谱特征向量;$n$ 为数据库中用于分析的样本总数。

在提取 $Y$ 中的 PLS 主元成分时,本章希望其能尽可能多地反映原始光谱特征向量集合 $Y$ 中的变异信息,也希望其与 DP 变化的相关性最大。这里就是前面所述的在提取原始光谱数据(自变量)成分的同时使其拥有对 DP(因变量)较高的解释能力。

如此一来,自变量原始光谱特征向量集合 $Y$ 的 $h$ 个 PLS 主元成分可用下述方法获得。

第一,设样本集中响应变量 DP 构成的向量为 $Z$,同时令 $E_0 = Y$, $i = 1$。

第二,根据 $E_0$ 与 $Z$ 计算:

$$w_i^* = \frac{E_{i-1}^{\mathrm{T}} Z}{\left\| E_{i-1}^{\mathrm{T}} Z \right\|} \tag{8.17}$$

式中,T 表矩阵的转置。随后计算:

$$t_i = E_{i-1} w_i^* \tag{8.18}$$

其中，$t_i$ 为提取 $Y$ 中的第 $i$ 个 PLS 主元成分。而后得

$$p_i = \frac{E_{i-1}^T t_i}{\|t_i\|^2} \tag{8.19}$$

其中，$p_i$ 为 $E_{i-1}$ 关于 $t_i$ 的回归系数向量。然后得到

$$E_i = E_{i-1} - t_i p_i^T \tag{8.20}$$

第三，有

$$i = i + 1 \tag{8.21}$$

判断 $i$ 是否大于 $h$，若 $i$ 小于 $h$，则继续循环第二步；若 $i$ 大于 $h$，则将所提取的 PLS 主元成分 $t_i$ 表示为 $Y$ 的组合：

$$t_i = Y w_i = \sum_{x=1}^{h} w_{ix} y_i \tag{8.22}$$

如此，可获得 $h$ 个油纸绝缘样本的拉曼光谱 PLS 主元成分。

结合式（8.22）可以发现，PLS 主元成分 $t_i$ 是原始光谱自变量 $Y$ 的组合，提取 PLS 主元成分个数 $h$ 越多，越能够保有更多的信息量；但保有更多的信息量也不一定是一件好事，因为提取的 PLS 主元成分个数 $h$ 越多，其中可能包含的冗余信号也就越多，而所提取的主元成分对响应变量的解释能力是逐渐减弱的。因此，为了后续建立更加合理的分析模型，主元成分的个数 $h$ 是需要斟酌的。

对于所提取的 PLS 主元成分来说，其系数 $w_{i1}, w_{i2}, \cdots, w_{ih} (i = 1, 2, \cdots, h)$ 是各个拉曼频移处原始光谱强度变量对响应变量 DP 影响程度的体现方式（即载荷），其绝对值越大，表示其对响应变量 DP 的影响程度也就越大。

假设所提取的第一 PLS 主元成分 $t_1 = \sum_{x=1}^{h} w_{1x} y_1$ 的系数绝对值最大值为 $\alpha_1^1$，第二 PLS 主元成分 $t_2$ 的系数绝对值最大值为 $\alpha_2^1$，以此类推。本章在此定义油纸绝缘拉曼光谱 PLS 主元成分特征的品质因数 $Q$：

$$Q = \frac{a_2^1}{a_1^1} \tag{8.23}$$

从本节方法的基本原理上看，第一 PLS 主元成分毫无疑问具备对响应变量的最强解释能力，因此应当保留，即至少提取一个特征。对于后续提取的第二 PLS 主元成分，其解释能力弱于第一 PLS 主元成分，因此除非其所对应的系数绝对值足够大才需要着重考虑。此时，根据式（8.23）计算其相对于第一 PLS 主元成分的品质因数 $Q$ 值，当 $Q$ 大于 2 时，本章认为不能忽略其影响，应当引入此主元成分。以此类推，最终可确定出需要使用的 PLS 主元成分个数 $h$。

基于上述方法，共提取出 2 个油纸绝缘老化的拉曼光谱 PLS 主元成分特征——$t_1$ 与 $t_2$，它们随油纸绝缘老化样本聚合度的变化规律如图 8.9 所示。整体上看，2 个 PLS 主元成分特征均不能单独使用，因为它们与样本聚合度的对应关系均不是一一对应关系，无法直接通过单一 PLS 主元成分特征值来预测样本的聚合度。但不能排除同时综合考虑所提取 2 个 PLS 主元成分特征，来预测样本聚合度的可行性。因此，本书在后续章节还将

结合集成机器学习算法，充分挖掘所提取的 PLS 主元成分特征与样本老化程度的数学联系，在此处先分析所提取的 PLS 主元成分特征与原始油纸绝缘拉曼谱图之间的关联关系。

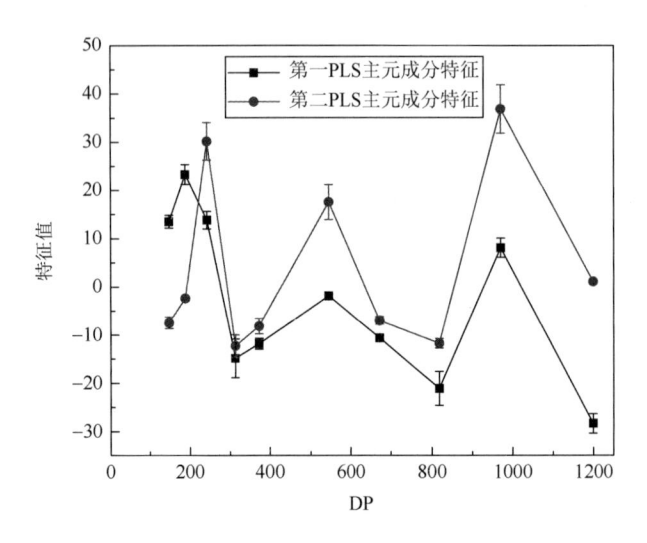

图 8.9　所提取的 PLS 特征随聚合度的变化情况

PLS 主元成分特征 $t_1$ 与 $t_2$ 的载荷图如图 8.10 所示。可以看出，第二 PLS 主元成分 $t_2$ 的系数绝对值最大值在 2795 cm$^{-1}$ 附近取到，其值明显大于第一 PLS 主元成分 $t_1$ 的系数绝对值最大值（在 1540 cm$^{-1}$ 附近取到）。因此，本章认为应当给予第二 PLS 主元成分 $t_2$ 足够的重视，故将其引入。对于后续的第三主元成分等，均未满足式（8.23）中 $Q>2$ 的要求，因此不再考虑。

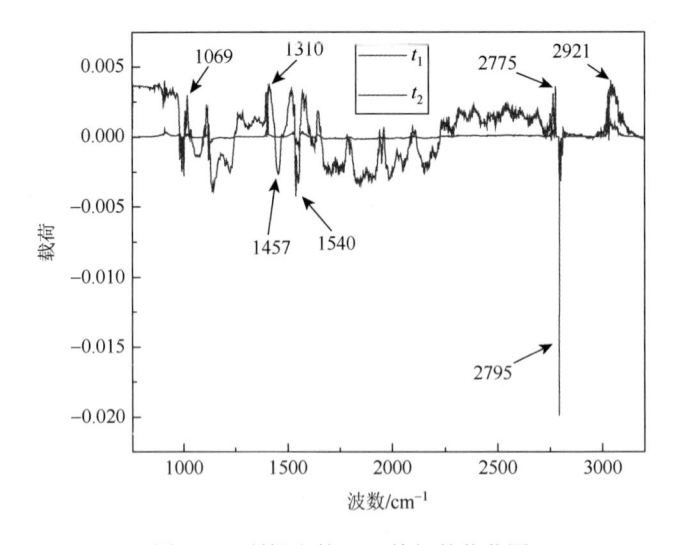

图 8.10　所提取的 PLS 特征的载荷图

一方面，我们发现原始油纸绝缘拉曼光谱中的一些明显的峰对新的 PLS 特征值的计算有一定的影响。例如，在 1069 cm$^{-1}$、1310 cm$^{-1}$、1457 cm$^{-1}$ 和 2921 cm$^{-1}$ 附近的特征峰有助于形成新的 PLS 老化特征。这些峰在油纸绝缘的原始拉曼光谱中也很容易被发现。另一方面，我们发现原始拉曼光谱中的弱拉曼带对新特征的提取的贡献也可能是较大的。例如，图 8.11 中，1540 cm$^{-1}$、2775 cm$^{-1}$ 和 2795 cm$^{-1}$ 附近的弱拉曼谱带对新 PLS 老化特征的计算有很大贡献。这说明这些位置的拉曼信息可能与油纸绝缘老化密切相关，但其在油纸绝缘样本的原始拉曼光谱中很难引起足够的重视，1540 cm$^{-1}$ 附近极小的拉曼信号就是一个例子。我们推测 1540 cm$^{-1}$ 附近的拉曼信号可能是油纸绝缘老化过程中某些有机化合物的 C=C 键振动引起的，与前面的理论分析相符，这个拉曼峰强度不高。2795 cm$^{-1}$ 和 2775 cm$^{-1}$ 附近的拉曼信号相对 1540 cm$^{-1}$ 附近的拉曼信号要稍强一些，放大后能够辨认出 2 个极小的拉曼特征峰，应该也是某些特征物 C—H 键振动引起的。由于油纸绝缘体系的复杂性，其原始拉曼光谱中信息过于丰富，有很多物质可能都有较强的拉曼谱峰，某些与老化过程关系极为密切，但是由于含量或其他问题拉曼信号微弱的特征不易直接被察觉，这些拉曼信息可能得不到足够的重视，从而可能导致基于拉曼光谱的油纸绝缘老化诊断精度不高。采用 PLS 进行特征提取时，由于充分考虑了老化时间与拉曼特征之间的数学关系，在计算新的老化特征时，可以赋予与老化密切相关的信息更多的权重。结果表明，该方法对油纸绝缘老化拉曼特征的提取具有积极的作用。实际上，绝缘油的拉曼信息非常丰富。从图 8.10 中还可以看出，还有许多其他位置对提取的 $t_1$ 与 $t_2$ 有影响。油纸绝缘的组成复杂，用 PLS 提取油纸绝缘拉曼光谱中反映的老化信息也是一种综合了各种信息的油纸绝缘老化特征提取。

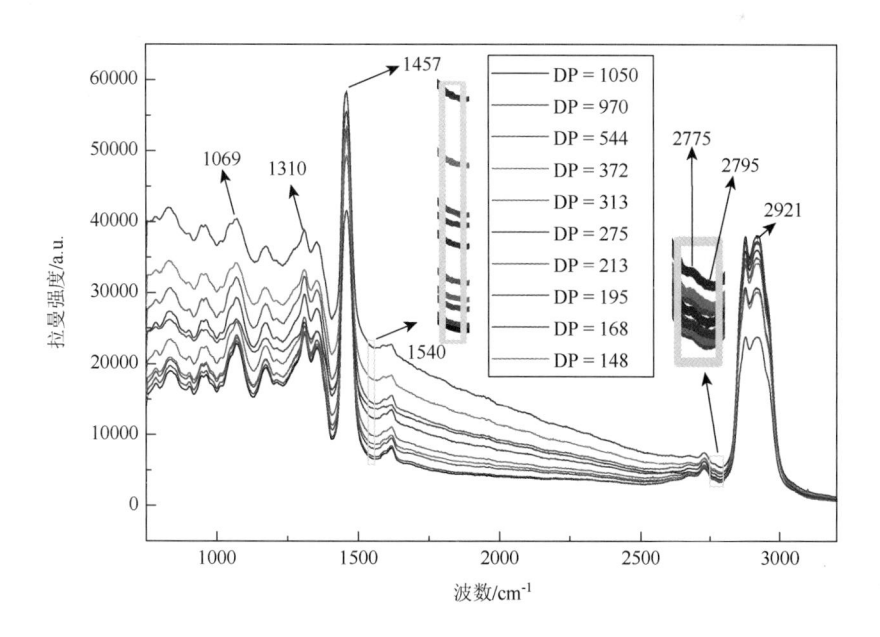

图 8.11 PLS 特征在原始拉曼谱图中的映射情况

## 8.3.2 基于二次互信息的电气设备油纸绝缘老化拉曼光谱聚合度映射特征提取及分析

本节中特征提取主要着眼于输入（油纸绝缘老化拉曼光谱特征）和输出（连续的老化程度-聚合度）之间的依赖关系。因此，在给定投影数据 $z = Tx$ 的情况下，通过确保原始输入数据 $x$ 与输出 $y$ 条件的独立性来确定投影矩阵 $T$。

$$p(x, y | z) = p(x | z) p(y | z) \tag{8.24}$$

式（8.24）表示：在给定 $z$ 后，$x$ 与 $y$ 在统计上是相互独立的，$y$ 中包含的所有信息在 $z$ 中均可以找到。

这种条件独立性是通过确定 $z = Tx$ 和 $y$ 最大相互依存时对应的矩阵 $T$ 来实现的。因此，这是考虑了油纸绝缘老化拉曼光谱特征与老化程度之间的影响关系的一种特征提取方式，所提取的特征对老化程度的反映具有较强的针对性。

本章通过使用互信息 MI 的概念来确定式（8.25）取最大值时所对应的转换矩阵 $T$，此时 $z$ 与 $y$ 的从属关系也将达到最大，于是就实现了充分特征提取。

$$\mathrm{MI} = \iint p(z, y) \log \frac{p(z, y)}{p(z) p(y)} \mathrm{d}z \mathrm{d}y \tag{8.25}$$

MI 是从联合概率密度 $p(z, y)$ 到边缘概率密度乘积 $p(z) p(y)$ 的 KL 散度。因此，MI 总是非负且不为零，当且仅当式（8.26）成立时，即 $z$ 和 $y$ 具有统计独立性。

$$p(z, y) = p(z) p(y) \tag{8.26}$$

对于 $T$ 而言，MI 最大化就意味着使得 $z$ 与 $y$ 之间的统计依赖性最大化，这就是本章所述的"充分"的体现。

MI 的值通常可以通过 KL 散度密度比估计器来近似求解。然而，由于 MI 表达式中包含有对数函数和密度比 $p(z,y)/p(z)p(y)$，因此，容易受到异常值的干扰。本章并未使用上述的方法，而是考虑使用二次互信息（QMI）这一信息度量方法，它是一种基于欧氏距离的 MI 变化形式：

$$\mathrm{QMI} = \frac{1}{2} \iint f(z, y)^2 \mathrm{d}z \mathrm{d}y \tag{8.27}$$

其中，$f(z, y)$ 为密度差函数：

$$f(z, y) = p(z, y) - p(z) p(y) \tag{8.28}$$

然后，通过梯度上升法获得相对于变换矩阵 $T$ 的 QMI 最大值：

$$T + \varepsilon \frac{\partial \mathrm{QMI}}{\partial T} \to T \tag{8.29}$$

其中，$\varepsilon > 0$，它表示一个梯度上升幅度的常数。

对于式（8.29）中的 $\partial \text{QMI}/\partial T$，可以表示为

$$\begin{aligned}\frac{\partial \text{QMI}}{\partial T_{l,k}} &= \frac{1}{2}\iint \frac{\partial f(z,y)^2}{\partial T_{l,k}}\mathrm{d}z\mathrm{d}y \\ &= \iint f(z,y)\frac{\partial f(z,y)}{\partial T_{l,k}}\mathrm{d}z\mathrm{d}y \\ &= \iint p(z,y)\sum_{l'=1}^{m}\frac{\partial f(z,y)}{\partial z^{(l')}}\frac{\partial z^{(l')}}{\partial T_{l,k}}\mathrm{d}z\mathrm{d}y - \iint p(z)p(y)\sum_{l'=1}^{m}\frac{\partial f(z,y)}{\partial z^{(l)}}\frac{\partial z^{(l')}}{\partial T_{l,k}}\mathrm{d}z\mathrm{d}y\end{aligned} \quad (8.30)$$

对于 $Tx = z = (z^{(1)}, z^{(2)}, \cdots, z^{(m)})$，偏导数 $\partial z^{(l')}/\partial T_{l,k}$ 为

$$\frac{\partial z^{(l')}}{\partial T_{l,k}} = \begin{cases} x^{(k)}, & l = l' \\ 0, & l \neq l' \end{cases} \quad (8.31)$$

通过样本平均收益率可进一步逼近期望值：

$$\frac{\partial \text{QMI}}{\partial T_{l,k}} = \frac{1}{n}\sum_{i=1}^{n}\frac{\partial f(z_i, y_i)}{\partial z^{(l)}}x^{(k)} - \frac{1}{n^2}\sum_{i,i'=1}^{n}\frac{\partial f(z_i, y_{i'})}{\partial z^{(l)}}x^{(k)} \quad (8.32)$$

对式（8.32）中的 $\partial f(z,y)/\partial z^{(l)}$，采用高斯核模型来实现近似：

$$g_\alpha(z,y) = \sum_{j=1}^{n}\alpha_j \exp\left(-\frac{\|z - z_j\|^2 + (y - y_j)^2}{2h^2}\right) \quad (8.33)$$

对式（8.33）中的参数向量 $\alpha = (\alpha_1, \alpha_2, \cdots, \alpha_n)^\mathrm{T}$ 进行学习，使得式（8.34）的平方误差最小。

$$\begin{aligned}J(\alpha) &= \iint \left(g_\alpha(z,y) - \frac{\partial f(z,y)}{\partial z^{(l)}}\right)\mathrm{d}z\mathrm{d}y \\ &= \iint g_\alpha(z,y)^2 \mathrm{d}z\mathrm{d}y - 2\iint g_\alpha(z,y)\frac{\partial f(z,y)}{\partial z^{(l)}}\mathrm{d}z\mathrm{d}y + C\end{aligned} \quad (8.34)$$

其中，$C = \iint (\partial f(z,y)/\partial z^{(l)})^2 \mathrm{d}z\mathrm{d}y$ 是与参数 $\alpha$ 无关的常数，可忽略不计。假设 $z$ 与 $y$ 趋于无穷时，$g_\alpha(z,y)f(z,y) \to 0$，可通过分部积分法得

$$\iint g_\alpha(z,y)\frac{\partial f(z,y)}{\partial z^{(l)}}\mathrm{d}z\mathrm{d}y = -\iint \frac{\partial g_\alpha(z,y)}{\partial z^{(l)}}f(z,y)\mathrm{d}z\mathrm{d}y \quad (8.35)$$

将式（8.35）代入式（8.34），对期望值进行样本平均近似，同时加上正则化项，可得式（8.36）的学习规则：

$$\min_\alpha \left(\alpha^\mathrm{T} U \alpha - 2\alpha^\mathrm{T} \hat{v}_l + \lambda \|\alpha\|^2\right) \quad (8.36)$$

其中，$\lambda$ 为正则化参数；$U$ 为 $n \times n$ 的矩阵；$\hat{v}_l$ 为 $n$ 维向量。它们的定义分别为

$$\begin{cases} U_{j,j'} = (\sqrt{\pi}h)^{m+1}\exp\left(-\frac{\|z_j - z_j\|^2 + (y_i - y_i)}{4h^2}\right) \\ \hat{v}_{l,j} = \frac{1}{nh^2}\sum_{i=1}^{n}\exp\left(-\frac{\|z_i - z_j\|^2 + (y_i - y_j)^2}{2h^2}\right)(z_i^{(l)} - z_j^{(l)}) \\ \quad -\frac{1}{nh^2}\sum_{i,i'=1}^{n}\exp\left(-\frac{\|z_i - z_j\|^2 + (y_i - y_j)^2}{2h^2}\right)(z_i^{(l)} - z_j^{(l)}) \end{cases} \quad (8.37)$$

考虑到上述学习规则是与 $\alpha$ 相关的凸二次式，因此对其求偏微分并使得其值为 0，可得解析解 $\hat{a}$。

综上，式（8.32）可化为

$$\frac{\partial \text{QMI}}{\partial T_{l,k}} = \frac{1}{n}\sum_{i=1}^{n}g_{\hat{a}_i}(z_i,y_i)x_i^{(k)} - \frac{1}{n^2}\sum_{i,i'=1}^{n}g_{\hat{a}_i}(z_i,y_{i'})x^{(k)} \quad (8.38)$$

基于 QMI 的油纸绝缘老化拉曼光谱特征提取流程如图 8.12 所示。

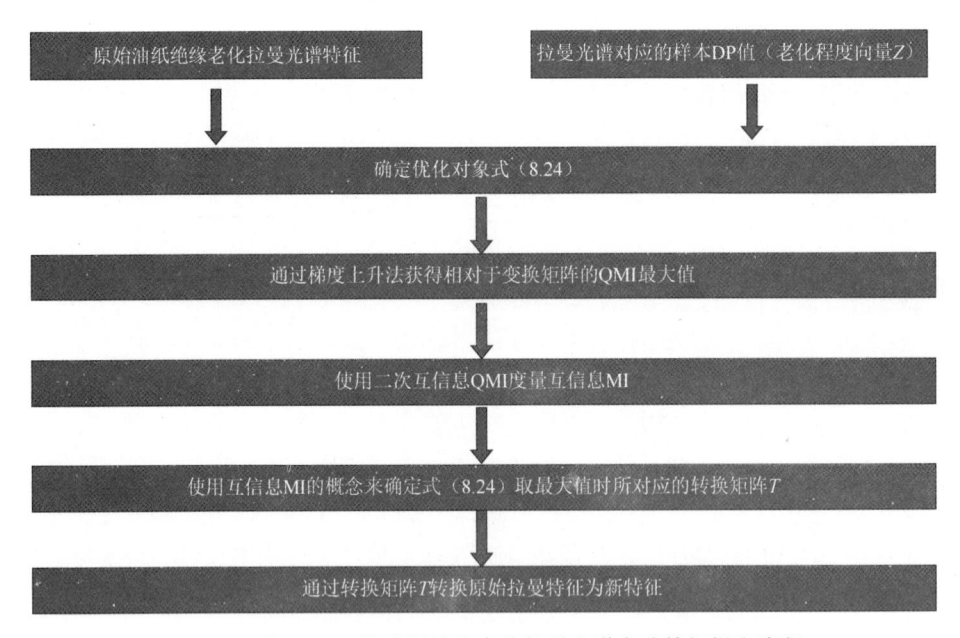

图 8.12　基于 QMI 的油纸绝缘老化拉曼光谱充分特征提取流程

基于上述方法对前面获取的不同老化程度油纸绝缘样本的拉曼谱图进行分析，发现基于二次互信息提取的充分特征值整体上随老化程度的加速（聚合度的降低）呈现减小的趋势，如图 8.13 所示。随着实验次数的增加，用这个充分特征作为油纸绝缘老化程度的标志也出现了一些波动，但这并不影响整体趋势上的判断。事实上，在聚合度的测量中，尽管我们尽量从多个部位取值，在相对恒定的温度下进行多次测量取平均，也仍存在一些误差。因此，本章首先进行初步的分析。

第 8 章　电气设备油纸绝缘老化拉曼光谱多尺度特征提取及分析

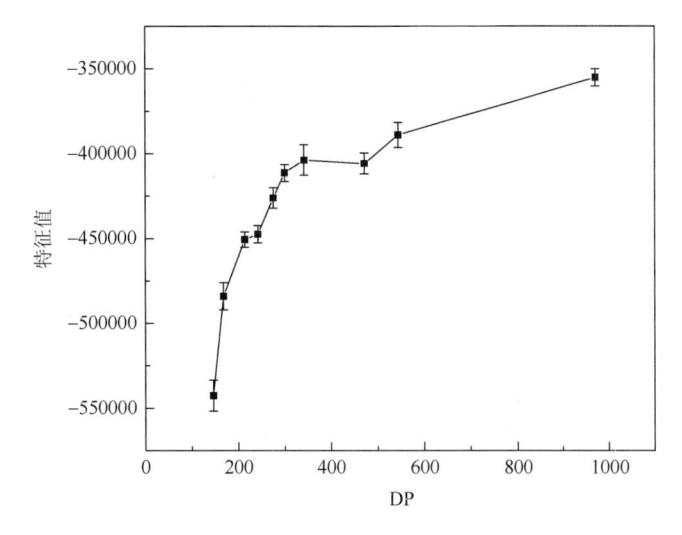

图 8.13　基于 QMI 所提取的充分特征与聚合度的对应关系

在聚合度为 350 左右是一个明显的拐点，在样本的老化程度不是很深时（聚合度大于 350），随聚合度的降低，所提取的 QMI 特征值减小较为缓慢；在样本的老化相对较严重时（聚合度小于 350），随聚合度的降低，所提取的 QMI 特征值减小非常明显。当聚合度从约 350 下降到约 150 时，QMI 特征值约从 –410000 减少到 –540000；聚合度下降的数值为 190，而 QMI 特征值减少了 130000，两者相差约 684 倍，而且这种下降从整体上看是大致单调的。因此，如果用这个特征值替代聚合度来反映油纸绝缘的老化程度，那么，在老化程度较深的这个阶段内，它将比聚合度这个老化特征灵敏约 684 倍。目前，我国电网内已有相当一部分油纸绝缘电力设备在役运行超过 15 年，进入了"中老年"时期，这些设备是油纸绝缘老化诊断的重点对象。越是老化程度深的设备，越需要精确的老化诊断，而这个 QMI 特征对老化程度的反映拥有较高的灵敏度，无疑为实现更加精确的油纸绝缘老化诊断创造了可能性。

糠醛含量是目前电力行业常用的，也是《油浸式变压器绝缘老化判断导则》(DL/T 984—2018) 所规定的一个油纸绝缘老化指标。对于本节所使用的样本，其糠醛含量随聚合度的变化情况如图 8.14 所示。在本章的研究中，与众多研究者类似，糠醛含量随聚合度的减少近似呈现单调增加的趋势，但也存在不小的波动。相比本章所提取的这个特征，聚合度从约 970 减小到约 150 的过程中，糠醛含量从约 0.01 mg/L 增加至 12～14 mg/L 范围内。

综上，无论现有标准中依据糠醛含量的判断方法，还是本节基于 QMI 的油纸绝缘拉曼光谱特征提取方法，与聚合度都具有一定的对应关系。同时，随着聚合度的变化，这两个特征也均有一定程度的波动。对于本章所提取的这种油纸绝缘老化拉曼光谱 QMI 特征，暂且不能简单判定它相对其他老化特征指标的优劣，但确实是油纸绝缘老化拉曼光谱特征提取的一种新的有效探索。

对于本节所提取的油纸绝缘老化拉曼光谱 QMI 特征，其载荷图如图 8.15 所示。结合对油纸绝缘老化主要产物的拉曼仿真分析，对其中 4 块对特征值影响较大的拉曼波

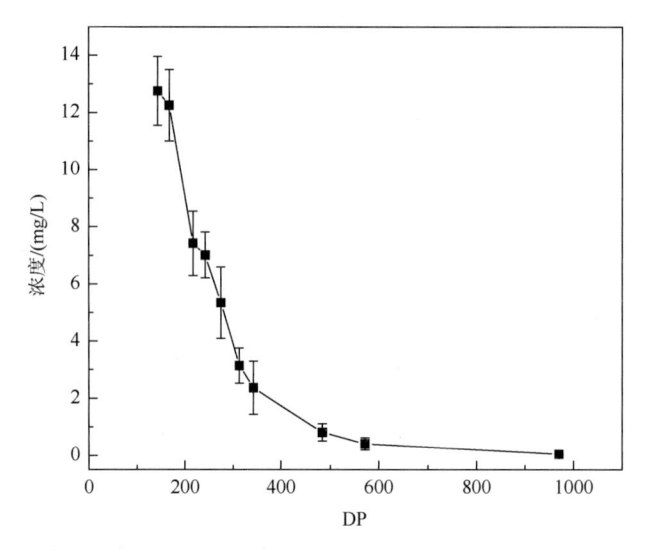

图 8.14　糠醛含量与聚合度的对应关系

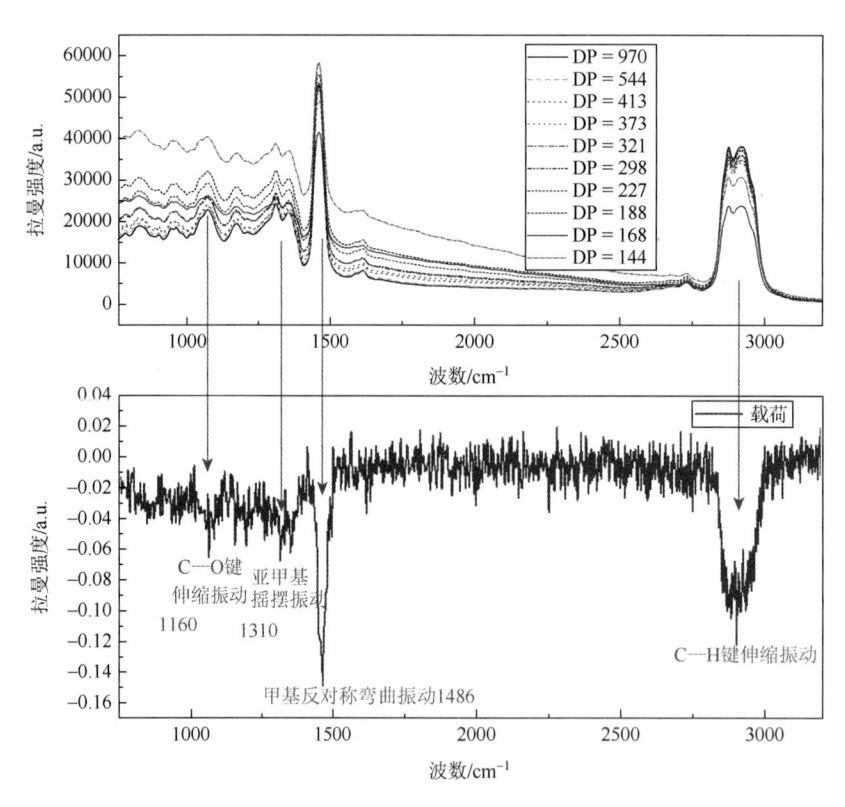

图 8.15　基于 QMI 所提取的充分特征的载荷分析

段进行了指认。其中，对特征值起最大影响的波段是位于 1486 cm$^{-1}$ 附近的拉曼特征峰，其成峰原因是油纸绝缘体系中甲基的反对称弯曲振动。从图 8.15 中还可以看出，随油纸绝缘样本老化程度加深（聚合度下降），此处的拉曼谱峰始终相对其他特征峰具有较高的强度。这说明在油纸绝缘体系的整个老化过程中,始终存在着大量含有甲基的特征物。遗憾的是,新增含有甲基的特征物或已有含有甲基的特征物的含量变化虽然会导致油纸绝缘拉曼谱图的变化,但在现有的技术条件下,无法单从油纸绝缘拉曼谱图在 1486 cm$^{-1}$ 附近拉曼特征峰的变化反推油纸绝缘体系中物质成分的变化。因为,图 8.15 中 1486 cm$^{-1}$ 附近的拉曼特征峰并非一种特征物的甲基振动峰,现有仪器分辨率下甚至尚不能看出究竟共有多少种特征物在此位置出峰。对特征值影响次之的是 C—H 键伸缩振动在 2850~3050 cm$^{-1}$ 范围内产生的拉曼特征峰。这个宽度较大的特征峰在峰顶位置也有明显的转折,这个转折表明其中至少有两种类型的 C—H 键在此成峰,本章认为其转折点左侧拉曼峰主要来源于烷烃类物质链上的 C—H 键,而右侧主要来源于含有苯环类物质苯环上 C—H 键。约 200 cm$^{-1}$ 的宽度也说明了其中特征物种类的复杂性。此外,C—O 键伸缩振动在 1160 cm$^{-1}$ 附近、亚甲基摇摆振动在 1310 cm$^{-1}$ 附近所产生的拉曼特征峰等也都影响着基于二次互信息所提取的特征值的大小,但相比甲基的反对称弯曲振动与 C—H 键伸缩振动,其影响相对小了不少。

# 第9章 电气设备油纸绝缘老化拉曼光谱集成增强神经网络诊断方法

第 8 章研究了油纸绝缘老化拉曼光谱特征的提取方法，从油纸绝缘的拉曼光谱中提取出了多种能够反映老化信息的拉曼光谱特征。本章将进一步研究如何有效利用这些提取出来的特征，实现准确、有效的油纸绝缘老化拉曼光谱诊断。

如果对诊断的精度要求不高，现有多种机器学习模型均可利用本书所建立的油纸绝缘老化拉曼光谱数据库及样本的相关拉曼特征实现油纸绝缘的老化诊断。然而粗糙的诊断结果对实际应用缺乏指导性意义，因此，本章将通过集成学习的方式进行高准确度的增强诊断研究。首先构建附加动量修正的 BP 神经网络油纸绝缘老化拉曼光谱诊断模型，将其看作弱学习模型，基于 Adaboost 自适应思想按顺序训练并集成组合多个 BP 神经网络诊断模型，对预测误差较大的样本进行强化学习，构建高精度的油纸绝缘老化拉曼光谱集成诊断模型。

## 9.1 电气设备油纸绝缘老化拉曼光谱集成增强神经网络诊断模型的建立

### 9.1.1 附加动量修正的电气设备油纸绝缘老化拉曼光谱反向传播神经网络诊断模型

BP 神经网络是一种常用的多层前馈神经网络，该网络的主要特点是信号正向传递，误差反向传播[131-136]。在预测结果出现偏离、不满足要求时，就根据误差的程度，反向传播，增减模型的连接权值与阈值，最终得到让人满意的结果。由于具备较好的非线性映射性能，本章使用 BP 神经网络来进行油纸绝缘老化拉曼光谱诊断的基础判别模型，其基本的拓扑结构如图 9.1 所示。

图 9.1 中，$w_{ij}$ 与 $w_j$ 反映网络的连接情况与传递关系（权值）。在本章中，输入为所提取的 4 类特征，输出为油纸绝缘的聚合度数值，以此建立数学映射关系。网络结构的确定先要利用一部分已知样本来试凑，其过程包括以下几个步骤。

（1）初始化。根据前面建立的油纸绝缘老化拉曼光谱数据库中的数据 $(X, Y)$ 确定节点数、连接权值等相关参数。$X$ 为所提取的样本的油纸绝缘老化拉曼光谱特征，$Y$ 为样本的老化程度，此处用聚合度来表示。

（2）隐含层输出的计算。输出 $H$ 由输入光谱向量 $X$、连接关系 $w_{ij}$ 等确定：

$$H_j = f\left(\sum_{i=1}^{n} w_{ij} x_i - a_j\right), \quad j = 1, 2, \cdots, l \tag{9.1}$$

其中，$a_j$ 为隐含层阈值；$l$ 为隐含层节点数；$f$ 为隐含层激励函数。

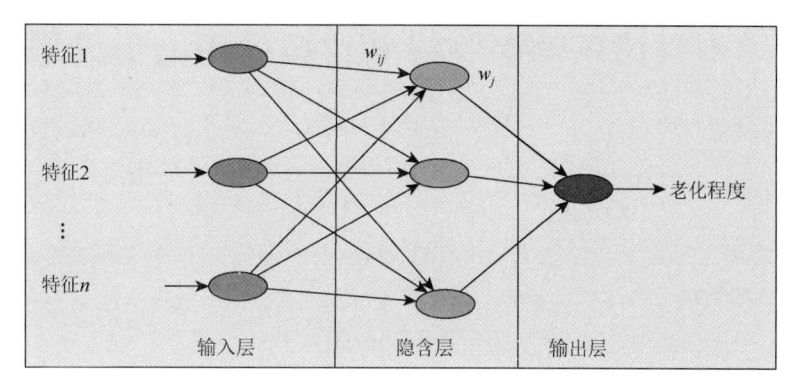

图 9.1 油纸绝缘老化拉曼光谱 BP 神经网络诊断模型基本拓扑结构

$$f(x) = \frac{1}{1+e^{-x}} \tag{9.2}$$

以此建立非线性映射，实现对油纸绝缘老化拉曼特征与老化程度之间任何可能的非线性关系的挖掘。

（3）输出预测。根据网络结构预测输出 $O$：

$$O = \sum_{j=1}^{l} H_j w_j - b \tag{9.3}$$

其中，$b$ 为输出层阈值。

（4）误差评估。根据预测的输出与数据库中实测的老化程度标签（期望的输出），计算模型的预测误差 $e$：

$$e = Y - O \tag{9.4}$$

（5）重置权值。依据预测误差重置连接权值 $w_{ij}$ 与 $w_j$：

$$w_{ij} = w_{ij} + \eta H_j (1-H_j) \cdot x(i) \cdot w_j e, \quad i=1,2,\cdots,n; j=1,2,\cdots,l \tag{9.5}$$

$$w_j = w_j + \eta H_j e, \quad j=1,2,\cdots,l \tag{9.6}$$

其中，$\eta$ 为学习速率。

（6）阈值更新：

$$a_j = a_j + \eta H_j (1-H_j) \cdot w_j e, \quad j=1,2,\cdots,l \tag{9.7}$$

$$b = b + e \tag{9.8}$$

最后判断是否满足训练精度及迭代次数的要求，若满足则结束；否则，重复第（2）至第（6）步，直至满足要求。

在建立油纸绝缘老化拉曼光谱 BP 神经网络诊断模型的过程中，如果隐含层数与隐含层节点数太少，则模型无法快速地进行有效学习，可能影响模型的预测精度，也可能需要增加训练次数。如果隐含层数与隐含层节点数太多，模型建立的时间将延长，也可能出现过拟合。本节中，设计诊断模型时，隐含层节点数的设计参考式（9.9）：

$$l \approx \log_2 n \tag{9.9}$$

其中，$n$ 为输入层节点的个数。

考虑到 BP 神经网络建模方法采用梯度法修正权值与阈值，以达到学习的目的，这种从预测误差梯度方向进行修正的方式无法顾及之前的经验积累，将导致模型的收敛过程较为缓慢。为了解决这个问题，本章引入附加动量，将式（9.6）与式（9.8）分别更新为带附加动量的权值学习：

$$w(k) = w(k-1) + \Delta w(k) + \alpha(w(k-1) - w(k-2)) \quad (9.10)$$

$$b(k) = b(k-1) + \Delta b(k) + \alpha(b(k-1) - b(k-2)) \quad (9.11)$$

其中，$w(k)$、$w(k-1)$、$w(k-2)$ 与 $b(k)$、$b(k-1)$、$b(k-2)$ 分别为 $k$、$k-1$、$k-2$ 时刻的权值与阈值；$\alpha$ 为动量学习率。

对于本章在前面内容中 4 种方法所提取的特征，共 $59 + 7 + 2 + 1 = 69$ 个。因此，在结合式（9.9）的确定隐含层节点数为 6 的前提下，通过不断试凑发现，含有 5 个隐含层的诊断模型用于油纸绝缘老化的拉曼光谱诊断时迭代次数仅为 44 次，效果较佳。随隐含层数变化，诊断模型的性能变化如表 9.1 所示。

表 9.1　不同隐含层数下诊断模型的性能

| 隐含层数 | 迭代次数 | 误差（归一化后） |
|---|---|---|
| 2 | 29 | 0.812 |
| 5 | 44 | 0.386 |
| 10 | 57 | 0.507 |
| 15 | 64 | 0.887 |
| 30 | 96 | 0.962 |
| 50 | 223 | 0.469 |
| 100 | 399 | 0.541 |

至此，本章构建了用于油纸绝缘老化拉曼光谱诊断的基础诊断模型。但结合表 9.1 也不难发现，此模型还具有较大的提升空间，因此，本章基于此基础模型，开展了后续研究。

## 9.1.2　电气设备油纸绝缘老化拉曼光谱集成增强反向传播神经网络诊断模型

为了实现更加精确的诊断，本节在 9.1.1 节的基础上对基于集成学习的思想进行了改进。集成学习就是通过权重分配，高效、优质地组合多个弱学习器以得到一个更优、更全面的强学习器。这种思想带来的好处是：最终的诊断预测结果不会因为单个弱学习器的误判而出现较大程度的偏离。

一般情况下，集成学习可分为两类[137-139]：一类是序列集成算法（Boosting 族算法），即有次序地构建一个个的弱学习器（基础模型），在后续使用弱学习器学习时，重置样本的权重，给上次学习中学习失败的样本更大的权重，以逐步提高学习效果；另一类则是并行集成算法（Bagging 族算法），即一次性构建多个并列的基础学习器，平摊预测误差，通过平均建立性能中庸但稳定性高的模型。

## 第9章　电气设备油纸绝缘老化拉曼光谱集成增强神经网络诊断方法

本章中改进的灵感来源于集成学习中的 Adaboost 思想，是 Boosting 族算法的一种，主要思想仍是：先构建一个弱学习器，实现油纸绝缘老化拉曼光谱基础诊断，根据基础诊断结果，调整诊断误差较大的样本的权重，使这些样本在接下来的学习中更受关注；然后在样本权重调整后的前提下，构建第二个弱学习器，继续重复上述过程，依次序构建 $m$ 个弱学习器，逐步提高学习效果；最终对这 $m$ 个弱学习器进行加权，得到一个性能强悍的强学习器，如图 9.2 所示。

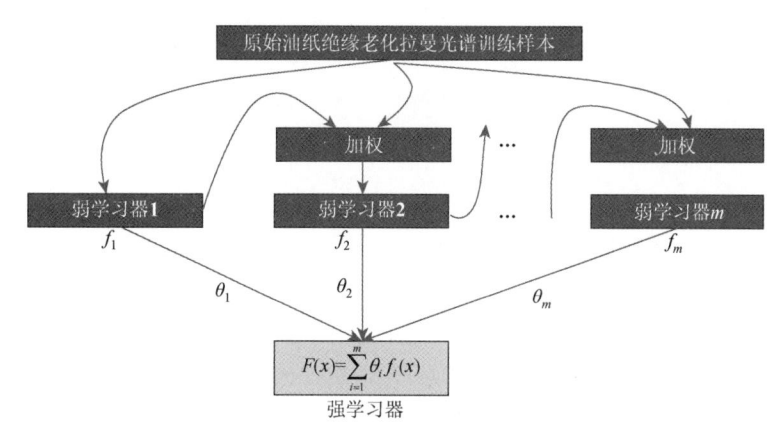

图 9.2　Adaboost 建模原理图

本节中，利用 Adaboost 算法的思想，将前面构建的单个 BP 神经网络看作弱学习器，通过合并多个弱学习器的输出以产生集成增强的效果。具体的思想是合并 10 个弱学习器的输出以产生更为有效的学习。

（1）在本章所建立的平衡化油纸绝缘老化拉曼光谱数据库中提取 $k$ 组样本数据用于基础诊断模型（弱学习器）的训练，给予各组数据相同的初始权重 $1/k$。

（2）按照前面所述的思路，依次构建 10 个基础诊断模型，给诊断误差较大的样本分配更大的权重。

（3）各个基础诊断模型在不断试凑、迭代后得到它们的学习函数 $(f_1, f_2, \cdots, f_m)$。根据各个基础诊断模型的诊断结果，为每个基础诊断模型打分（各基础诊断模型的权重），诊断误差越小，则打分越高。

（4）在迭代后，最终强学习函数 $F$（最终诊断模型）由 10 个弱学习函数加权得到。

实际操作的具体步骤如下，如图 9.3 所示。

（1）初始化。随机地在平衡化油纸绝缘老化拉曼光谱数据库中挑选 10 组训练数据，相应的测试数据的权重均为 $D_t(i) = 1/10$，初始化 9.1.1 节构建的附加动量的 BP 神经网络诊断模型。

（2）基础预测。对于第 $t$ 个弱学习器，建立诊断模型后，得到其相应的预测序列 $g(t)$ 的预测误差和 $e_t$：

$$e_t = \sum_t D_t(i), \quad i = 1, 2, \cdots, 10, \quad g(t) \neq y \tag{9.12}$$

其中，$g(t)$ 为预测的结果；$y$ 为样本实际的老化程度。

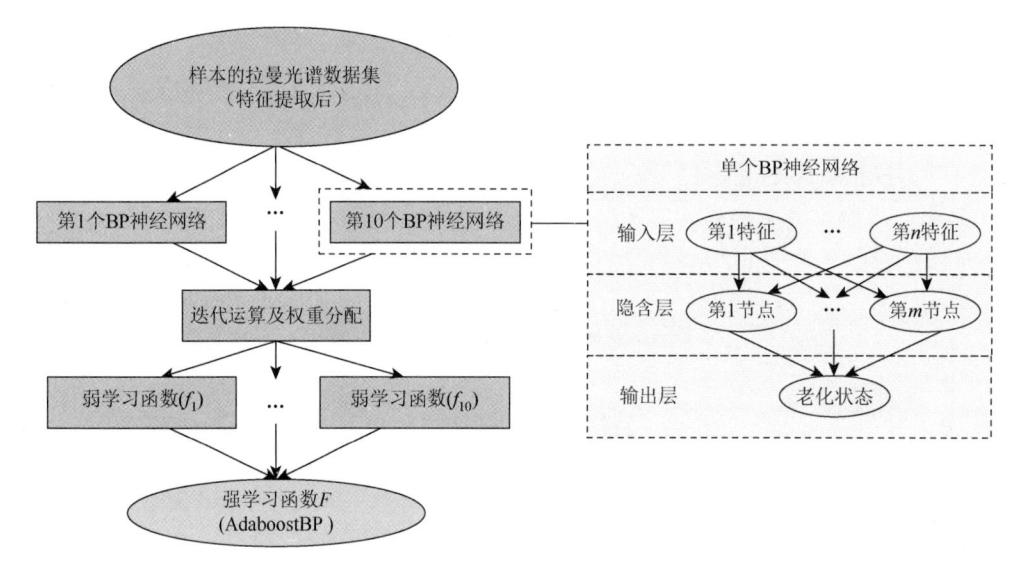

图 9.3　Adaboost 油纸绝缘老化拉曼光谱诊断建模思路

（3）重新分配权重。根据预测序列 $g(t)$ 的预测误差 $e_t$ 为其分配权重 $a_t$：

$$a_t = \frac{1}{2}\ln\left(\frac{1-e_t}{e_t}\right) \tag{9.13}$$

（4）重新调整样本的权重。根据 $a_t$ 调整下一轮迭代中样本的权重：

$$D_{r+1}(i) = \frac{D_t(i)}{B_t} \times \exp(-a_t y_i g_t(x_i)), \quad i=1,2,\cdots,10 \tag{9.14}$$

其中，$B_t$ 为归一化因子。

（5）强学习函数的形成。顺序 10 次基础建模后，由 10 组弱学习函数 $f(g_t,a_t)$ 组合得到强学习函数 $F(x)$：

$$F(x) = \text{sign}\left(\sum_{t=1}^{m} \alpha_t \cdot f(g_t,a_t)\right) \tag{9.15}$$

本章的预测输出为样本的聚合度，在这个过程中，考虑到聚合度测量本身可能产生的误差，将预测误差较大（聚合度预测时误差大于 50）的样本作为需要重点关注、强化学习的样本，每次增大预测误差较大的样本的权重，以此来加强对误判样本的学习。

## 9.2　电气设备油纸绝缘老化拉曼光谱诊断分析

### 9.2.1　实验室样本的油纸绝缘老化拉曼光谱诊断

本章分别从不同的角度入手，研究了 4 种电气设备油纸绝缘老化拉曼光谱特征提取方法。所提取出来的这 4 种特征各有特点，所关注的油纸绝缘老化拉曼信息也有所差别。本章综合利用这 4 种特征作为输入变量，以 AdaboostBP 模型为基本框架，以聚合度为响应变量，构建了油纸绝缘老化拉曼光谱诊断模型，如图 9.4 所示。

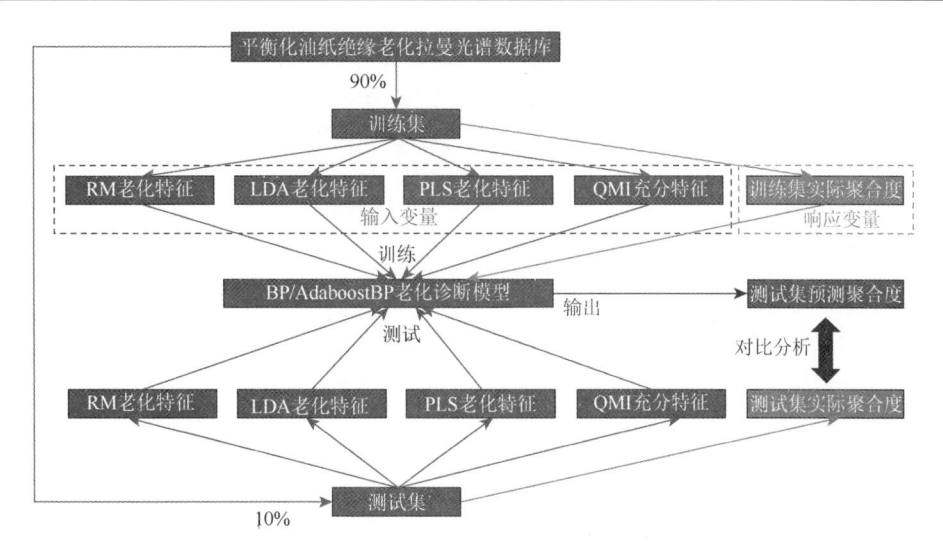

图 9.4 电气设备油纸绝缘老化拉曼光谱诊断技术路线

对于平衡化数据库中的 730 个样本，建立模型时，按 9.1 节中划分的 8 个老化阶段，随机从每个老化阶段中选取 90%的样本用于训练、10%的样本用于测试。如此，测试样本与训练样本的分布如表 9.2 所示。

表 9.2 测试样本与训练样本的分布情况

| 训练样本 | | 测试样本 | |
| --- | --- | --- | --- |
| 第一阶段样本数量 | 90 | 第一阶段样本数量 | 10 |
| 第二阶段样本数量 | 81 | 第二阶段样本数量 | 9 |
| 第三阶段样本数量 | 81 | 第三阶段样本数量 | 9 |
| 第四阶段样本数量 | 81 | 第四阶段样本数量 | 9 |
| 第五阶段样本数量 | 81 | 第五阶段样本数量 | 9 |
| 第六阶段样本数量 | 81 | 第六阶段样本数量 | 9 |
| 第七阶段样本数量 | 81 | 第七阶段样本数量 | 9 |
| 第八阶段样本数量 | 81 | 第八阶段样本数量 | 9 |
| 训练样本总数 | 657 | 测试样本总数 | 73 |

为了客观地判断模型的诊断效果，本章引入均方根误差（RMSE）与决定系数（$R^2$）两个指标。RMSE 能够衡量聚合度预测值与实测值之间的偏差。决定系数用于反映预测变量聚合度能通过回归关系被所提取的老化特征变量解释的比例。它们的计算方式如下：

$$\text{RMSE} = \sqrt{\frac{1}{n}\sum_{i=1}^{n}(\hat{z}_i - z_i)^2} \tag{9.16}$$

$$R^2 = \frac{\left(n\sum_{i=1}^{n}\hat{z}_i z_i - \sum_{i=1}^{n}\hat{z}_i \sum_{i=1}^{n}z_i\right)^2}{\left(n\sum_{i=1}^{n}\hat{z}_i^2 - \left(\sum_{i=1}^{n}\hat{z}_i\right)^2\right)\left(n\sum_{i=1}^{n}z_i^2 - \left(\sum_{i=1}^{n}z_i\right)^2\right)} \tag{9.17}$$

其中，$n$ 为测试样本数量；$\hat{z}_i$ 与 $z_i$ 分别为第 $i$ 个样本的聚合度预测值与实际值。

使用 9.1.1 节建立的单个附加动量的 BP 神经网络作为诊断模型，对 73 个已知老化状态的测试样本进行老化诊断，$R^2$ 约为 0.905，RMSE 约为 130.813，诊断结果如图 9.5 所示。

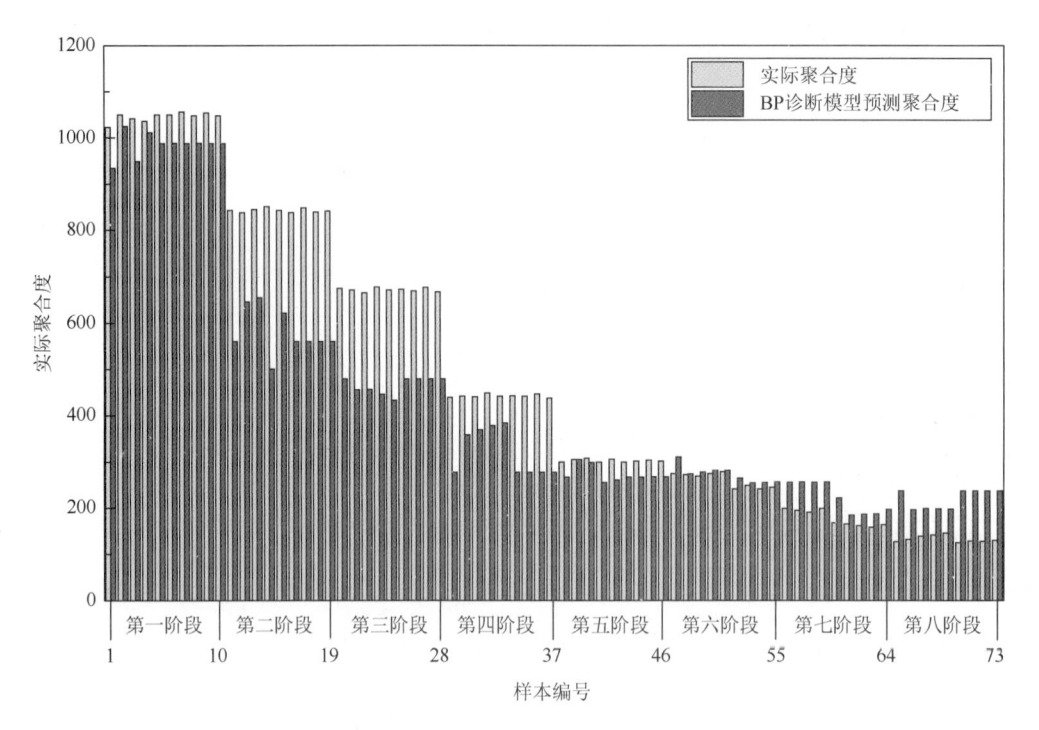

图 9.5　BP 基础诊断模型对 73 个测试样本的诊断效果

整体上看，使用单个附加动量的 BP 神经网络作为诊断模型时，基本能够实现不同油纸绝缘样本老化程度的大致判断，但诊断的效果欠佳。对于处于第一阶段的 1~10 号样本以及处于第五、第六阶段的 38~55 号样本，聚合度的预测值与实际值差别不大，预测效果较好。对处于第二阶段的 11~19 号样本、处于第三阶段的 20~28 号样本以及处于第四阶段的 29~37 号样本，样本聚合度的预测值较实际值偏低。虽然单从数学的角度看，其结果差强人意，但在实际工程中，偏低的预测值反而有利于提高设备维修的警惕性。对于处于第七、第八阶段的 56~73 号样本，样本聚合度的预测值明显大于实际值，且老化程度越深，这个差值越凸显，这在实际工程中是十分不利的。老化程度深、接近寿命终点的设备，在较大负荷的情况下越容易出现事故。因此，诊断模型应当更加关注老化程度较深的样本，实现其老化程度的准确监测。

使用 9.1.2 节建立的 AdaboostBP 模型进行油纸绝缘老化拉曼光谱诊断时，诊断效果具有明显的改善。对 73 个已知老化状态的测试样本进行老化诊断的 $R^2$ 约为 0.978、RMSE 约为 51.186，诊断结果如图 9.6 所示。相比于图 9.5 中的诊断效果，AdaboostBP 诊断模型对各个老化阶段的样本聚合度的预测误差都显著降低。尤其是对于我们所关注的老化程度较深（第七、第八阶段）的样本，聚合度预测值与实际值一致性较好，有利于此项技术的实际应用。

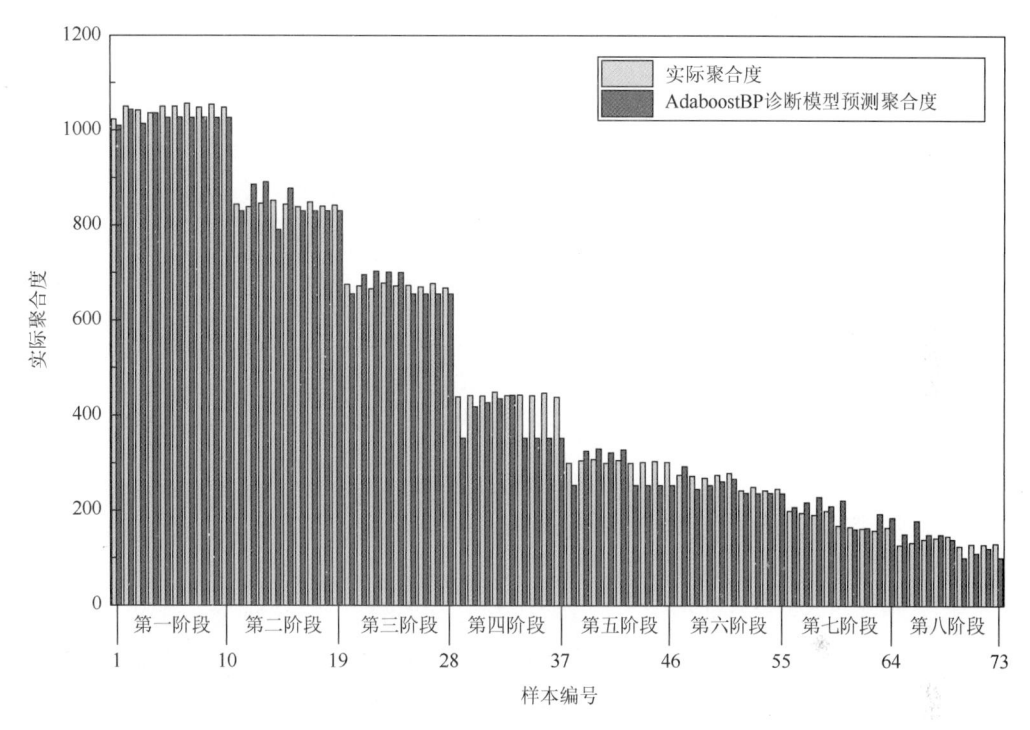

图 9.6 AdaboostBP 强化诊断模型对 73 个测试样本的诊断效果

基础诊断模型与 AdaboostBP 诊断模型都使用前面所提取的 4 种光谱特征进行老化诊断，其诊断效果的差异主要与其中各个特征所占的权重有关。所训练的这个基础诊断模型中 LDA 特征在隐含层的处理过程中所占的权重可能较大，导致测试样本整体上大致的老化程度估计较为准确，但模型对其他各个特征的处理效果不好，未能基于其他特征进一步准确量化样本的聚合度数值。图 9.6 中，AdaboostBP 诊断模型集成了 10 个基础诊断模型，在训练时设定将聚合度预测误差大于 50 的测试样本作为应该加强学习的样本，每次预测后增大预测误差较大的样本的权重，以此来加强对误判样本的学习。通过这个过程，不断试凑模型结构，实现更加准确的油纸绝缘老化拉曼光谱诊断。

## 9.2.2 运行设备的油纸绝缘老化拉曼光谱诊断

为进一步验证本章所提出的油纸绝缘老化拉曼光谱诊断方法，从某市南方电网供电公司所管辖的变电站采集了 19 组不同电压等级、不同运行年限的变压器油样品，根据其运行年限，按 1~19 进行编号。根据《变压器油中糠醛含量的测定 液相色谱法》(DL/T

1355—2014），通过高效液相色谱仪对现场样本的糠醛含量进行了测定。根据《油浸式变压器绝缘老化判断导则》（DL/T 984—2018），由油中溶解糠醛浓度可判断油纸绝缘老化是否达到注意值：

$$\lg F = -1.65 + 0.08t \tag{9.18}$$

式中，$F$ 为油中糠醛浓度，单位是 mg/L；$t$ 为运行年限。

使用本章中的油纸绝缘老化拉曼光谱诊断方法的流程如图 9.7 所示。

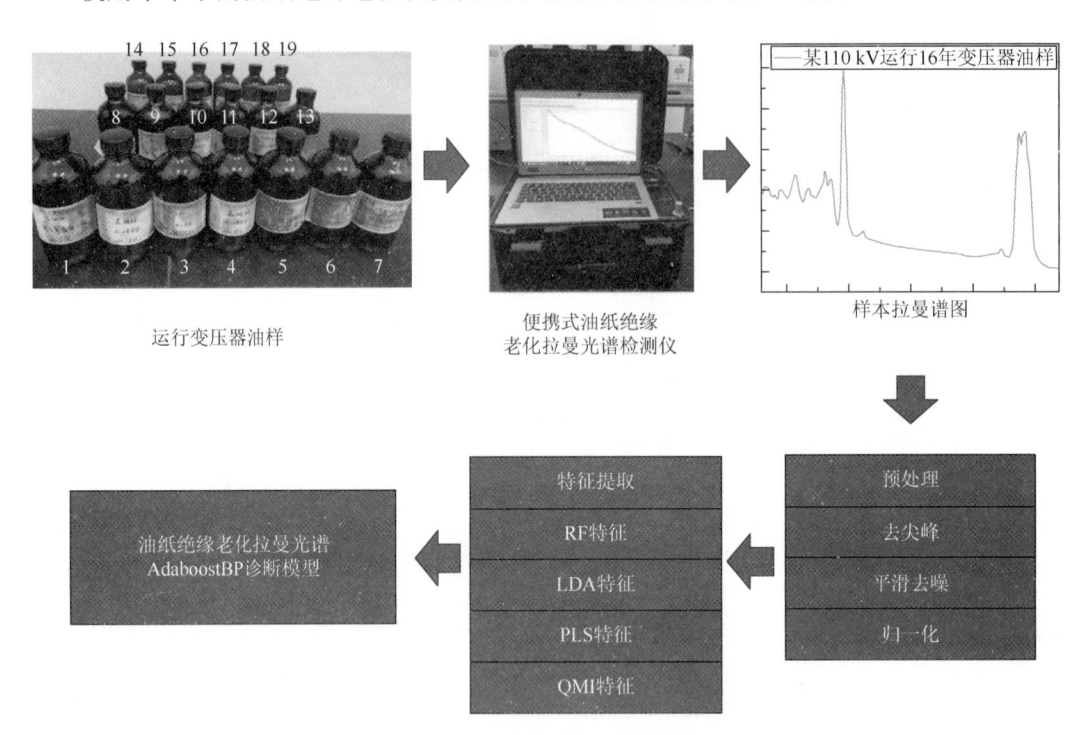

图 9.7　现场样本油纸绝缘老化拉曼光谱诊断流程

首先利用本章所设计的便携式油纸绝缘老化拉曼光谱检测仪获取样本的拉曼谱图，使用建立的光谱数据预处理方法对样本谱图进行处理，进而提取其 RF 特征、LDA 特征、PLS 特征、QMI 特征，并输入本章所建立的油纸绝缘老化拉曼光谱 AdaboostBP 诊断模型中，得到样本的老化程度（聚合度）预测值。

对 19 个在役变压器油样的诊断结果如表 9.3 所示。19 个在役变压器共涵盖了 110 kV、220 kV、500 kV 三个电压等级，运行时间从 1 个月至 28 年不等。整体上看，对糠醛含量越高的样本，模型预测的聚合度数值越低，本章的诊断结果与现行标准中基于糠醛含量的老化程度判断结果具有较高的一致性。

表 9.3　19 个在役变压器油样的诊断结果

| 编号 | 电压等级/运行时间 | 糠醛浓度/(mg/L) | 依据 DL/T 984—2018 的老化判断结果 | 本章的聚合度预测值 |
|---|---|---|---|---|
| 1 | 110 kV/1 个月 | 0.005 | 未超注意值 | 1385 |
| 2 | 110 kV/2 个月 | 0.006 | 未超注意值 | 1286 |

续表

| 编号 | 电压等级/运行时间 | 糠醛浓度/(mg/L) | 依据 DL/T 984—2018 的老化判断结果 | 本章的聚合度预测值 |
|---|---|---|---|---|
| 3 | 500 kV/2 年 | 0.011 | 未超注意值 | 1191 |
| 4 | 220 kV/4 年 | 0.012 | 未超注意值 | 1159 |
| 5 | 220 kV/4 年 | 0.010 | 未超注意值 | 1134 |
| 6 | 500 kV/5 年 | 0.017 | 未超注意值 | 1141 |
| 7 | 220 kV/9 年 | 0.988 | 超过注意值 | 730 |
| 8 | 220 kV/10 年 | 0.121 | 未超注意值 | 858 |
| 9 | 500 kV/10 年 | 0.027 | 未超注意值 | 1145 |
| 10 | 500 kV/10 年 | 0.089 | 未超注意值 | 976 |
| 11 | 500 kV/11 年 | 0.049 | 未超注意值 | 1019 |
| 12 | 500 kV/11 年 | 0.058 | 未超注意值 | 1034 |
| 13 | 500 kV/15 年 | 0.091 | 未超注意值 | 1087 |
| 14 | 220 kV/16 年 | 0.189 | 未超注意值 | 788 |
| 15 | 220 kV/16 年 | 0.141 | 未超注意值 | 800 |
| 16 | 110 kV/16 年 | 0.129 | 未超注意值 | 800 |
| 17 | 110 kV/18 年 | 1.233 | 超过注意值 | 521 |
| 18 | 220 kV/19 年 | 0.099 | 未超注意值 | 828 |
| 19 | 220 kV/28 年 | 1.009 | 未超注意值 | 474 |

通过本章所研制的拉曼油纸绝缘老化诊断装置及相关方法诊断出表中 17 号、19 号变压器聚合度较低，并上报电网公司，最终配合其他检测手段将 17 号变压器列为可能存在绝缘非正常老化的重点关注设备，同时将 19 号变压器列入待拆卸的老旧设备。

另外，从测试结果还可以看出，变压器的老化程度不是完全受服役年限的影响，服役年限短的变压器也可能老化程度更深。例如，11、12 号样本无论糠醛浓度还是聚合度预测值，都低于比其运行年限更短的 7、8 号样本。据当地变电站提供的信息，7、8 号变压器通常的负载率远大于 11、12 号变压器。根据 IEEE 的相关导则[118]，变压器的绝缘老化主要受温度的影响，长期负载较重的变压器的运行温度也会相对高一些，这可能使它老化得更快。

实际运行的变压器负载大小是时刻变化的，即它的老化速率时刻变化。对于老化程度较深的变压器，如果高强度地工作，有可能会使其在短时间内达到寿命终点。如果不在这之前使它退出运行，将可能造成重大事故。但是如果过早将其退出运行，又将带来不必要的经济损失。因此，尤其是对老化程度较深的变压器，对其进行快速的老化诊断是十分必要的。

## 9.3 不同状态电气设备油纸绝缘样本拉曼光谱老化诊断修正

实际运行中变压器的状态可能发生多种变化，换油是其中一种，也是对本章的诊断影响最大的一种，因此本节中将就此问题展开讨论。绝缘油作为重要的冷却与绝缘介质，其重要性不言而喻。油中的纤维、颗粒、杂质等增多，都将带来不利影响，因此，在实际运行中换油过程时常发生。本章所提出的油纸绝缘老化拉曼光谱诊断方法是基于绝缘油的拉曼谱图而开展的，而换油后的"老纸新油"体系也将严重影响诊断的结果。因此，本节将开展油纸绝缘老化拉曼光谱诊断对换油后"老纸新油"体系的诊断修正研究。

### 9.3.1 换油后电气设备油纸绝缘老化拉曼光谱分析

与前面内容中的加速老化实验类似，利用加速老化装置，在130℃条件下对样本进行考虑换油的加速热老化实验，换油次数为1次，换油时间分别选取在老化的第3、5、10、15、20天进行。换油后的"老纸新油"体系中，绝缘纸是老化程度较深的，绝缘油则为新油。对于这种体系，其老化程度判断应以绝缘纸的老化程度为主。然而油纸绝缘的拉曼检测是通过检测绝缘油的拉曼光谱来反映整个体系的老化程度，这时将有较大影响。在换油结束后，体系内部首先要通过扩散交互作用达到一个新的平衡（绝缘纸中的老化特征物向绝缘油中扩散）。在实验中，对于换油后的"老纸新油"样本，在"老纸新油"系统达到新平衡后再继续后续的加速热老化。

对于这个扩散交互过程，为了便于解释，假设老化了的绝缘纸中仅含有1种老化特征物质。这种物质的分布在绝缘纸周围的很小一个区域中达到了平衡状态，且这种老化特征物质的含量与绝缘纸的老化程度有关。如图9.8所示，对于老化程度不同的两组样本，

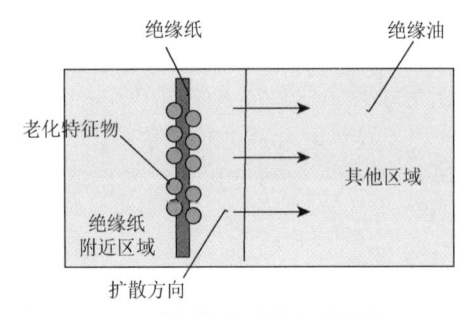

(a) 老化特征物扩散交互原理图

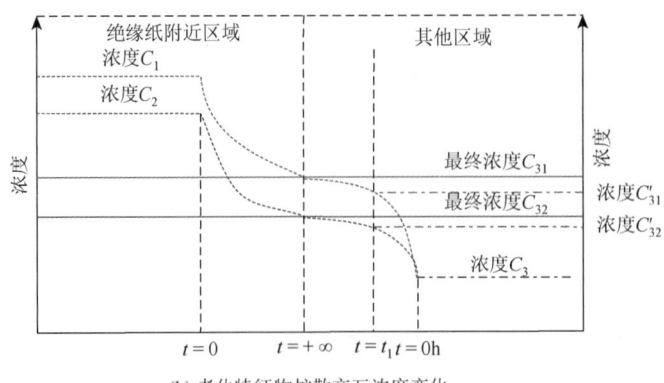

(b) 老化特征物扩散交互浓度变化

图9.8 "老纸新油"中老化特征物的扩散交互原理

该物质的含量也不尽相同，在图中表示为 $C_1$、$C_2$。在新鲜绝缘油中这种物质的浓度为一个确定的值 $C_3$，$C_3$ 不等于 $C_1$，也不等于 $C_2$。换油后绝缘纸与绝缘油之间必定发生扩散过程，并最终达到一个平衡状态。将 $t = 0$ 作为刚刚完成换油的瞬间时刻，经过 $t_1$ 时间后，这种老化特征物质在绝缘油中的分布将达到另一个状态，假设此时这种特征物质在绝缘油中的浓度分别为 $C'_{31}$ 与 $C'_{32}$。经过足够长的时间后，这种老化特征物必将在油纸绝缘系统中达到分布的平衡状态。这时，绝缘油的物质构成发生了改变，且这种改变主要是由"老纸新油"中绝缘纸上的老化特征物扩散造成的。文献[140]研究了换油前后老化特征物糠醛在油中的含量变化情况，证实了上述的分析。同时，这种变化的程度与"老纸新油"的绝缘体系中老纸的老化程度直接相关，因此，它也是分析"老纸新油"的绝缘体系中换油前老化状态的关键。当然，上述分析是针对单一特征物的，油纸绝缘老化过程中特征物种类远远不止一种，但其基本原理一致。

以本章中一个换油时平均聚合度为 393.7 的样本为例，换油后在 50℃条件下静置时其拉曼谱图如图 9.9 所示。50℃与 130℃相比样本的老化速度基本可以忽略，在换油后谱图的变化基本都由扩散交互引起，并在 360~480 h 后达到平衡。

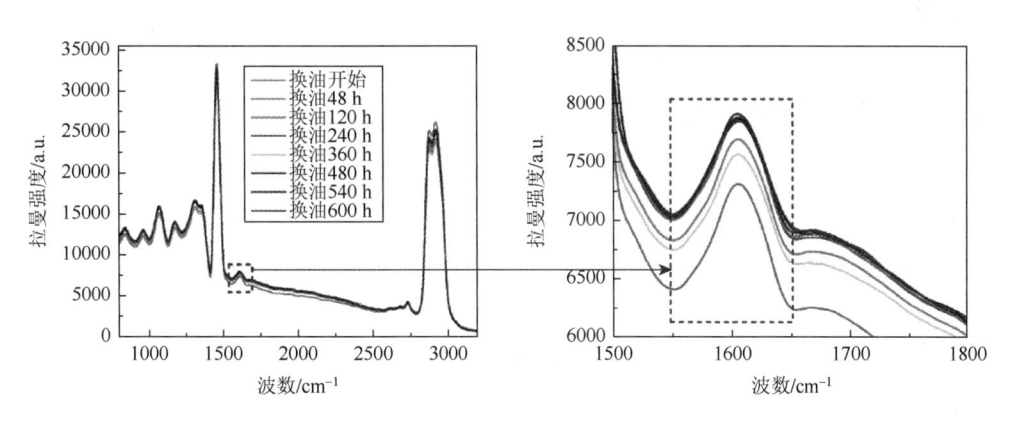

图 9.9　换油后"老纸新油"拉曼谱图变化情况（50℃）

实际诊断时，如果扩散交互过程尚未结束，则油纸绝缘拉曼光谱将因为这个过程而时刻变化，不利于后续的诊断修正。因此，对于这种情况，本章首先研究了换油稳定后谱图的预测方法，再研究后续的诊断修正方法。整体上的诊断思路如图 9.10 所示。对于未换油的样本，按照前面所述的方法进行诊断。对换油后的"老纸新油"样本，若未达到稳定状态，则先基于 Elman 模型预测其换油后稳定状态的拉曼光谱；若已达换油后稳定状态，则首先利用换油后稳定状态的拉曼光谱预测未修正的"假"老化状态，再配合换油后又老化的时间与换油前样本的聚合度，利用前面建立的广义回归神经网络建模，完成对"老纸新油"体系"真"老化状态的预测。

## 9.3.2　换油后电气设备油纸绝缘老化拉曼光谱预测

由前面分析可知，在实际应用中，如果刚刚进行过换油操作，在短时间内获取的绝

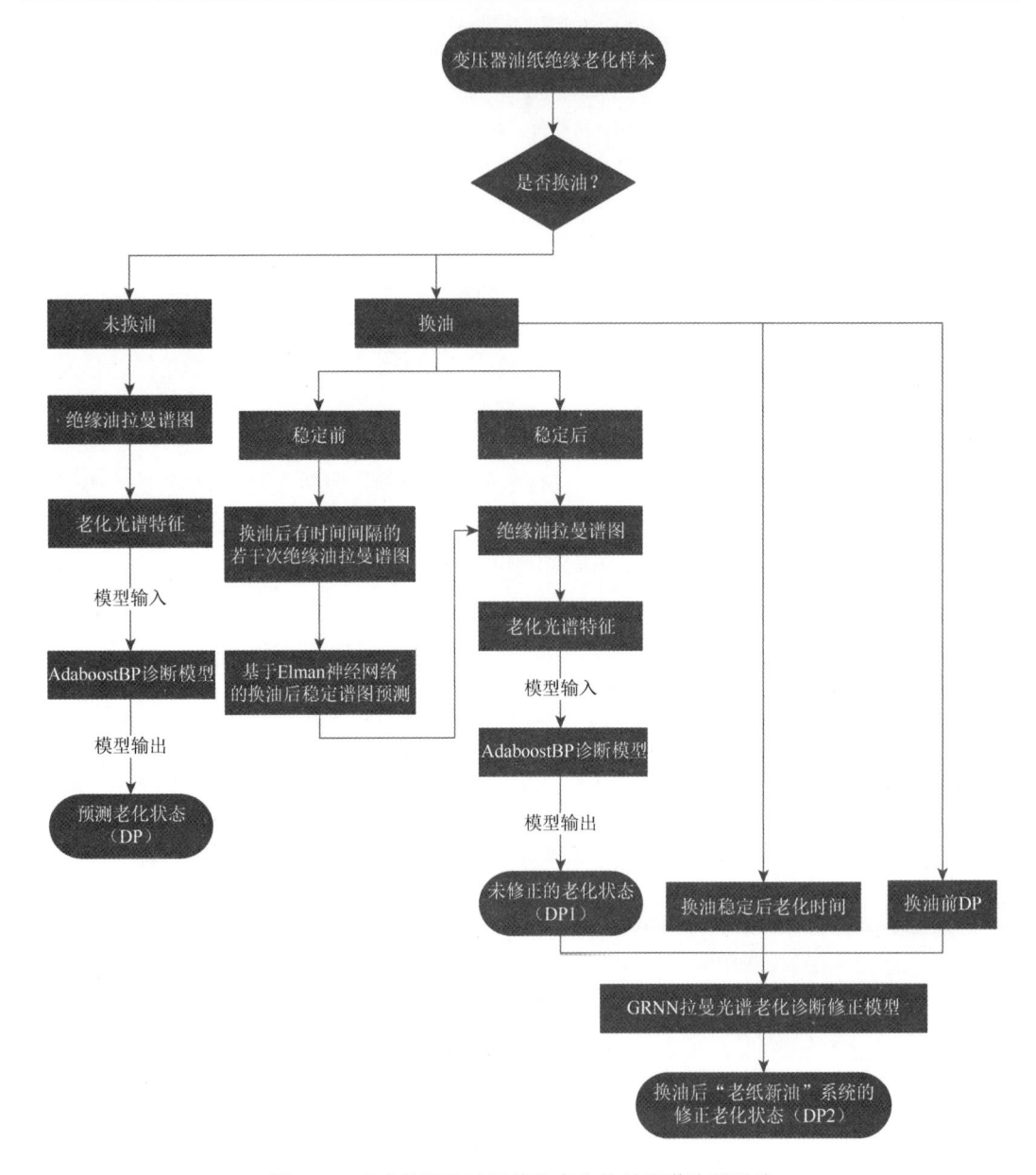

图 9.10　考虑修正的油纸绝缘老化拉曼光谱诊断思路

缘油的拉曼谱图很可能是油纸绝缘系统未达新平衡状态下的，这时就难以对油纸绝缘系统的老化状态做出准确的评估。因此，本章将介绍一种利用"老纸新油"系统未达平衡前不同扩散交互时间下不同的拉曼谱图预测换油稳定后绝缘油拉曼谱图的方法。

以一个换油时平均聚合度为 393.7 的样本为例，换油后绝缘油拉曼谱图在 1605 cm$^{-1}$ 位置的数据点强度变化如图 9.11 所示。从图中可以看出，特定拉曼频移位置处的拉曼数据点的强度随换油后扩散交互的时间增长呈现增加的趋势，并且开始时强度增长较快，最终趋于稳定。本章的实验结果表明上述变化基本符合下列拟合曲线：

$$y = y_0 + A\left(1 - \mathrm{e}^{-\frac{x}{t}}\right) \tag{9.19}$$

其中，$y_0$、$A$、$t$ 均为待定参数。

式（9.19）中仅有 3 个参数，因此，理论上可根据换油后扩散交互过程中不同时间检测的 3 张拉曼谱图，预测出换油稳定后的拉曼谱图。

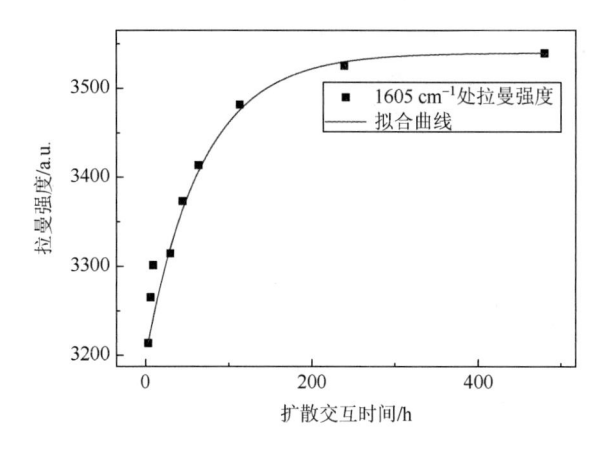

图 9.11　换油后拉曼谱图在 1605 cm$^{-1}$ 位置的强度变化

为了实现上述预测，本章考虑使用 Elman 神经网络，由于具备局部记忆单元，适用于本章换油前后油纸绝缘老化拉曼谱图的预测问题。

本章设计的 Elman 神经网络换油后拉曼光谱预测模型共有 4 层结构：输入层、隐含层、承接层与输出层，如图 9.12 所示。其中，在特征传入后输入层仅具备传输功能；隐含层用于中间映射、连接关系的表达；承接层将前一时刻隐含层的值反馈至其输入（记忆功能）；输出层则负责加权与输出，由此来实现动态反馈。由于承接层承担了延迟与存储的任务，该结构具备一定的记忆功能，对历史数据敏感。

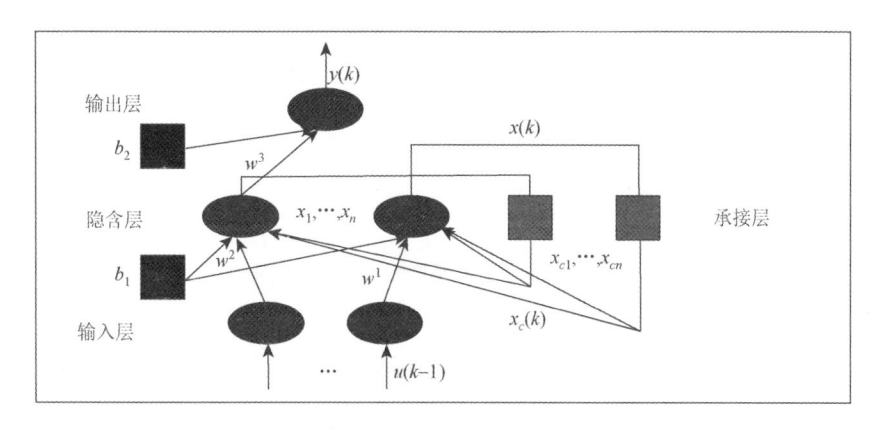

图 9.12　Elman 神经网络结构

图中，$y$ 为输出节点向量；$x$ 为隐含层节点单元向量；$u$ 为输入向量；$x_c$ 为反馈量；$w^1$、$w^2$ 与 $w^3$ 为连接权值。另外，$g$ 与 $f$ 分别为输出层与隐含层的传递函数。

根据样本各个拉曼光谱数据点换油过程中变化的历史数据，反映各个点位处拉曼强度随换油时间变化的内在规律，从而达到预测稳定时刻"老纸新油"系统拉曼谱图的目的。分别对第 1 个，第 2 个，…，第 $i$ 个，…，第 1023 个数据点进行预测，最终将整张谱图中所有的数据点的位置都进行预测并连成预测谱图。使用换油后 3 h、换油后 6 h、换油后 9 h 的实测拉曼光谱作为预测模型的输入，换油稳定后的实测拉曼光谱作为预测模型的输出，以此来建立基于 Elman 神经网络的换油稳定后绝缘拉曼谱图预测模型。

基于上述方法，本章利用 10 组老化 10 天后换油，又在 50℃条件下扩散交互不同时间（3 h、6 h、9 h、360 h）的绝缘油拉曼光谱数据作为训练数据来训练 Elman 预测模型。训练时，换油后 3 h、6 h、9 h 的数据作为模型输入，换油后 360 h 的数据作为稳定后的数据，即模型输出。然后对另外的换油后的 5 组（编号 1~5）"老纸新油"样本稳定后的拉曼谱图进行预测，以其中一组为例，预测效果如图 9.13 所示。

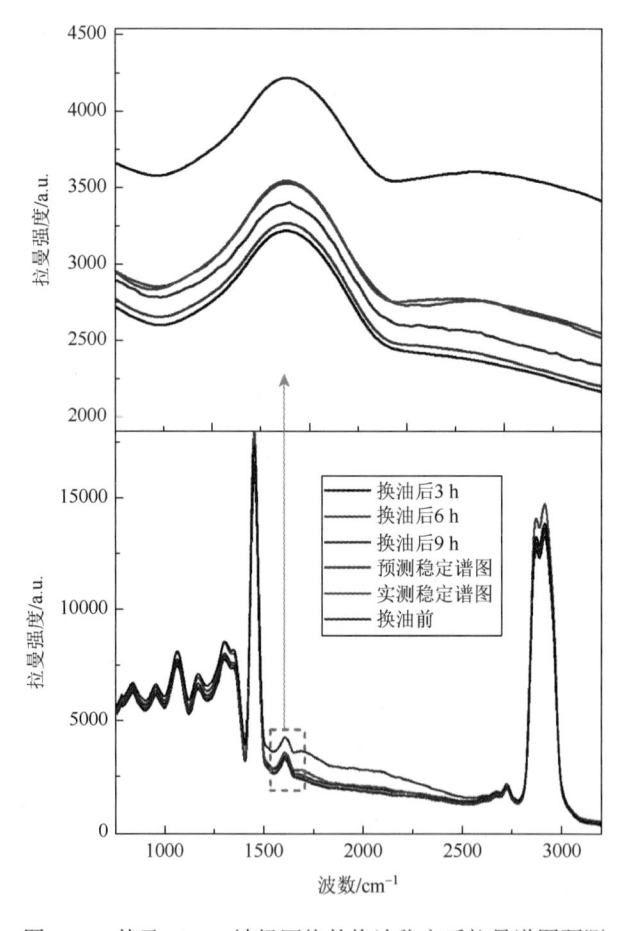

图 9.13 基于 Elman 神经网络的换油稳定后拉曼谱图预测

图中粉色谱线为使用本章所提出的方法对换油后绝缘油拉曼谱图稳定后谱线的预

测，绿色谱线为换油后在 50℃条件下静置 360 h 的绝缘油拉曼谱线，可以看出，使用本章所提出的方法能够较好地对换油后绝缘油拉曼谱线实现预测。

为了进一步量化使用上述方法的预测效果，本章从谱线距离与光谱角度两个方面入手设计了两种拉曼谱图相似度的计算方法对预测结果进行评估，判断实测换油稳定后光谱与基于本章所提出方法的预测光谱之间的相似度。这两种相似度计算方法如下。

对于本章中检测的绝缘油的拉曼光谱，假设刚刚测得的光谱的数据向量为

$$Y = \{y_{测}(1), y_{测}(2), y_{测}(3), \cdots, y_{测}(n)\} \tag{9.20}$$

其中，$y_{测}(1), y_{测}(2), y_{测}(3), \cdots, y_{测}(n)$ 分别表示刚刚测得的光谱第 $i$ 个点处的强度。

与其进行对比的参考光谱的向量表示为

$$Y' = \{y_{参}(1), y_{参}(2), y_{参}(3), \cdots, y_{参}(n)\} \tag{9.21}$$

其中，$y_{参}(1), y_{参}(2), y_{参}(3), \cdots, y_{参}(n)$ 分别表示参考光谱第 $i$ 个点处的强度。

第一种相似度的计算方法为

$$相似度1 = \frac{n\sum_{i=1}^{n} y_{测}(i) \times y_{参}(i) - \left(\sum_{i=1}^{n} y_{测}(i)\right) \times \left(\sum_{i=1}^{n} y_{参}(i)\right)}{\sqrt{\left(\sum_{i=1}^{n} y_{测}(i)^2 - \left(\sum_{i=1}^{n} y_{测}(i)\right)^2\right) \times \left(n\sum_{i=1}^{n} y_{参}(i)^2 - \left(\sum_{i=1}^{n} y_{参}(i)\right)^2\right)}} \tag{9.22}$$

由式（9.22）可知，相似度 1 从两条谱线各光谱数据点之间相对距离入手描述相似度，反映了两张谱线的整体形状，因此本章也将其定义为形状相似度，其值越接近于 1 时两张谱图越为相似；特别地，当两张谱图完全相同时相似度 1 的值等于 1。

第二种相似度的计算方法为

$$相似度2 = \arccos \frac{\sum_{i=1}^{n} y_{测}(i) \times y_{参}(i)}{\sqrt{\left(\sum_{i=1}^{n} y_{测}(i)^2\right) \times \left(\sum_{i=1}^{n} y_{参}(i)^2\right)}} \tag{9.23}$$

由式（9.23）可知，相似度 2 从向量夹角的角度描述相似度，因此本章也将其定义为角度相似度，其值越接近于 0 时两张谱图越为相似。特别地，当两张谱图完全相同时相似度 2 的值等于 0。

根据上述两种相似度，对上述 5 组老化 10 天后换油的测试样本进行扩散稳定后的谱图预测，其结果如表 9.4 所示。

表 9.4　老化 10 天后换油样本扩散稳定后的谱图预测效果

| 样本编号 | 相似度 1 | 相似度 2 |
|---|---|---|
| 1 | 0.989 | 0.08 |
| 2 | 0.967 | 0.09 |
| 3 | 0.956 | 0.10 |
| 4 | 0.979 | 0.09 |
| 5 | 0.941 | 0.11 |

无论用相似度 1 还是相似度 2 对本章预测的稳定后的拉曼谱图进行评估，预测谱线与实测谱线的相似度都极高，说明本章所提供的方法能够有效预测换油后"老纸新油"稳定后的拉曼谱图。

### 9.3.3 基于广义回归神经网络的换油后拉曼光谱老化诊断修正

根据文献[140][141]的研究，换油基本不影响绝缘纸的老化速率，因此，可大致认为无论在老化的哪个时间点换油，聚合度随有效老化时间的变化情况都应与未换油时相差不大。这与本章的实验结果是相符的，如图 9.14（a）所示。然而，本章的研究发现，即便是扩散交互稳定后的"老纸新油"体系，在进行拉曼光谱老化诊断时，其结果偏差也是非常明显的，如图 9.14（b）所示。

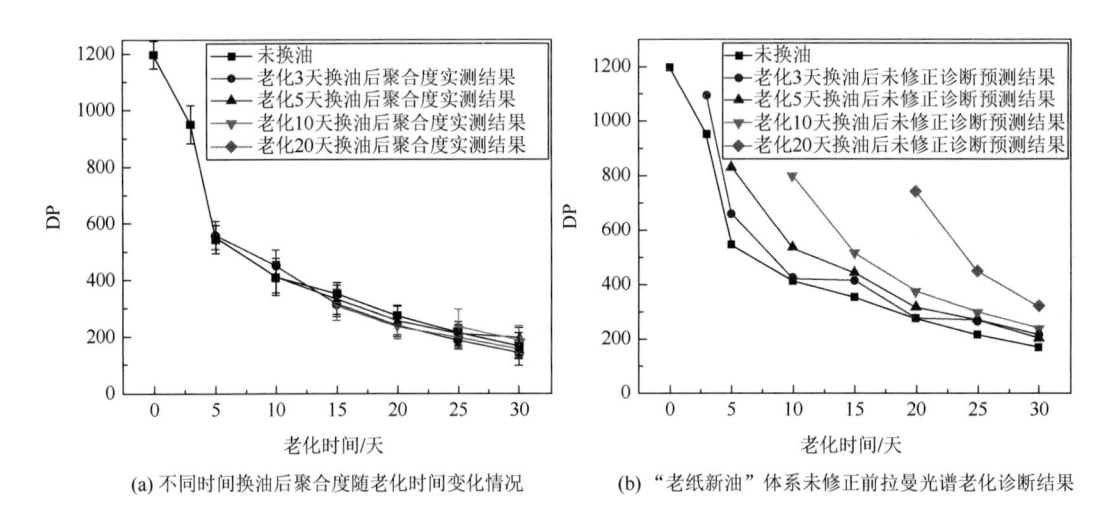

(a) 不同时间换油后聚合度随老化时间变化情况　　(b) "老纸新油"体系未修正前拉曼光谱老化诊断结果

图 9.14　换油对油纸绝缘老化拉曼光谱诊断的影响

从图 9.14 中可以看出，换油后拉曼光谱老化诊断方法对"老纸新油"系统的老化预测普遍偏高。当换油发生在绝缘老化状态较为良好的时候（如老化第 3 天，平均 DP>900），换油对基于绝缘油拉曼谱图的诊断方法影响较小，基本可以忽略，即在绝缘老化状态良好时换油不影响基于绝缘油拉曼谱图的老化评估。随着老化程度的加深，换油过程将给油纸绝缘老化拉曼光谱带来较大误差。老化程度越深的样本换油后基于绝缘油拉曼光谱的老化诊断误差越大。随着换油稳定后又继续进行老化，诊断预测的误差又不断减小。显然，换油前样本的老化程度与换油稳定后又继续老化的时间是关系到预测误差的重要因素。对于本章中"老纸新油"的实验数据，在以上述 3 个指标为 $x$、$y$、$z$ 轴构成的三维空间中，可以发现，换油后拉曼诊断的所有数据点基本都处于同一个曲面上，如图 9.15 所示。即原始模型对"老纸新油"样本的预测误差同时与换油前样本的聚合度数值、换油稳定后又继续老化的时间呈现一定的函数关系。为了研究这种关系，以进行后续的修正研究，本章基于广义回归神经网络研究了相关的实验数据。

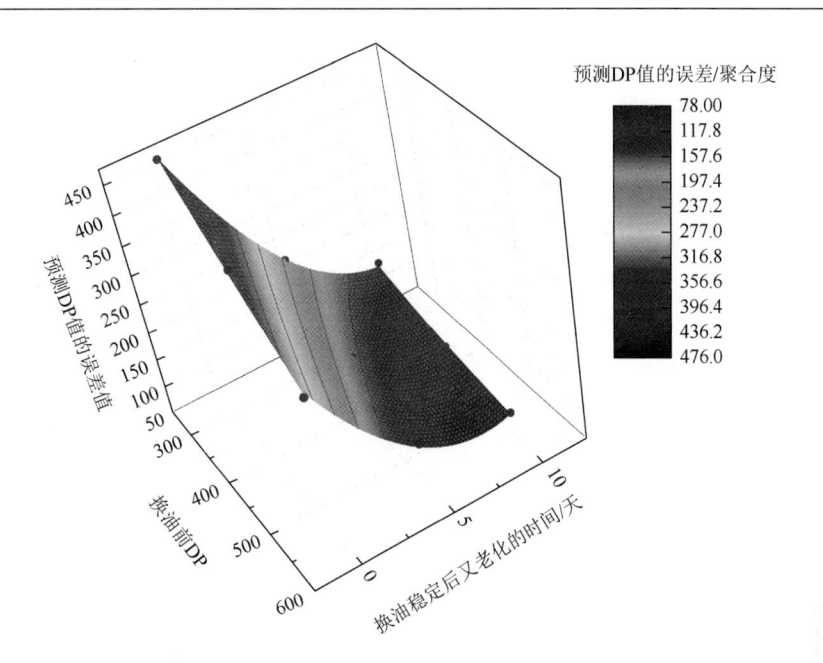

图 9.15 "老纸新油"样本的拉曼诊断预测误差与换油前样本的聚合度数值、换油稳定后又继续老化时间的关系

采用广义回归神经网络（generalized regression neural network，GRNN）来研究换油前 DP 数值、换油后又老化的时间与"老纸新油"拉曼光谱 DP 预测值与真实 DP 数值差值之间的关系。这是因为，目前这 3 种数据之间的关系尚未有研究，考虑到其中可能存在复杂非线性关系，广义回归神经网络因具有强大的非线性映射能力与优异的容错性而适用于解决此类问题。本章构建的 GRNN 共有 4 层：输入层、模式层、求和层与输出层，输入为换油前 DP 数值与换油后又老化的时间，输出为原诊断模型预测的"假"DP 数值与真实值之间的差值，如图 9.16 所示。

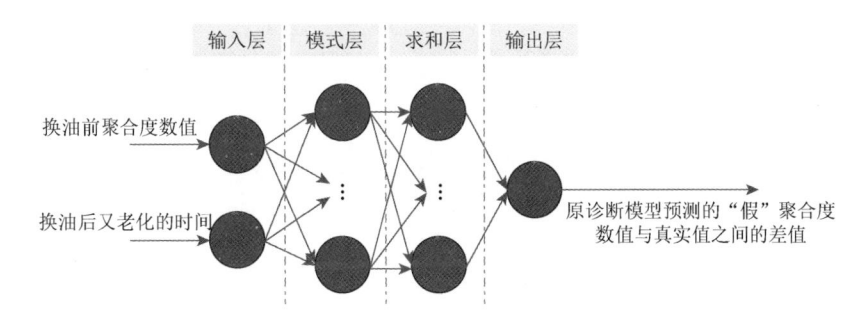

图 9.16 基于广义回归神经网络的诊断修正模型

构建网络时，模式层神经元与待学习的样本一一对应，传递函数为

$$p_i = \exp\left(-\frac{(X-X_i)^\mathrm{T}(X-X_i)}{2\sigma^2}\right), \quad i=1,2,\cdots,n \tag{9.24}$$

其中，$X$ 为输入矩阵；$X_i$ 为第 $i$ 个神经元对应的学习样本；$n$ 为样本总数。

求和层首先计算：

$$\sum_{i=1}^{n} \exp\left(-\frac{(X-X_i)^{\mathrm{T}}(X-X_i)}{2\sigma^2}\right) \tag{9.25}$$

第一种求和方式对应的传递函数为

$$S_D = \sum_{i=1}^{n} P_i \tag{9.26}$$

其次计算：

$$\sum_{i=1}^{n} Y_i \exp\left(-\frac{(X-X_i)^{\mathrm{T}}(X-X_i)}{2\sigma^2}\right) \tag{9.27}$$

这是一种加权和，模式层中第 $i$ 个神经元与求和层神经元连接权值为第 $i$ 个输出 $Y_i$。第二种求和方式对应的传递函数为

$$S_N = \sum_{i=1}^{n} y_i P_i \tag{9.28}$$

输出层将求和层的两种求和相除：

$$y = \frac{S_N}{S_D} \tag{9.29}$$

如图 9.17 所示，本章通过加速老化换油实验获取了不同时间换油的不同状态的油纸绝缘老化样本。以换油前的聚合树脂、换油后又老化的时间作为上述 GRNN 拉曼诊断

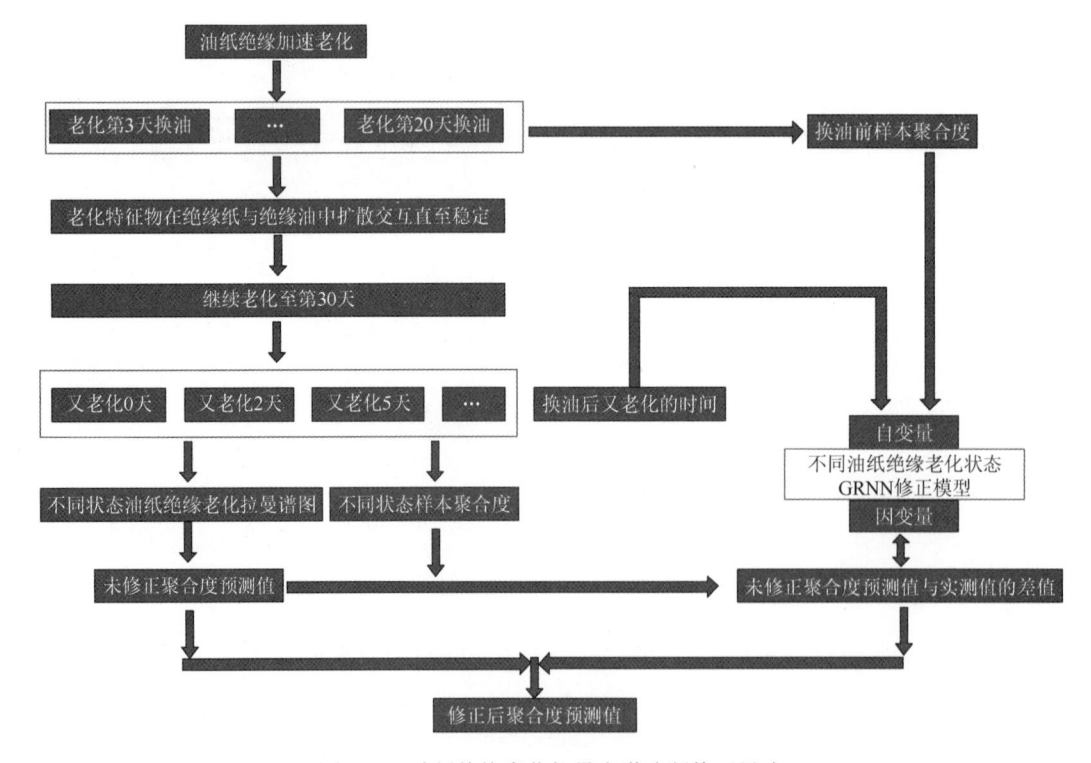

图 9.17 油纸绝缘老化拉曼光谱诊断修正思路

修正模型的输入，以未修正前的聚合度预测值与聚合度实际值的差值作为模型的输出，建立了"老纸新油"不同状态的油纸绝缘老化拉曼光谱诊断修正模型，修正后样本的聚合度预测值可由修正前的聚合度预测值与修正模型的输出加和得到。

使用上述方式建立油纸绝缘老化拉曼光谱诊断修正模型，对实验室 4 组不同时间换油的"老纸新油"测试样本（130℃老化第 3 天、第 5 天、第 10 天、第 20 天换油，50℃条件下扩散交互稳定后继续在 130℃条件下老化）进行跟踪诊断，其诊断效果如表 9.5 与图 9.18 所示。

表 9.5　4 组不同时间换油的实验室"老纸新油"测试样本诊断修正结果

| 换油时间 | 换油后老化时间（老化总时间） | 未修正 DP 预测值 | 修正后 DP 预测值 | 3 次 DP 实测平均值 |
|---|---|---|---|---|
| 老化第 3 天 | 0 天（共老化 3 天） | 1126 | 962 | 941.1 |
|  | 2 天（共老化 5 天） | 660 | 502 | 560.7 |
|  | 7 天（共老化 10 天） | 521 | 421 | 452.3 |
|  | 12 天（共老化 15 天） | 413 | 313 | 315.4 |
|  | 17 天（共老化 20 天） | 275 | 225 | 242.6 |
|  | 22 天（共老化 25 天） | 268 | 168 | 188.3 |
|  | 27 天（共老化 30 天） | 214 | 154 | 164.4 |
| 老化第 5 天 | 0 天（共老化 5 天） | 872 | 612 | 565.2 |
|  | 5 天（共老化 10 天） | 633 | 419 | 413.7 |
|  | 10 天（共老化 15 天） | 442 | 326 | 332.6 |
|  | 15 天（共老化 20 天） | 316 | 229 | 256.3 |
|  | 20 天（共老化 25 天） | 272 | 189 | 212.2 |
|  | 25 天（共老化 30 天） | 212 | 166 | 188.1 |
| 老化第 10 天 | 0 天（共老化 10 天） | 717 | 423 | 398.7 |
|  | 5 天（共老化 15 天） | 514 | 343 | 314.5 |
|  | 10 天（共老化 20 天） | 375 | 251 | 235.5 |
|  | 15 天（共老化 25 天） | 298 | 206 | 198.3 |
|  | 20 天（共老化 30 天） | 238 | 178 | 158.8 |
| 老化第 20 天 | 0 天（共老化 20 天） | 644 | 279 | 269.6 |
|  | 5 天（共老化 25 天） | 445 | 268 | 212.2 |
|  | 10 天（共老化 30 天） | 318 | 192 | 178.4 |

从表 9.5 中可以看出，在不修正时，当换油出现在加速老化的第 3 天、第 5 天时，换油对油纸绝缘老化拉曼光谱诊断稍有影响，但并不明显。仅在换油过程（包括扩散交互过程）刚刚结束时，DP 预测值与实测值偏差较大；随着继续老化，DP 预测值与实测值

的偏差逐渐缩小，无论第 3 天还是第 5 天换油，当总老化时间达到 30 天时，DP 预测值与实测值的偏差都在 50 以内。因此，当油纸绝缘老化程度较浅时，换油对油纸绝缘老化拉曼光谱诊断的影响不大。当换油出现在加速老化的第 10 天、第 20 天时，换油对油纸绝缘老化拉曼光谱诊断的影响异常明显。无论换油过程（包括扩散交互过程）刚刚结束时，还是在后续的继续老化过程中，如果仍然使用之前的诊断模型，DP 的预测值将比实际值偏大。这种将老化程度较深的样本预测为老化较浅的误判，对油纸绝缘电力设备的全寿命周期管理十分不利，容易诱发重大事故，因此必须修正。

在修正后，无论对于老化程度较浅时换油的样本还是对于老化程度较深时换油的样本，其修正后的 DP 预测值相较于修正前都更加接近 DP 的实测值。修正后 DP 的预测值与实测值的最大偏差仅为 58.7（老化第 3 天换油，稳定后又老化 2 天）。对于在加速老化第 20 天换油的样本，在换油后的第 0 天、第 5 天与第 10 天，其修正前 DP 预测值与实际值相差分别为 644−269.6 = 374.4、445−212.2 = 232.8、318−178.4 = 139.6；修正后其 DP 预测值与实际值相差分别为 279−269.6 = 9.4、268−212.2 = 55.8、192−178.4 = 13.6，修正

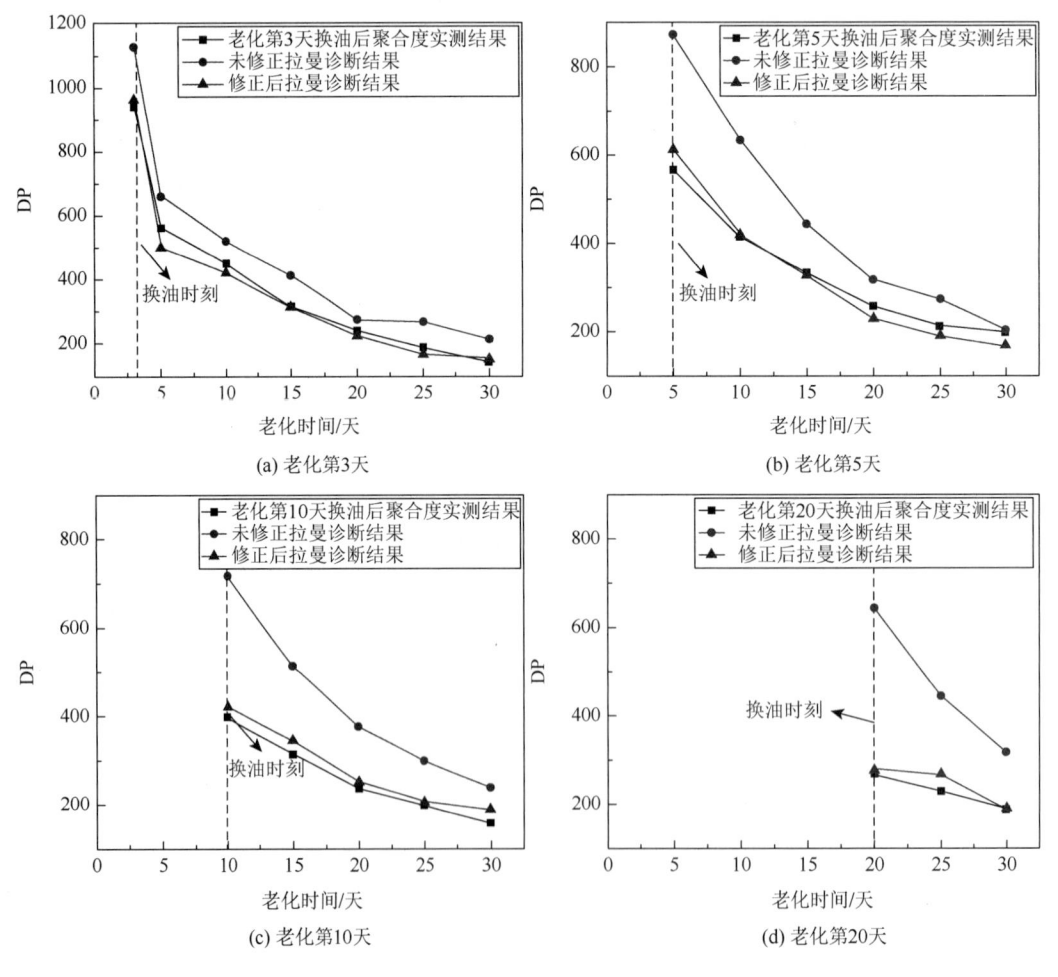

图 9.18　不同时间换油的实验室"老纸新油"测试样本诊断修正结果

后 DP 预测值与实际值的偏差显著减小。可见本章基于 GRNN 所建立的油纸绝缘老化拉曼光谱诊断修正模型能够对不同状态"老纸新油"体系进行有效修正。

对于现场运行的实际设备，换油后的"老纸新油"绝缘系统中由于换油过程滤除了大部分原本已充分溶解于绝缘油中的老化特征产物（如糠醛），新鲜的绝缘油与系统中残留的部分老化产物再次相互融合并达到一个新的平衡状态。这时就很难通过对绝缘油的理化分析实现对绝缘纸、整个油纸绝缘系统的老化状态评估。因此，现有的基于糠醛含量的老化诊断手段不再能准确诊断油纸绝缘系统的实际老化状态，基于拉曼光谱的诊断方法同样存在这个问题。

南方电网有限责任公司为本章提供了 3 台进行过换油的在役电力变压器油样，3 台在役变压器的换油原因均为颗粒性杂质过多。基于本章所研究的"老纸新油"绝缘系统拉曼光谱诊断的修正方法，在对换油过程进行修正后，对设备的油纸绝缘老化状态开展了重新评估。假定 3 台设备的平均运行油温均为 82℃，本章中加速老化实验的温度为 130℃，根据老化速率与温度的 6℃翻倍规律，本章中老化 1 天相当于运行变压器老化 256 天。因此在进行换油修正时，本章粗略地认定 1 号变压器相当于换油稳定后老化 2 天，2 号与 3 号变压器均相当于换油稳定后老化 1 天。3 台变压器换油前的聚合度数值均由换油前糠醛含量来进行推断，其结果如表 9.6 所示。

表 9.6 进行过换油的在役电力变压器老化诊断修正

| 项目 | 1 号变压器 | 2 号变压器 | 3 号变压器 |
| --- | --- | --- | --- |
| 电压等级/kV | 500 | 500 | 500 |
| 投运时间 | 1992 年 | 2011 年 | 2012 年 |
| 换油时间 | 2018 年 | 2019 年 | 2019 年 |
| 换油前糠醛浓度/(mg/L) | 0.144 | 0.021 | 0.019 |
| 换油前 DP 推断（根据 DL/T 984—2018） | 569 | 807 | 820 |
| 换油后检测时间 | 2020 年 8 月 | 2020 年 8 月 | 2020 年 8 月 |
| 糠醛检测结果/(mg/L) | 0.081 | 0.011 | 0.017 |
| "老纸新油"修正前 DP 拉曼诊断结果 | 879 | 1037 | 1099 |
| "老纸新油"修正后 DP 拉曼诊断结果 | 522 | 844 | 972 |

# 第 10 章 不同油纸比例电气设备油纸绝缘老化拉曼光谱多分类支持向量机诊断方法

不同油纸比例对油纸绝缘老化和变压器油中的物质浓度有一定影响，如果要用一个分类模型对所有油纸比例条件下的样本进行诊断，必然需要对特征进行修正。为实现这一目标，需要引入修正系数。本章计算了各特征修正系数，但是由于样本获取存在时间间隔和油纸比例间隔，仅凭修正系数无法覆盖所有油纸比例和老化时间。因此，本章对修正系数变化规律进行分析，对修正系数进行关于油纸比例和老化时间的拟合，即可得到任意老化时间和油纸比例下的修正系数。本章建立支持向量机分类模型，用修正后的特征对分类模型进行训练，并对其进行参数优化。根据所建立的分类模型，对修正前和修正后的特征进行分类以验证其效果。

## 10.1 不同油纸比例电气设备油纸绝缘老化反应分子动力学仿真

为了研究不同油纸比例条件下油纸绝缘老化特性，本章首先通过仿真实验研究不同含量的酸和水分对纤维素热解的影响，并分析反应路径及生成物。从多个角度初步确定不同油纸比例对油纸绝缘老化的影响。并通过加速老化试验获取七个不同油纸比例条件下的老化样本，分析绝缘纸聚合度、油中糠醛含量等老化特征量受不同油纸比例的影响。

随着计算机技术的发展，分子仿真技术得到了广泛应用[56]。分子仿真技术通常用于微观层面的理化性质分析，也可以用于分子间化学反应的模拟[39, 57-59]。相比于实际实验，分子动力学仿真实现的时间成本及物质成本低，适用于化学反应的理论分析及初步测试

本节通过反应分子动力学模拟方法，建立不同油纸比例下绝缘油和绝缘纸的混合模型，利用 ReaxFF 力场模拟不同油纸比例下绝缘油和绝缘纸的反应过程，对其热解产物的变化规律进行统计，分析不同油纸比例对热解微观过程的影响。

### 10.1.1 油纸绝缘老化反应分子动力学建模

绝缘纸主要由纤维素构成，因此本章以纤维二糖模拟绝缘纸。纤维二糖是纤维素的基本单元。在 ADF 软件中构建纤维二糖的分子模型，纤维二糖分子模型如图 10.1 所示，其中白色表示氢原子，红色表示氧原子，灰色表示碳原子。

矿物绝缘油成分复杂，在仿真分析中难以将矿物绝缘油的成分完全进行建模，为简化模型以满足仿真需要，应选择变压器油中代表性主要物质进行建模，以反映出变压器

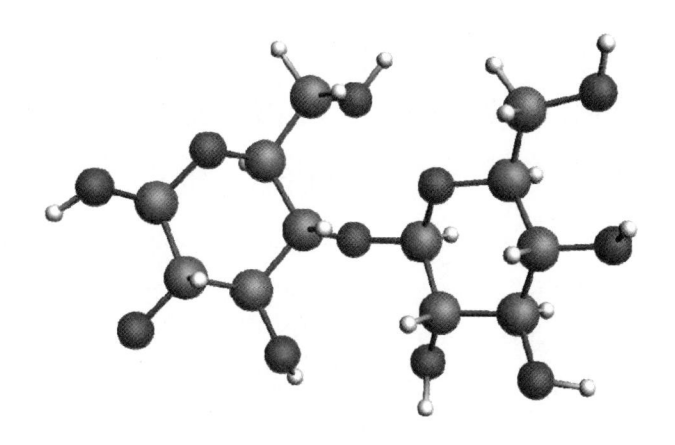

图 10.1 纤维二糖分子结构

油的主要化学性质。国产的变压器油主要由石蜡基油或环烷基油组成，其变压器油组分如表 10.1 所示[60]。

表 10.1 不同类型矿物绝缘油主要组分及比例（%）

| 组分 | 链烷烃 | 环烷烃 ||||芳香烃 |
| --- | --- | --- | --- | --- | --- | --- |
| | | 一元环 | 二元环 | 三元环 | 四元环 | |
| 石蜡基油 | 28.2 | 21.1 | 19.8 | 11.2 | 4.5 | 12.6 |
| 环烷基油 | 11.6 | 15.5 | 28.5 | 23.3 | 9.7 | 9.9 |

从表 10.1 中可以看出，矿物绝缘油主要由链烷烃、环烷烃和芳香烃构成，其分子模型如图 10.2 所示，三种分子的比例设定为 3∶6∶1。

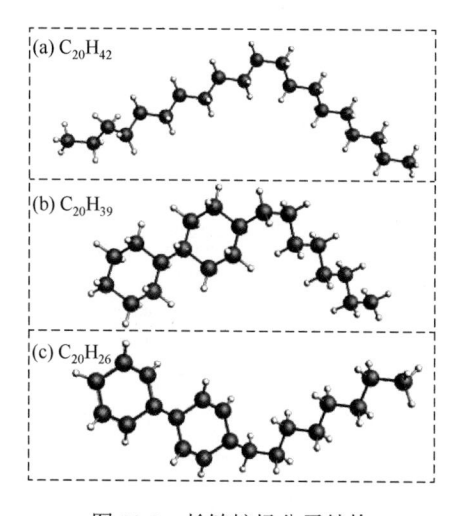

(a) $C_{20}H_{42}$

(b) $C_{20}H_{39}$

(c) $C_{20}H_{26}$

图 10.2 长链烷烃分子结构

## 10.1.2 老化反应分子动力学模拟方法

使用 ADF 软件对不同油纸比例油纸绝缘老化进行反应分子动力学仿真。主要包括以下两个方面。

（1）为研究油纸绝缘老化过程的产物和反应路径，对链烷烃、二环烷烃、双环烷烃以及纤维二糖分子，以 10∶1 的质量比进行建模，模拟单元密度为 1.6 g/cm³。进行裂解模拟的温度设置为 2500 K，进行 10 ps 的反应分子动力学模拟，分析其反应能、键能等。

（2）接下来研究不同油纸比例条件下，油纸比例对油纸绝缘老化主要产物分布与主要产物的生成路径的影响，因为需要分析纤维素分子在不同油纸比例下的裂解速度，在纤维素分子数量保持不变的条件下，以油纸比例分别为 10∶1、15∶1 及 20∶1 进行建模，模拟单元密度为 1.6 g/cm³。进行裂解模拟的温度设置为 2500 K，并进行 10 ps 的反应分子动力学模拟。

具体建模步骤如下。

（1）在软件中建立四种分子的分子模型，并对其结构进行优化以保证模型稳定性。

（2）利用 ADF 软件的 Builder 模块绝缘油与绝缘纸的混合体系，根据实际绝缘油中的主要成分，将烷烃、环烷烃、芳香烃以 6∶3∶1 的比例混合，模拟绝缘油。绝缘油与纤维二糖分别以 10∶1、15∶1 及 20∶1 的比例模拟不同比例油纸绝缘，密度均保持在 1.45 g/cm³。最后采用周期性边界条件作为约束条件，以避免不必要的重叠。建立的油纸绝缘体系如图 10.3 所示。

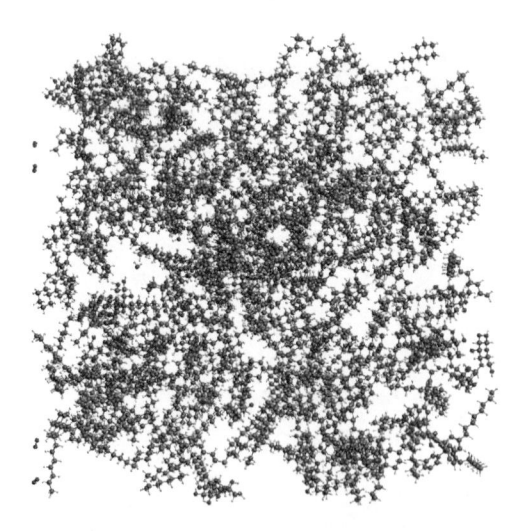

图 10.3　油纸绝缘混合体系分子模型

（3）为保证混合体系能量稳定，对其进行整体优化。采用 Dynamic 模块进行多次循环退火处理，使其分子空间分布更加合理，并对其进行能量最小化，减小内部应力，使模型更加稳定，仿真结果更加合理。

（4）为了研究油纸绝缘系统热解反应以及不同油纸比例的影响，采用 ReaxFF 6.0 力场，系统设置为 NVT（粒子数、体积和温度恒定）正则系统，步长为 0.25fs，仿真时间为 10 ps，观察液态体系在不同温度下的热解动态变化过程。模拟温度设置为 2500 K。热解完成后的分子体系如图 10.4 所示。

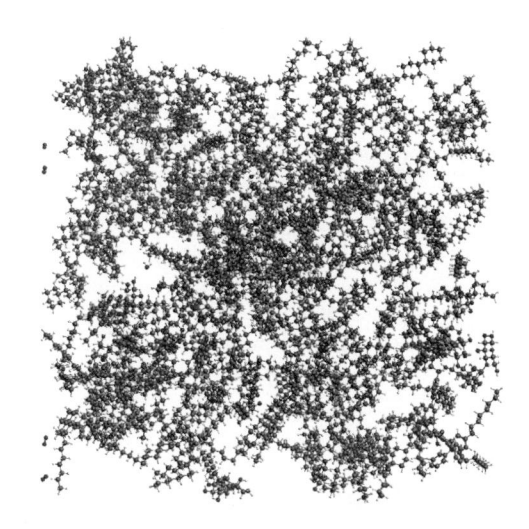

图 10.4　热解后油纸绝缘分子体系

## 10.1.3　老化反应分子动力学仿真结果分析

在分子动力学模拟时，模型较复杂，模拟结果可能不收敛，因此需要对体系的可靠性进行判断。判断体系稳定性的指标主要为能量、温度等参数。如果能量和温度的波动在 5%～10%范围内，可以认为体系达到了稳定状态[61-63]。能量和温度随仿真时间的变化情况如图 10.5 所示，可以看到，体系的能量和温度的波动范围均达到标准，可以进行后续仿真实验。

(a) 能量随仿真时间的变化

(b) 温度随仿真时间的变化

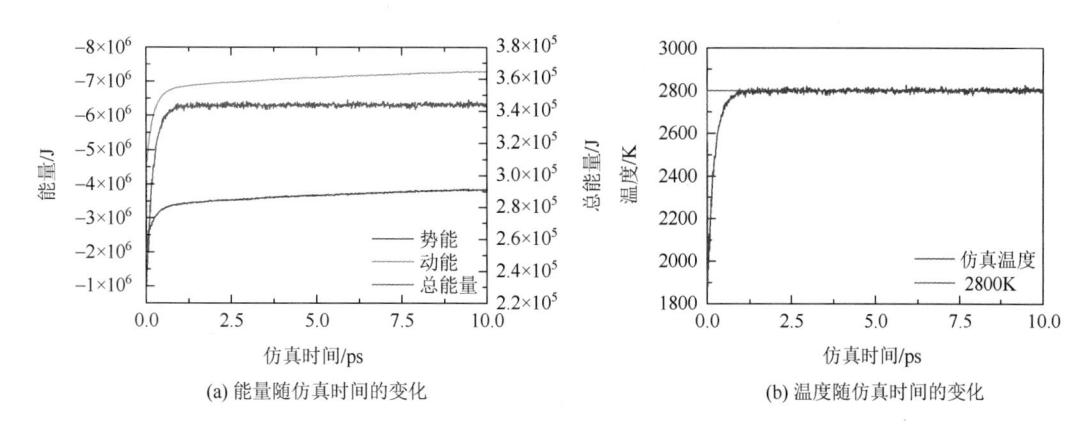

图 10.5　模型参数随仿真时间的变化

不同油纸比例下的纤维二糖分子数量随时间的变化情况如图 10.6 所示。从图中可以看到，在没有绝缘油的情况下，纤维素的热解速度大幅降低，并且随着油纸比例的增加，纤维二糖的热解速度也呈现上升趋势。纤维二糖全部热解所需时间分别为 2.4 ps、2.67 ps、3.66 ps 及 7.8 ps。在纤维二糖初始热解过程中，主要是连接两个吡喃环的糖苷键最易发生断裂，其次吡喃环的碳氧键也较易发生断裂，导致纤维素聚合度下降。

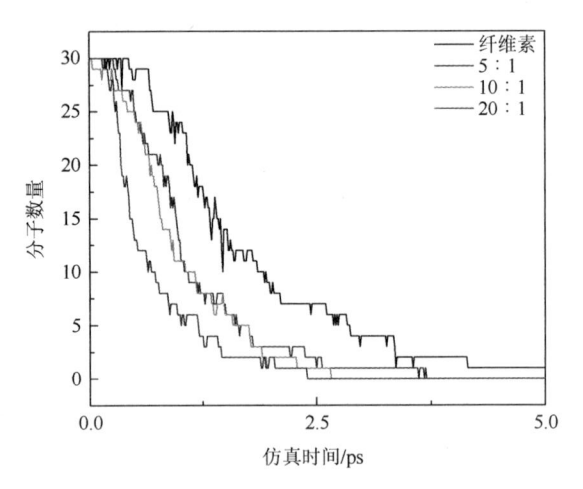

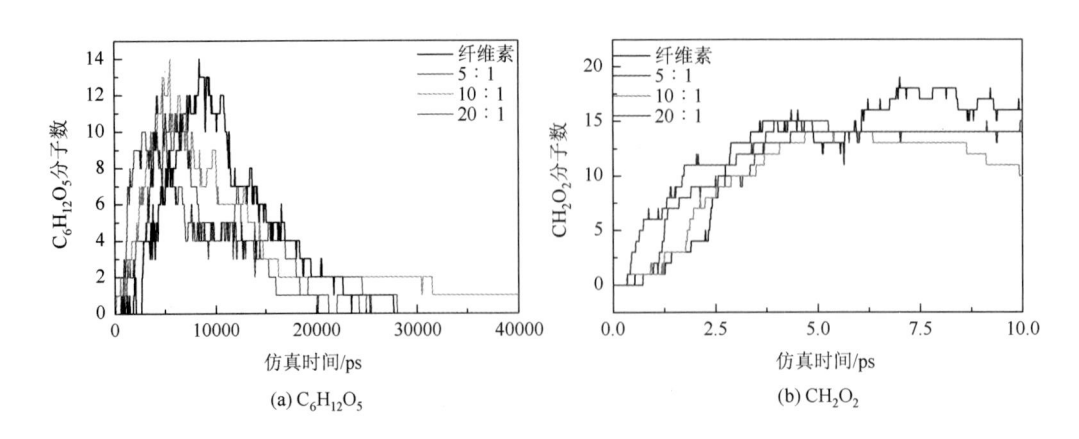

图 10.6　纤维二糖分子数量随仿真时间的变化情况

根据对油纸绝缘反应过程的分析，统计了绝缘纸分解过程中主要产物。发现纤维二糖分子初始断键位置主要是在连接两个吡喃环的糖苷键处。糖苷键断裂后生成 $C_6H_{12}O_5$ 与 $C_6H_{12}O_6$ 两种产物。在初始裂解后，进一步生成了大量小分子物质，其中主要包括甲酸（HCOOH）、乙醇醛（$CH_2OHCHO$）和 $H_2O$ 等物质。本章对这几种主要产物进行了反应过程中的数量统计，如图 10.7 所示。

从图 10.7 中可以看出，除 $C_6H_{12}O_5$ 分子外，其余产物分子数均呈现上升趋势。从图 10.7（a）中可以看到，$C_6H_{12}O_5$ 分子在反应过程中迅速累积，并在随后的反应过程中逐渐分解，其生成速率随油纸比例增大变快，且最高峰位置随油纸比例的增加而前移，说明绝缘油在一定程度上加速了纤维素的热解。随着油纸比例的增加其最高峰降低，说明绝缘纸的直接分解产物同样会受到绝缘油的作用加速分解。从图 10.7（b）～（d）中可以看到，其余分解产物的生成速率随油纸比例的增加也在一定程度上加快。

(a) $C_6H_{12}O_5$

(b) $CH_2O_2$

(c) $H_2O$

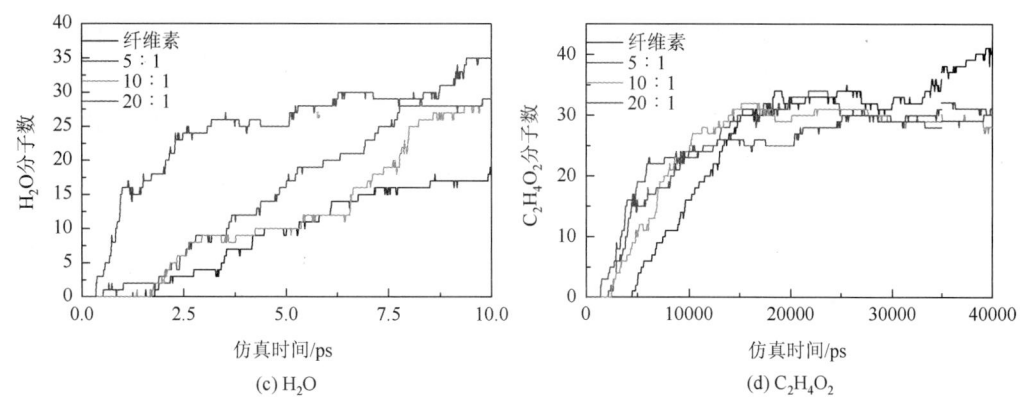

(d) $C_2H_4O_2$

图 10.7 绝缘纸主要热解产物分子数量随仿真时间的变化情况

绝缘油初始裂解时，主要为 C—C 键断裂及 C—H 键脱氢和质子化作用。其中 C—C 键断裂为主要裂解方式，并且其断链位置主要在直链的中间部分及与碳环相连的侧链处。因此在初始反应主要生成较多大分子中间产物在绝缘油的热解过程中，除大分子中间产物外，还生成了大量小分子产物，包括 $C_2H_2$、$C_2H_4$、$C_3H_6$ 和 $H_2$ 等，此外还生成了大量氢自由基（$H^+ \cdot$），以及 $CH_3^+ \cdot$、$C_2H_5^+ \cdot$ 等自由基。小分子物质是热解的最终产物，本章对这几种主要产物统计了反应过程中的数量，如图 10.8 所示。由于在本章的仿真实验

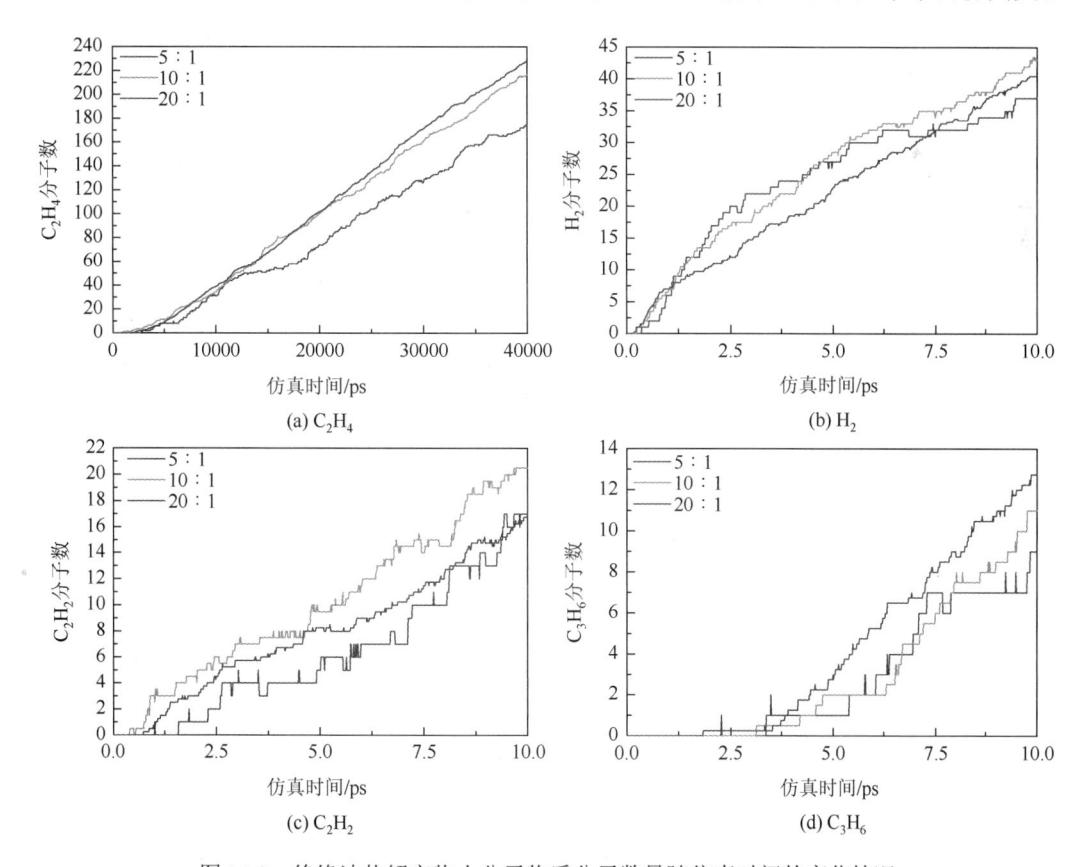

(a) $C_2H_4$

(b) $H_2$

(c) $C_2H_2$

(d) $C_3H_6$

图 10.8 绝缘油热解产物小分子物质分子数量随仿真时间的变化情况

中固定了纤维素的分子数量，绝缘油的分子数量随油纸比例而变化，因此，将绝缘油的主要分解产物进行了换算，即换算为相同体积绝缘油生成的老化产物。从图 10.8 中可以看出，绝缘油的老化产物与绝缘油之间并无明显联系。但是仿真分析中没有考虑到绝缘油和绝缘纸之间的溶解平衡，因此在实际实验过程中绝缘油热解的小分子产物可能受溶解平衡的影响，与油纸比例间存在一定联系。

绝缘纸的裂解主要影响因素有温度、水分和酸。温度为纤维素的裂解提供能量，温度越高，分子键越容易断裂。在本仿真实验中，温度保持恒定，因此不考虑温度影响。水分在热解过程中会和氢自由基结合成水合氢离子，水合氢离子容易渗透到绝缘纸中，水合氢离子的氢键会对纤维素的化学键产生影响，降低其断裂所需能量。酸在热解过程中，会形成氢离子，使绝缘油呈酸性，氢离子会加速纤维素裂解，如图 10.9 所示。因此，无论酸还是水，均是氢离子直接作用于纤维素。仿真实验中，随着油纸比例的增大，氢自由基和 $CH_3^+ \cdot$、$C_2H_5^+ \cdot$ 等自由基数量也大量增加，导致纤维素加速热解。

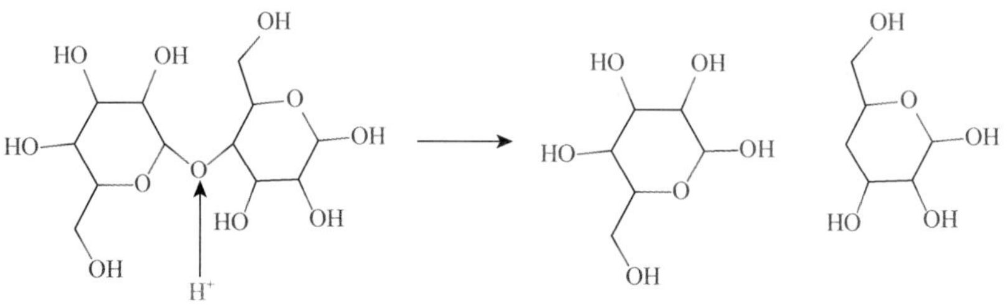

图 10.9　氢离子作用下的纤维素裂解

本章的仿真实验中，氢自由基和 $CH_3^+ \cdot$、$C_2H_5^+ \cdot$ 等自由基可以直接接触纤维素，对纤维素造成影响。但是在实际实验中大部分物质较难渗透到绝缘纸中，主要以水合氢离子的形式作用到绝缘纸内部。因此在实际实验中，油纸比例对绝缘纸的影响需要进一步的实验验证。

## 10.2　不同油纸比例电气设备油纸绝缘加速热老化试验

### 10.2.1　试验材料

对油纸绝缘老化规律进行研究，获取不同油纸比例和老化程度下油纸绝缘的拉曼光谱。通过采集运行变压器样本获取油纸绝缘相关数据的难度较大，一方面其老化程度难以判断，另一方面难以获得大量数据。因此，本章通过油纸绝缘加速热老化制备了大量不同老化程度和油纸比例的样本。为模拟真实变压器的老化过程，需要合理地选择试验条件和实验材料。

本章根据 IEEE 导则开展了加速热老化试验[32]，以获取不同油纸比例下的油纸绝缘老化样本。大部分实际运行的变压器所使用的绝缘油主要为矿物绝缘油。矿物绝缘油有不同型号，其成分存在一定差异，本章使用的矿物绝缘油为25#矿物绝缘油，该型号矿物油常用于实际变压器中，其相对介电常数为2.21，体积电导率为$1\times10^{-12}$ S/m，闪点为140℃左右。

绝缘纸为变压器常用绝缘纸，新绝缘纸聚合度一般在1200左右，厚度为0.2 mm。油纸材料部分参数如表10.2所示。

表 10.2 加速热老化试验所用样本材料参数

| 材料 | 项目 | 数据 | 材料 | 项目 | 数据 |
|---|---|---|---|---|---|
| 绝缘油 | 外观 | 无色透明 | 绝缘纸 | 水样pH | 6.0~7.5 |
| | 黏度/(mm²/s) | <13 | | 水分含量/% | 7.0 |
| | 闪点/℃ | ≥140 | | 最大灰分/% | 0.75 |
| | 击穿电压/kV | ≥35 | | 氯化物含量/ppm | 8~16 |
| | 倾点/℃ | <−22 | | 纤维含量/% | 92 |
| | 密度/(kg/cm³) | 895 | | 水样传导率/(S/m) | 7.5 |

### 10.2.2 加速热老化试验设计

在进行老化试验之前需要对样本进行干燥，其主要过程为：首先将绝缘油和绝缘纸放入真空干燥箱中，在90℃下干燥48 h。然后冷却至40℃；之后分别按一定油纸质量比（10∶1、11.67∶1、13.33∶1、15∶1、16.67∶1、18.33∶1、20∶1）将绝缘纸样本浸入绝缘油中，为模拟真实变压器材料和结构，在瓶中放入变压器用绕组；之后将油浸绝缘纸放入真空干燥箱中继续干燥48 h，预处理流程如图10.10（a）所示。最后将老化

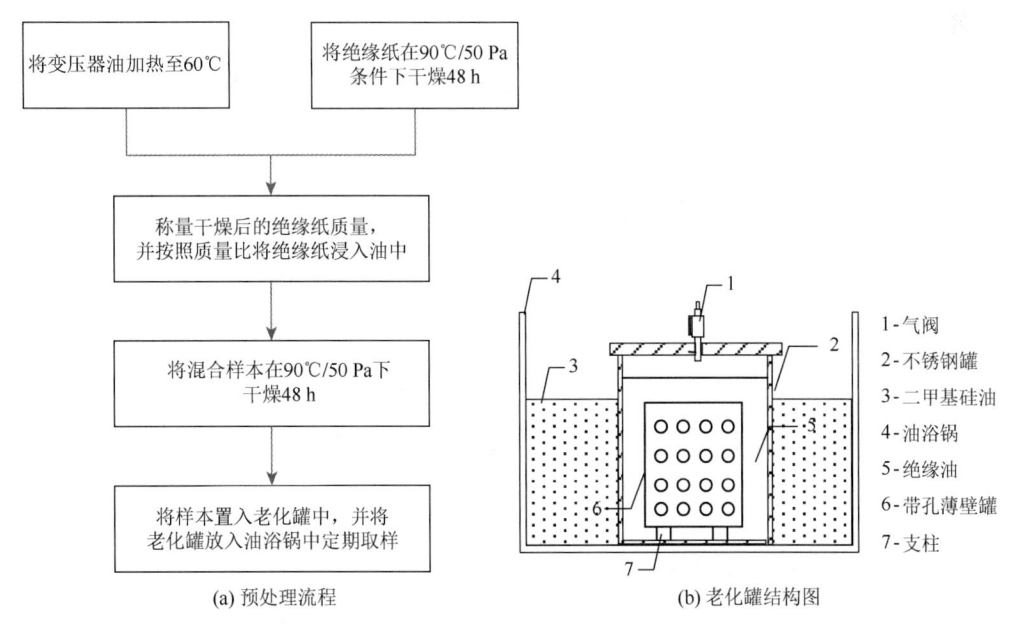

(a) 预处理流程　　(b) 老化罐结构图

图 10.10 油纸绝缘热老化预处理流程及老化罐结构示意图

样本置入老化罐并放入恒温老化油浴锅中进行加速热老化。绝缘纸直接堆放在老化罐的底部，直接接触老化罐壁，老化罐壁的温度高于绝缘油，容易使绝缘纸碳化，导致在测量绝缘纸聚合度时发生偏差，本章设计了一个老化罐以防止绝缘纸直接接触老化罐壁，如图 10.10（b）所示。

在老化过程中需要选择合适的试验温度，试验研究表明，在加速热老化过程中，温度每升高 10℃，老化速度会加快一倍，如果选取的试验温度过低，会使试验周期大幅延长，因此应选择较高的试验温度。另有研究表明，当温度高于 150℃时，绝缘纸的老化机理会发生改变。并且 25#变压器油的闪点为 140℃左右，当试验温度达到或超过闪点时，会导致绝缘油蒸发加快，易引发爆炸，因此试验温度不应高于或接近 140℃。结合前期的基础性研究，本章选取 130℃作为试验温度开展油纸绝缘加速热老化试验。根据前期试验经验，在 130℃下，加速热老化试验进行到 28 天左右时，绝缘纸聚合度会下降到 250 左右，可以认为老化过程到达了最终阶段，因此将试验周期设置为 28 天。

绝缘纸的 DP 在热老化加速的早期阶段变化迅速，样本在 16 天前每 4 天采集一次，16 天后每 6 天采集一次。每次对 7 个不同油纸绝缘组合的取样均抽取 3 个样本。最终共获得 7 个不同的油纸比和 6 个不同的老化时间下共 126 个老化样本。

## 10.3 老化特征量及微观表象

在老化过程中，按照预先制定的取样时间间隔取出样本，如图 10.11 所示，通过图中的绝缘油样本可以看到，相同老化阶段的不同油纸比例的绝缘油颜色有较明显的区别。变压器油的颜色主要取决于油中荧光物质的浓度。荧光物质主要产生于绝缘油的老化过程中。从这个角度看，油纸比的增大不会改变变压器油中荧光物质的浓度。然而，从具有不同油纸比的加速热老化试验中获得的样品，其老化油样的颜色随老化时间和油纸比的增加而加深。这可能是因为绝缘纸对荧光物质有一定的吸附作用。老化过程中单位体积绝缘油产生的荧光物质总量差别不大，当绝缘纸质量占比较高时，绝缘油中荧光物质的浓度较小。

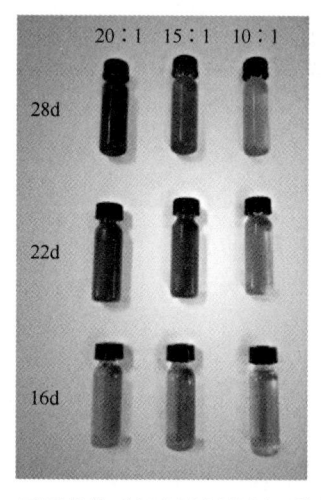

图 10.11 不同老化时间和油纸比例下绝缘油样本

### 10.3.1 老化特征量及测量方法

在本章中测量了绝缘纸聚合度、油中糠醛含量来分析不同油纸比例对油纸绝缘老化过程产生的影响。按照表 10.3 所示的标准检测相关特征参量，每个参量均采用三组样本测量结果的平均值作为检测结果并进行分析。

表 10.3 油纸绝缘部分特征参量及测量方法

| 参量 | 测试标准 |
| --- | --- |
| 绝缘纸聚合度 | 《变压器绝缘纸（板）聚合度测定法（近红外光谱法）》（DL/T 2410—2021） |
| 油中糠醛含量 | 《变压器油中糠醛含量的测定 液相色谱法》（DL/T 1355—2014） |
| 油中水分含量 | 《运行中变压器油和汽轮机油水分含量测定法（库仑法）》（GB/T 7600—2014） |
| 绝缘油酸值 | 《绝缘油酸值的测定 自动电位滴定法》（NB/SH/T 0836—2010） |

1. 绝缘纸聚合度变化规律

绝缘纸是由纤维二糖单体组成的大分子有机物，聚合度（DP）定义为绝缘纸主要成分纤维素$(C_6H_{10}O_5)_n$中 $n$ 的大小，聚合度与绝缘纸裂解程度相关，聚合度越低，其机械性能和绝缘性能越差，因此聚合度是最有效反映绝缘纸老化状态的特征。图 10.12 为不同油纸比例下聚合度随老化时间的变化情况。

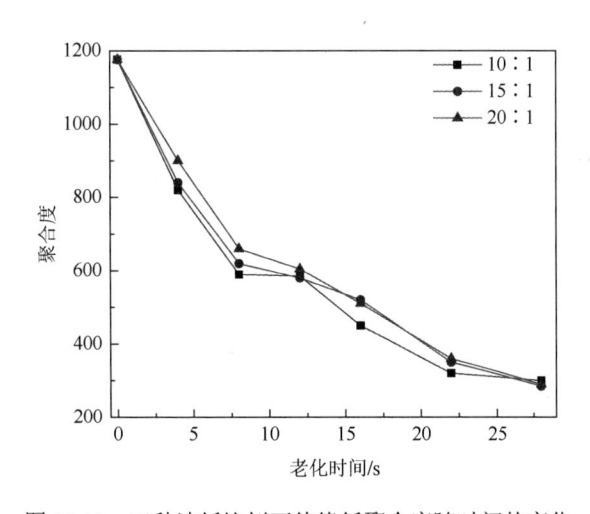

图 10.12 三种油纸比例下绝缘纸聚合度随时间的变化

从图 10.12 中可以看出，绝缘纸聚合度在老化过程中呈现出明显的下降趋势，且其变化趋势为一指数形式，符合 Arrhenius 公式。当聚合度小于 350 时，可以认为绝缘纸老化进行到了末期。另外，绝缘纸的 DP 基本相同，但随着油纸比例的增大，绝缘纸的 DP 总体上减小。虽然影响绝缘纸 DP 老化速度的主要因素是水分和温度，但当油纸比例较小时，同时老化时间内绝缘油中老化产物的浓度较高，对绝缘纸的老化有抑制作用。当油纸比例变化时，老化过程中生成的水分和酸也发生了变化，变压器油中溶解的水分和酸随油纸比例的增加而增加，导致其老化速度发生变化。

### 2. 绝缘油中糠醛含量变化规律

在实际老化过程中,取样绝缘纸需要停电吊罩,并且会破坏变压器内部的绝缘结构,因此难以在实际工程中以绝缘纸作为油纸绝缘的老化指标。糠醛是绝缘纸热裂解过程中的特殊产物,糠醛仅由绝缘纸产生,且其稳定性、抗氧化性好,与老化程度有较好的相关性[78, 82],因此糠醛在绝缘油中的浓度是判断油纸绝缘水平的重要标准。不同油纸比例下油中糠醛浓度随老化时间的变化情况如图 10.13 所示,可以看出油中糠醛的含量随着老化时间的增长呈现出指数增长的趋势,并且糠醛浓度在不同油纸比例条件下有明显变化。

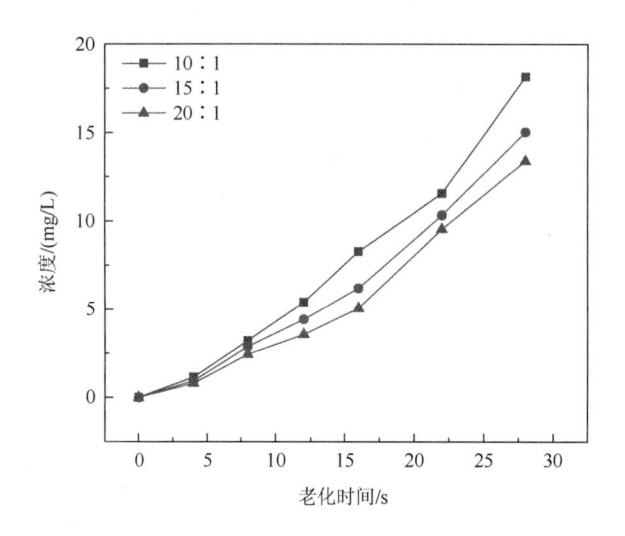

图 10.13 不同油纸比例下糠醛浓度与老化时间的关系

经过初步检测,不同油纸比例条件下的单位绝缘纸产生的糠醛总量基本不变,但是油纸比例变化会导致绝缘油体积发生变化。另外,糠醛在绝缘油与绝缘纸间的溶解平衡也受到油纸比例的影响,且其在油中的溶解百分比随油纸比例增加而增加。这就导致不同油纸比例下糠醛浓度存在一定差异。

## 10.3.2 微观表象分析

扫描电子显微镜通过测量发射的电子在碰撞材料表面后引起的二次电子、吸收电子和背散射电子信号,可以对样品表面直接进行微观成像。扫描电镜在使用时,不需要对样本进行切片等预处理,对样本厚度无要求。扫描电镜在 20 倍~20 万倍范围内连续可调,其放大倍数较高。另外,扫描电镜景深大,成像效果好,富有立体感。因此扫描电镜在材料表面微观成像方面得到了广泛应用。

本章通过扫描电镜对不同老化程度和不同油纸比例条件下的绝缘纸进行表面成像,

并对纤维素平均宽度、长度和紧凑程度进行分析。在进行表面成像前,绝缘纸浸泡在绝缘油中,不能直接成像,因此需要先对绝缘纸进行预处理。处理方式为使用正己烷浸泡十分钟,重复三次,洗去绝缘纸表面的绝缘油。本章中所选取的扫描电镜参数:分辨率为 1nm,加速电压为 10 kV,放大倍数为 2000 倍。本章中选取 6 个样本进行表面成像,如图 10.14 和图 10.15 所示。

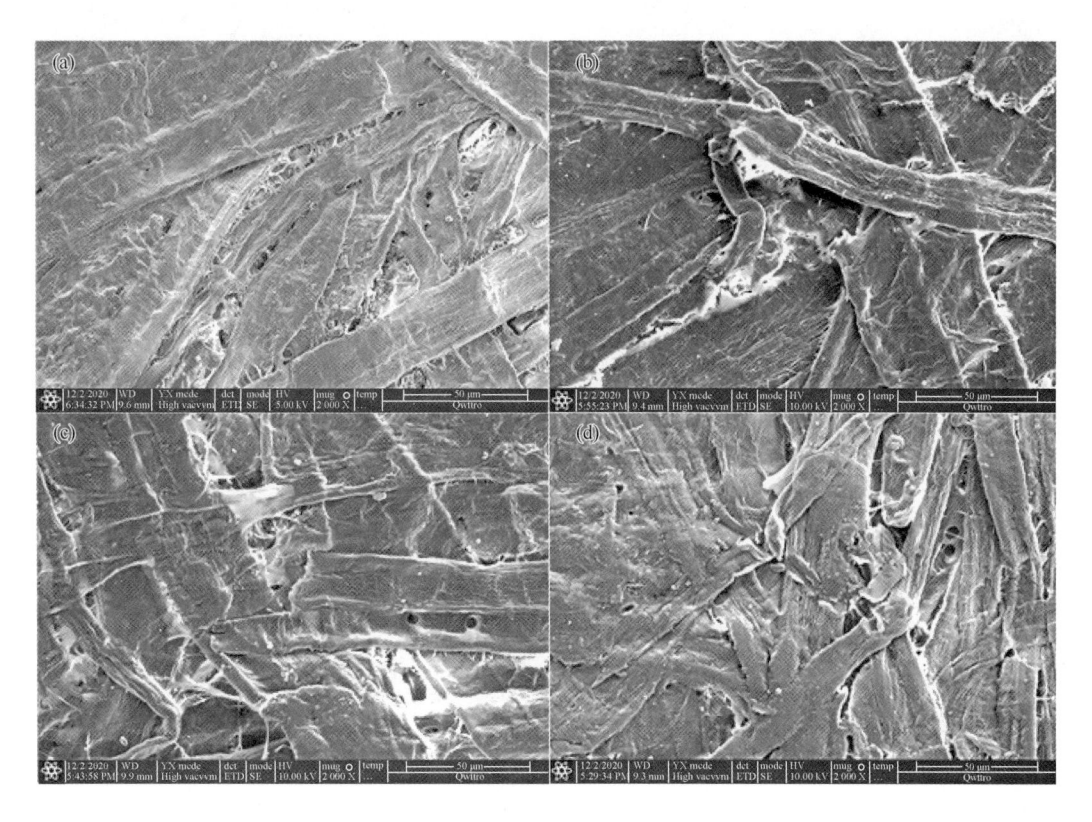

图 10.14 不同老化时间下绝缘纸 SEM 图像

(a)未老化绝缘纸,聚合度为 1189;(b)老化 8 天的绝缘纸,聚合度为 695;(c)老化 16 天的绝缘纸,聚合为 585;(d)老化 28 天的绝缘纸,聚合度为 301

图 10.14 和图 10.15 分别给出了不同老化时间和不同油纸比例下绝缘纸放大 2000 倍的扫描电镜表面成像结果。从图 10.14 中可以看出,新绝缘纸纤维间无明显空隙,表面光滑,无断裂,宽度较大。在之后的老化过程中,纤维之间紧密程度明显下降,纤维逐渐出现断裂,表面逐渐粗糙,纤维宽度明显下降。直至热老化进行到 28 天时,纤维素分子聚合度下降严重,断裂明显增多,纤维素排布杂乱,纤维平均宽度仅为 30 μm。从图 10.15 中可以看出,在不同油纸比例条件下,相同老化时间的绝缘纸表面存在差异,但差异不大。随着油纸比例的增加,纤维素失去棱角,表面略显粗糙,纤维宽度略微下降,说明油纸比例对绝缘纸的老化存在一定影响。

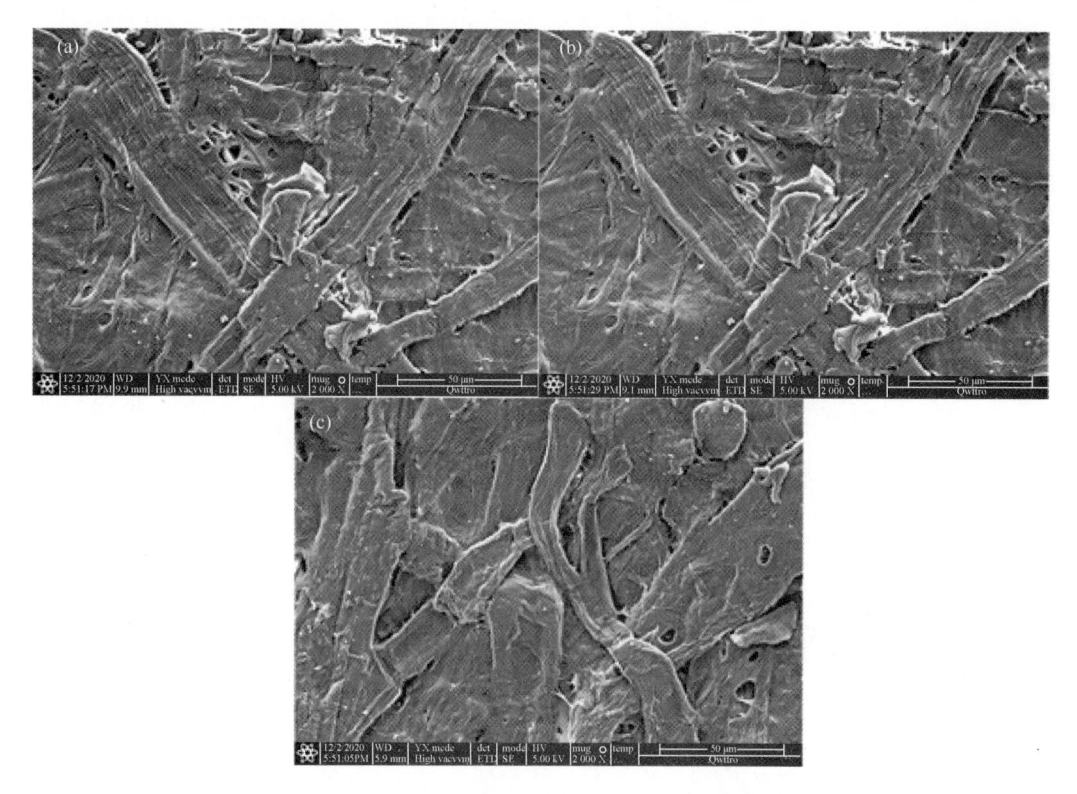

图 10.15 不同油纸比例下绝缘纸 SEM 图像

（a）油纸比例 10∶1，聚合度为 301；（b）油纸比例 15∶1，聚合度为 285；（c）油纸比例 20∶1，聚合度为 261

## 10.4 基于随机森林算法的特征重要性评估及筛选

拉曼光谱绝缘油原始光谱信号由 1023 个数据点组成，如此高的数据维数需要大量的计算，这可能导致算法的优化困难，甚至造成维数灾难。因此，应通过特征提取或特征选择来降低维数，并使特征值呈现一定的趋势，以达到修正的目的。在以往的研究中，多维数据的降维方法主要是 PCA 和 LDA，因为 PCA 和 LDA 能在少量的数据中包含大部分的类别信息。然而，这些方法削弱了数据的物理意义。虽然特征提取后的数据一般具有较好的可分性，但提取后的数据可能会失去其原有的变化趋势。

因此，本节实验采用随机森林（RF）算法通过特征选取的方式提取特征，降低特征维数，通过变量对回归均方误差和 Gini 指数的影响来评价变量的重要性，根据变量的重要性和变化规律综合选择变量。

### 10.4.1 特征重要性评估方法

随机森林是一种常见的机器学习方法，随机森林算法以决策树为基础，由多棵决策树构成。该算法从数据库中随机选取数据，随机构建多棵决策树，并根据所有决策树的结果做出综合预测[74]。随机森林算法会生成大量决策树，问题数据带给模型整体的影响有限,因此随机森林抗干扰能力强,具有良好的鲁棒性。另外,随机森林算法中样本的选取及决策树的生成均为随机过程,因此随机森林不易出现过拟合[75]。

随机森林的另一个特点是,它可以通过内置的可变重要性度量评估所有功能的重要性。在随机森林模型的构建过程中,会将重要性高的特征作为节点的分割属性,因此随机森林算法本身就具备了评估变量重要性的基础。

随机森林较为常用的重要性评估方法主要有两种,分别为根据 Gini 指数和带外数据(out of band,OOB)的错误率作为评价指标来衡量。通过这两个特征进行重要性度量的基础思想如下:对于第 $i$ 个特征,如果其值的变化对决策树做出的贡献没有影响,则随机森林的预测准确性不会受到实质性影响。因此,第 $i$ 个特征的重要性取接近零的值,表明第 $i$ 个特征与预测性能不相关。相反,如果将预测性能和第 $i$ 个特征有较强的关联性,则该特征值的变化会导致预测结果发生较大改变。然后,在随机排列第 $i$ 个特征之前和之后的误差取一个有意义的值,反映了第 $i$ 个特征的高度重要性。最后,通过该特征值的改变带给预测结果的影响大小作为该特征的重要性。

1. 根据 Gini 指数进行重要性评估

为方便表示,用 VIM(variable importance measures)来表示变量重要性评估,用 GI 来表示 Gini 指数,Gini 指数的计算公式如下:

$$\mathrm{GI}_m = 1 - \sum_{k=1}^{k} p_{mk}^2 \tag{10.1}$$

其中,$k$ 为类别数;$p_{mk}$ 为节点 $m$ 中类别 $k$ 所占的比例。

特征 $X_j$ 在节点 $m$ 的重要性定义为节点 $m$ 分支前后的 Gini 指数变化量:

$$\mathrm{VIM}_{jm} = \mathrm{GI}_m - (\mathrm{GI}_l + \mathrm{GI}_r) \tag{10.2}$$

其中,$\mathrm{GI}_l$ 和 $\mathrm{GI}_r$ 分别为分支后两个新节点的 Gini 指数。

如果特征 $X_j$ 在决策树 $i$ 中出现的节点在集合 $M$ 中,那么 $X_j$ 在第 $i$ 棵树的重要性为

$$\mathrm{VIM}_{ij} = \sum_{m \in M} \mathrm{VIM}_{jm} \tag{10.3}$$

若随机森林模型中共有 $n$ 棵树,那么特征 $X_j$ 基于 Gini 指数的在整个随机森林模型中的重要性为

$$\mathrm{VIM}_j = \frac{1}{n} \sum_{i=1}^{n} \mathrm{VIM}_{ij} \tag{10.4}$$

2. 根据 OOB 进行重要性评估

假设随机森林模型中共有 $n$ 棵决策树。首先令 $n=1$,并使用第 $n$ 棵决策树对 OOB 数据集中数据集进行分类,其分类正确率记为 $\mathrm{VIM}_n^{\mathrm{OOB}}$。

对 OOB 数据集中特征 $X_j$ 的值进行扰动,并再次用第 $n$ 棵决策树对 OOB 数据集中数据集进行分类,其分类正确率记为 $\mathrm{VIM}_{nj}^{\mathrm{OOB}}$。

重复以上两个步骤,计算出每棵决策树 $X_j$ 被扰动前后的分类正确率。

将该特征 $X_j$ 对基于 OOB 的随机森林模型的重要性定义为

$$\text{VIM}_j^{\text{OOB}} = \frac{1}{n}\sum_{i=1}^{n}(\text{VIM}_n^{\text{OOB}} - \text{VIM}_{nj}^{\text{OOB}}) \tag{10.5}$$

### 10.4.2 特征筛选与分析

本章使用油纸比例为 10∶1 的数据计算各个特征分别基于 Gini 指数和 OOB 数据计算出的重要性。各特征点处的重要性如图 10.16 所示。

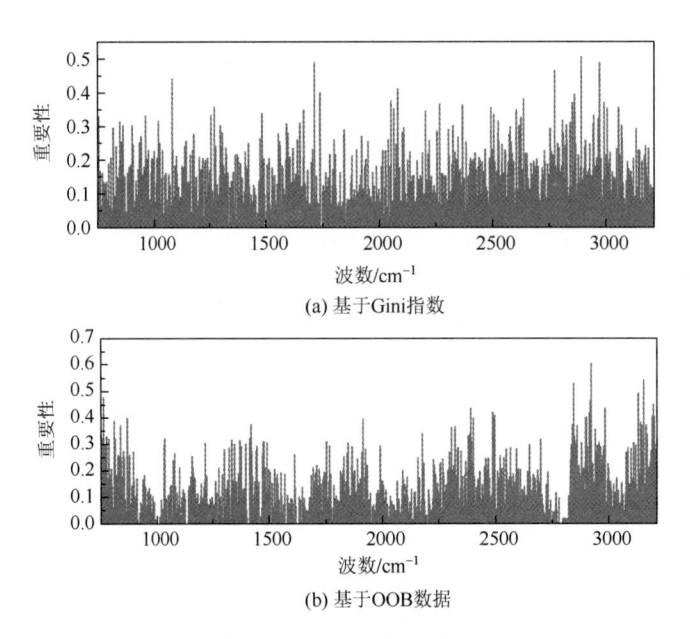

(a) 基于Gini指数

(b) 基于OOB数据

图 10.16 各特征重要性

为对特征进行重要性排序，需要综合 Gini 指数和 OOB 数据进行评价。可以看到不同特征数据分化较大，需要先对其原始数值进行数学映射。为减小数值差距，采用反余切函数转换，即

$$y = \frac{\arctan x}{\pi} \tag{10.6}$$

转换后的值均分布在 0~1 范围内，并且数据分布更集中，转换后的各特征点处的特征如图 10.17 所示。

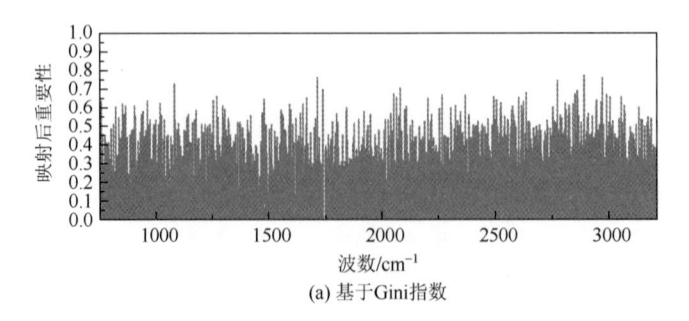

(a) 基于Gini指数

(b) 基于OOB数据

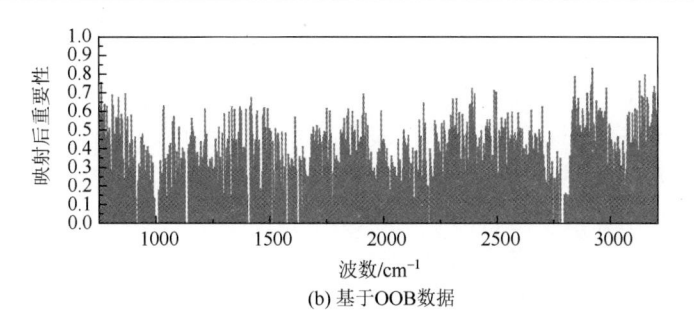

图 10.17 映射后特征重要性

因为需要修改特征和拟合修正系数,不仅要根据变量的重要性来选择变量,还要考虑变量修正系数的变化规律是否明显,拟合优度高的曲线是否容易拟合,以保证预测误差小。最终根据综合指数初步选取 12 个重要度较高的特征。值得一提的是,相邻两个波的重要性往往很接近,如果直接根据重要性来选取,选取的波会非常集中。为了使特征更加分散,从而更具代表性,在选择特征时,不同特征之间的距离不能太近。

为可视化这几个特征的可分性,选择三个特征在三维坐标系中绘制每个样本的三维坐标,如图 10.18 所示。这三个特征对应的波数分别为 960 cm$^{-1}$、1436 cm$^{-1}$ 和 2307 cm$^{-1}$。可以看出,不同类型的样品之间存在较明显差异,用这几个特征可以较好地划分样本类别。

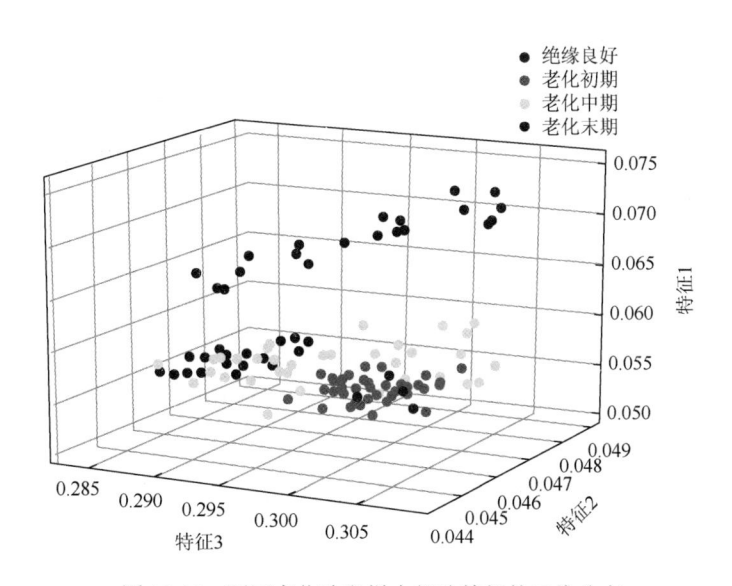

图 10.18 不同老化阶段样本部分特征的三维分布

## 10.5 不同油纸比例条件下拉曼光谱修正模型

### 10.5.1 拉曼光谱的变化与分析

本章通过 28 天的油纸绝缘老化试验,分别在油纸比例为 10∶1、11.67∶1、13.33∶1、

15∶1、16.67∶1、18.33∶1 和 20∶1 条件下获取了不同老化阶段的油纸绝缘拉曼光谱。图 10.19 为不同油纸比例下不同老化时间绝缘油原始拉曼光谱，可以看到，不同油纸比例条件下绝缘油拉曼光谱在老化初始阶段差别不大，在老化过程中不同油纸比例拉曼光谱差距不断加大，油纸比例越高，其各波段拉曼光谱强度和基线明显增加。一方面是由于油纸比例越大，变压器油中溶解的老化产物浓度越大，另一方面，绝缘油中的荧光物质主要是由绝缘纸产生，绝缘纸质量比增加，绝缘油中荧光物质浓度也会大幅增加，导致基线增加。

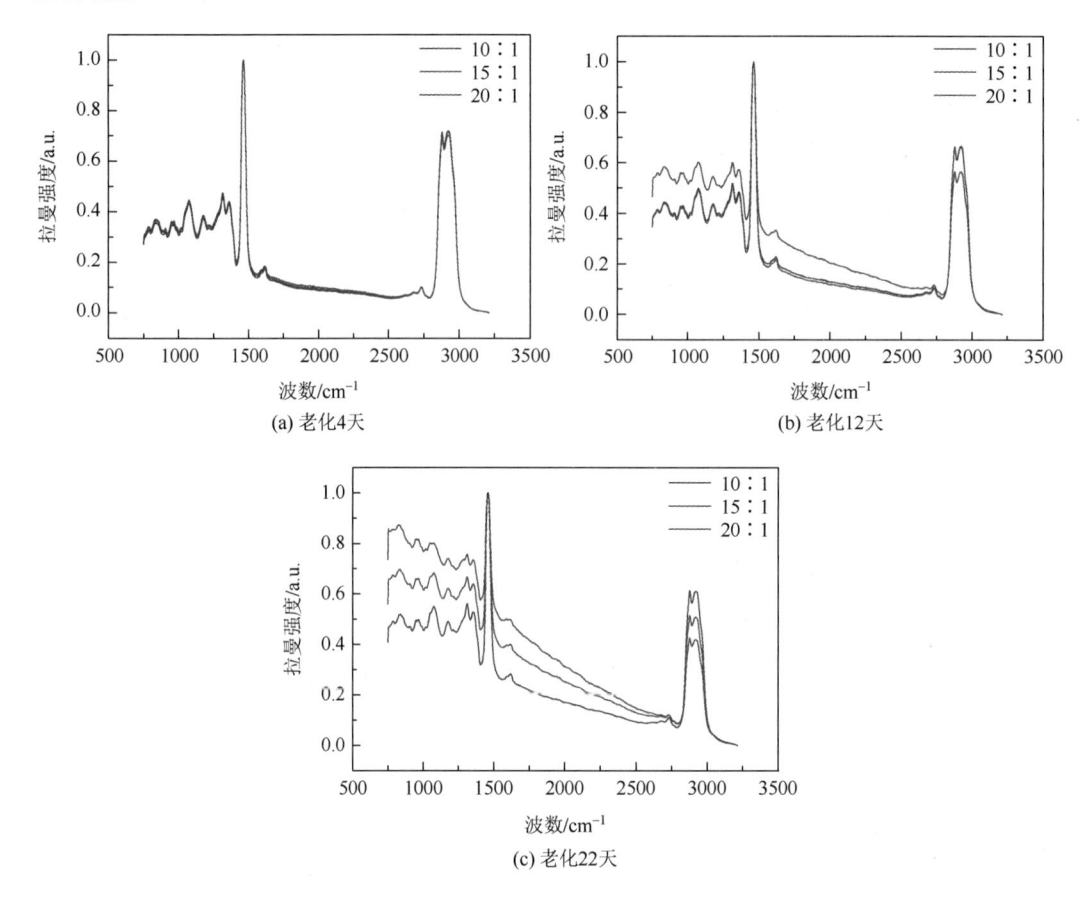

图 10.19 不同油纸比例下不同老化时间绝缘油原始拉曼光谱

根据油纸绝缘比例增加会导致基线变高这一结论，在实验过程中，应尽量选用 10∶1 油纸绝缘，尽可能降低基线高度，降低基线波动带来的检测误差。

另外可以看到，拉曼光谱随油纸比例的变化是非线性的，这是由于老化产物及荧光物质在绝缘油与绝缘纸之间存在一定的溶解平衡。溶解平衡的存在会导致变压器油中溶解的物质浓度变化更加复杂。溶解平衡随油纸比例的变化可大致分为三种，即不变、线性和非线性。

假设单位质量的绝缘油和绝缘纸产生的物质总量不受油纸比例的影响，为方便分析，$k$ 表示油纸比例，$\omega$ 表示达到溶解平衡时产物在绝缘油中的质量分数，$m$ 表示绝缘油或者绝缘纸的质量，$n$ 表示单位质量绝缘油或绝缘纸产生的物质总量。

油纸绝缘老化过程中，某一物质总量 $N$ 为

$$N = m_{\text{纸}} n_{\text{纸}} + m_{\text{油}} n_{\text{油}} \tag{10.7}$$

变压器油中溶解的该物质的浓度 $C$ 为

$$\begin{aligned} C &= \frac{0.895 \omega_{\text{油}} N}{m_{\text{油}}} \\ &= \frac{0.895 \omega_{\text{油}} \left( m_{\text{纸}} n_{\text{纸}} + m_{\text{油}} n_{\text{油}} \right)}{m_{\text{油}}} \\ &= 0.895 \omega_{\text{油}} \left( \frac{1}{k} n_{\text{纸}} + n_{\text{油}} \right) \end{aligned} \tag{10.8}$$

当物质的溶解平衡不随油纸比例变化而变化时，$\omega_{\text{油}}$ 为常数，变压器油中溶解的物质浓度与油纸比例成反比。

当物质的溶解平衡随油纸比例变化而线性变化时，当油纸比例为 0 时，物质全部存在于纸中，所以当油纸比例为 0 时，$\omega_{\text{油}}$ 必为 0。因此，此时 $\omega_{\text{油}}$ 为

$$\omega_{\text{油}} = ak + b \tag{10.9}$$

$$\begin{aligned} C &= 0.895(ak+b)\left( \frac{1}{k} n_{\text{纸}} + n_{\text{油}} \right) \\ &= 0.895a\left( n_{\text{纸}} + k n_{\text{油}} \right) + 0.895b\left( k n_{\text{纸}} + n_{\text{油}} \right) \end{aligned} \tag{10.10}$$

其中，$a$、$b$ 为常数，此时绝缘油中溶解的老化产物浓度与油纸比例线性相关。

当物质的溶解平衡随油纸比例变化而非线性变化时，此时设 $\omega_{\text{油}}$ 为

$$\omega_{\text{油}} = f(k) \tag{10.11}$$

$$C = 0.895 a f(k) \left( \frac{1}{k} n_{\text{纸}} + n_{\text{油}} \right) \tag{10.12}$$

此时变压器油中溶解的老化产物浓度复杂，难以从机理上进行分析。并且油纸绝缘设备中物质组成复杂，不同物质溶解平衡可能不同，多种物质组合在一起，更加大了直接研究油纸比例对油纸绝缘拉曼光谱影响的难度。因此在对不同油纸比例条件下的油纸绝缘拉曼光谱的修正仅能从数值拟合的角度出发，对其进行分析。为满足数字拟合对拉曼光谱进行修正，所以提取出的特征有更高的要求。用于建模的特征要满足具有一定的规律性，因此，有必要对提取出的特征进行进一步的筛选。

预处理过后的拉曼光谱如图 10.20 所示，可以看到，在部分波段不同油纸比例条件下拉曼强度有明显差异，但大部分波段差异不大，因此对正常谱图进行修正是难以实现的，在 12 个重要性较高的特征中，根据修正系数的拟合效果进一步进行特征筛选。

## 10.5.2 拉曼光谱修正系数的计算

为实现不同油纸比例油纸绝缘老化评估，有两种主要方式。一种是建立多标签分类机器学习模型，每个样本均带有油纸比例和老化阶段两个标签，在用多标签分类机器学

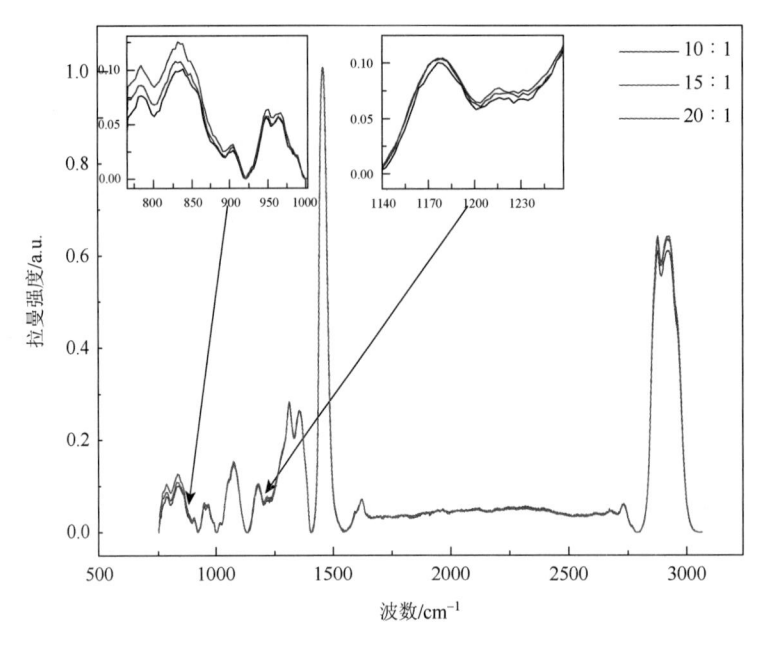

图 10.20 预处理后不同油纸比例下拉曼光谱图

习模型进行分类时，给定油纸比例使其仅输出老化阶段。但是这种方法需要在各油纸比例下均有大量数据，由于油纸绝缘老化试验周期长，难以获取足够的数据，该方法不适用于本章模型。因此本章采用较为传统的第二种方法，对不同油纸比例条件下的数据进行修正。本章选取 10∶1 条件下的数据作为基准，将其他油纸比例条件下的特征修正到 10∶1 条件下。本章将修正系数定义为油纸比为 $k$ 时特征与油纸比例为 10∶1 时特征的比值。待修正的特征乘以修正系数即为修正后的特征。

$$y_{ki}(t) = \frac{x_i(t)_{10:1}}{x_i(t)_k} \tag{10.13}$$

$$x_{iA} = x_{iB} \times y_i \tag{10.14}$$

其中，$y$ 为修正系数；$k$ 为油纸比例；$x$ 为特征；$i$ 为特征数；$t$ 为老化时间；$A$ 为修正后的特征；$B$ 为修正前的特征。

为实现对不同油纸比例的修正，需要比较所选取的 12 个特征的修正系数的数值变化规律和修正系数曲线的拟合优度，本章选取 10∶1、15∶1 和 20∶1 条件下的数据进行初步拟合分析，选取 6 个拟合效果较好的特征进行建模。另外 6 个特征因拟合优度低而被剔除以减小误差。其拟合曲线如图 10.21 所示。

随着老化时间的增加，修正系数的变化速度加快，但能达到的最小值不会小于 0，因此修正系数的变化率不能无限期地继续增加；相反，修正系数最终会趋于某个值。因此，使用 S 形曲线作为拟合函数，其表达式为

$$y_i(t) = A_2 + (A_1 - A_2) / \left[1 + (t/t_0)^p\right] \tag{10.15}$$

其中，$y_i$ 为第 $i$ 个特征的校正系数；$A_1$、$A_2$、$t_0$ 和 $p$ 都为常数。

# 第 10 章　不同油纸比例电气设备油纸绝缘老化拉曼光谱多分类支持向量机诊断方法

(a) 特征$x_1$的初步拟合结果

(b) 特征$x_2$的初步拟合结果

(c) 特征$x_3$的初步拟合结果

(d) 特征$x_4$的初步拟合结果

(e) 特征$x_5$的初步拟合结果

(f) 特征$x_6$的初步拟合结果

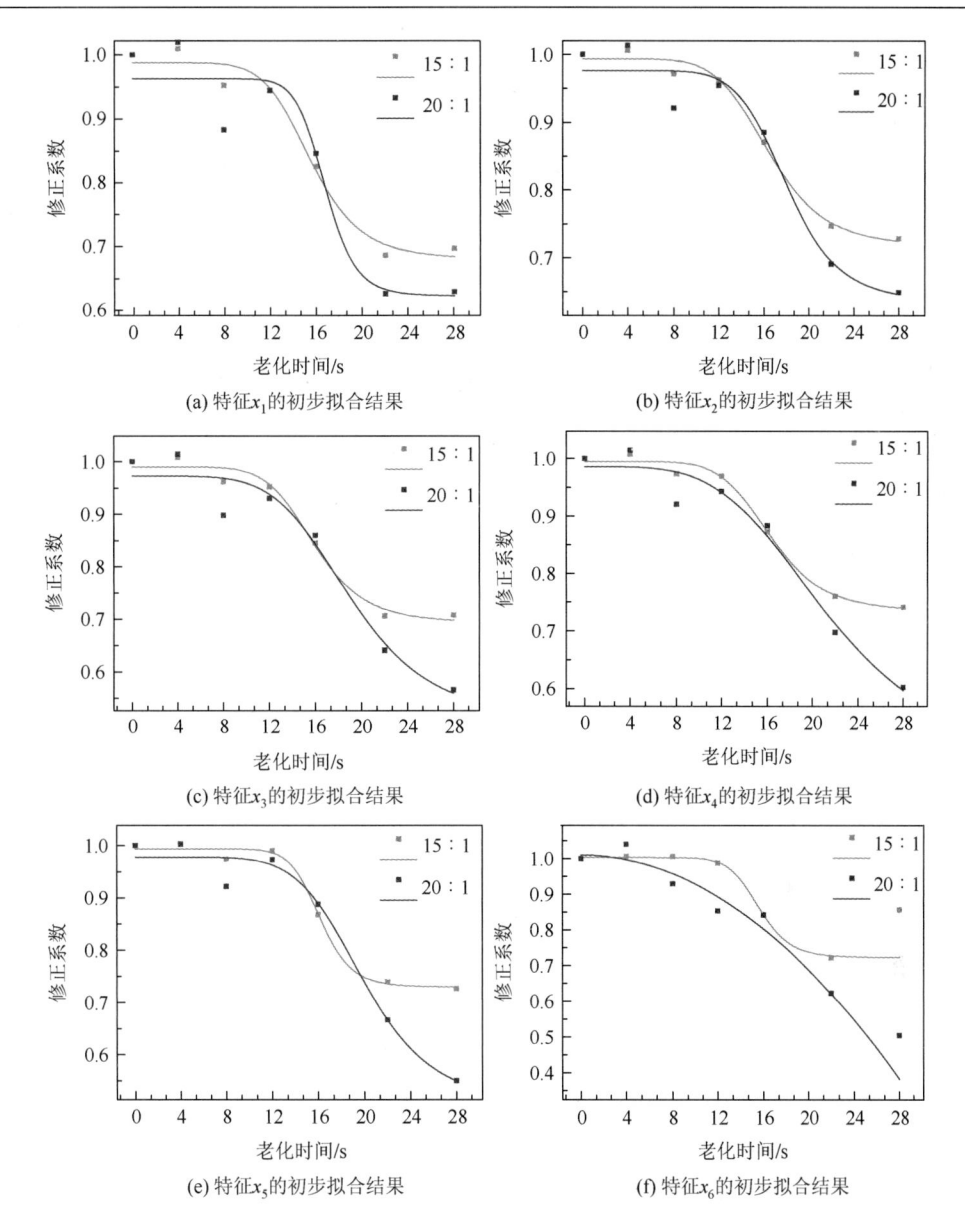

图 10.21　拟合优度较好的 6 个特征关于老化时间的初步拟合结果

不同油纸比例下拟合函数的参数如表 10.4 所示。

表 10.4　各特征在不同油纸比例下初步拟合参数

| 拟合参数 | 15∶1 | | | | | | 20∶1 | | | | | |
|---|---|---|---|---|---|---|---|---|---|---|---|---|
| | $x_1$ | $x_2$ | $x_3$ | $x_4$ | $x_5$ | $x_6$ | $x_1$ | $x_2$ | $x_3$ | $x_4$ | $x_5$ | $x_6$ |
| $A_1$ | 0.988 | 0.993 | 0.990 | 0.994 | 0.993 | 1.003 | 0.963 | 0.976 | 0.972 | 0.985 | 0.978 | 1.017 |
| $A_2$ | 0.680 | 0.716 | 0.693 | 0.733 | 0.729 | 0.723 | 0.622 | 0.635 | 0.508 | 0.466 | 0.506 | −1.86 |

续表

| 拟合参数 | 15∶1 | | | | | | 20∶1 | | | | | |
| --- | --- | --- | --- | --- | --- | --- | --- | --- | --- | --- | --- | --- |
| | $x_1$ | $x_2$ | $x_3$ | $x_4$ | $x_5$ | $x_6$ | $x_1$ | $x_2$ | $x_3$ | $x_4$ | $x_5$ | $x_6$ |
| $t_0$ | 15.57 | 16.45 | 15.92 | 16.29 | 16.14 | 15.57 | 16.79 | 18.03 | 19.04 | 21.41 | 19.90 | 61.84 |
| $p$ | 7.275 | 6.664 | 7.299 | 6.999 | 12.02 | 11.48 | 12.94 | 7.801 | 5.430 | 4.071 | 6.670 | 1.838 |
| 贴合度 | 0.961 | 0.985 | 0.972 | 0.985 | 0.987 | 0.998 | 0.858 | 0.921 | 0.912 | 0.935 | 0.955 | 0.953 |

如表 10.4 所示，不同油纸在老化初期的特征差异不大，但后期的差距明显扩大。修正系数 15∶1 的拟合曲线高于 20∶1 的拟合曲线。如果绘制 10∶1 的拟合曲线，理论上应该是一条斜率等于 1 的直线。这 6 个特征的校正系数随油纸比例的增加呈下降趋势。因此，这 6 个特征可以用于后续分析建模。

这 6 个特征对应的波数为 960 cm$^{-1}$、1206 cm$^{-1}$、1436 cm$^{-1}$、1714 cm$^{-1}$、2307 cm$^{-1}$ 和 2806 cm$^{-1}$。这些峰对应于糠醛、$CO_2$、甲醇和丙酮的部分峰[16, 23]。

### 10.5.3 拉曼光谱修正模型的建立

在获取上述 6 个特征后，分别计算这 6 个特征在不同油纸比例条件下的修正系数，其中一个特征的修正系数的三维散点分布如图 10.22 所示。

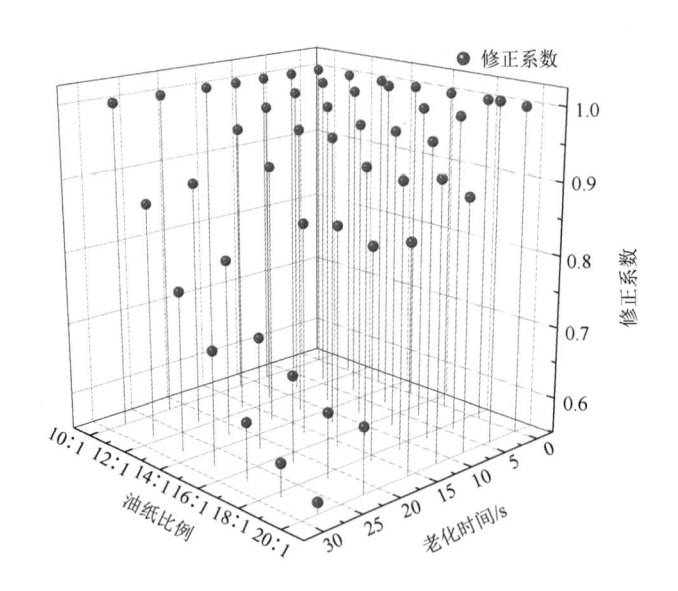

图 10.22 特征修正系数关于老化时间和油纸比例的三维散点分布图

可以看到修正系数随老化时间以及油纸比例的变化呈现一定的规律性。本章仅获取了 6 个老化时间和 7 个油纸比例的数据，这些数据难以全面覆盖实际运行中变压器的老化时间和油纸比例。为获得所有不同老化时间和油纸比例下的修正系数，本章采用曲面拟合的方式拟合出修正系数关于老化时间和油纸比例的二元函数。根据这一二元函数，可得到任意点的修正系数。

曲面拟合是一种常用的数值分析工具，在各领域均有广泛应用。曲面拟合通常采用拟合或逼近的方式实现，这两种方式均为利用三维离散点，寻找一个曲面使其尽可能靠近三维离散点。两种方法区别在于，插值法必过数据点，而拟合则要求曲面整体与离散点接近即可。插值一般用于数据量较小时的情况，并且插值法必过数据点，因此数据的误差容易导致拟合出的曲面产生振荡。本章采用了拟合的方式求取二元方程。

为对修正系数进行二元拟合，需要首先确定该二元函数的形式。图10.23为修正系数随老化时间的变化及修正系数随油纸比例的变化。从图中可以看出，修正系数随老化时间的变化整体呈现出S形曲线的趋势。根据前面对变压器油中溶解的物质浓度和油纸比例的关系，物质浓度和油纸比例的关系式可以写为

$$C = 0.85af(k)\left(\frac{1}{k}n_{纸} + n_{油}\right) \tag{10.16}$$

拉曼强度与物质浓度有良好的线性关系，因此，不同油纸比例条件下拉曼峰强度与上面公式有相同表达形式。另外，在进行光谱预处理时，对光谱进行了最大最小值归一化，因此归一化后的拉曼峰强度应为

$$I(k) = \frac{0.895af(k)\left(\frac{1}{k}n_{纸} + n_{油}\right)}{0.895a_0f_0(k)\left(\frac{1}{k}n_{0纸} + n_{0油}\right)} \tag{10.17}$$

$$= \frac{af(k)}{a_0f_0(k)} \cdot \frac{n_{纸} + kn_{油}}{n_{0纸} + kn_{0油}}$$

其中，$a_0$、$f_0(k)$、$n_{0纸}$、$n_{0油}$ 均为拉曼光谱全谱最高峰对应的值。若以油纸比例为10∶1条件下的物质浓度为基准进行修正，某一物质的修正系数与油纸比例的关系同样可以表达为

$$y = \frac{I_{10}}{I_k} = \frac{\dfrac{af(10)}{a_0f_0(10)} \cdot \dfrac{n_{纸} + 10n_{油}}{n_{0纸} + 10n_{0油}}}{\dfrac{af(k)}{a_0f_0(k)} \dfrac{n_{纸} + kn_{油}}{n_{0纸} + kn_{0油}}} \tag{10.18}$$

式（10.18）中分子为一常数，用字母$c$来表示并尝试进一步简化：

$$y = \frac{cf_0(k)(n_{0纸} + kn_{0油})}{f(k)(n_{纸} + kn_{油})} \tag{10.19}$$

$$= \frac{cn_{油}f_0(k)}{f(k)}\left(n_{0油} + \frac{n_{油}n_{0纸} - n_{0油}n_0}{n_{纸} + kn_{油}}\right)$$

其中，$y$为修正系数，为常数。溶解平衡与油纸比例的关系$f(k)$难以确定，$f_0(k)$与$f(k)$很可能具有相似形式。若忽略$f_0(k)$与$f(k)$的比值，则修正系数与油纸比例为反比关系，

并且从散点图中可以看到，修正系数随油纸比例的变化情况较简单，可以用反比函数表达。

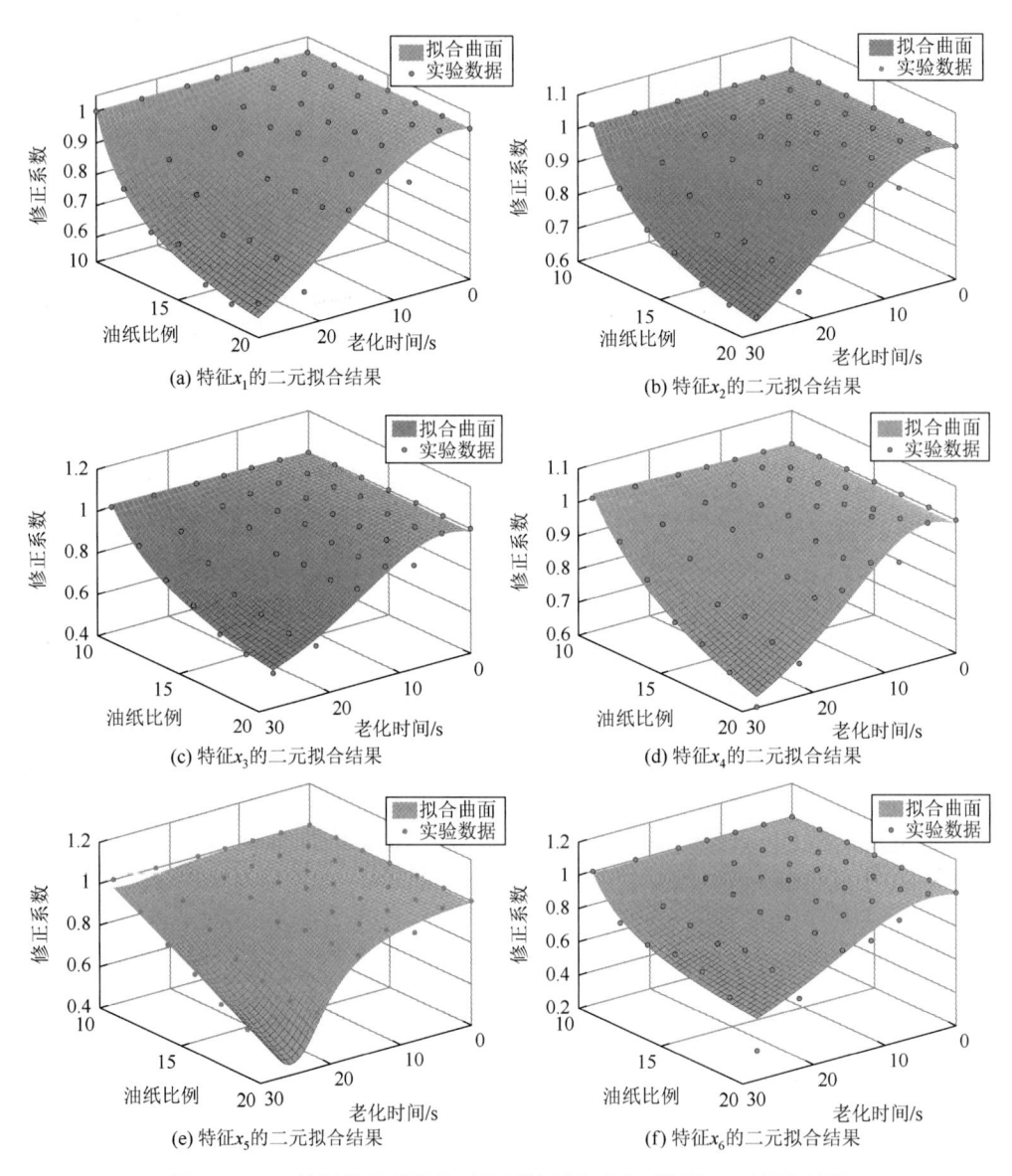

图 10.23　各特征修正系数关于油纸比例和老化时间的二元拟合结果

因此，本章将修正系数关于老化时间和油纸比例的二元函数形式定义为

$$y = \frac{p_1}{\left(1+\left(\dfrac{t-p_2}{p_3}\right)^2\right)} + \frac{p_4}{\left(1+\left(\dfrac{k-p_5}{p_6}\right)\right)} + \frac{p_7}{\left(\left(1+\left(\dfrac{t-p_2}{p_3}\right)^2\right) \times \left(1+\left(\dfrac{k-p_5}{p_6}\right)\right)\right)} \quad (10.20)$$

其中，$p_1$，$p_2$，$p_3$，$p_4$，$p_5$，$p_6$，$p_7$ 均为常数；$t$ 为老化时间。

值得注意的是，当老化时间 $t$ 为常数时，式（10.20）变为

$$y = q_1 + \frac{q_2}{1+\left(\dfrac{k-q_3}{q_4}\right)} \qquad (10.21)$$

当油纸比例 $k$ 为常数时，式（10.21）变为

$$y = q_1 + \frac{q_2}{1+\left(\dfrac{t-q_3}{q_4}\right)^2} \qquad (10.22)$$

即该二元函数在 $t$ 方向上为 S 形函数，在 $k$ 方向上为反比例函数。

在确定函数形式后需要进行参数寻优，以获得最优的拟合曲面。在非线性模型的参数估计中常用的方法有最小二乘法、遗传算法、最速下降法、牛顿法、马夸特法等。经过实验验证，马夸特法兼具了牛顿法和最小二乘法的特点，并且对于本章中模型有较好的效果，因此本章采用了马夸特法进行参数寻优。

设二元函数模型为 $y=f(t,k;p)$，参数向量为 $P=(p_1,p_2,p_3,p_4,p_5,p_6,p_7)^\mathrm{T}$，当所测得的数据点为 $n$ 组时，参数优化的目标函数为

$$\min \mathrm{RE}(P) = \sum_{i=1}^{n}\left(\frac{y_i - f(t_i,k_i;p)}{\sigma_i}\right)^2 \qquad (10.23)$$

其中，$\sigma_1$ 为常数，单次测量时其值为 1；RE 为残差平方和，通过求取 RE($P$)最小时的 $P$ 参数向量进行参数寻优。马夸特法迭代表达式为

$$p_{k+1} = p_k - (H+\mu I)^{-1}\nabla \mathrm{RE}(p_k) \qquad (10.24)$$

其中，$H$ 为黑塞（Hessian）矩阵，即

$$H = \nabla^2 \mathrm{RE}(p_k) \qquad (10.25)$$

其中，$\nabla \mathrm{RE}(p_k)$ 是 $\mathrm{RE}(p_k)$ 在 $p_k$ 方向上的偏微分矩阵；$I$ 为单位矩阵；$k$ 为迭代次数。

当 RE($P$)小于迭代收敛指标时，结束迭代。

各数据点拟合误差如图 10.24 和图 10.25 所示，各参数结果如表 10.5 所示。可以看到，

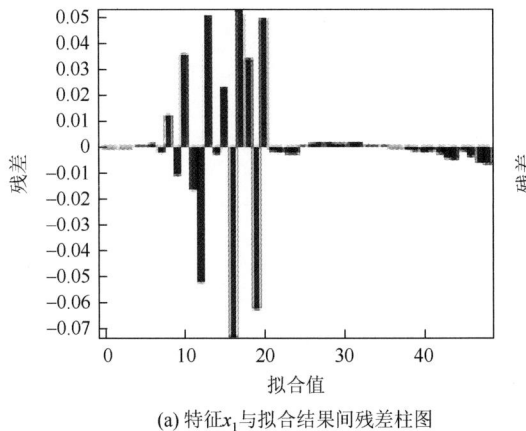

(a) 特征 $x_1$ 与拟合结果间残差柱图

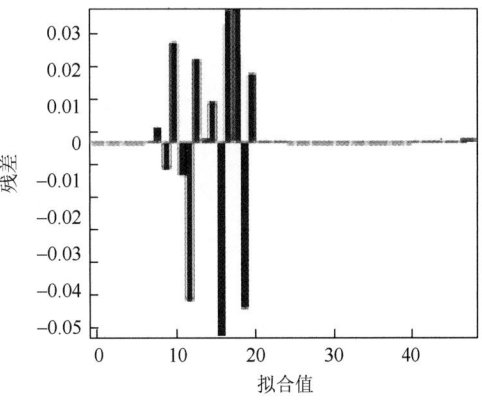

(b) 特征 $x_2$ 与拟合结果间残差柱图

(c) 特征$x_3$与拟合结果间残差柱图

(d) 特征$x_4$与拟合结果间残差柱图

(e) 特征$x_5$与拟合结果间残差柱图

(f) 特征$x_6$与拟合结果间残差柱图

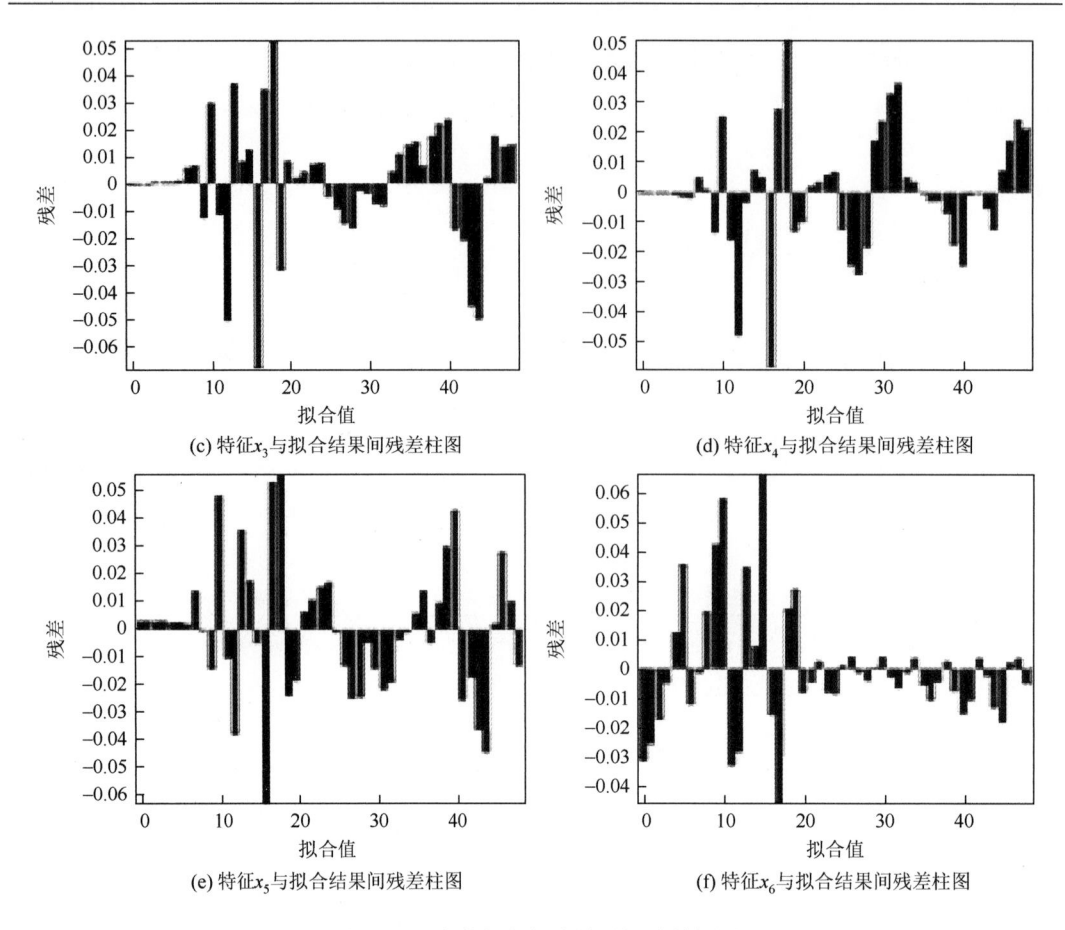

图 10.24 各数据与拟合结果间残差柱图

该二元函数的拟合效果与散点分布极为符合，其相关系数的平方等拟合效果指标较高。因此该一二元函数可以较好地描述修正系数随油纸比例和老化时间的变化关系。

(a) 特征$x_1$拟合结果分布图

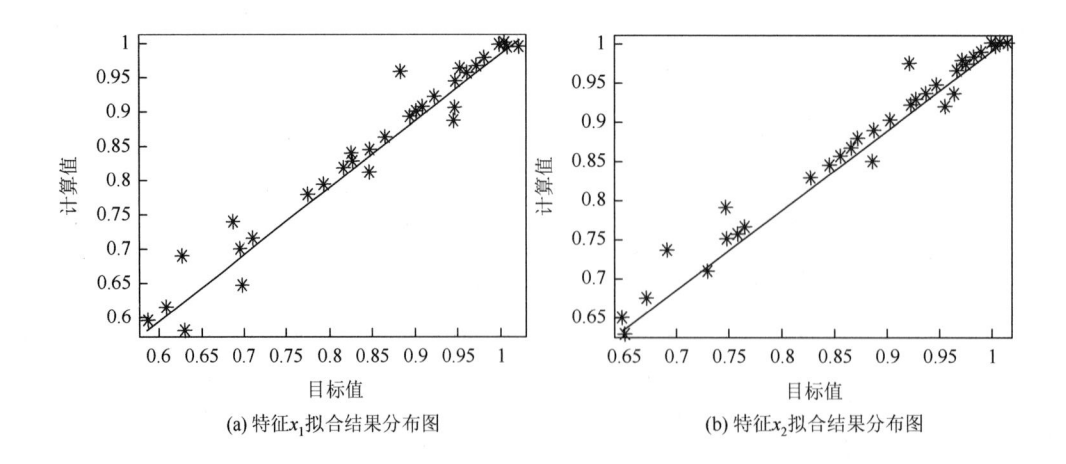

(b) 特征$x_2$拟合结果分布图

(c) 特征$x_3$拟合结果分布图

(d) 特征$x_4$拟合结果分布图

(e) 特征$x_5$拟合结果分布图

(f) 特征$x_6$拟合结果分布图

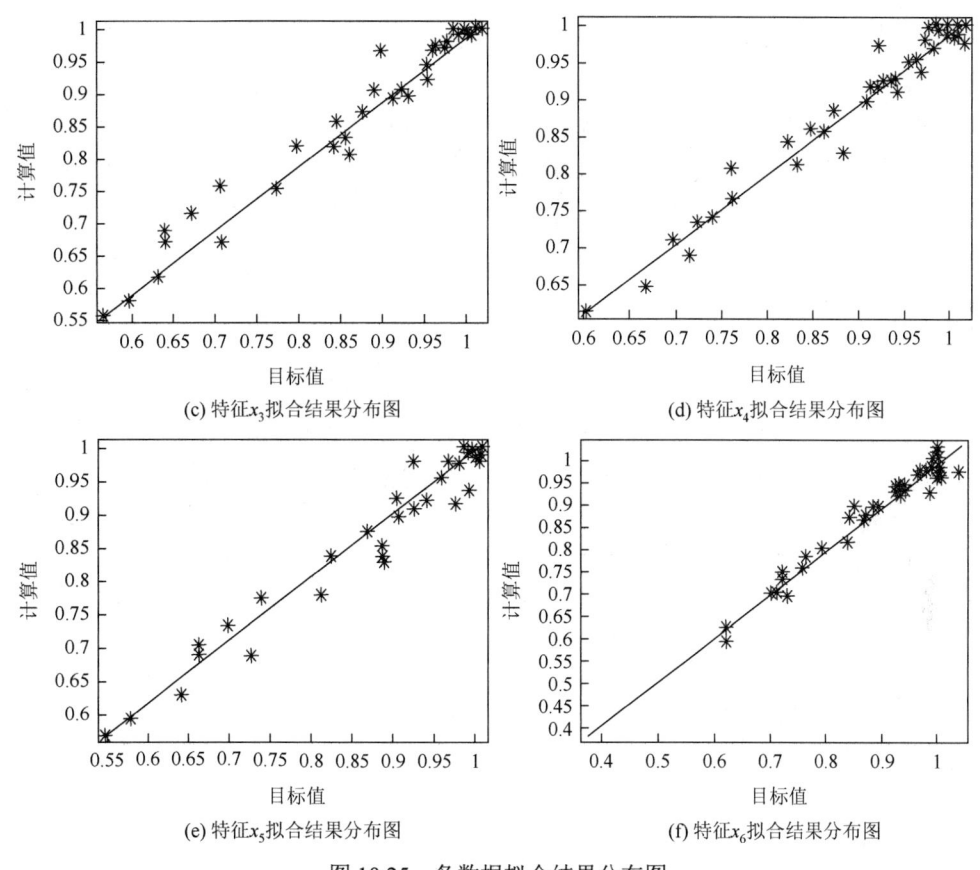

图 10.25　各数据拟合结果分布图

表 10.5　各特征最终拟合参数

| 拟合参数 | $x_1$ | $x_2$ | $x_3$ | $x_4$ | $x_5$ | $x_6$ |
| --- | --- | --- | --- | --- | --- | --- |
| $p_1$ | 1.005828 | 1.006373 | 1.010595 | 1.022612 | 24.17743 | 1.015735 |
| $p_2$ | 1.827588 | 2.772191 | 3.465845 | 3.865297 | 25.74463 | 3.426307 |
| $p_3$ | 25.08064 | −25.6473 | 19.03046 | 18.02082 | −6.14486 | 21.98837 |
| $p_4$ | −6.73891 | −5106.56 | 2.39806 | 63.16575 | 117.9845 | 386.3378 |
| $p_5$ | 7.184789 | 6.568864 | 7.323007 | 3.101898 | 476.8219 | 7.142076 |
| $p_6$ | −0.36372 | −0.00067 | 1.983837 | 0.113312 | −3.99465 | 0.007323 |
| $p_7$ | 6.773468 | 5132.462 | −2.4174 | −64.5459 | −2855.02 | −394.161 |
| 贴合度 | 0.971 | 0.965 | 0.972 | 0.955 | 0.967 | 0.958 |

## 10.6　基于多分类支持向量机的拉曼光谱老化诊断方法

### 10.6.1　诊断模型的建立及参数优化

支持向量机（support vector machine，SVM）是一种用于分类和回归分析的有监督学习算法，由 Vapnik 于 1995 年提出。支持向量机是一种有效的分类方法，具有显著的优势，已被广泛地用于判别分类、回归分析和大数据预测等领域。支持向量机通过搜索最优超平面来分离训练模式。在支持向量机中，算法搜索两类点之间最接近超平面的最大边缘的超平面。其搜索超平面的方式为首先将特征向量从原始空间 $\mathbb{R}^m$ 通过函数 $\phi$ 映射到一个高维空间 $\mathbb{R}^n$，之后在该高维空间中寻找一个可以将不同类别数据分离开的超平面，该超平面应使类间间距达到最大，如图 10.26 所示。

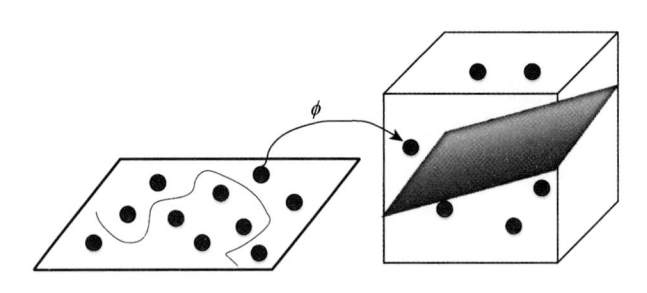

图 10.26 最优超平面示意图

以二分类为例，给定的样本集为 $(x_i, y_i), i = 1, 2, \cdots, N$，$x_i \in \mathbb{R}^n$ 是第 $i$ 个输入模式类，$y \in \{-1, +1\}^N$ 为样本所对应的类别，当样本特征线性可分时，存在一个超平面可将不同类别数据划分开，其表达式为

$$\omega^T x + b = 0 \tag{10.26}$$

其中，$\omega = [\omega_1, \omega_2, \cdots, \omega_N]^T$ 为联系特征空间和输出空间的超平面法向量；$b$ 为偏置值。

当样本线性不可分时，可以通过非线性映射 $\phi(x) = [\phi_1(x), \phi_2(x), \cdots, \phi_N(x)]^T$ 将样本映射至高维空间，在新的空间可构造出一个最优分类超平面，其表达式为

$$\omega^T \phi(x) + b = 0 \tag{10.27}$$

为求解最优超平面，可以将寻找最优超平面的目标函数定义为

$$\begin{cases} \min\limits_{\omega, b, \xi} \dfrac{1}{2} \omega^T \omega + C \sum\limits_{i=1}^{N} \xi_i \\ \text{s.t.} \quad y_i \left( \omega^T \phi(x_i) + b \right) \geq 1 - \xi_i \\ \xi_i \geq 0 \end{cases} \tag{10.28}$$

其中，$C > 0$ 是一个正则化待定常数，可控制对错误样本的惩罚程度；$\xi_i$ 为松弛变量。

上述问题的优化过程可以通过 Lagrange 乘子法实现，本章建立 Lagrange 函数如下：

$$L = \frac{1}{2} \omega^T \omega + C \sum_{i=1}^{N} \xi_i - \sum_{i=1}^{N} \beta_i \xi_i - \sum_{i=1}^{N} \alpha_i \left( y_i \left( \omega^T \phi(x_i) + b \right) - 1 + \xi_i \right) \tag{10.29}$$

其中，$\alpha_i$ 和 $\beta_i$ 为 Lagrange 乘子。

令 $\partial L / \partial \omega = 0$，$\partial L / \partial b = 0$，$\partial L / \partial \xi = 0$ 可得

$$\omega = \sum_{i=1}^{N} \alpha_i y_i \phi(x_i), \quad \sum_{i=1}^{N} \alpha_i y_i = 0, \quad C = \alpha_i + y_i \tag{10.30}$$

并将式（10.30）代入 Lagrange 函数中，可转化为一个对偶问题：

$$\begin{cases} \min\limits_{\alpha} \dfrac{1}{2}\alpha^{\mathrm{T}}Q\alpha - e^{\mathrm{T}}\alpha \\ \text{s.t.} \quad y^{\mathrm{T}}\alpha = 0 \\ \qquad 0 \leqslant \alpha_i \leqslant C, \quad i=1,2,\cdots \end{cases} \tag{10.31}$$

该问题可进一步转化为求解以下目标函数的最大值：

$$\max_{a} Q(a) = \sum_{i=1}^{N}\alpha_i - \frac{1}{2}\sum_{i=1}^{N}\sum_{j=1}^{N}\alpha_i\alpha_j y_i y_j \left(\phi(x_i),\phi(x_j)\right) \tag{10.32}$$

满足

$$\sum_{i=1}^{1}\alpha_i y_i = 0, \quad \alpha_i \geqslant 0 \tag{10.33}$$

本数据点处于分类边界上时称为支持向量点，有 $\alpha_i$＞0，则最终最优超平面可表示为

$$y = \mathrm{sgn}\left(\sum_{i=1}^{N}\alpha_i y_i K(x_i,x_j) + b\right) \tag{10.34}$$

其中，$K$ 为核函数，$K(x_i,y_i) = \phi(x_i)(x_i,y_i)$。本章中的核函数采用径向基函数（RBF）：

$$k(x_i,x_j) = \exp\left(-\gamma\|x_i - x_j\|^2\right) \tag{10.35}$$

其中，$\gamma$＞0 为核参数。

由于 SVM 属于二分类器，而本章中将油纸绝缘划分为两个阶段，因此需要将 SVM 转化为多元分类器来进行老化诊断。为建立多元分类器，可以建立 $k(k-1)/2$ 个分类器来解决一个 $k$ 分类的问题，每一个分类器均为二分类模型。假设两个训练样本分别属于第 $m$ 个和第 $n$ 个老化阶段，二元分类器可以转化为如下多元分类器：

$$\begin{cases} \min\limits_{\omega,b,\xi} \dfrac{1}{2}(\omega^{mn})^{\mathrm{T}}(\omega^{mn}) + C\sum\limits_{i=1}^{k}\left(\xi_i^{mn}\right)(\omega^{mn})^{\mathrm{T}}, \quad \xi_i \geqslant 0 \\ y_i = m, \quad (\omega^{mn})^{\mathrm{T}}\phi(x_t) + b^{mn} \geqslant 1 - \xi_i^{mn} \\ y_i = n, \quad (\omega^{mn})^{\mathrm{T}}\phi(x_t) + b^{mn} \leqslant -1 + \xi_i^{mn} \end{cases} \tag{10.36}$$

## 10.6.2 参数寻优及拉曼特征诊断结果分析

本章将样本按老化程度分为四类，分别为绝缘良好（1200＞DP＞900）、老化初期（900＞DP＞650）、老化中期（650＞DP＞500）和老化末期（500＞DP＞350）。诊断模型的输入为前面内容提取的 6 个特征，输出为不同老化阶段。原始油纸比例为 10∶1 条件下获得的数据及通过生成对抗网络生成的数据，共 360 条，用于训练模型。其余油纸比例下数据各 84 条用于测试。

选用高斯核函数作为 SVM 算法中的核函数，因此需要对 SVM 算法中的参数 $C$ 和高斯核函数中的参数 $\gamma$ 进行寻优。$\gamma$ 参数主要作用是改变高斯分布的宽度，当 $\gamma$ 远小于训练样本间的最小距离时，所有样本均会被判定为支持向量，导致过拟合，进而分类模型

泛化能力差，无法对新样本进行准确判断。当 $\gamma$ 远大于样本间最大距离时，此时所有样本均会被划分为一类，因此 $\gamma$ 参数值的确定对分类模型的准确率有较大意义。

SVM 中的惩罚参数 $C$ 为对错误分类样本偏离值的惩罚系数。当 $C$ 越小时，约束条件的约束性越弱，错误分类的样本对分类模型没有良好反馈，分类模型简洁但分类效果差。当 $C$ 越大时，约束条件对其约束越大，对数据拟合度高，泛化能力变差。

因此，为使分类模型达到最好的性能，需要对 $C$ 和 $\gamma$ 进行寻优。本章采用网格搜索法进行参数寻优。

在进行优化时首先需要确定参数优化的范围及步长，在设定的参数范围内按步长逐点计算该参数下模型的分类效果。网格搜索法计算量较大，适用于参数较少的寻优过程，本章仅两个参数需要寻优，该方法较为适合。

通过网格搜索法对 SVM 中的两个参数进行优化的过程如图 10.27 所示。

(a) 网格搜索法 SVM 参数选择结果三维图　　(b) 网格搜索法 SVM 最优参数截面图

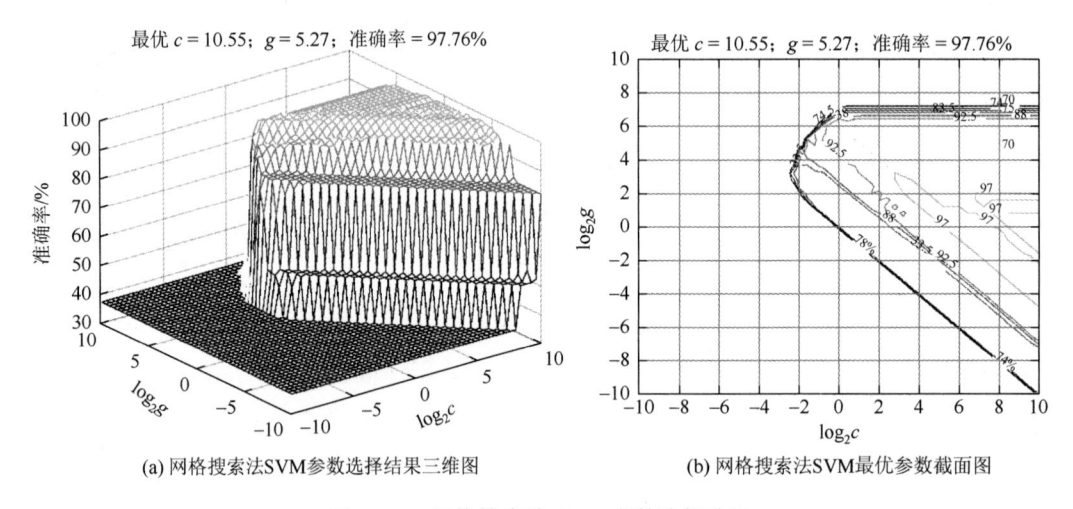

图 10.27　网格搜索法 SVM 参数选择结果

寻优后得到的最佳 $C$ 和 $\gamma$ 分别为 10.55 和 5.27，此时交互验证正确率最大为 97.76%。在建立分类模型之后，为验证 LSTM 方法生成的数据的可靠性及对分类正确率的影响，本章用 120 个拉曼光谱对模型进行训练，并用 36 个拉曼光谱及根据这些光谱生成的新光谱作为验证集进行分类。为验证新生成的光谱数据全谱与原始光谱的差异，采用全谱进行训练和诊断，分类结果如表 10.6 所示。可以看到，分类模型对原始光谱和生成光谱的预测正确率基本一致，可以将生成光谱用于后续分析。

表 10.6　不同油纸比例下修正前后分类预测正确率

|  | 原始数据 | LSTM 生成数据 |
| --- | --- | --- |
| 预测正确率 | 92.9%（39/42） | 88.1%（37/42） |

建立分类模型后，对待测样本进行修正。根据待测样本的采样时间，代入校正系数曲线得到各特征的校正系数，并对特征进行修正。将 72 个不同油纸比样本的原始特征和

修正特征代入分类模型。分类模型的预测精度如表 10.7 所示。由表 10.7 可以看出，老化阶段修正后的 15∶1 和 20∶1 样本的预测精度高于老化阶段修正前的 15∶1 和 20∶1 样本。结果表明，该方法对不同油纸比的油纸绝缘样品老化阶段的判别是有效的。

表 10.7 不同油纸比例下修正前后分类正确率

| 预测正确率 | 10∶1 | 15∶1 | 20∶1 |
| --- | --- | --- | --- |
| 修正前 | 92.9%<br>(78/84) | 66.7%<br>(56/84) | 58.3%<br>(49/84) |
| 修正后 | 92.9%<br>(78/84) | 83.3%<br>(70/84) | 84.5%<br>(71/84) |

修正后的 15∶1 和 20∶1 样品在老化阶段的预测精度低于 10∶1 样品。这是因为修正系数曲线是根据不同的老化时间对修正系数进行拟合得到的，必然存在一定的误差。此外，不同变压器油的拉曼光谱存在一定的误差，影响了校正系数的计算。另外，不能保证每个样品老化过程中的温度、湿度等因素是相同的，因此每个样品的油纸比例都会有一定的误差。这必然导致修正系数与实际情况存在差异，从而导致在 15∶1 和 20∶1 比例的情况下预测精度较低。

# 第 11 章　不同种类电气设备油纸绝缘老化拉曼光谱散射变换及诊断方法

不同种类油纸绝缘老化拉曼光谱具有不同的特征峰谱带、峰貌以及散射强度，基于单一型号油纸绝缘材料老化的拉曼光谱特征所建立的诊断模型未能达到同等的判别能力，且直接对超高维拉曼光谱特征作模式识别容易引发"维度灾难"。因此，本章基于三种油纸绝缘材料全寿命拉曼光谱归一化数据集，搭建能够自适应提取不同拉曼特征的深度散射网络（deep scattering network，DSN），并通过多分类支持向量机（multi-class support vector machine，MCSVM）实现等效诊断。散射特征具有重构原始拉曼信号的能力，因此能够直接体现油纸绝缘材料种类差异，同时对油纸绝缘不同老化程度的拉曼光谱特征有一定的解释能力。另外，DSN 结构简单，其建立过程没有数据训练，DSN-MCSVM诊断模型具有广阔的应用前景和优化空间。

## 11.1　电气设备油纸绝缘反应分子动力学模拟理论基础

### 11.1.1　模拟油纸热解过程分子动力学力场

力场的选择是分子动力学模拟计算成败的关键，它们通常只针对某一特定体系，搭配势能函数和力学常数开发而成。其中，总势能是关于体系中各原子空间位置的函数，对任意力场，成键方式和化学环境定义了原子类型，原子间相互作用包括不同价键和非键作用，而键长、键角、化学键力常数等组成了力场参数。描述力场的能量表达形式越多，该力场越复杂，同时能够更准确预测分子的多种性质，如光学性质、热力学性质、晶体参数等。本章对油纸绝缘高温热解的分子动力学模拟主要基于反应力场和凝聚态优化力场。

（1）反应力场（ReaxFF）：由 Duin 等在 21 世纪初提出的新一代反应力场，为分析碳氢化合物裂解机制提供了有效手段[54]。它的适用范围覆盖了元素周期表中大多数元素，适用化学环境更加多样。反应力场中用原子间距离描述键级（bond order，BO），通过键级变化反映化学键形成、过渡、断裂的过程。假设两个原子间距离为 $r_{ij}$，描述原子位置参数有 $r_\sigma$、$r_\pi$、$r_\theta$，描述化学键参数有 $P_{bo1}$，则对应键级 $BO_{ij}$ 定义为[55]

$$BO_{ij} = \exp\left(P_{bo1}\left(\frac{r_{ij}}{r_\sigma}\right)^{P_{bo1}}\right) + \exp\left(P_{bo1}\left(\frac{r_{ij}}{r_\pi}\right)^{P_{bo2}}\right) + \exp\left(P_{bo1}\left(\frac{r_{ij}}{r_\theta}\right)^{P_{bo3}}\right) \quad (11.1)$$

反应力场分子模拟计算的势能曲线与密度泛函理论计算结果具有一致性，适用于揭示复杂体系反应路径，其势能函数定义为

$$E_{\text{system}} = E_{\text{bond}} + E_{\text{under}} + E_{\text{over}} + E_{\text{val}} + E_{\text{pen}} + E_{\text{tors}} + E_{\text{conj}} + E_{\text{Coulomb}} + E_{\text{vdWaals}} \quad (11.2)$$

其中，$E_{\text{bond}}$ 表示键能；$E_{\text{under}}$、$E_{\text{over}}$ 表示能量校正项；$E_{\text{val}}$、$E_{\text{pen}}$ 表示键角能量项；$E_{\text{tors}}$、$E_{\text{conj}}$ 表示扭转能量和共轭能量；$E_{\text{Coulomb}}$、$E_{\text{vdWaals}}$ 表示非键相互作用，代表库仑力能和范德瓦耳斯力能。

（2）凝聚态优化力场（COMPASS 力场）：由孙怀开发，利用液态分子动力学测算非键合参数，从而极大程度上消除了在一定温度下分子动力学模拟计算结果误差[56]。在 CFF91 的基础之上增加了金属、金属离子、金属氧化物参数，并且在计算过程中融合了量子力学的结果使得参数化过程更加精确，能够准确预报金属有机化合物体系中有机小分子、高分子、气态分子、无机分子的理化参数，是第一个可以同时处理有机和无机分子混合体系的分子力场。其势能函数由键合项和非键合项构成：

$$E_{\text{system}} = E_b + E_\theta + E_\chi + E_{\text{tors}} + E_{\text{cross}} + E_{\text{Coulomb}} + E_{\text{vdWaals}} \quad (11.3)$$

其中，$E_b$ 代表键伸缩能；$E_\theta$、$E_\chi$ 代表键角弯曲能；其余项含义同上，不再赘述。

### 11.1.2 模拟油纸热解过程分子动力学系综

系综（ensemble）的概念源于大量性质、结构完全相同的体系，它的宏观热力学性质是其微观性质的统计结果。系综的性质受构成系综的系统的宏观热力学性质约束。对绝缘油及油纸体系平衡态统计主要涉及两种系综。

（1）正则系综：约束条件为粒子数目（$N$）、体积（$V$）、温度（$T$）不变，因此该系综也简称为 NVT 系综。模拟系综内各系统处于恒温环境中，系统能量（$E$）在微观上能够以传热的方式与外界交换，但在宏观上处于热平衡状态。

（2）等温-等压系综：是正则系综的推广，约束条件为粒子数目（$N$）、压强（$P$）、温度（$T$）不变，因此该系综也简称为 NPT 系综。大量化学反应在等温等压下发生。模拟中各体系由于压强恒定会发生体积、密度等性质变化，可以和外界环境交换能量和体积。

## 11.2 不同种类电气设备油纸绝缘材料分子模型构建

矿物绝缘油是混合物，主要由链烷烃、环烷烃和芳香烃组成。链烷烃中含氢量达到饱和，分子通式可表示为 $C_nH_{2n+2}$（$n \geq 1$），也称为石蜡烃。环烷烃分子中含有闭合的多元碳环，但不包括苯环，具有发热量高、凝固点低的特点。根据碳环的个数，环烷烃可分为单环 $C_nH_{2n}$（$n \geq 3$）、双环和多环。芳香烃则是含有苯环这一基本结构的不饱和烃，具有芳香性。环烷基油与石蜡基油主要成分差异体现在长链烷烃及环烷烃含量，其微观结构差异同时也反映在其黏度、凝固点等宏观物化性质上。选取两类矿物油的典型产品，其质谱分析结果[20]如表 11.1 所示。

表 11.1 典型环烷基油与石蜡基油的质谱分析结果（%）

| 组分 | | 环烷基油 | | 石蜡基油 | |
|---|---|---|---|---|---|
| 环烷烃 | 一环<br>二环<br>三环<br>四环<br>五环 | 77 | 15.5<br>28.5<br>23.3<br>9.7<br>0 | 57.6 | 21.1<br>19.8<br>11.2<br>4.5<br>1.0 |
| 链烷烃 | | 11.6 | | 28.2 | |
| 芳香烃 | | 9.9 | | 12.6 | |
| 其他成分 | | 1.5 | | 1.6 | |

由表 11.1 可知，环烷烃在两种油中均含量占比最大，其中在环烷基油中比例大于石蜡基油，环烷基油中三环烷烃和四环烷烃含量比石蜡基油中含量高一倍以上。而石蜡基油中石蜡烃含量接近环烷基油中的 3 倍，芳香烃含量略高于环烷基油。表 11.2 中列出了具体搭建两个种类油的分子类型和数目，分子数目的计算方法将在 11.2.1 节中给出。

表 11.2 环烷基油与石蜡基油分子模型组分

| 环烷基油<br>分子模型 | 单体分子类型 | | | | |
|---|---|---|---|---|---|
| | 链烷烃 | 一环烷烃 | 二环烷烃 | 三环烷烃 | 四环烷烃 |
| 分子式 | $C_{12}H_{26}$ | $C_{14}H_{28}$ | $C_{13}H_{24}$ | $C_{16}H_{28}$ | $C_{16}H_{26}$ |
| 分子个数比 | 5 | 5 | 10 | 7 | 3 |
| 石蜡基油<br>分子模型 | 单体分子类型 | | | | |
| | 链烷烃 | | 二环烷烃 | | 双环芳香烃 |
| 分子式 | $C_{20}H_{42}$ | | $C_{20}H_{38}$ | | $C_{20}H_{26}$ |
| 分子个数比 | 6 | | 3 | | 1 |

## 11.2.1 环烷基油分子模型构建

构建混合物环烷基油分子模型主要分为三个步骤：构建单体分子，构建环烷基油无定形分子模型，最后对油分子模型进行分子动力学平衡弛豫优化。

（1）搭建 5 种烃分子模型三维模型，通过 Forcite 模块建立 Geometry Optimization 任务对其进行高精度几何结构优化。图 11.1 展示了处于能量最小，结构最稳定分子构型。

（2）通过 Amorphous Cell 模块建立 Calculation 任务，设置输出盒子数量为 1，初始密度为 0.2 g/cm³。其中，设定盒子中共含有 30 个分子，每一种烃类分子 $C_xH_y$ 个数 $n$ 根据其分子量 $m(C_xH_y)$ 以及质量分数 $\omega(C_xH_y)$ 计算得出：

$$n = 30 \times \omega(C_xH_y) \times (\bar{m} / m(C_xH_y)) \tag{11.4}$$

式中，$m = \sum m(C_xH_y) \times \omega(C_xH_y) = 196.169$。选择 COMPASS Ⅱ 力场，截断半径为 9.5 Å 来

(a) $C_{12}H_{26}$

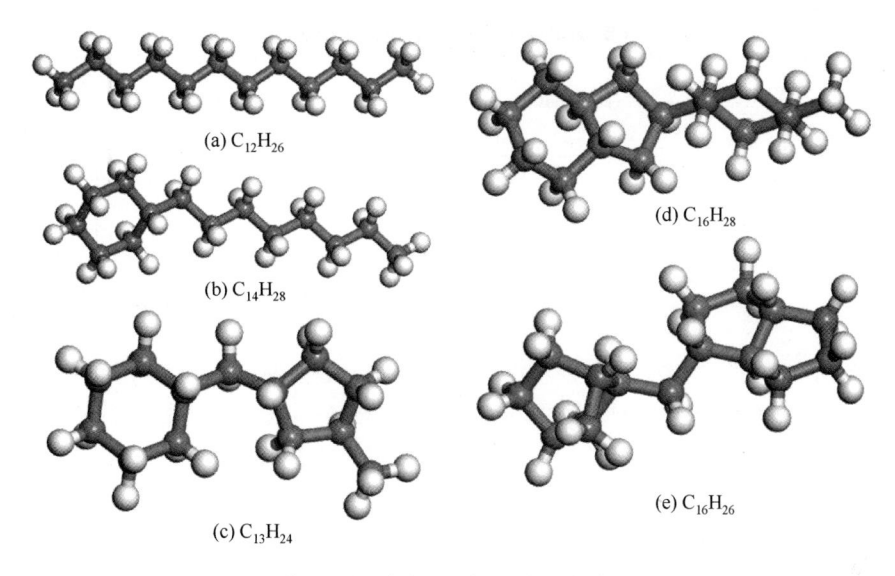

(b) $C_{14}H_{28}$

(c) $C_{13}H_{24}$

(d) $C_{16}H_{28}$

(e) $C_{16}H_{26}$

图 11.1　构成环烷基油晶胞的五种烃类单体分子模型

确定势函数作用距离，避免待考察粒子与其自身发生反应，对盒子应用周期性边界约束条件以避免各种单体分子间不必要的重叠。初步构建好的盒子边长为 36.48 Å，如图 11.2（a）所示。

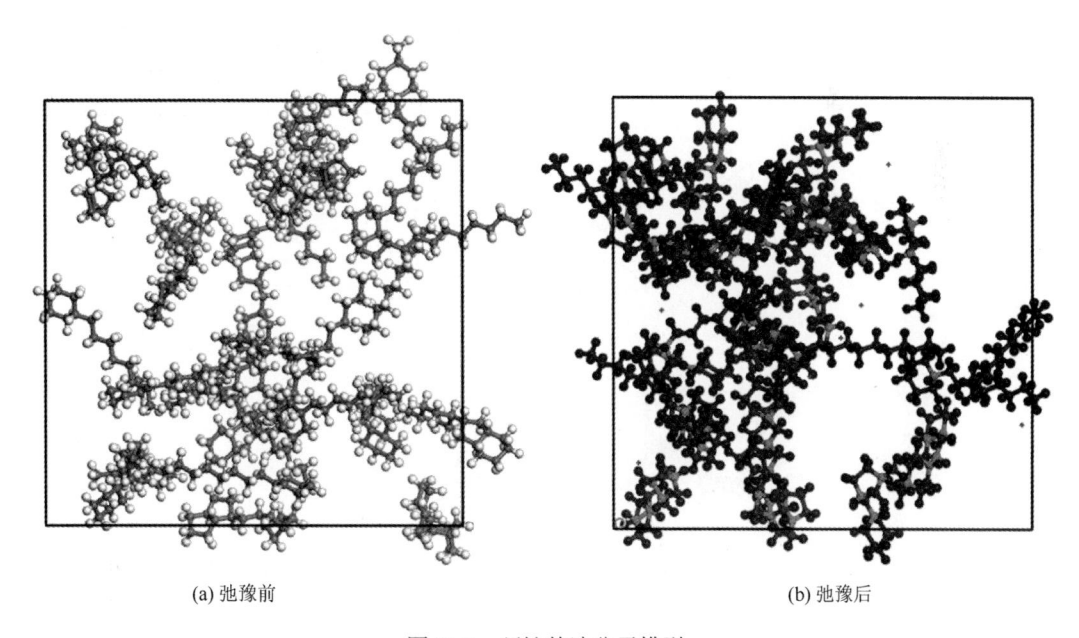

(a) 弛豫前

(b) 弛豫后

图 11.2　环烷基油分子模型

（3）通过 Forcite 模块依次建立几何结构优化、退火、升压、降压任务对盒子进行弛豫平衡优化。过程中选择的截断半径为 9.5 Å，分别采用 Nosé 恒温控制方法和 Berendsen 恒压控制方法。具体仿真设置见表 11.3。

表 11.3  系统弛豫平衡优化步骤

| 步骤 | 任务 | 系综 | 仿真条件 | 仿真设置 |
| --- | --- | --- | --- | --- |
| 1 | 结构优化 | NVT | 300 K | 1000 次 |
| 2 | 退火 | NVT | 300~500 K，循环 5 次 | 温升 20 K，平台时间 100fs |
| 3 | 升压 | NPT | 300 K，0.01 GPa | 100 ps |
| 4 | 降压 | NPT | 300 K，0.1 MPa | 100 ps |

弛豫后的盒子边长为 22.73 Å，密度稳定在 0.83 g/cm³ 左右，接近绝缘油实际密度，说明分子体系弛豫优化动态模拟真实有效。优化后的无定形液态模型内各分子均匀分布在空间中，如图 11.2（b）所示。

## 11.2.2  石蜡基油分子模型构建

石蜡基油分子模型的构建及平衡优化与 11.2.1 节基本相同。首先，三种单体分子几何结构最优模拟，如图 11.3 所示。

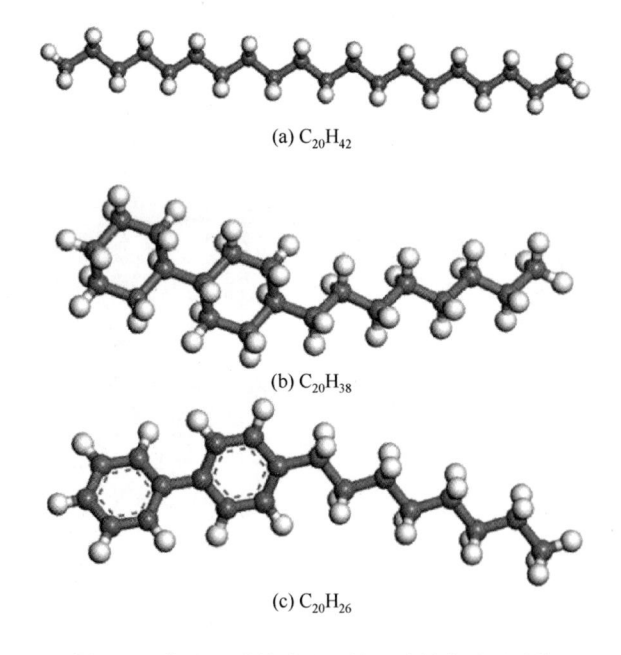

(a) $C_{20}H_{42}$

(b) $C_{20}H_{38}$

(c) $C_{20}H_{26}$

图 11.3  构成石蜡基油晶胞的三种单体分子结构

其次，以分子数比 18∶9∶3 构建含有 30 个分子的石蜡基油无定形液态模型。输出盒子边长约为 41 Å。然后，对石蜡基油分子模型重复弛豫平衡优化步骤，仿真结束后的分子结构如图 11.4 所示。此时盒子边长收敛为 25.74 Å，液体密度约为 0.81 g/cm³。

(a) 弛豫前　　　　　　　　　　　　　　(b) 弛豫后

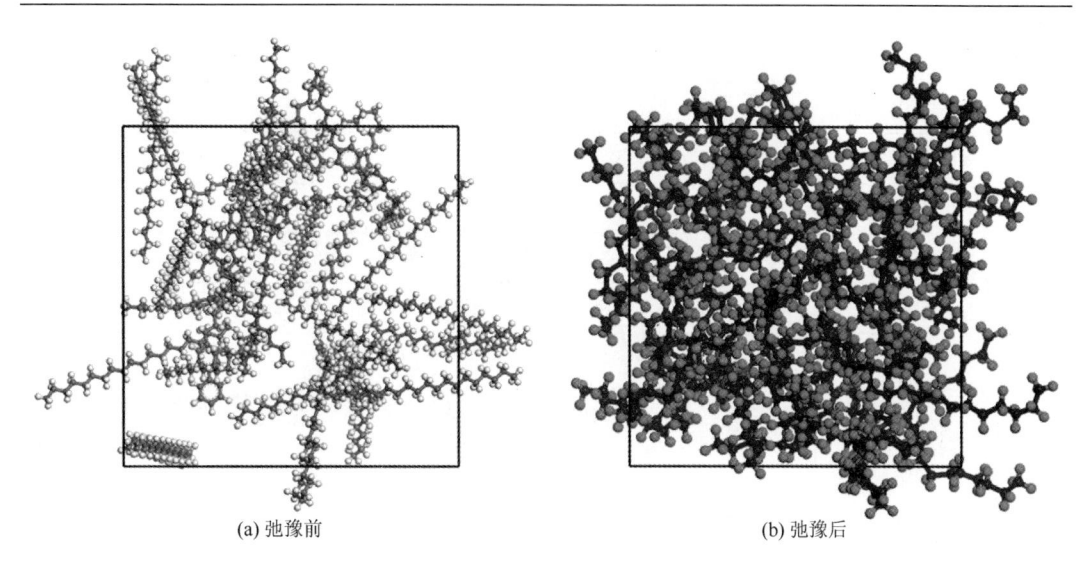

图 11.4　弛豫前后石蜡基油分子结构

## 11.2.3　绝缘纸纤维素及不同种类油纸分子模型构建

纤维素$((C_6H_{10}O_5)_n)$结构具有二相性，不同的生物质来源使得纤维素中晶态与非晶态比例不同。D-葡萄糖单体通过 $\beta$-1,4 糖苷键链接形成长线型纤维素分子，一条纤维素长链可能穿过数个结晶区和无定形区。在结晶区中，纤维素分子排列致密有序，变压器油分子、水分子难以在该区域中停留导致理化性质变化，即使在高温下也很稳定。而在无定形区中，纤维素分子呈无规律排列，化学活性较高，分子间作用力较小[57]。

未经老化的纤维素绝缘纸初始聚合度为 1000~1300，而在老化过程中，水的作用使"氧桥"断裂导致分子链缩短，最终生成葡萄糖（$C_6H_{12}O_6$）。不同长度的纤维素分子构成了纤维素的无定形区。文献[58]通过对不同链长的纤维素分子构建的无定形区纤维素进行模拟发现链长对纤维素的理化性质和分子构象影响较小。文献[59]指出链长越短的纤维素越容易引起分子链旋转和弯曲，得到较低能量的纤维素构象。因此。本章选择搭建纤维二糖（$C_{12}H_{22}O_{11}$）分子结构，将其作为能够代表无定形区不同链长纤维素分子构象和性质的基本单元，几何优化后的分子构型如图 11.5 所示，灰、白、红色球体分别代表碳原子、氢原子、氧原子。

不同变压器中固-液绝缘材料质量比约等于或大于 10∶1[60]。为使模拟计算结果贴合实际老化规律，在建立油纸混合分子模型时应充分考虑这一点。根据纤维素模拟单元质量推算两种油分子模型质量，等比例扩大环烷基、石蜡基油模型中各种烃类分子数目。表 11.4 中列出两种油纸分子模型各类型分子数目及其质量比[62]。

不同种类变压器油纸绝缘模型通过组合纤维素以及两种油层模型获得。首先，建立纤维二糖分子的（100）平面含有 30 个分子的超晶胞结构，如图 11.6 所示。然后，参考前面内容中两种油分子模型平衡优化后密度，分别建立与绝缘纸超晶胞 Lattice-2D 参数相同的绝缘油单元。最后，利用分层建模，设置真空带厚度为零，得到两种油纸绝缘混合分子模型。

羟基　　　　　　　氧桥

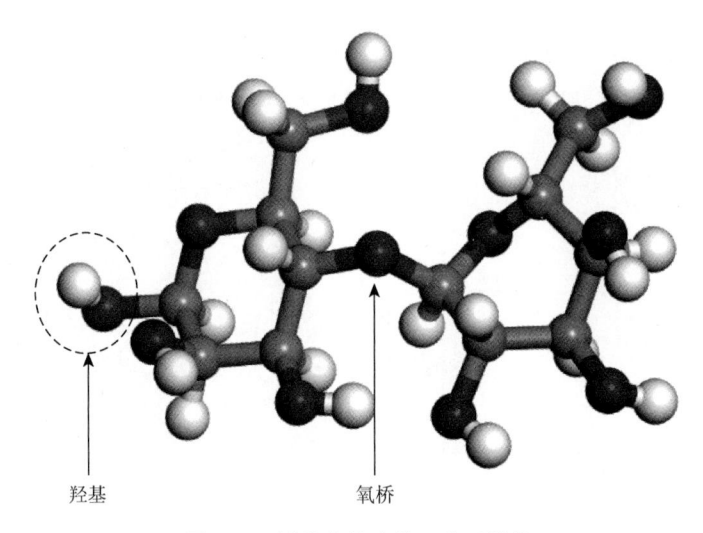

图 11.5　纤维素基本单元分子结构

表 11.4　两种油纸分子模型参数

| 参数 | 环烷基油纸模型单体分子类型 ||||||
|---|---|---|---|---|---|---|
| | $C_{12}H_{26}$ | $C_{14}H_{28}$ | $C_{13}H_{24}$ | $C_{16}H_{28}$ | $C_{16}H_{26}$ | $C_{12}H_{22}O_{11}$ |
| 个数比 | 75 | 75 | 150 | 105 | 45 | 30 |
| 质量比/% | 13 | 15 | 27.8 | 23.6 | 10.0 | 10.5 |

| 参数 | 石蜡基油纸模型单体分子类型 ||||
|---|---|---|---|---|
| | $C_{20}H_{26}$ | $C_{20}H_{38}$ | $C_{20}H_{42}$ | $C_{12}H_{22}O_{11}$ |
| 个数比 | 33 | 99 | 198 | 30 |
| 质量比/% | 8.6 | 26.9 | 54.5 | 10.0 |

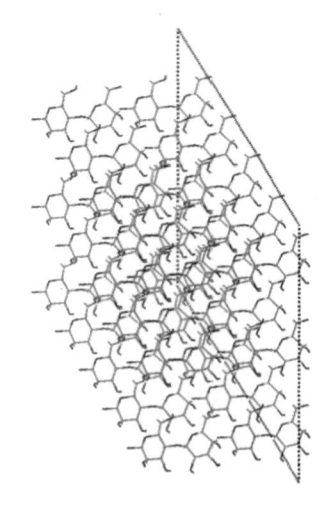

图 11.6　纤维二糖超晶胞

分别对两种油纸分子模型进行结构优化和平衡弛豫,其中石蜡基油-纤维素模型如图 11.7 所示,其密度从 0.688 g/cm³ 增加并稳定至 0.87 g/cm³。油、纸模型间真空带以及各自与盒子边界间隔逐渐消失。盒子体积缩小约为原体积的 4/5。由于模型内分子数目增多,分子间作用力更复杂,应适当增加仿真时间待结果充分收敛。

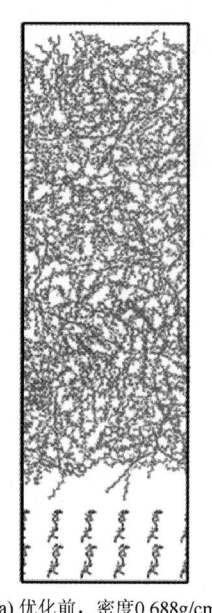

(a) 优化前,密度0.688g/cm³　　(b) 弛豫过程变化中　　(c) 优化后,密度0.870g/cm³

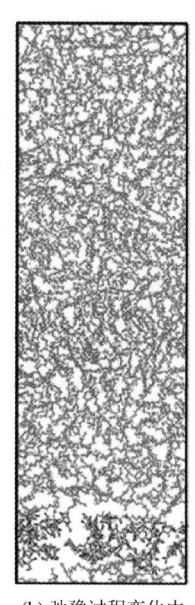

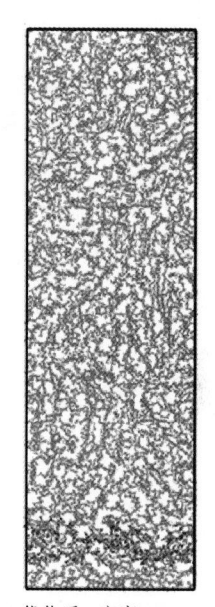

图 11.7　石蜡基油纸模型弛豫过程变化

## 11.3　油模型、油纸混合模型反应分子动力学模拟及结果分析

### 11.3.1　反应分子动力学模拟

积分步长的选择在模拟反应物热解过程中尤为重要。步长过长存在分子间激烈碰撞导致体系温度在短时内急剧上升的问题,从而造成分子体系数据溢出;步长过短也会因分子的运动变化不够充分需要增加仿真时间从而导致计算资源浪费。通常,取混合体系中各个分子自由度中最短振动周期的 1/10 作为仿真步长[61]。键的振动频率与成键原子质量、化学键的性质有关。表 11.5 中列出了油纸分子模型中 C、H、O 三种原子构成的常见化学键力常数 $k$。

表 11.5　常见化学键力常数

| | C—C | C=C | C≡C | C—O | C=O | O—H | —C—H | =C—H | ≡C—H |
|---|---|---|---|---|---|---|---|---|---|
| 力常数 $k$/(N/cm) | 4.5 | 9.6 | 15.6 | 5.4 | 12.1 | 7.7 | 4.8 | 5.1 | 5.9 |

选取体系中具有最小化学键力常数 $k$ 的分子键,根据该种分子键振动在红外光谱吸收峰的位置即可计算出所对应的最小振动频率,具体的计算公式如下:

$$v = \sqrt{(k/\mu)}/(2\pi c) \tag{11.5}$$

其中,$c$ 表示光速;$\mu$ 表示分子的折合质量。经计算,环烷基油分子模型最小振动周期约为 $1\times 10^{-14}$ s。

在 GULP 模块中建立 Dynamics 任务对两种油、两种油纸模型进行热解反应模拟,选择反应力场 ReaxFF 6.0,在 NVT 系综中,对油模型开展在 350~2500 K 不同温度下热解的动态过程实验。设定预平衡时间、模拟反应时间分别持续 50 ps,共计 100000 步,每完成 1000 步记录一次分子轨迹,输出共 50 帧动态轨迹文件。

从分子动力学角度来看,任意温度下都存在裂解概率,而升温能够增大裂解概率并提高裂解速率,同时不改变裂解途径[62]。经过多次仿真尝试,设定模拟裂解温度范围为 350~2500 K。在 450~750 K 区间内,分子运动情况及裂解程度变化较大,因此设置较小的温度间隔记录体系中各分子运动情况。最终确定 13 组模拟温度,分别为 350 K、400 K、450 K、500 K、600 K、750 K、1000 K、1250 K、1500 K、1750 K、2000 K、2250 K 和 2500 K。

### 11.3.2 不同油分子模型热解结果分析

对每个温度下轨迹文件末帧进行分子数统计,使用系统默认键距,容许区间为 0.6~1.15Å。两种油模型裂解生成分子总数随温度的变化关系如图 11.8 所示。石蜡基油与环烷基油分子模型中初始分子数相同。

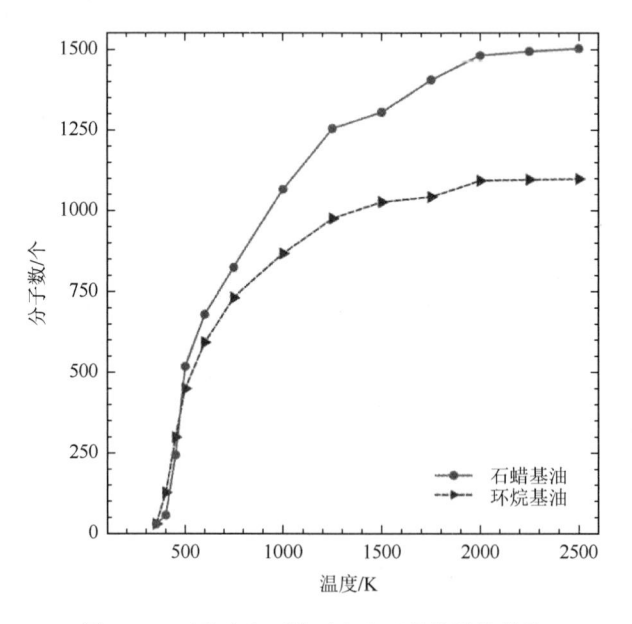

图 11.8 两种油分子模型中分子总数增长趋势

从图中两条曲线整体变化趋势可知，两种油模型裂解程度随着模拟温度升高而加深，石蜡基油模型裂解程度高于环烷基油。在 350 K 处，两个体系在仿真时间内均未出现断键，分子总数不变，但观察到明显运动轨迹。400 K 处，体系内各种分子热运动加剧，分子间碰撞概率增加，环烷基油先于石蜡基油开始裂解，短支链双环 $C_{13}H_{24}$、短支链三环 $C_{16}H_{28}$、长支链六元环 $C_{14}H_{28}$ 的起始裂解时间约为 3 ps、12 ps、11 ps。此时石蜡基油模型中分子数变化较慢，表明在该温度下 $C_{20}$ 热解概率低，产物主要来源于直链烷烃 $C_{20}H_{42}$ 发生断链反应和脱氢反应，生成 $C_{11}$ 和 $C_9$、$C_{20}$ 和 $H^+$。其余两种反应物未观察到裂解现象。600 K 处石蜡基油模型中分子总数超过环烷基油，且增长迅速。在高温区间内体系分子总数趋于稳定，两种变压器油模型裂解程度达到最大值。在 2000~2500 K 区间，两种变压器油体系中存在大量自由基和碳正离子，化学活性高，体系宏观性质极不稳定，在后续分析中将略去未观察到裂解现象的 350 K 和上述温度区间。

变压器油过热故障气体有 $H_2$、$CH_4$、$C_2H_4$、$C_2H_6$[63]。图 11.9 列出了两种油模型中在不同温度下上述四种气体分子数变化规律。由图 11.9（a）、（b）可知，$H_2$ 和 $CH_4$ 分子数随温度升高整体上不断增加，其中 $H_2$ 分子数变化趋势与图 11.8 相似，而 $CH_4$ 生成速率呈现先慢后快的趋势。图 11.9（c）、（d）中，$C_2H_4$、$C_2H_6$ 分子数先增加再减少，说明两种气体在高温区间生成速率小于消耗速率。石蜡基油模型中 $C_2H_6$ 浓度峰值在 750 K 左右，$C_2H_4$ 浓度峰值在 1000 K 左右。而环烷基油模型中 $C_2H_6$ 的峰值、$C_2H_4$ 的峰值可能落在 750~1000 K、1000~1250 K 区间。两种油模型中 $C_2H_6$ 含量出峰位置早于 $C_2H_4$，这是由于 $C_2H_6$ 在较高温度下可能发生脱氢反应以及自由基分解反应，反应规律与油的种类没有明显相关性：

$$C_2H_6 \longrightarrow C_2H_4 + H_2$$

随后 $C_2H_4$ 继续发生断链、脱氢反应，生成含碳量最低的最终产物 $CH_4$，导致 $CH_4$ 在高温区间生成速率变大。从整体上看，环烷基油中各分子初始生成速率高于石蜡基油，这与两种油模型中单体分子含碳量相关。根据含碳量为 2 的典型气体随温度变化规律，可以得出在相同温度下石蜡基油裂解程度更深的结论。两种油模型中最终产物气体生成规律相似。

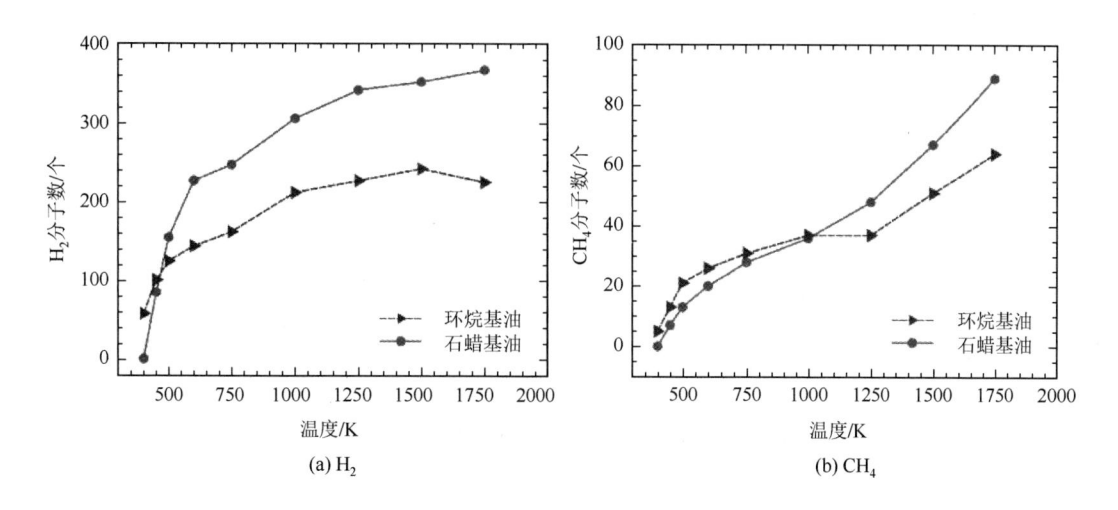

(a) $H_2$

(b) $CH_4$

(c) $C_2H_4$

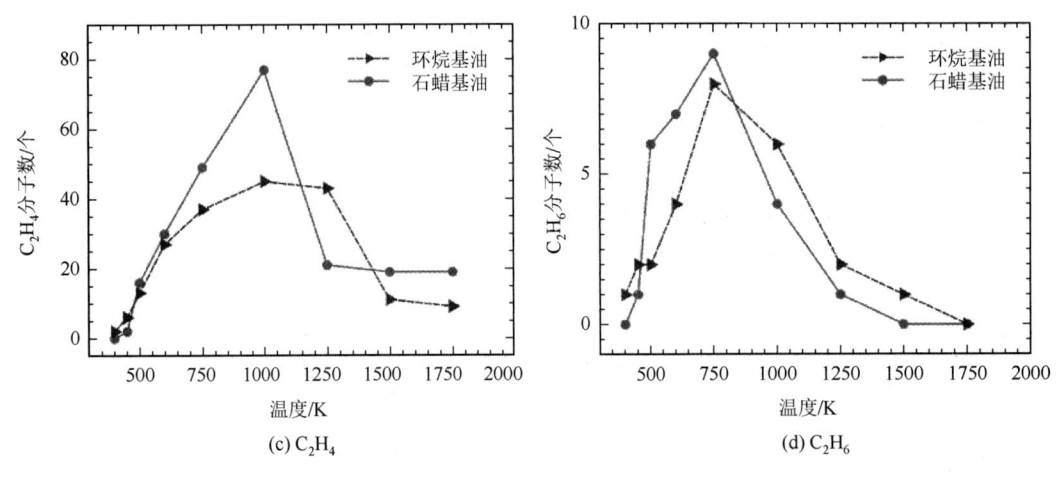

(d) $C_2H_6$

图 11.9  不同温度下两种油热解气体含量对比

### 11.3.3 油纸混合分子模型热解结果分析

观察油纸混合热解过程动态轨迹，发现纤维二糖分子比矿物油中烃类分子裂解速率更快，起始裂解温度更低，断键首先发生在糖苷键处，另外是两个吡喃环上碳氧键处。模拟过程中，仿真每完成 1000 步更新一次模型信息。在 750 K 下，两种油纸混合模型中纤维二糖分子数随仿真步数变化如图 11.10 所示。纤维二糖分子在环烷基油中起始裂解温度更低，起始裂解速率更高。当仿真步数达到 12000 步时，石蜡基油中纤维二糖裂解速

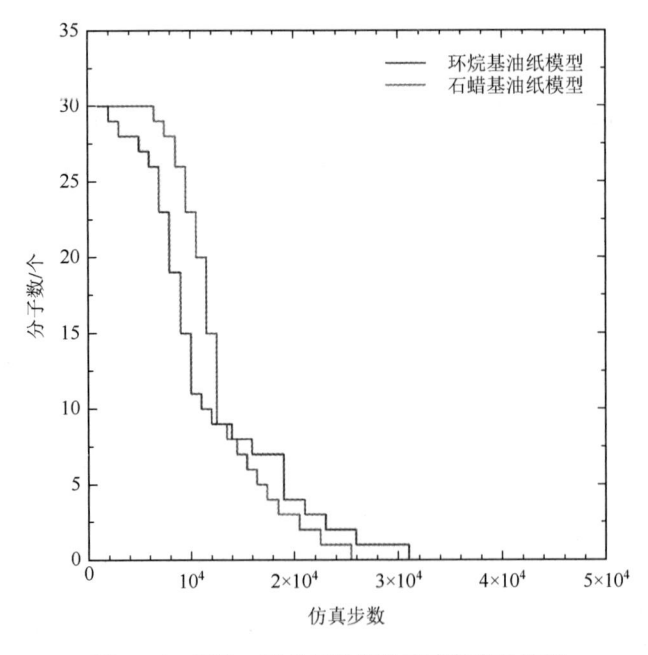

图 11.10  纤维二糖分子数随仿真步数变化情况

率反超直到完全裂解。结合石蜡基油模型在高温区间的裂解现象可知,在高温区间,石蜡基油模型中小分子产物数目多于环烷基油模型,同时体系能量相对较高加剧了小分子自由基、小分子产物的碰撞概率,导致纤维二糖在石蜡基油中裂解速率升高。

选取四种含量较多的油纸热解特征产物,绘制两种油纸分子模型中四种产物含量随仿真步数增长的关系图,如图 11.11 所示。$C_2H_4$、$H_2$、$CH_2OHCHO$、$H_2O$ 的分子数随仿真步数增加均上升;在 750 K 下,产物生成速率几乎全程大于消耗速率。不同分子结构搭建的两种不同种类油纸分子模型与其热解产物种类无明显相关性。

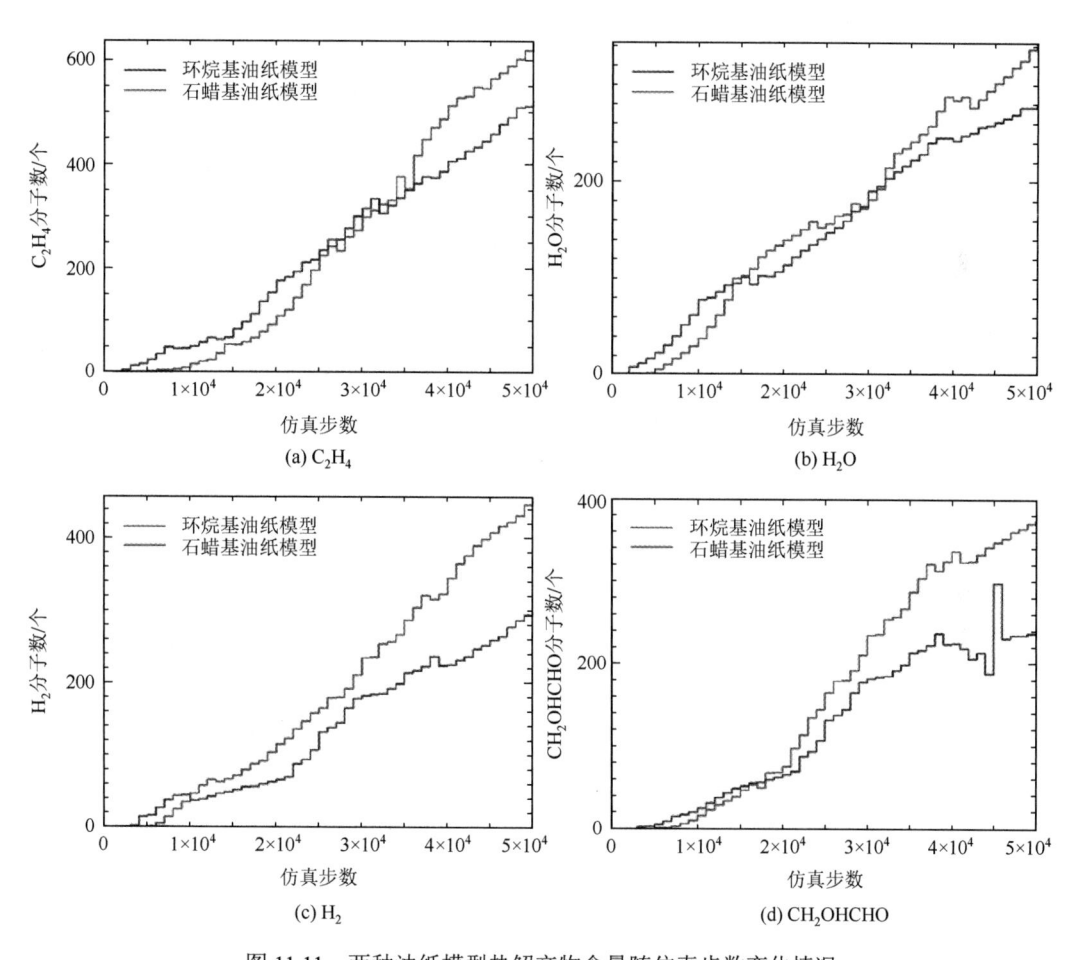

图 11.11 两种油纸模型热解产物含量随仿真步数变化情况

## 11.4 不同种类电气设备油纸绝缘材料拉曼活性分析

在拉曼光谱中,不同基团振动方式对应了不同的散射频移和拉曼活性。物质受入射光激发电子云移动使分子极化,可形成诱导偶极矩。光与手性分子之间电偶极矩-磁偶极矩相互作用以及电偶极矩-电四极矩相互作用等二级效应,导致了拉曼活性的差异,从而蕴藏着丰富的分子结构信息。因此,拉曼活性表征了伴有极化率变化的振动,通常,不具有极性的基团伸缩振动将产生较强的拉曼信号[66]。表 11.6 中列出了绝缘油中含量较多的基团振动模式及其对应的特征谱带范围和拉曼强度[67]。

表 11.6　分子振动拉曼特征谱带及强度

| 振动 | 特征谱带范围/cm$^{-1}$ | 拉曼强度 |
| --- | --- | --- |
| V（C—C） | 800~1100 | m~w |
| Vs（C—O—C），Vas（C—O—C） | 800~970、1060~1150 | s~m，w |
| V（C—O） | 1000~1280 | w |
| δ（CH$_2$），δas（CH$_3$） | 1400~1470 | m |
| V（C=O） | 1450~1850 | w |
| V（C=C） | 1500~1900 | vs~m |
| 亚甲基（CH$_2$）Vs（C—H）、Vas（C—H） | 2810~2860、2905~2950 | s |
| 甲基（CH$_3$）Vs（C—H）、Vas（C—H） | 2850~2890、2940~2980 | s |
| V（=C—H） | 3000~3100 | s |
| V（≡C—H） | 3300 | w |

注：V：伸缩振动；δ：弯曲振动；Vs：对称振动；Vas：反对称振动；vs：很强；s：强；m：中等；w：弱。

环烷基与石蜡基油中烃分子种类和含量存在差异，其主要成分环烷烃和石蜡烃中包含的基团种类、含量存在差异，并且在老化反应过程中通过断链、脱氢等反应还将形成更多种类的烃分子。本章搭建的环烷基油分子模型中存在 C$_{12}$ 长直链、C$_{13}$ 长支链六元环以及 C$_{14}$-C$_{16}$ 短支链五元环结构，实际的变压器油中含有更多支链长短不一的多元环环烷烃，以短支链六元环 C$_7$H$_{14}$ 及短支链五元环 C$_6$H$_{12}$ 为例，其支链是一个甲基（CH$_3$），是典型的非极性基团。由表 11.6 可知，甲基的对称和反对称伸缩振动拉曼活性较强，可能出现在拉曼频移 2850~2890 cm$^{-1}$ 和 2940~2980 cm$^{-1}$ 中，因此该谱带范围内应出现明显高耸的特征峰，且不同种类变压器油对应的拉曼特征峰包络应存在明显差异。

另外，石蜡烃、环烷烃分子结构中碳氢比达到最大值，致使分子内不同位置碳碳键键能差距不大，不同种类分子结构中键能数值也相近，碳碳键最小键能约为 360kJ/mol[68]。直链烷烃的键能最小值位置在链中心处，而长支链环烷烃碳环上与支链连接处最薄弱，一旦发生开环反应将形成长链烃自由基，与长链烷烃具有相似的结构性质。在长直链烷烃中，C—C 键伸缩振动对应拉曼特征峰位于低波数段，但其拉曼活性较弱且在各种组分中普遍存在，在老化过程中该基团含量变化可能无法在宏观上观测到谱峰强度变化。

类似地，作为起始组分的芳香烃，以及老化过程中陆续产生的不饱和烯烃等含有 C=C 结构，其伸缩振动对应极强的拉曼强度，出峰位置晚于 C—C 键伸缩振动，特征峰可能位于 1500~1900 cm$^{-1}$。而环烷基、石蜡基油的芳香烃含量存在差异，且芳香烃含量少于环烷烃和石蜡烃，因此该谱带范围内有极大可能性出峰，同时在不同种类油纸绝缘拉曼光谱中峰貌不同、峰强小于 2850~2940 cm$^{-1}$ 特征峰。由于热解过程中，芳香环、不饱和烃在较高温度下深度裂解，该结构含量随老化时间增加而减少，如图 11.9（c）、（d）所示。因此，宏观上可能难以观测到 1500~1900 cm$^{-1}$ 范围内峰貌、峰强的明显变化。

另外，油纸绝缘老化产物中含有大量的醛、酯、酸类物质。这几类物质中特征基团振动，如 C—O、C=O 键伸缩振动，对应拉曼强度较弱，且实际变压器绝缘纸的含量约小于变压器油的 1/10，因此在宏观上可能难以观测产物含量变化引起的拉曼特征峰变化。

图 11.12 中总结了拉曼光谱特征差异分析逻辑。综合上述分析，不同型号油纸绝缘材料拉曼活性存在显著差异，且最可能体现在基团含量多、拉曼活性强，即环烷烃等结构上甲基伸缩振动（$CH_3$）对应的 2850~2940 $cm^{-1}$ 特征谱带；其次是基团含量略少，但拉曼强度极强，即芳香环上碳碳双键伸缩振动（C=C）对应的 1500~1900 $cm^{-1}$ 特征谱带。另外，不同种类油纸绝缘热解规律不同，反应过程中产物种类及含量变化趋势不同，也将导致不同种类油纸绝缘体系的拉曼活性具有不同的动态发展趋势。

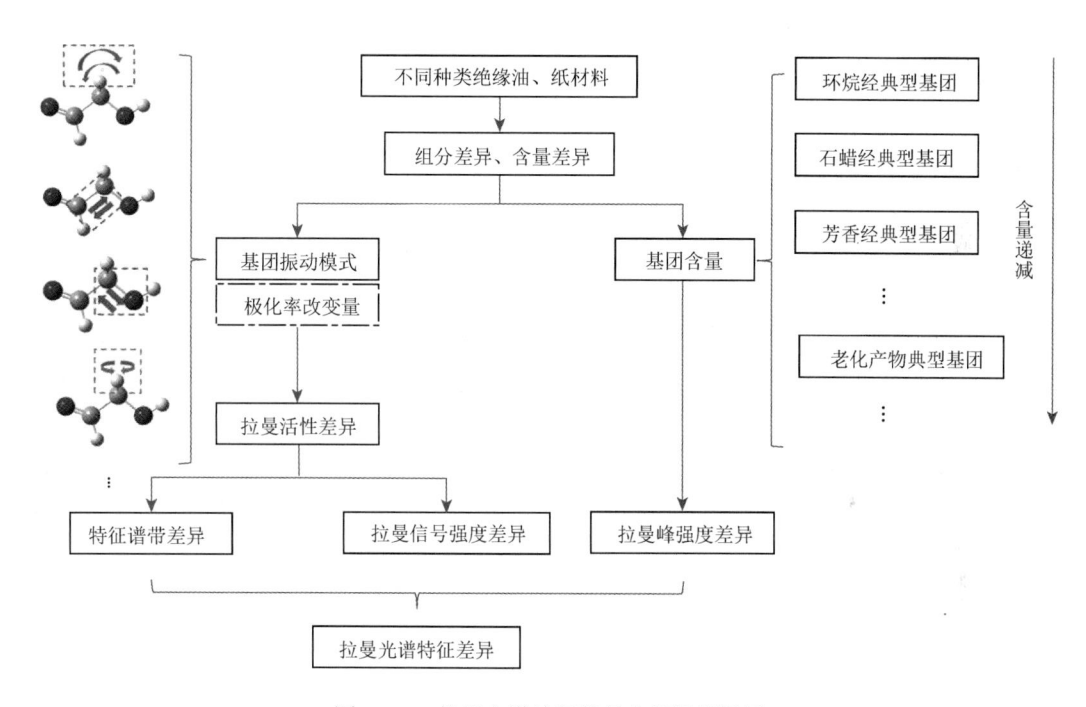

图 11.12 拉曼光谱特征差异分析逻辑导图

## 11.5 不同种类电气设备油纸绝缘老化拉曼光谱深度散射网络变换

面对成分复杂的随机信号，通常需要运用数学变换将信号中各种成分，如时间、频率、空间信息等一一剥离以便进一步分析。对于平稳信号，傅里叶变换（Fourier transform，FT）是转换分析域的经典方法，但信号中不同频率成分只能不加时间区分罗列在频谱上[71]。经傅里叶变换后的信号中，频率是唯一变量。对非平稳信号，运用短时傅里叶变换（short-time Fourier transform，STFT）对信号时域"加窗"，局部平稳信号经傅里叶变换后将建立时域与频域的关系，但由于"窗"的宽度固定，仍然无法对频率随时变化的信号进行分析[72]。而小波变换（wavelet transform，WT）的出现突破了上述困境，能够对非稳态信号进行多分辨率时频域分析[73]，其数学表达如式(11.6)和式(11.7)所示，小波变换有两个变量，对应于频率（反比）与时间。

$$F(\omega) = \int_{-\infty}^{\infty} f(t)^* e^{-iwt} dt \quad (11.6)$$

$$W(a,\tau) = \frac{1}{\sqrt{a}} \int_{-\infty}^{\infty} f(t)^* \psi\left(\frac{t-\tau}{a}\right) dt \quad (11.7)$$

### 11.5.1 小波变换与小波散射变换

小波函数指一类积分为零，在 $x$ 轴附近上下波动的函数，具有极强的局部性。通过待分析信号的特征确定母小波，并通过尺度函数作用于母小波产生小波簇与信号卷积得到小波变换系数。尺度函数中含方向、伸缩尺度两个参数，决定了小波的性质。令 $R_\alpha x$ 表示对经角度 $\alpha$ 旋转变换之后的 $x$，$x \in \mathbb{R}^2$，$\alpha \in A$（$A$ 是一个离散的，包含有限个旋转角度的集合），同时以二进制尺度进行伸缩，表示为 $2^s$，$s \in \mathbb{Z}$，则被尺度小波可以表示为

$$\psi_{\alpha,s}(x) = 2^{-2s} \psi(2^{-s} R_\alpha x) \quad (11.8)$$

令 $S$ 表示伸缩变换最大尺度，$\forall s < S$，$s \in \mathbb{Z}$，则最大尺度下的尺度函数为

$$\psi_S(x) = 2^{-2S} \psi(2^{-S} x) \quad (11.9)$$

由此，信号 $f$ 在采样点 $x$ 处作小波变换定义如下：

$$W_S f(x) = \begin{bmatrix} W_{\alpha,s} f(x) \\ T_S(x) \end{bmatrix}_{s<S,-\alpha \in A} = \begin{bmatrix} f(x) * \psi_{\alpha,s}(x) \\ f(x) * \psi_S(x) \end{bmatrix}_{s<S,-\alpha \in A} \quad (11.10)$$

式（11.10）表明 $T_S(x)$ 由信号与最大尺度下的尺度函数卷积得到，$W_{\alpha,s}f(x)$ 由信号与小波滤波器组卷积得到，信号经小波变换后得到不同方向、不同尺度的一组小波系数。理论上，带通滤波器 $\psi_{\alpha,s}(x)$ 的带宽在尺度的变化下可以无限逼近信号的高频细节，故小波滤波器组也可视作高通滤波器，产生一系列稀疏的高频特征系数[74]。但在实际情况中，信号的采样频率限制了 $S$ 的取值，导致损失了原始信号的部分高频信息。而最大尺度函数获取到信号在最大尺度下的低频分量，是一个低通滤波器，具有 $\int \psi(x) dx = 1$ 的性质。小波系数对旋转、伸缩及形变不敏感，但不具有平移不变性。因此，散射变换的目的是对小波变换所提取特征进行具有平移稳定性的再表达。

由于小波具有均值为零的性质：

$$\int \psi(x) dx = 0 \quad (11.11)$$

则小波与任何常量函数 $f(x)$ 的内积都趋近于零：

$$\int f(x) \psi(x) dx = 0 \quad (11.12)$$

定义 $\Omega$ 是一种线性或非线性变换算子，对小波变换进行 $\Omega$ 运算为

$$\Omega f(x) = M f(x) \psi(x) \quad (11.13)$$

$M$ 若为线性算子，则 $\Omega$ 运算后结果仍然为零。由此可知，线性变换对小波变换中丢失的信息并无任何进一步提取的可能性，故 $M$ 只能是一个非线性算子作用于小波特征生成对平移变换稳定的特征系数。可用模算子实现非线性变换得到非零系数，以此携带一

定的高频信息并同时消除小波变换 $f*\psi$ 的复相[75]。模算子对小波变换的作用过程可被表示为

$$Uf(x)=|f(x)*\psi(x)| \tag{11.14}$$

再利用平均运算令特征具有平移稳定性和局部不变性，即令式（11.14）与最大尺度下的尺度函数再次卷积，此过程也是对上一步回收的高频信息进行低通滤波，表示为

$$Sf(x)=|f(x)*\psi(x)|*\psi_S(x) \tag{11.15}$$

至此，信号 $f$ 完成了一次小波散射变换。

平均运算使得高频特征能够稳定表达的同时也损失了小波系数的频率区分度。为最大化重构信号原貌，可对高频信息逐级提取，即迭代地对信号在相对更大尺度进行小波模变换和平均运算。因此，信号 $f$ 经 $n$ 级散射变换后被分解为高频特征系数和低频特征系数，分别表示为

$$U[\lambda_1,\lambda_2,\cdots,\lambda_n]f=\left\| |f*\psi_{\lambda_1}|*\psi_{\lambda_2}|\cdots*\psi_{\lambda_n}\right\| \tag{11.16}$$

$$S[\lambda_1,\lambda_2,\cdots,\lambda_n]f=U[\lambda_1,\lambda_2,\cdots,\lambda_n]f*\psi_S=\left\| |f*\psi_{\lambda_1}|*\psi_{\lambda_2}|\cdots*\psi_{\lambda_n}\right|*\psi_S \tag{11.17}$$

其中，$n\geq 1$，$n\in\mathbb{Z}$；$\lambda_1<\lambda_2<\cdots<\lambda_n<S$，分别命名为尺度系数和散射系数。定义信号 $f$ 第零级尺度系数为其本身，散射系数为 $S[\lambda_0]f=f*\psi_S$。定义 $p$ 代表多级散射过程最长路径，小波散射变换可通过小波散射传播算子 $\widetilde{W}$ 统筹表示，其每运算一次将产生两个输出，传播过程如图 11.13 所示[76,77]：

$$\widetilde{W}f(x)=\left\{f(x)*\psi_S(x),|f(x)*\psi_\lambda(x)|\right\}_{\lambda\in p} \tag{11.18}$$

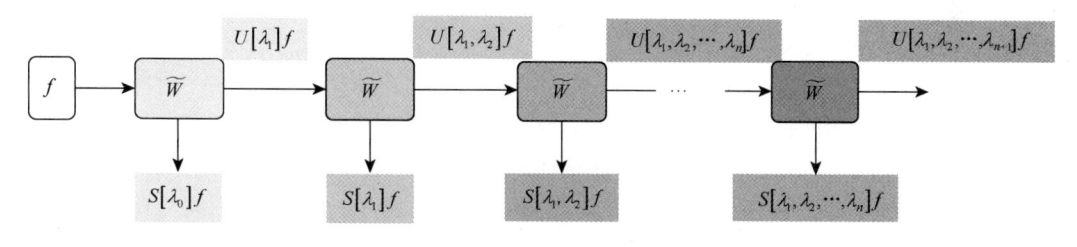

图 11.13 散射传播算子迭代过程及其输出

## 11.5.2 深度散射网络结构及性质

信号能量随散射路径变长迅速消散，大量实验结果表明，三阶散射系数的能量降至 1%以下[78]。图 11.14 描绘了信号在历经三级小波散射传播逐级分解的过程，其本质是一个呈树状发散、具有多层级结构的卷积网络。散射传播算子 $\widetilde{W}$ 作用于 $f$ 计算出第一层小波系数的模 $U[\lambda_1]f=|f*\psi_{\lambda_1}|$ 并输出其局部平均值 $S[\lambda_0]f=f*\psi_S$。$\widetilde{W}$ 作用于 $U[\lambda_1]f$ 输出一阶散射系数 $S[\lambda_1]f=U[\lambda_1]f*\psi_S$ 并计算出第二层的传播信号 $U[\lambda_1,\lambda_2]f$。对每个传播信号 $U[p]f$ 迭代 $\widetilde{W}$ 运算输出 $S[p]f=U[p]f*\psi_S$ 并计算出下一层的传播信号，分别代表原信号在该散射

级的低频系数和高频系数。完整的散射路径上各级散射特征通过非线性级联形成输入信号的全局散射特征。

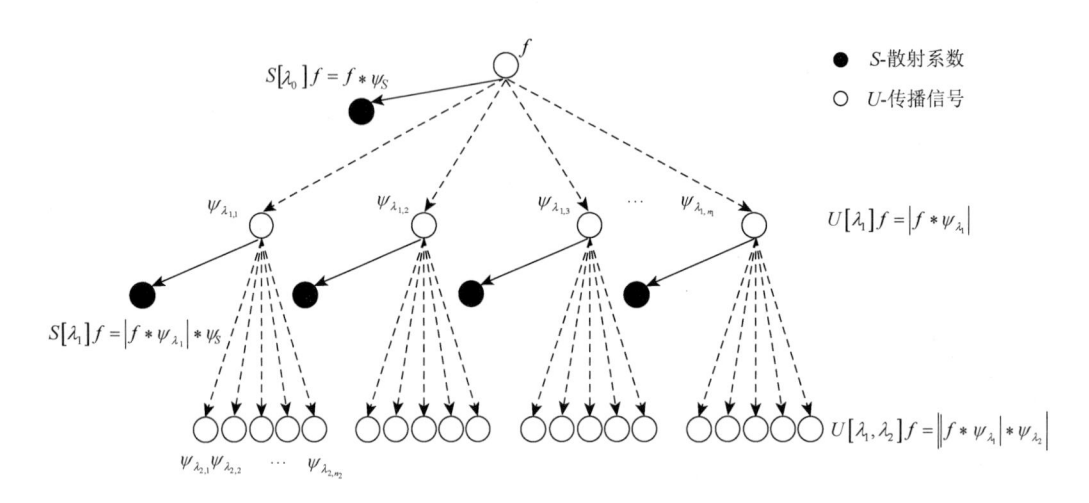

图 11.14 三级深度散射网络架构

深度卷积神经网络中有三个必不可缺的角色，分别是卷积核、激励函数、池化运算。信号在散射网络的传播过程中，同样存在三个工作原理类似的过程，所以散射网络的本质上是一类深度神经网络[79]。具有不同尺度参数的小波簇好比卷积核，输入信号中每个局部范围与"小波核"的互相关函数将被提取进入下一级变换。另外，模算子作为一种非线性运算，在层级中不断回收高频系数与深度卷积网络中隐藏提升神经网络表达能力的作用类似。最后，对小波变换模进行平均运算，即以低频形式再表达高频特征，实现了降采样，从而降低模型计算复杂度，与池化增大感受野、增加平移不变性、优化参数等作用类似。

然而两者之间主要存在两点差异。第一，网络输出结果方式不同。一般深度卷积网络仅在最后一层输出结果，中间层各神经元连接形式复杂，通常形成反馈式结构完成数据训练。由图 11.14 可知，信号在散射网络各级别之间的传播路径清晰，且在每一个小波散射级别上均输出两个结果。第二，"小波核"与卷积核的产生方式不同。母小波函数基于输入信号特征确定：信号过渡陡峭、用于边沿识别，可以选择偏导小波；纹理特征识别，通常选用在方向和频率上分辨率更高的复数小波[80]。另外，尺度参数是预定义而并非通过数据训练获得。而在深度卷积网络中试验者通常需要反复的试验数据来确定卷积核的参数，且基于庞大的卷积核数量和复杂的通道存在无法穷举网络中所有参数组合的情况。而在深度散射卷积网络中，无论内部还是外部参数量都将随着构建散射通道的参数设置简化而大幅降低。

### 11.5.3 电气设备油纸绝缘老化拉曼光谱深度散射网络创建及散射特征分析

目前，深度散射网络在音频信号分析、图像检索、纹理分析等领域已有广泛的研究，但目前尚未发现在光谱分析领域应用的报道[85]。显然，拉曼信号符合随机过程，是一种非平稳信号，可作为深度散射网络的输入。拉曼光谱波数域可等效替换为时域，经多级小波散射变换后得到新增频率成分的散射特征。与降维这一特征提取思路不同，散射特征是对原始光谱的稀疏表达，实现降采样的同时保留了局部稳定信息，具有再表达原始信号特征的能力，同时避免了特征冗余计算。

本章利用 MATLAB 中 Wavelet Toolbox 搭建能自适应提取不同种类油纸绝缘老化拉曼光谱特征的深度散射网络[86]。根据老化绝缘油拉曼光谱峰貌，选用由 Gaussian 调制的 Morlet 小波组建高频滤波器，其表达形式为

$$\psi(x) = \alpha \left( e_m^{ix\varepsilon} - \beta \right) e^{-\frac{|x|^2}{2\delta^2}} \tag{11.19}$$

该小波均值为零的条件是 $\beta$ 远小于 1[87]。另外，构造网络最关键的参数是时间（拉曼频移）不变性尺度（invariance scale），它决定了网络在何种尺度上具有平移不变性。若目标信号是时间序列，时域上尺度函数的支撑长度不应超过网络不变性尺度。对于 2000 维原始拉曼特征，指定网络不变性尺度为信号长度的一半。如图 11.15 所示，尺度函数在 [–200 s, 200 s]区间中已大致收敛，其时域支撑长度未超过 1000s。

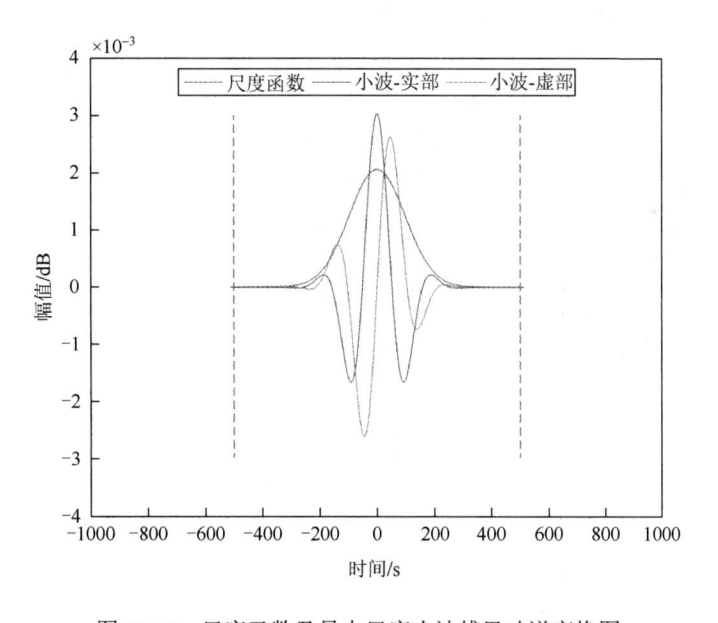

图 11.15 尺度函数及最大尺度小波傅里叶逆变换图

另外，还需指定网络小波滤波器组以及对应该散射级品质因数。品质因数表示每个小波滤波器组中每倍频程的小波数量，通常为 2 的幂数，且不宜过大导致网络输出过多特征[88]。小波滤波器利用指定数量的小波对信号进行尺度离散化变换，小波滤波器组由多个具有不同尺度的小波滤波器组成。图 11.16 展示了品质因数分别为 $Q_1 = 8$，$Q_2 = 4$ 的两级小波滤波器组。其中，第一级小波滤波器中含有 48 个尺度不同的小波滤波器，第二级小波滤波器中含有 27 个相对尺度更大的小波滤波器。

(a) $Q_1 = 8$

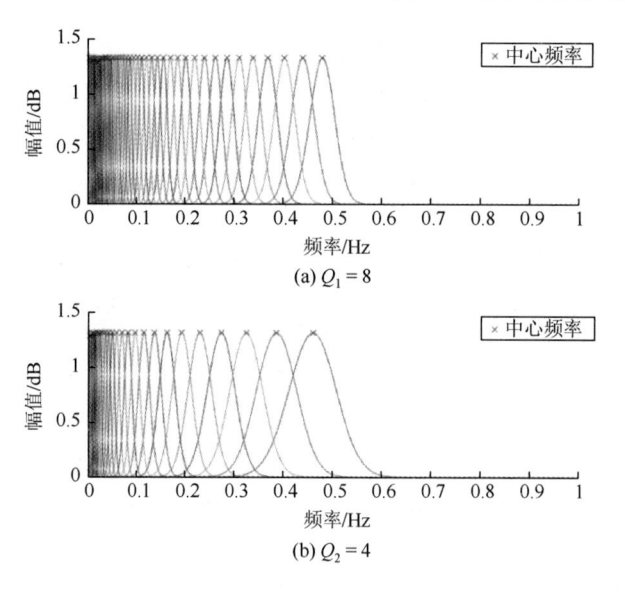

(b) $Q_2 = 4$

图 11.16 两级小波滤波器组

将任意克拉玛依 25 号油纸绝缘老化样本拉曼光谱输入深度散射网络，分别得到两个散射级别上的尺度系数与散射系数共计四个输出，如图 11.17 所示。从图 11.17（a）中可以看出，一阶散射变换在频率维度上对原信号进行了分解，一维拉曼峰强序列变换为频率及其幅度。从图 11.17（b）中可以看出，一阶散射特征能够重构拉曼光谱大致轮廓。第二级小波滤波器组对一阶尺度系数进一步分解，可以看到图 11.17（c）中频率分辨率变高，高频分量幅度变化明显。由于二级小波簇在更大的尺度上进行伸缩、平移变换，已知小波消失矩越大，其对应高通、低通滤波器长度越长，其滤波器特性表现为通带更平坦，过渡带更急陡，阻带更理想，实现高频分量有效回收但高频系数较小，同时二阶散射特征对拉曼信号特征的表达程度更高，如图 11.17（d）所示。

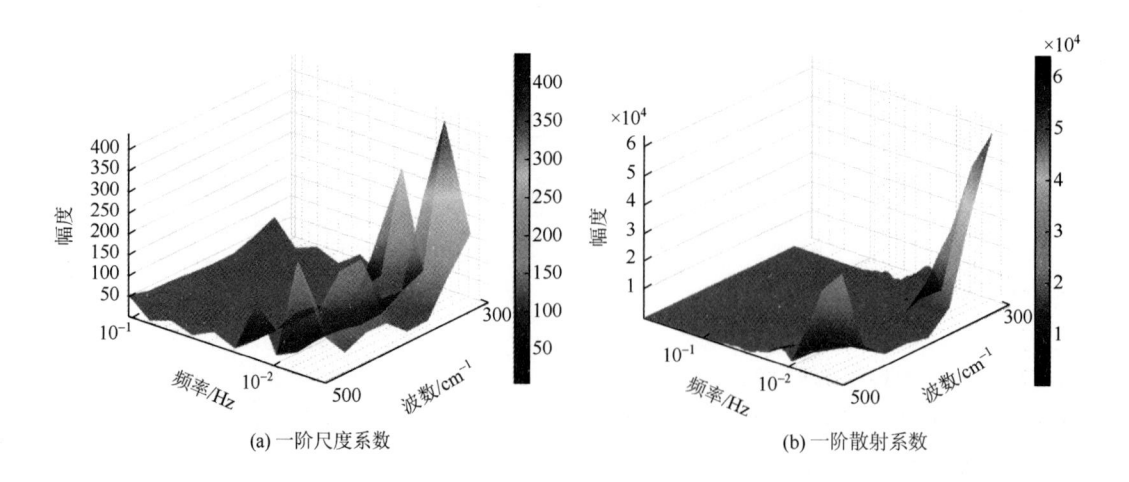

(a) 一阶尺度系数

(b) 一阶散射系数

(c) 二阶尺度系数　　　　　　　　(d) 二阶散射系数

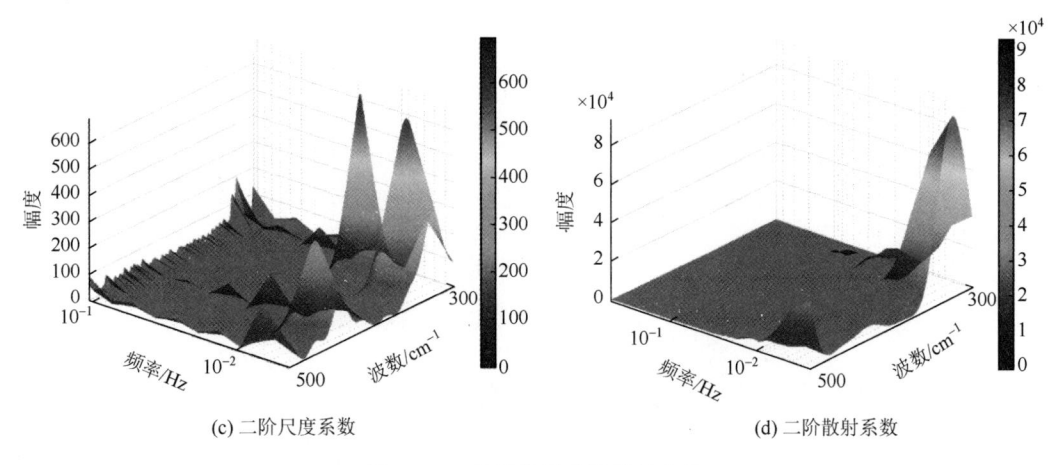

图 11.17　拉曼信号小波散射变换

随机抓取三种油纸绝缘全寿命拉曼光谱归一化数据集中的四条样本，样本编号 1~10 号表示老化 1 天的十组样本，11~20 号表示老化 2 天的十组样本，以此类推。从左至右，拉曼光谱随老化时间增加的变化规律如图 11.18 所示。宏观上，除荧光背景干扰外，随样本编号增大未观测到在新的拉曼谱带有出峰行为，同时特征峰峰貌无明显变化。对数据集前段样本难以从拉曼光谱特征读出其老化程度信息。

散射特征能够直观分辨油纸种类和老化程度。以克拉玛依 25 号油纸绝缘老化拉曼光谱数据集为例，抓取编号为 1、120、250 的三个样本并将其输入所搭建的深度散射网络，分别获取一阶、二阶散射变换时-频域尺度图。用波数替换时间度量单位后的两级尺度系数如图 11.19 所示。样本编号对应取样时间，故对应老化程度。观察图 11.19 左列，引入频率分量解析光谱特征后，发现同一数据集中不同老化时间样本的拉曼信号拥有基本相

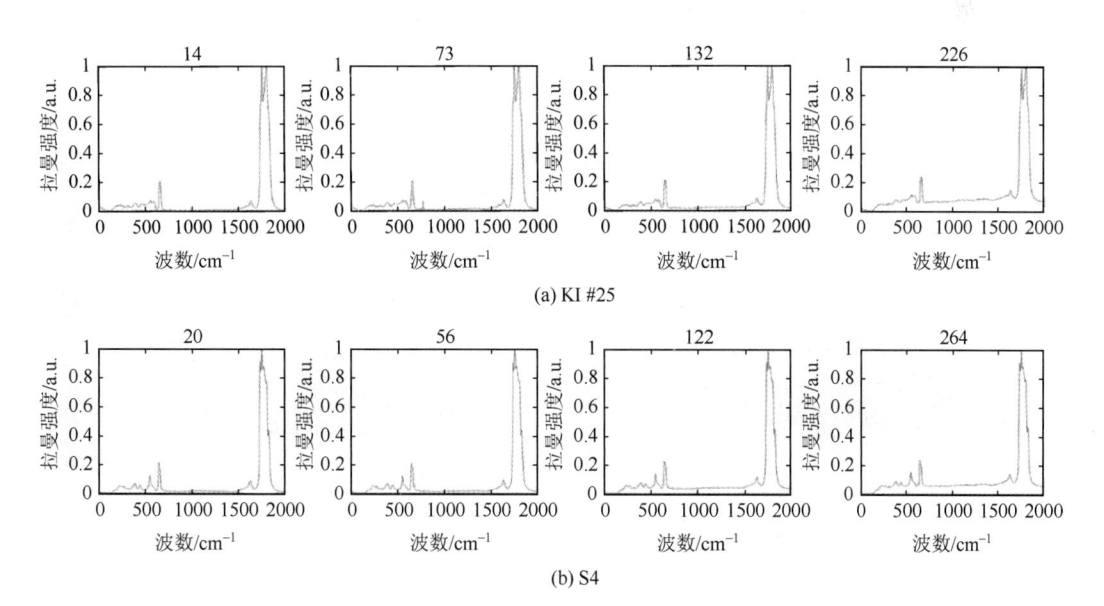

(a) KI #25

(b) S4

(c) GW #25

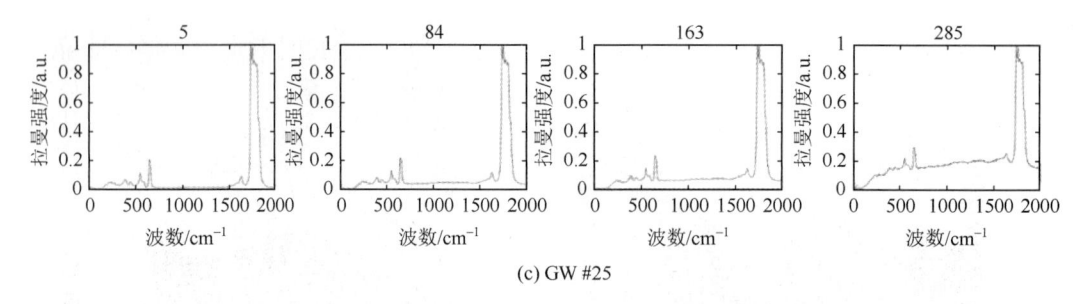

图 11.18  油纸绝缘老化拉曼光谱数据集

同的一阶尺度系数，因此它们经过相同的、最大尺度低通滤波器变换后的一阶散射系数也基本相等。这是由于同一种类不同老化时间的油纸绝缘材料本质上具有大致相同的散射频率，一阶尺度系数表征了信号全局特征，体现了其缩小类内差异的特点。在图 11.19 右列，随着老化程度加深，二阶尺度图中高频分量有显著变化，因此二阶尺度系数能够清晰体现同一种类油纸绝缘不同老化程度拉曼特征的高频细节变化，所对应二阶散射系数能够还原更多光谱细节差异。

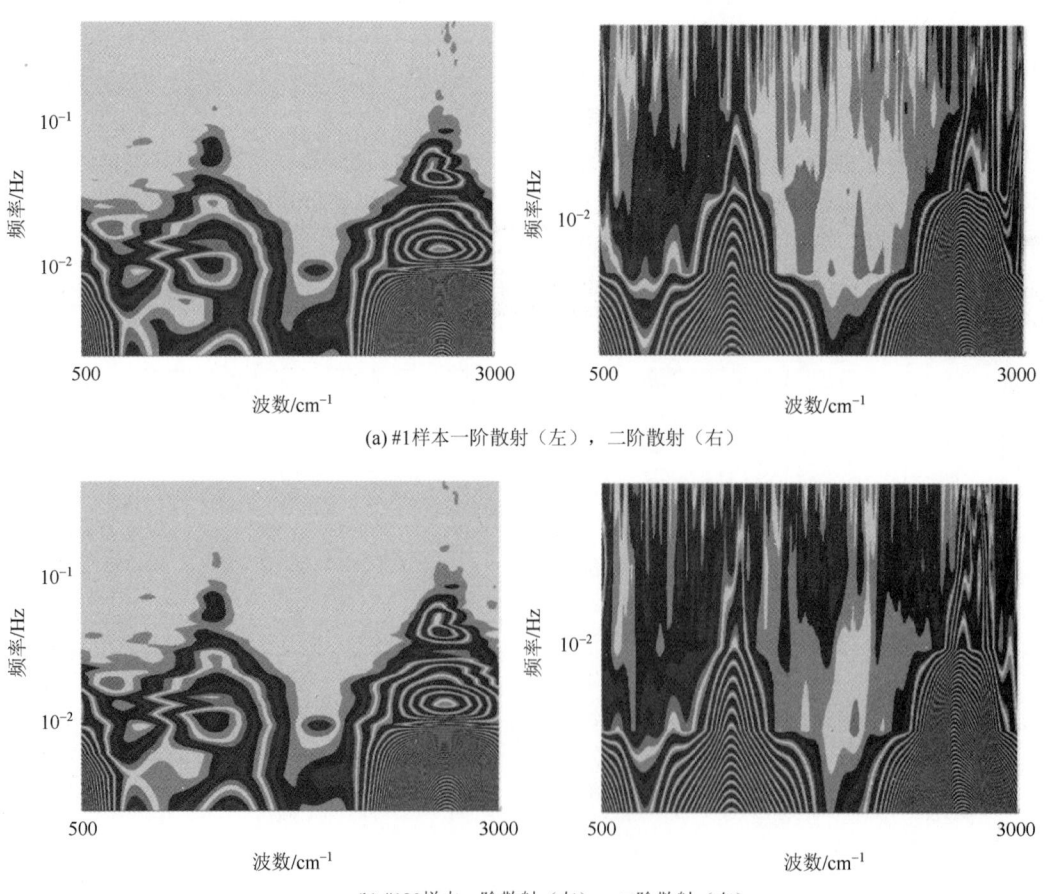

(a) #1样本一阶散射（左），二阶散射（右）

(b) #120样本一阶散射（左），二阶散射（右）

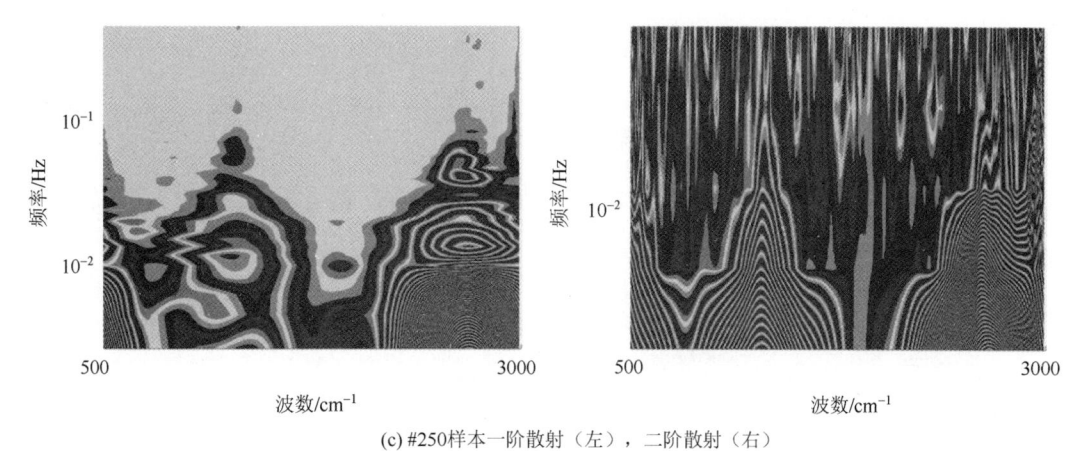

(c) #250样本一阶散射（左），二阶散射（右）

图 11.19　克拉玛依 25 号油纸绝缘不同样本两级散射尺度系数

从不同种类油纸绝缘材料老化拉曼光谱数据集中选取编号为 200 的样本并将其输入深度散射网络，分别获取一阶、二阶散射变换尺度系数如图 11.20 所示。由于不同种类油

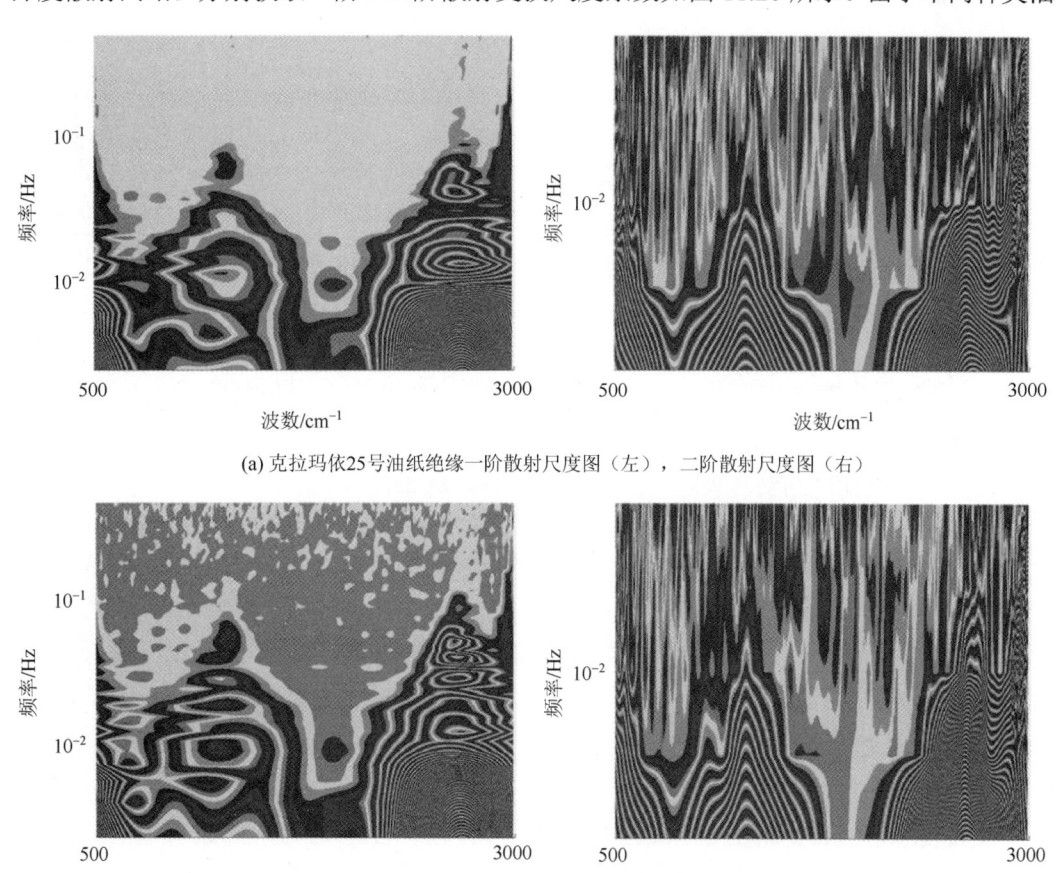

(a) 克拉玛依25号油纸绝缘一阶散射尺度图（左），二阶散射尺度图（右）

(b) 壳牌S4油纸绝缘一阶散射尺度图（左），二阶散射尺度图（右）

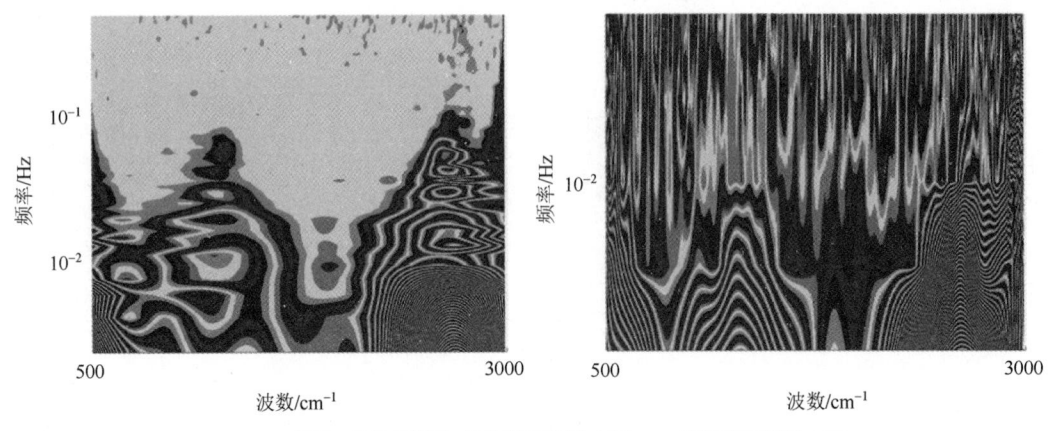

(c) 长城25号油纸绝缘一阶散射尺度图（左），二阶散射尺度图（右）

图 11.20 老化末期散射尺度图对比

纸绝缘老化初始拉曼光谱中特征峰形貌、个数、对应谱带等存在本质区别，如图 11.20 左列所示，不同数据集样本信号的一阶散射尺度图存在明显差异，说明类间差异得到放大。不同的一阶尺度系数与网络尺度函数卷积后得到不同的一阶散射系数，将对拉曼信号的一阶散射特征进行差异化表达，这与不同型号绝缘油纸材料拉曼活性不同相符。同样地，如图 11.20 右列所示，同一编号（同一老化时间）不同种类油纸绝缘样本拉曼信号二阶尺度系数有显著差异。其中，样本一阶尺度图中高频区为浅色，二阶尺度图中高频区深色部分从图 11.20（a）到（c）逐渐增多，表达了老化 20 天时 KI#25 油纸组到 GW#25 老化程度依次加深，这与前面三组油纸绝缘老化纸聚合度变化规律相符。

## 11.6 不同种类电气设备油纸绝缘老化拉曼光谱散射特征诊断模型

经过深度散射网络稀疏表达的拉曼特征通过高频系数直观地展示了油纸绝缘材料老化程度深浅的信息。同时，绝缘纸平均聚合度量化了老化阶段，能够赋予数据集中每条数据老化程度标签。因此，使用多类别分类器，有监督地对不同型号油纸绝缘材料拉曼光谱散射特征实现老化阶段分类。在本例中，选择泛化能力较强，且对小样本量高维数据集有较好分类效果的支持向量机作为分类器[89]。

### 11.6.1 支持向量机分类思想

支持向量机的目标就是基于结构风险最小化理论，在特征空间中建构最优分割超平面（hyperplane），使得学习器得到全局最优化，并且在整个样本空间的期望风险以某个概率满足一定上界[90]。其本身是一个二进制分类器，即通过构造目标函数将两类模式尽可能地区分开来，对输入特征通常分为两类情况来讨论。

## 1. 输入特征线性可分

在二维空间中，数据集 $D$ 中两类样本正好能够被一条直线分隔，则称 $X$ 线性可分。将二维推广到 $n$ 维，在线性可分的情况下，数据集 $D$ 包含 $k$ 个 $n$ 维样本点，即 $D = \{(x_1, y_1), (x_2, y_2), \cdots, (x_k, y_k)\}$, $x_i \in \mathbb{R}^n$, $i = 1, 2, \cdots, k$，对应类标签记为 $y_i \in \{-1, 1\}^n$，$-1$ 和 $1$ 表示两个类别，就会存在一个超平面使得训练样本完全分开，该超平面可描述为

$$Wx + b = 0 \tag{11.20}$$

其中，$W$ 为 $n$ 维向量；$b$ 为标量，表示偏移量。样本 $(x_i, y_i)$ 到超平面 $(W, b)$ 的函数间隔与几何间隔分别定义为

$$l_i = y_i(W^T x_i + b) \tag{11.21}$$

$$r_i = y_i(W^T x_i + b) / \|W\| \tag{11.22}$$

其中，$\|W\|$ 表示 $W$ 的范数。数据集 $D$ 到超平面 $(W, b)$ 的函数间隔定义为所有样本的函数间隔的最小值，而数据集 $D$ 到超平面 $(W, b)$ 的几何间隔定义为所有样本的几何间隔的最小值。根据以上定义，SVM 寻找最优超平面即求解使得数据集到超平面的几何间隔最大化的参数 $W$ 和 $b$，图 11.21 展示了最优分类超平面，离超平面最近的被称为支持向量。

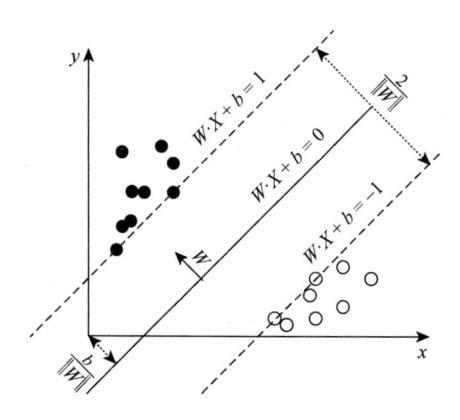

图 11.21 最优分类超平面示意图

求解以上两个参数可以通过解下面的二次优化问题来获得：

$$\begin{cases} \min \Phi(W) = \dfrac{1}{2} W^T W = \dfrac{1}{2} \|W\|^2 \\ \text{s.t. } y_i(W \cdot x_i + b) \geqslant 1, \quad i = 1, 2, \cdots, k \end{cases} \tag{11.23}$$

这是一个含有不等式约束的凸二次规划问题，可以对其使用拉格朗日乘子法转化为其对偶问题（dual problem）：

$$\begin{cases} \max W(\alpha) = \sum_{i=1}^{k} \alpha_i - \frac{1}{2} \sum_{i=1}^{k} \sum_{j=1}^{k} \alpha_i \alpha_j y_i y_j (x_i \cdot x_j) \\ W^* = \sum_{i=1}^{k} \alpha_i^* y_i x_i \\ b^* = y_i - \sum_{i=1}^{k} \alpha_i^* y_i (x_i \cdot x_j) \\ \text{s.t.} \sum_{i=1}^{k} \alpha_i y_i = 0, \quad \alpha_i \geqslant 0, \quad i = 1, 2, \cdots, k \end{cases} \quad (11.24)$$

其中，$\alpha = (\alpha_1, \alpha_2, \cdots, \alpha_k)$为拉格朗日乘子；$W^*$为最优超平面的法向量；$b^*$为最优超平面的偏移量。在这类优化问题的求解与分析中，假设已满足KKT条件：

$$\begin{cases} \alpha_i \geqslant 0 \\ y_i(W_i \cdot x_i + b) - 1 \geqslant 0 \\ \alpha_i(y_i(W_i \cdot x_i + b)) - 1 \geqslant 0 \end{cases} \quad (11.25)$$

由式（11.25）可知，$\alpha_i = 0$的样本对分类没有任何作用，只有$\alpha_i > 0$的样本才对分类起作用，这些样本称为支持向量，故最终的分类函数为

$$f(x) = \sum_{i=1}^{k} \alpha_i y_i (x \cdot x_i) + b^* \quad (11.26)$$

根据$f(x)$的符号来确定$x$的归属。

2. 输入特征线性不可分

对于输入空间中的非线性分类问题，可以通过把样本$x$非线性变换到一个高维特征空间$H$中学习线性支持向量机，运用原空间的函数来实现内积运算，这样将非线性问题转换成另一空间的线性问题来求解一个样本的归属。令$K$表示非线性映射关系，$K(x_i, x_j)$可以作为核函数，或正定核的充要条件是$K$对应的格拉姆（Gram）矩阵是半正定矩阵。令$X$为输入空间，$X = \{x_1, x_2, \cdots, x_k\}$中各向量线性无关，$K(x_i, x_j)$是定义在$X \times X$上的对称函数，当且仅当对于任意数据$X = \{x_1, x_2, \cdots, x_k\}^T$，"核矩阵"$K$总是半正定的：

$$K = \begin{bmatrix} K(x_1, x_1) & K(x_1, x_2) & \cdots & K(x_1, x_k) \\ K(x_2, x_1) & K(x_2, x_2) & \cdots & K(x_2, x_k) \\ \vdots & \vdots & & \vdots \\ K(x_k, x_1) & K(x_k, x_2) & \cdots & K(x_k, x_k) \end{bmatrix}_{k \times k} \quad (11.27)$$

只要一个对称函数所对应的核矩阵半正定，它就能作为核函数使用。根据泛函的有关理论，只要一种核函数满足Mercer条件，它就对应某一空间中的内积，由于在线性支持向量机学习的对偶问题里，目标函数和分类决策函数都只涉及实例和实例之间的内积，所以不需要显式地指定非线性变换，而是用核函数替换当中的内积。对于一个半正定核矩阵，总能找到一个与之对应的映射$\phi$。换言之，任何一个核函数都隐式地定义了一个称

为再生核希尔伯特空间（reproducing kernel Hilbert space，RKHS）的特征空间，特征被 $\phi$ 映射到该空间从而实现线性可分的过程如图 11.22 所示。

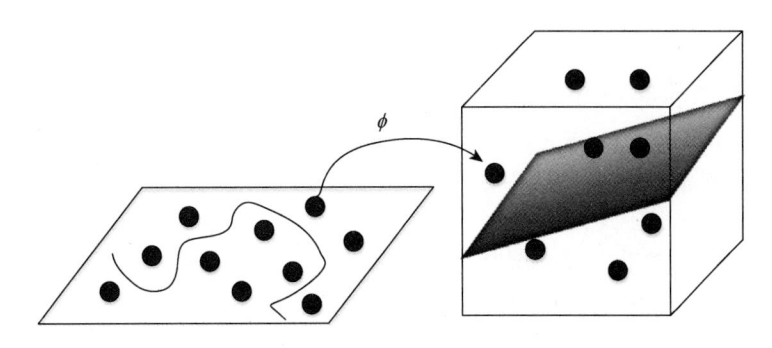

图 11.22　原始空间到高维空间映射及特征线性可分示意图

如果满足将输入空间映射到希尔伯特空间使得对于任意 $x_i$，$x_j \in X$，函数满足 $K(x_i, x_j) = \phi(x_i) \cdot \phi(x_j)$，则称 $K$ 为核函数。此时的目标函数为

$$\max W(\alpha) = \sum_{i=1}^{k} \alpha_i - \frac{1}{2} \sum_{i=1}^{k} \sum_{j=1}^{k} \alpha_i \alpha_j y_i y_j K(x_i \cdot x_j) \tag{11.28}$$

其相应的分类函数为

$$f(x) = \sum_{i=1}^{k} \alpha_i y_i K(x \cdot x_i) + b^* \tag{11.29}$$

3. 内积核函数

目前有四类用得较多的内积核函数。

第一类是线性核函数：

$$K(x_i, x_j) = x_i^{\mathrm{T}} x_j \tag{11.30}$$

第二类是多项式核函数：

$$K(x_i, x_j) = (\gamma x_i^{\mathrm{T}} x_j + r)^d \tag{11.31}$$

第三类是径向基核函数：

$$K(x_i, x_j) = \exp(-\gamma \|x_i - x_j\|^2) \tag{11.32}$$

第四类是 Sigmoid 核函数：

$$K(x_i, x_j) = \tanh(\gamma x_i^{\mathrm{T}} x_j + r) \tag{11.33}$$

线性核函数主要用于线性可分的情形，没有需要特殊设置的参数，因此训练速度较快。而多项式核函数中需要设置三个参数，首先是最高项次数 $d$，一般默认为 3，另外设置 $\gamma$ 等于类别数分之一以及核函数的系数 $r$，通常默认值为 0。在径向基核函数中，参数 $\gamma$ 对分类模型的准确率有较大意义，该参数主要作用是改变高斯分布的宽度，若 $\gamma$ 容易发

生过拟合，则分类模型泛化能力较差。当 $\gamma$ 远大于样本间最大距离时，此时所有样本均会被划分为一类。对于 Sigmoid 核函数，存在两个参数 $\gamma$ 和 $r$ 需要设置，参考多项式核函数默认值。

### 11.6.2 基于多分类支持向量机的老化诊断模型

本章根据不同型号油纸绝缘中各自的老化绝缘纸样本聚合度对老化程度划分为三类，分别为老化初期（DP>500）、老化中期（500>DP>250）和老化末期（DP<250），如表 11.7 所示。根据前面内容中聚合度拟合曲线，得到不同型号油纸绝缘在各老化阶段的样本数量，每组油纸绝缘材料老化样本总数量为 300，老化速率非线性变化导致同组中各类别样本数量不相等，且不同组油纸绝缘材料老化速率不同导致对应各类别样本数量不均衡度存在差异。

表 11.7 不同老化阶段样本数量

| 老化程度 | 样本数量 |  |  |
|---|---|---|---|
|  | KI #25 油纸 | S4 油纸 | GW #25 油纸 |
| 老化初期 | 50 | 40 | 30 |
| 老化中期 | 110 | 90 | 70 |
| 老化末期 | 140 | 170 | 200 |

每个数据集中有 3 类标签，由于 SVM 属于二分类器，本章选择将 SVM 转化为多个二分类器来进行老化诊断，采用一对一编码方式。假设训练样本共属于 $N$ 个类别，对属于第 $i$ 个和第 $j$ 个类别的两个样本，$i,j \in \{1, 2, \cdots, N\}$，$i<j$，可以建立 $N(N-1)/2$ 个二分类器实现多分类[91]。3 个类的一对一编码方式产生 3 个二进制学习器。多分类模型可以表达为以下形式：

$$\begin{cases} \min_{W^{i,j}, b^{i,j}, \xi^{i,j}} \frac{1}{2}(W^{i,j})^\mathrm{T} W^{i,j} + C\sum_t \xi_t^{i,j}, \ \xi_t^{i,j} > 0 \\ \text{s.t.} \ (W^{i,j})^\mathrm{T} K(x_t) + b^{i,j} \geqslant 1 - \xi_t^{i,j}, \ y_t = i \\ (W^{i,j})^\mathrm{T} K(x_t) + b^{i,j} \leqslant 1 - \xi_t^{i,j}, \ y_t = j \end{cases} \quad (11.34)$$

其中，$K$ 为非线性映射；下标 $t$ 为 $i$ 类和 $j$ 类的并集中样本的索引。第 $i$ 类和第 $j$ 类之间的二进制分类器决策函数可以表示为

$$y_\text{new}^{i,j} = \text{sign}\left((W^{i,j})^\mathrm{T} K(x_t) + b^{i,j}\right) \quad (11.35)$$

在本例中，基于 SVM template 构建二次核多分类器。三个拉曼特征数据集中分别有 300 个一维向量，经前面搭建的深度散射网络变换后得到三个 580×8×300 的三阶张量，每一阶张量对应每个向量的散射变换。在本例中，每条拉曼信号经散射变换后产生了 580 条

散射路径，对每条散射路径产生了 8 个散射窗。在此方法下，需要先对以上散射三维张量重整为二维矩阵后再输入组合二进制分类器。由于每条信号都有 8 个散射窗，设置输入矩阵大小为 2400×580，行数据代表散射窗，列数据代表散射路径。下面将通过两种分析方法展示诊断模型基于散射特征预测老化阶段标签的过程[103-110]。

1. 基于全数据集散射特征集成多个二分类 SVM 与投票器预测结果

模型输入为全数据集散射特征矩阵和对应老化阶段标签集，使用二次核支持向量机二进制学习器训练多类纠错输出码（error-correcting output code，ECOC）模型。使用十折交叉验证进行参数寻优后初步得到基于 2400 条散射特征的预测结果。再使用多数投票（majority vote）策略，聚合 3 个二分类 SVM 对每条拉曼信号对应 8 条散射特征预测的 8 个结果进行投票，这种投票分类器往往比单个的最佳分类器获得更高的准确率，综合一个样本的所有散射特征预测结果肯定比根据单个散射特征预测结果更加精准。图 11.23 展示了一条拉曼信号老化诊断流程，将获得最多投票的类作为该样本老化阶段预测结果。若遇平票情况，则按索引较小类归类。

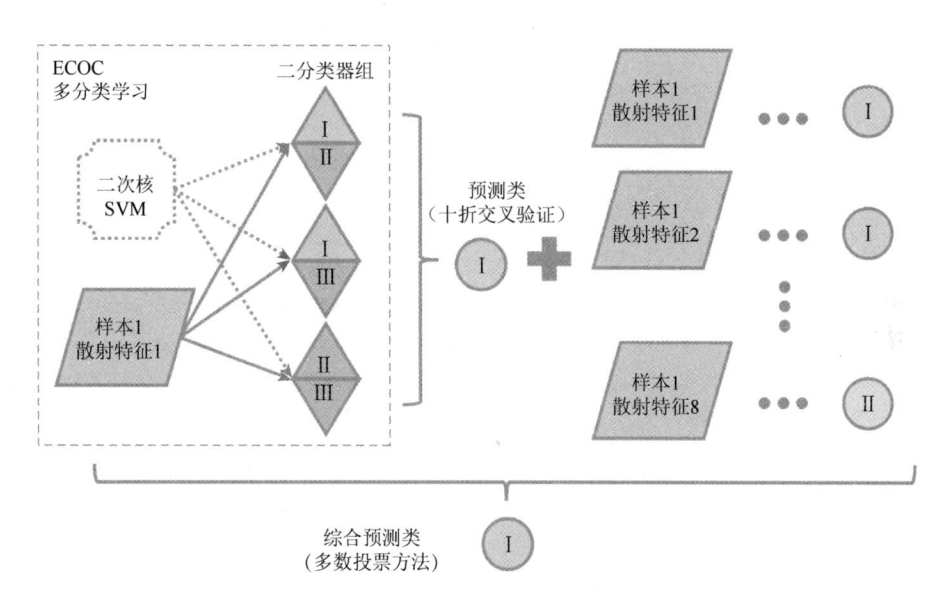

图 11.23 集成多分类 SVM 与多数投票策略预测方法

2. 使用训练集做模型多分类学习预测测试集标签

以样本量 7∶3 的比例将每组油纸绝缘材料拉曼特征数据集随机分为训练集（210 条样本）和测试集（90 条样本），并分别输入深度散射网络得到与多分类器兼容的散射特征矩阵。模型的输入为训练集的标签集和散射特征集，通过组合二元分类器训练 ECOC 多分类模型后对测试集散射特征矩阵中每个特征预测老化阶段标签，最后通过投票器决策每条拉曼信号的老化阶段标签，该诊断模型测试集标签预测方法如图 11.24 所示。

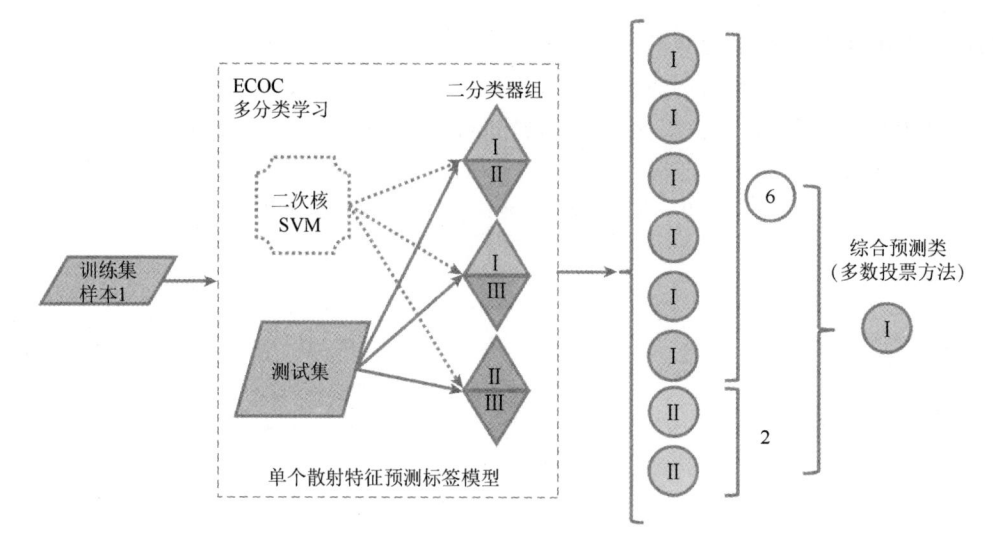

图 11.24　测试集标签预测方法

## 11.6.3　不同种类油纸绝缘老化拉曼光谱散射特征诊断结果分析

表 11.8 中列出了采用 11.6.2 节中第一种分析方法对三组油纸绝缘材料老化预测结果的准确率。

表 11.8　不同型号油纸绝缘材料老化诊断准确率

| 准确率类型 | 样本集 | | |
|---|---|---|---|
| | KI #25 油纸 | S4 油纸 | GW #25 油纸 |
| 单个特征预测准确率 | 92.83%（2228/2400） | 94.63%（2271/2400） | 95.42%（2290/2400） |
| 综合特征预测准确率 | 99.00%（297/300） | 98.67%（296/300） | 98.33%（295/300） |

表 11.8 中数值表明两种预测方法都能够对拉曼光谱散射变换特征进行老化阶段判别，同时印证了综合特征预测标签结果并采用多数投票策略后得到的诊断准确率明显高于对单个特征进行诊断这一推断。模型基于综合散射特征老化诊断能力随着数据集样本不平衡度变大而略有减小，三组准确率均达到 98%以上，说明模型具有较强的泛化能力。而模型基于单个散射特征诊断准确率逐步提高，这再次体现了深度散射网络具有补偿样本不平衡、样本量小的能力。在类内一阶全局特征相等的情况下，二阶局部特征对应老化标签具有更强的指向性。

同一型号油纸绝缘材料不同老化阶段样本量是根据不同老化时间绝缘纸平均聚合度拟合曲线划分得到的，与实际样本老化程度必然存在一定误差。同时，考虑到一定数量的样本特征必然存在处于索引相邻类决策面上的情况，而纠错输出码模型具有对编码距离越远纠错能力越强的特点，增加类别标签将有助于提高分类准确率。基于第二种预测方法的诊断准确率如表 11.9 所示。除上述原因，样本量在分割训练集与测试集过程中被压缩，导致不平衡度加剧，造成此种分类准确率略有下降，但输入为深度散射变换特征的多分类模型仍然对不同型号油纸绝缘材料同时具有一定的老化阶段判别能力。

表 11.9　不同型号油纸绝缘材料老化预测准确率

| 准确率类型 | 样本集 | | |
|---|---|---|---|
| | KI #25 油纸 | S4 油纸 | GW #25 油纸 |
| 测试集标签预测准确率 | 88.89%（80/90） | 86.67%（78/90） | 88.89%（80/90） |

# 第12章 结合图数据库的电气设备油纸绝缘老化拉曼光谱图卷积神经网络诊断方法

本章将结合图数据库建立一种油纸绝缘老化拉曼光谱图卷积神经网络诊断模型。本章在诊断模型的建立中，利用图数据库将少量标注有老化类别的节点作为训练样本，对大量未知类别的节点进行预测，引入一种可用于小样本学习的图卷积神经网络算法。该方法对提高考虑温度、水分影响的油纸绝缘老化拉曼光谱诊断效果的优势在于：增强了模型的泛化性能，对于相同类型的样本所需要的训练样本数量相对传统机器学习方法要少。对研究者来说，采用这种模型可以在获取油纸绝缘老化拉曼光谱样本时，降低同类型样本数据量的要求，从而使得训练样本数据库涵盖更多不同温度、水分条件的老化样本，以提高模型的诊断准确率。除此之外，本章还将对比不同油纸绝缘老化拉曼光谱诊断方法在考虑温度、水分影响之后的诊断效果。

## 12.1 温度、水分对电气设备油纸绝缘老化样本拉曼光谱的影响

选取老化时间相同且均未吸潮的几组油纸绝缘样本的拉曼光谱对比平衡温度对拉曼光谱的影响，结果如图12.1所示。

选取老化时间相同、平衡温度均为60℃的几组油纸绝缘样本的拉曼光谱对比水分对拉曼光谱的影响，结果如图12.2所示。

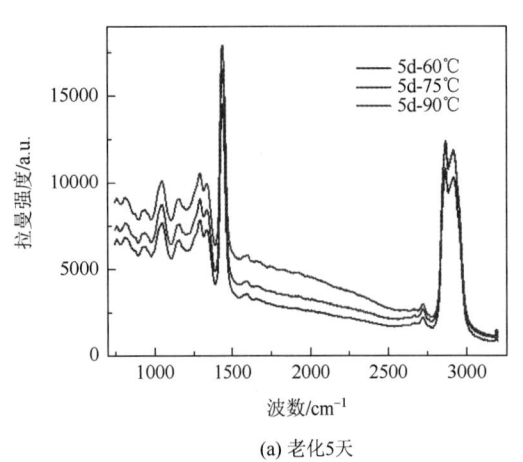

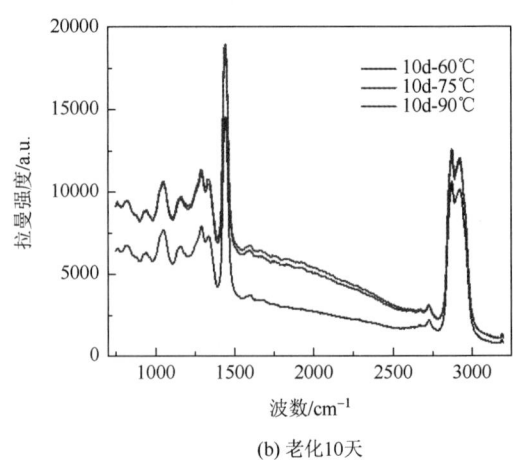

(a) 老化5天

(b) 老化10天

(c) 老化25天

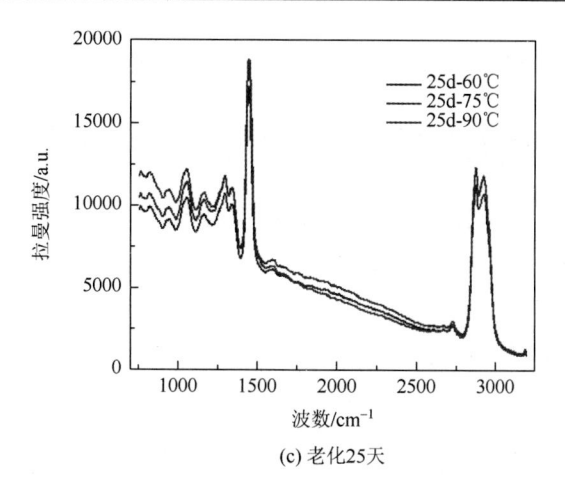

图 12.1　不同平衡温度下不同老化时间的绝缘油纸原始拉曼光谱

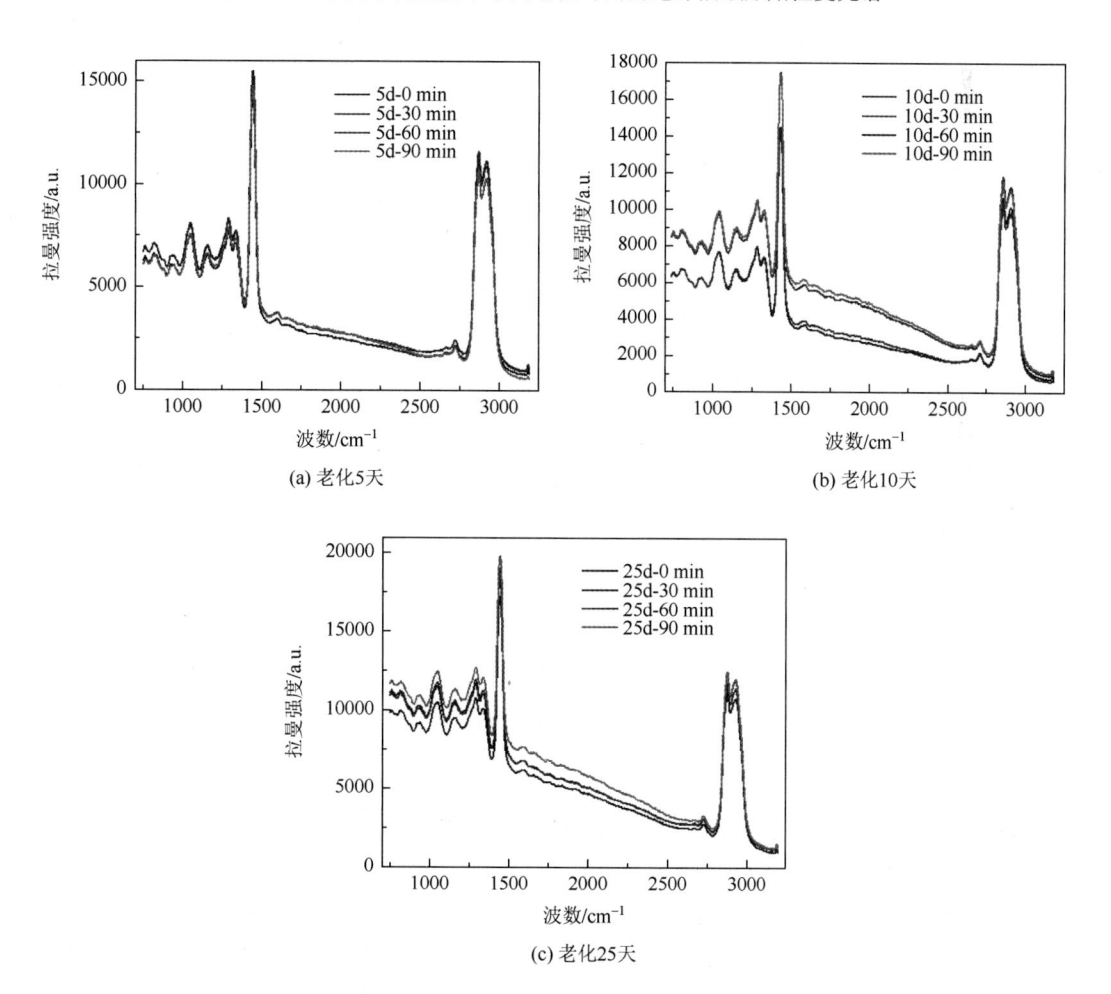

(a) 老化5天

(b) 老化10天

(c) 老化25天

图 12.2　不同水分含量下不同老化时间的绝缘油纸原始拉曼光谱

从图 12.1 中可以发现，在油纸绝缘老化程度和受潮程度相近的前提下，随着平衡温度的升高，拉曼光谱的峰强和基线总体上有一定的提高，但并未出现新的特征峰。一方面由于荧光物质主要由绝缘油老化产生，温度的升高会导致绝缘油老化加速，产生更多的荧光物质；另一方面随着平衡温度的升高，油纸绝缘老化所产生的一些老化产物在绝缘油中的溶解率有所提升，并且绝缘纸中的水分、小分子酸等极性物质随温度升高向油中迁移导致绝缘油对老化产物束缚能力增强，所以更多的老化产物溶解到了绝缘油中。但在某些老化阶段平衡温度对拉曼光谱的影响并不明显，例如，老化第 10 天，75℃和 90℃拉曼光谱的基线高度和峰强差异很小，仅凭肉眼难以区分。除此之外，老化第 25 天，随着平衡温度的升高，尽管拉曼光谱在低频移段内的谱线逐渐抬高，但在高频移段内又出现下移的趋势。这可能是因为随着老化程度的加深，油中溶解的老化产物越来越多，一些物质随着平衡温度的升高发生热解反应，物质浓度有所下降。因此平衡温度对油纸绝缘拉曼光谱的影响机制是非常复杂的，并且在各个老化阶段的影响规律有所差异。

从图 12.2 中可以发现，在油纸绝缘老化程度相同和平衡温度相同的前提下，随着含水量的提高，拉曼光谱的峰强和基线同样在总体上有一定的提高，但也没有出现新的特征峰。水分导致油纸绝缘老化拉曼光谱差异的原因有两方面：一方面油中水分含量的增加导致绝缘油纸极性增强，吸附了更多的荧光物质和老化产物；另一方面纤维素分子链上的羟基容易与水分子形成氢键，削弱了纤维素对老化产物的束缚，使得绝缘油纸吸附老化产物的能力减弱。但在某些老化阶段含水量对拉曼光谱的影响并不明显，例如，老化第 5 天，各个含水量下绝缘油纸拉曼光谱的基线高度和峰强差异很小，仅凭肉眼难以区分。除此之外，还可以发现不同老化阶段，含水量对拉曼光谱的影响也不尽相同，例如，第 10 天的老化样品，随着含水量增加拉曼光谱的变化明显大于第 5 天和第 25 天的样品。

综上所述，温度和水分确实会对油纸绝缘老化样品的拉曼光谱特征产生一定影响，主要表现为基线高度和特征峰强度的变化。但在某些老化样品的拉曼光谱随温度和水分的变化规律并不明显，这可能是样品在热老化取样时的称量误差，或者拉曼光谱测试等误差导致的。为了实现准确有效的基于拉曼光谱的油纸绝缘老化诊断，有必要建立考虑温度、水分影响的油纸绝缘老化拉曼光谱数据库。

## 12.2 考虑温度、水分影响的电气设备油纸绝缘老化拉曼光谱数据库

### 12.2.1 基于图论的电气设备油纸绝缘老化拉曼光谱数据库建立方法

在以往的油纸绝缘老化拉曼光谱诊断方法研究中，由于并未考虑温度、水分的影响，只需要获取少量有代表性的老化绝缘油纸拉曼光谱作为训练样本即可建立效果不错的老化状态诊断模型。通过前面的分析，可以发现温度和水分对油纸绝缘老化拉曼光谱的影响不容忽视，因此单单利用少量只经过热老化试验制备的油纸绝缘老化样本来建立数据库是不够的，为了对工程实际中可能出现的各种温度、水分条件下的油纸绝缘老化样本

进行准确有效的老化状态识别，数据库必须涵盖更多考虑温度、水分影响的油纸绝缘老化拉曼光谱样本。但在实际研究当中，油纸绝缘老化样本的制备操作烦琐并且实验周期很长，要获取大量考虑温度、水分影响的老化样本更加增添了试验样本制备的负担，所以有必要提高模型在小样本训练集上的诊断性能，增强诊断模型的泛化能力，为此本章提出一种基于图论的图数据库建立方法，为建立一种小样本学习的图卷积神经网络诊断模型提供了基础。

图是一种可以反映样本之间邻近关系的数据结构。对于油纸绝缘老化拉曼光谱数据库中的样本，图数据库可以通过计算拉曼光谱特征之间的相似度，在空间上将老化程度相近的样本聚集到一起，而使老化程度差异较大的样本分隔开。本章利用高斯核函数量化拉曼光谱样本之间的邻近关系。从实验中获得的原始拉曼光谱有 1023 个数据点。由于实验参数保持不变，单个拉曼光谱的数据点之间的间隔保持不变。因此，每个拉曼光谱本质上是一个 1023 维的特征向量。建立油纸绝缘老化图数据库需要将这些向量视为空间中的节点，并用边连接。本章假设老化程度差异较小的样本比差异较大的样本具有更高的拉曼光谱相似度[55]。节点之间的相似度通过边的权重来体现。$w_{ij}$ 定义为点 $i$ 和点 $j$ 之间的边权重。

$$w_{ij} = \exp\left(\frac{-\|x_i - x_j\|_2^2}{2\sigma^2}\right) \tag{12.1}$$

由于本章采用的是全连接的无向图，因此有

$$w_{ij} = w_{ji} \tag{12.2}$$

高斯核函数可以将两点之间的欧氏距离映射到[0, 1]，其中 $\|x_i - x_j\|_2^2$ 为向量 $x_i$ 与向量 $x_j$ 之间的欧氏距离。随着 $\|x_i - x_j\|_2^2$ 的增加，高斯核函数单调递减，即两个光谱特征向量的欧氏距离越大，相似度越小。$\sigma$ 控制核函数的径向范围[56, 57]。

对于图，一般用节点集合 $X$ 和边集合 $W$ 表示，记为 $G(X, W)$。$G(X, W)$用于表示由老化拉曼光谱样本之间的拓扑关联构建的图结构。其中，$X$ 是数据集中的所有样本 $\{x_1, x_2, \cdots, x_N\}$，$N$ 代表节点数。$W$ 是连接所有节点的边的集合。由于本章使用高斯核函数对所有节点进行全连接，$W$ 为连接所有节点的边的权重，$W = \{w_{ij}\}$，$i = 1, 2, \cdots, N$；$j = 1, 2, \cdots, N$；$i \neq j$。节点所处的状态是图的输出，记为 $Y$。对于二类节点分类任务，$Y$ 可以是 0 或 1（图 12.3）。

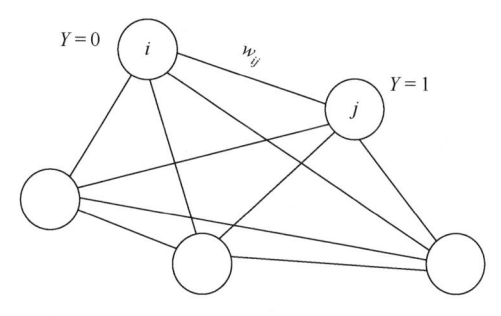

图 12.3 图结构示意图

对于单个节点 $X_i$，本章没有使用拉曼光谱特征向量作为节点特征输入，而是将单位

矩阵 $I_N$ 作为节点特征,即令 $X = I_N$,$I_N$ 为 $N \times N$ 的单位矩阵。通过这种方法可以将无特征输入的节点随机排序(即节点排序不包含任何信息),如图 12.4 所示。在使用高斯核函数创建边的集合 $W$ 时,已经使用了拉曼光谱数据。因此边所代表的图的拓扑结构特征已经包含了样本的拉曼光谱特征,只需要节点之间的结构信息就可以对节点进行归类,无须再将光谱向量作为节点特征输入。

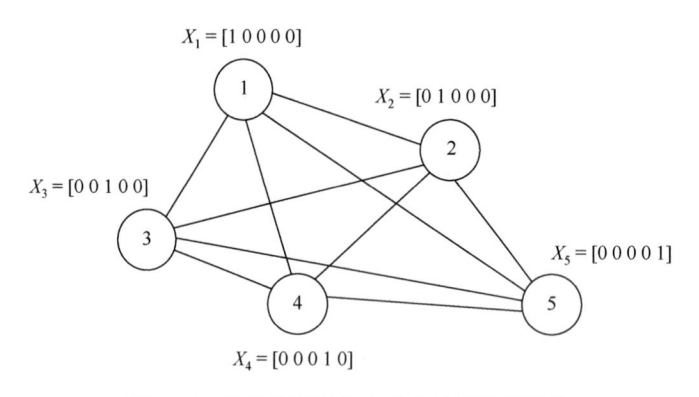

图 12.4 以单位矩阵作为节点特征的图结构

## 12.2.2 电气设备油纸绝缘老化拉曼光谱数据库分析

相似度值可以根据拉曼光谱之间的相似程度反映老化样本之间的老化程度差异。本章在图数据库构建过程中,利用高斯核函数计算了不同老化样本之间的光谱相似度并进行对比。选择第 5 天、第 15 天和第 25 天平衡温度相同且均未吸潮的老化油样及其拉曼光谱进行展示。从图 12.5 中可以发现,随着老化时间的增加,油的颜色变深。第 5 天老化油样的颜色与第 15 天的颜色相似,但与第 25 天的有很大不同。仅通过比较拉曼光谱很难区分老化程度的差异。但比较相似度值,不难发现 $w_{5d,15d} < w_{5d,25d}$,这就验证了光谱相似度与样本老化程度差异的对应关系。

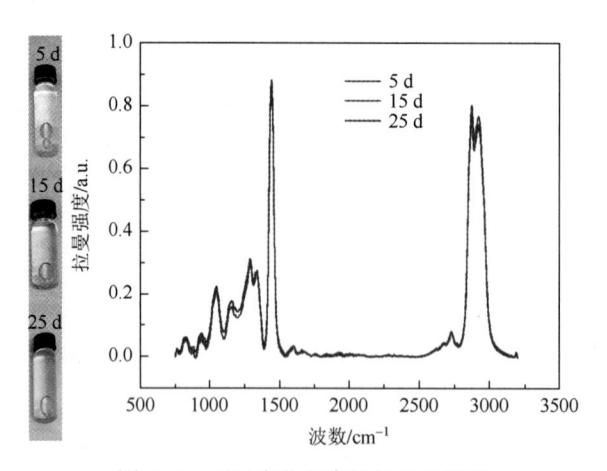

图 12.5 不同老化程度的拉曼光谱图

将所有样本设置为节点,将它们之间的拉曼光谱相似度设置为连接权重来构建图数据库。在不考虑温度、水分的影响下,为便于直观展示,对来自 5 个老化阶段平衡温度均为 60℃且均未吸潮的 25 个样本进行图数据库构造。根据聚合度测试结果将它们分为 5 类。由 $\sigma$ 控制核函数的径向范围,因此不同的 $\sigma$ 值将构造出不同的图结构。令 Gamma = $1/\sigma^2$,利用高斯核函数计算 Gamma 分别为 10、50、100 和 500 时样本之间的光谱相似度。利用 Python 中的 networkx 软件包对不考虑温度、水分影响的油纸绝缘老化拉曼光谱数据库进行可视化,结果如图 12.6 所示。可以发现,当 Gamma 分别为 50 和 100 时,仅利用样本之间的邻近关系,图数据库就表现出非常好的数据可分性,节点分布基本符合预设。但是当 Gamma 值设置过大或过小时,节点的类别属性在图数据库中表现得并不明显。总体上相邻老化阶段的样本连接权重较大,在图数据库中节点距离较近;非相邻老化阶段的样本连接权重较小,在图数据库节点距离较远。除此之外,后两个老化阶段的样本节点分布比前三个老化阶段要稀疏很多。第Ⅴ类和其他老化阶段的样本在图数据库中明显距离更远,因此老化末期的样本在图数据库中可以很好地被划分出来,这对工程中及时发现并更换老化末期甚至绝缘失效的油纸绝缘材料是非常有意义的。

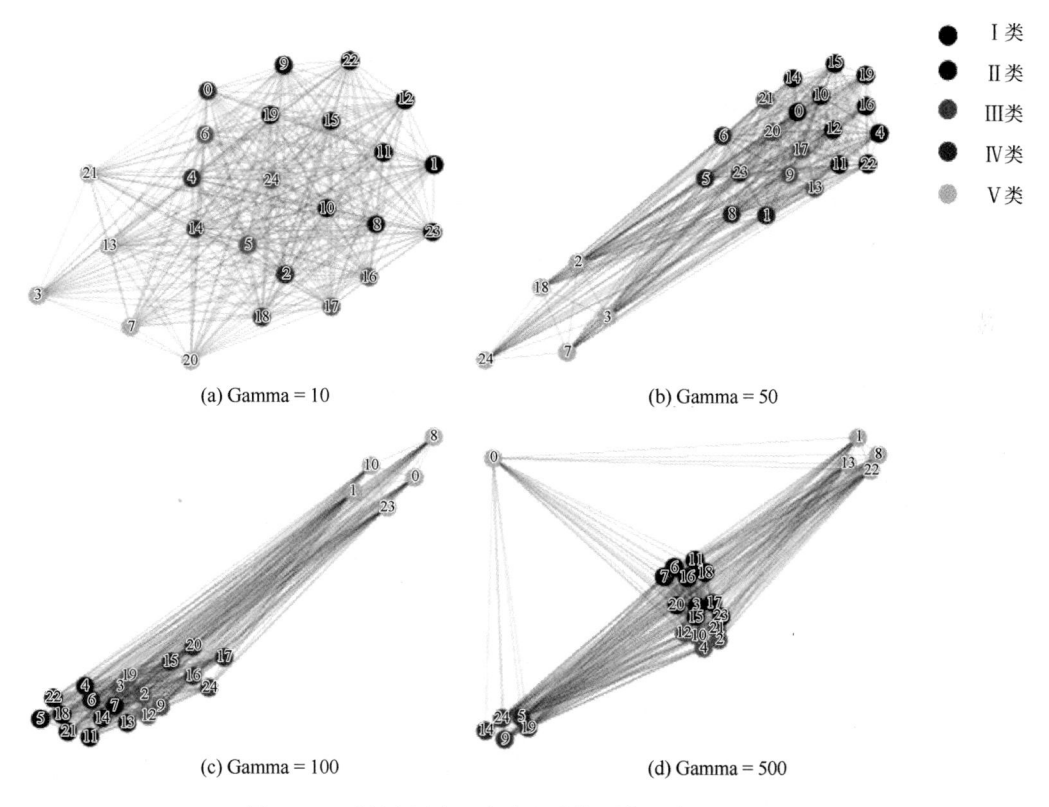

图 12.6 不考虑温度、水分影响的图数据库可视化结果

综上,基于图论的油纸绝缘老化拉曼光谱数据库建立方法有一定的可行性。

利用图数据库存储油纸绝缘老化拉曼光谱可以有效利用老化样本间的邻近关系,体现样本间的老化程度差异，为建立能准确识别样本老化状态的图诊断方法提供基础。利用上述方法对考虑温度、水分影响的 150 个油纸绝缘老化拉曼光谱样本进行图数据库构造，结果如图 12.7 所示。从图中可以看出，无论怎样调节 Gamma 值，样本始终无法按照老化类别在图数据库中向不同方向聚集。这是因为未经特征提取的拉曼光谱受温度和水分的影响与老化程度的对应关系被削弱。要使不同温度、水分的油纸绝缘老化样本在图数据库中按照老化标签向不同方向聚集且样本之间显现良好的类别可分性，需要从 1023 维的原始拉曼光谱中提取与老化密切相关的特征量，减小温度和水分因素对样本老化特征信息的干扰。

(a) Gamma = 10　　　　(b) Gamma = 50

(c) Gamma = 100　　　　(d) Gamma = 500

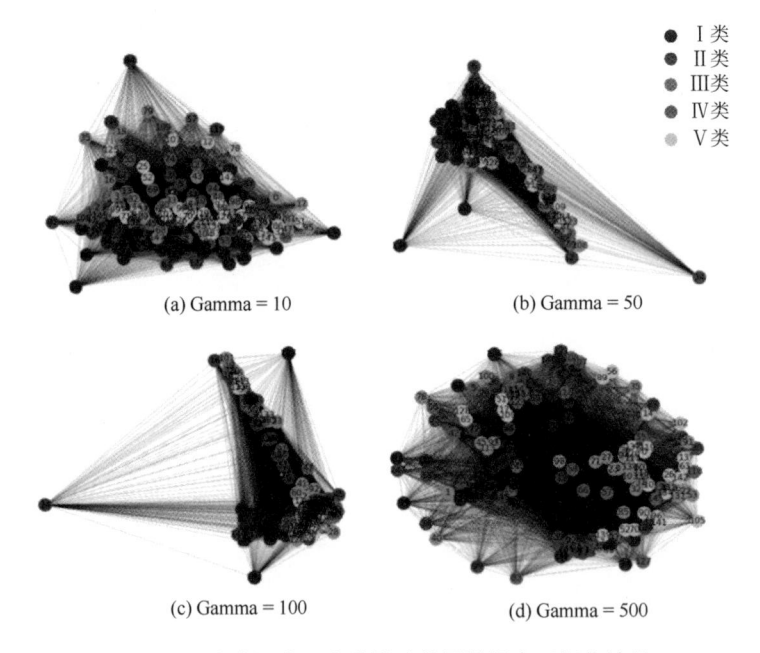

图 12.7　考虑温度、水分影响的图数据库可视化结果

## 12.3　基于线性判别分析的电气设备油纸绝缘老化拉曼光谱特征提取

考虑温度、水分影响的油纸绝缘老化拉曼光谱样本是否可以在图数据库中划分老化阶段是值得探究的。通过前面研究可以发现，考虑温度和水分的影响后，无论如何调整 Gamma 值，不同老化类别的节点始终无法在油纸绝缘老化拉曼光谱数据库中区分开来，这是由于温度和水分所引起的油中溶解物质变化影响了样本拉曼光谱特征和老化程度的对应关系。所以本章需要提取不同温度、水分条件下仅与老化相关的油纸绝缘老化拉曼光谱特征并重新建立图数据库。

### 12.3.1　油纸绝缘老化拉曼光谱特征提取原理

绝缘油拉曼光谱所蕴含的信息非常丰富，但老化特征物在油中的含量极少，所以必须消除光谱中的冗余信息,提取与老化密切相关的拉曼光谱特征。本章采用线性判别分析(LDA)方法进行拉曼光谱特征的提取,作为一种有监督的特征提取手段,LDA 方法可以有针对性地选择特征向量的投影方向,使得特征的类别属性更加明显,更加有利于老化类别的划分。线性判别分析的主要思想是:针对包含不同类别属性的若干个样本数据,将其投影到同一条直线上,使得同类的数据点投影尽可能接近,不同类别的数据点尽可能远离。

以二维中的数据点为例,LDA 方法投影变换的示意图如图 12.8 所示。

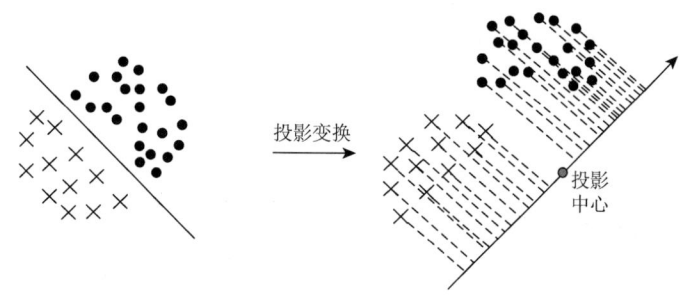

图 12.8 LDA 方法投影变换示意图

下面介绍 LDA 方法的基本计算原理。

设样本集为 $D$:

$$D = D_1 \cup D_2 \cup \cdots \cup D_i \cup \cdots \cup D_{labels} \tag{12.3}$$

其中,labels 为类别数;$D_i$ 为每一类别包含的样本。定义 $x^{(i)}$ 为 $n$ 维的拉曼光谱特征向量:

$$D_i = \left\{ x^{(1)}, x^{(2)}, \cdots, x^{(m_i)} \right\} \tag{12.4}$$

其中,$m_i$ 为 $D_i$ 中的样本个数。

子集 $D_i$ 的类别中心为

$$\mu_i = \frac{1}{n_i} \sum_{x^{(i)} \in D_i} x^{(i)} \tag{12.5}$$

总体样本均值为

$$\mu = \frac{1}{m_i} \sum_{x^{(i)} \in D} x^{(i)} \tag{12.6}$$

假设投影矩阵为

$$W = (\omega_1, \omega_2, \cdots, \omega_d) \tag{12.7}$$

其中,$\omega_i$ 是列向量。则有

$$y_i = \omega_i^T x \tag{12.8}$$

$$y = W^T x \tag{12.9}$$

线性判别分析的目的是让同一类样本的投影点尽可能接近,即令 $W^T S_\omega W$ 尽可能小。其中类内离散度矩阵 $S_\omega$ 定义为

$$S_\omega = \sum_1 + \sum_2 + \cdots + \sum_{n_{labels}} = \sum_{i=1}^{n_{labels}} \sum_{x^{(k)} \in D_i} (x^{(k)} - \mu_i)(x^{(k)} - \mu_i)^T \tag{12.10}$$

同时非同类样本的投影点要尽可能远离，即各类别样本中心 $\mu_i$ 对于总体样本中心 $\mu$ 的离散度之和要尽可能大，即令 $W^T S_B W$ 尽可能大。

类间离散度矩阵 $S_B$ 定义为

$$S_B = \sum_{i=1}^{n_{labels}} n_i (\mu_i - \mu)(\mu_i - \mu)^T \qquad (12.11)$$

线性判别分析的优化目标函数为

$$\underset{W}{\arg\max} J(W) = \frac{\prod_{diag} W^T S_B W}{\prod_{diag} W^T S_\omega W} \qquad (12.12)$$

根据广义瑞利商，投影矩阵 $W$ 为矩阵 $S_\omega^{-1} S_B$ 的最大的 $d$ 个特征值对应的 $d$ 个特征向量组成的 $n \times d$ 的矩阵。

以上就是线性判别分析进行特征提取的原理。基于 LDA 方法的油纸绝缘老化拉曼光谱特征提取计算流程图如图 12.9 所示。

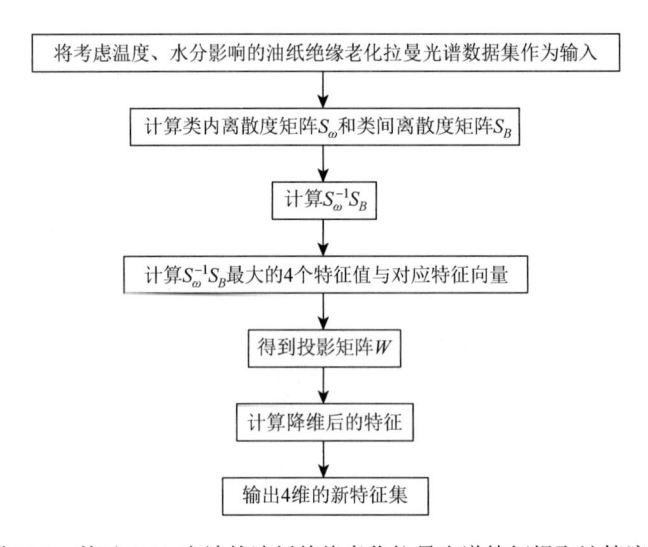

图 12.9　基于 LDA 方法的油纸绝缘老化拉曼光谱特征提取计算流程

本章根据聚合度测试结果将所有样本分成了 5 个老化阶段并贴上标签，所以利用 LDA 方法最多能将拉曼光谱数据压缩到 4 维。

## 12.3.2　考虑温度、水分影响的电气设备油纸绝缘拉曼光谱特征分析

基于上述方法，本章将原始拉曼光谱特征向量由 1023 维压缩至 4 维。LDA 方法提取的光谱各特征贡献率及累计贡献率结果如图 12.10（a）所示，可以发现 LD1 特征贡献率最高，已经可以达到 76.477%，且远远大于其余三个 LDA 特征。LDA 特征随老化天数的变化情况如图 12.10（b）所示，可以看出 LD1 特征随老化时间的变化最大，LD4 特征随老化时间的变化最小，说明 LD1 特征与老化程度的关联最为密切。

(a) 油纸绝缘老化拉曼光谱LD1～LD4特征的贡献率

(b) 4个LDA特征随老化天数的变化

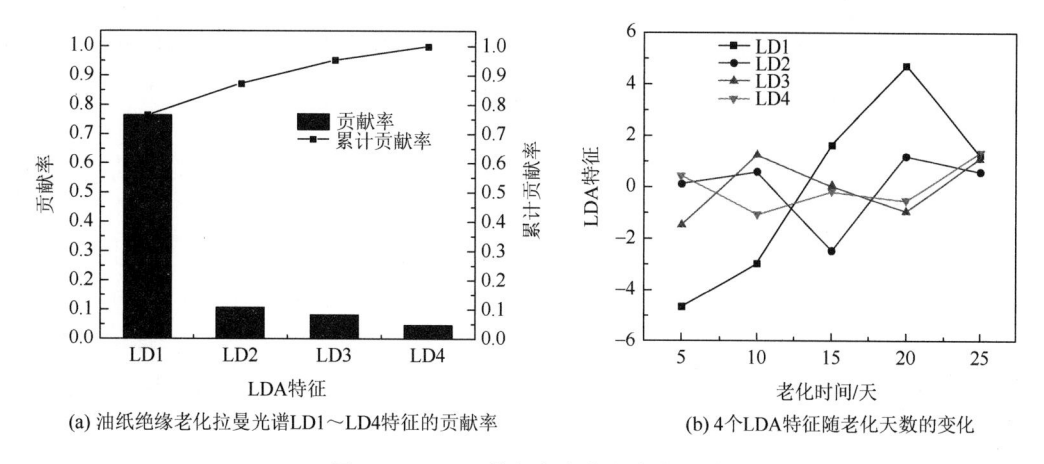

图 12.10　LDA 特征与老化程度的关联

利用 LDA 进行光谱特征提取以后图数据库的可视化结果如图 12.11 所示，可以发现相较于利用原始拉曼光谱样本构建的图数据库，经过特征提取以后的样本之间的老化类别属性在图数据库中更加明显。因此通过 LDA 方法可以提取考虑温度、水分影响的油纸绝缘拉曼光谱老化特征量，油纸绝缘老化拉曼光谱数据库能有效地修正温度和水分对样本节点分布的影响，反映样本之间的老化程度差异。

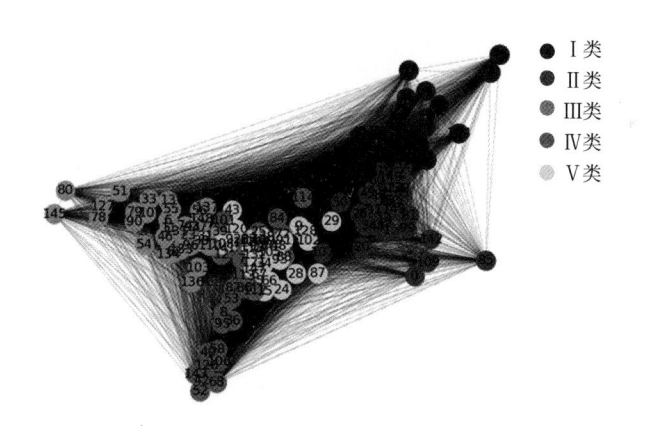

图 12.11　特征提取后的考虑温度、水分影响的油纸绝缘老化拉曼光谱数据库

## 12.4　基于图卷积神经网络的电气设备油纸绝缘老化拉曼光谱诊断方法

### 12.4.1　电气设备油纸绝缘老化拉曼光谱图卷积神经诊断模型建立

传统的油纸绝缘老化拉曼光谱诊断研究将诊断模型建立分为光谱特征提取和老化状态识别两个步骤。利用 PCA、随机森林等方法提取拉曼光谱指纹特征作为老化状态识别模型的输入，可以减少光谱中的冗余信息，提高计算效率。然而，这些传统方法假设样

本之间相互独立，目前还没有基于样本间拓扑关联的诊断方法。此外，以往这些诊断模型需要大量的训练样本才能有良好的油纸绝缘老化状态识别效果，样本量不足的情况下诊断效果不佳。

随着计算资源（如 GPU）的快速发展，传统的机器学习方法正逐渐被能捕捉数据潜在特征的深度学习方法所取代。图结构可以捕捉数据之间的相互依赖关系，挖掘数据之间的内在联系。图上深度学习方法的扩展越来越受到人们的关注。因此，针对构建的图数据库，本章采用基于深度学习的图卷积神经网络（graph convolution network，GCN）方法建立诊断模型。该模型是一种半监督的神经网络模型，通过少量带标签节点的图输入即可完成对图上所有节点标签的预测，并且可用于小样本学习[58]，解决油纸绝缘老化样本不足的问题。

图卷积神经网络的核心思想是利用边的信息对节点信息进行聚合从而生成新的节点表示，主要利用拉普拉斯矩阵的特征值和特征向量来实现对图数据的卷积运算，图卷积神经网络的工作原理如图 12.12 所示。

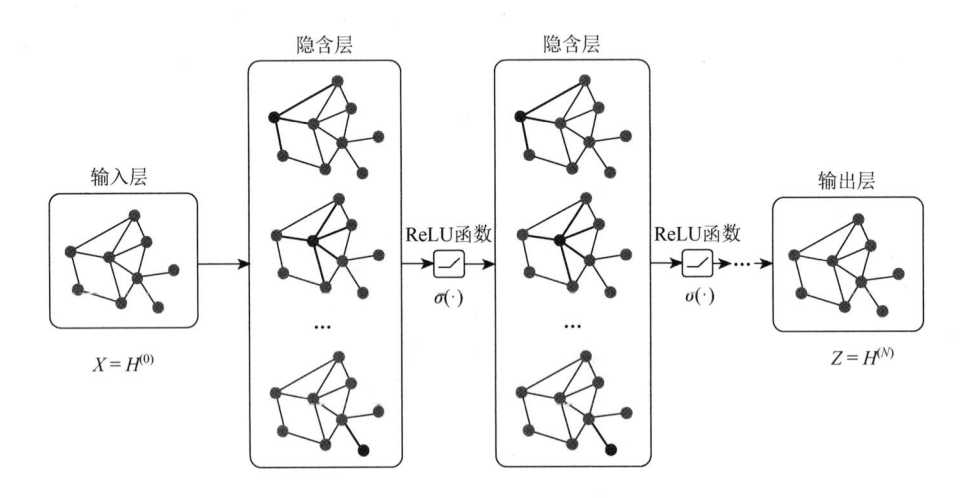

图 12.12 图卷积神经网络原理示意图

对于图 $G(X, W)$，拉普拉斯矩阵 $L$ 定义如下：

$$L = D - W \tag{12.13}$$

其中，$D$ 代表节点的度矩阵；$W$ 代表邻接矩阵。度矩阵 $D$ 是一个对角矩阵，可以通过每个节点和其相连的所有边的权重之和求得：

$$d_i = \sum_{j=1}^{n} w_{ij} \tag{12.14}$$

$$D = \begin{bmatrix} d_1 & & \\ & \ddots & \\ & & d_n \end{bmatrix} \tag{12.15}$$

为了避免神经网络反向传播梯度的消失,一般使用归一化的拉普拉斯矩阵:

$$L^{sys} = D^{-1/2}LD^{-1/2} \tag{12.16}$$

拉普拉斯矩阵的特征分解:

$$L = U \begin{bmatrix} \lambda_1 & & \\ & \ddots & \\ & & \lambda_n \end{bmatrix} U^{-1} \tag{12.17}$$

其中,$U = (\overline{u_1}, \overline{u_2}, \cdots, \overline{u_n})$ 是一个由特征向量组成的矩阵。

根据拉普拉斯矩阵的性质,有

$$L = U \begin{bmatrix} d_1 & & \\ & \ddots & \\ & & d_n \end{bmatrix} U^{T} \tag{12.18}$$

继传统的傅里叶变换之后,对图数据的傅里叶变换进行推广,将输入 $X$ 的傅里叶变换定义为

$$\hat{X} = U^T X \tag{12.19}$$

傅里叶逆变换表示为

$$X = U\hat{X} \tag{12.20}$$

根据傅里叶变换原理,两个输入信号的卷积是它们傅里叶变换的点积的逆变换,所以图的卷积可以写成

$$(X*g)_G = Ug_\theta U^T X \tag{12.21}$$

其中

$$g_\theta = \begin{bmatrix} \theta_1 & & \\ & \ddots & \\ & & \theta_n \end{bmatrix} \tag{12.22}$$

这样就可以得到图卷积的最终公式为

$$y_{output} = \sigma\left(Ug_\theta U^T X\right) \tag{12.23}$$

其中,$y_{output}$ 代表所有节点的标签值;$\sigma(\cdot)$ 代表激活函数。

以上就是 GCN 的工作原理。本章使用的 GCN 模型可以参考文献[59]。

GCN 的输入必须是图 $G(X, W)$。本章研究中,节点特征矩阵 $X$ 和邻接矩阵 $W$ 为图卷积神经网络的输入,样本的老化类别 $Y$ 为输出[63]。

本章采用的 GCN 诊断模型是一种只需要少量训练样本的半监督学习方法。在训练过程中,将图数据库中的节点分为已知节点和未知节点。将节点特征矩阵和邻接矩阵同时输入图卷积神经网络中。已知节点被赋予标签值,而未知节点不被赋予标签值。计算已知节点的输出值与期望值之间的误差。通过误差反向调节连接神经元的权重,直到网络输出稳定。经过多次迭代,通过比较未知节点的输出值与期望值来验证诊断模型的性能[140-150]。

本章中使用的 GCN 模型具有 3 层结构,包括输入层、隐含层和输出层。其中,输入层神经元个数为 150 个,隐含层神经元个数为 10 个,输出层神经元个数为 4 个。

因此，可以得到建立基于油纸绝缘老化拉曼光谱 4 维 LDA 特征的图卷积神经网络诊断模型的步骤。

第一步，将 $m$ 个已知老化类别的样本记为 $m\times4$ 的矩阵 $M$，将标签值记为 $y_m$。

第二步，对于 $n$ 个未知老化类别的样本，将其标记为 $n\times4$ 的矩阵 $N$，并将标签值标记为 $y_n$。

第三步，将矩阵 $M$ 和 $N$ 垂直拼接，得到 $(m+n)\times4$ 的矩阵 $K$。相似度矩阵 $W$ 是通过对矩阵 $K$ 计算高斯核函数得到的。

第四步，使用单位矩阵作为节点特征矩阵 $X$，设置 $W$ 作为边权重矩阵，构建图输入 $G(X, W)$。

第五步，将 $G(X, W)$ 输入 GCN 模型进行图卷积运算，利用已知节点的实际输出值与标签值 $y_m$ 之间的误差信号调整 GCN 的参数。经过多次迭代，当误差值稳定后，得到未知节点的标签值 $y_n$。

结合图数据库的图卷积神经网络诊断算法的计算流程如图 12.13 所示。

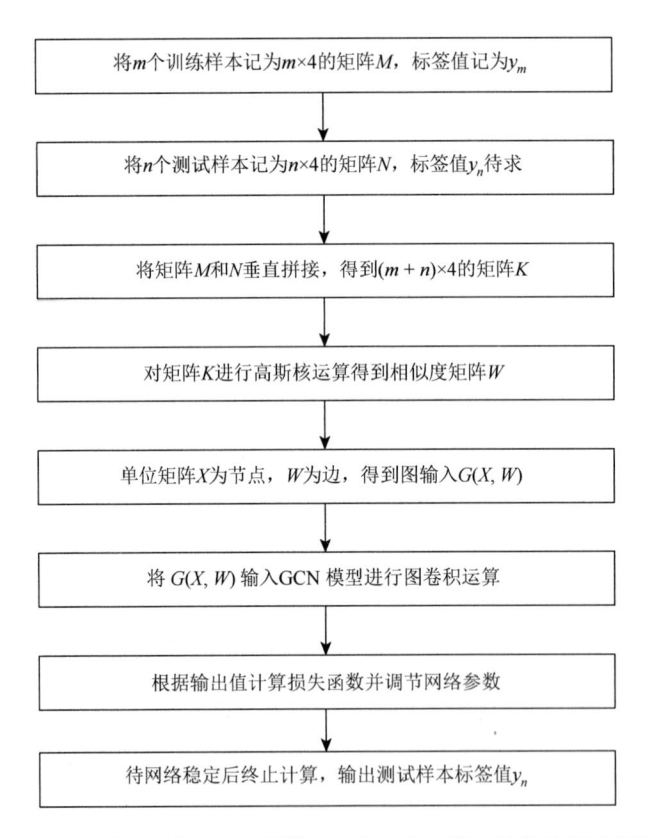

图 12.13 结合图数据库的图卷积神经网络诊断算法的计算流程图

## 12.4.2 考虑温度、水分影响的电气设备油纸绝缘老化拉曼光谱诊断结果分析

仅仅依靠图数据库的可视化对样本的老化状态进行分类是不够的。本章采用图卷积

神经网络方法建立诊断模型。GCN 的一大优点是可以利用少量的标记节点,根据节点之间的拓扑关联来预测未知节点的类别,显著减轻了获取训练样本的负担。

本章将通过实验获得的来自 5 个老化类别的 150 个老化样本以每次 100/50 的比例随机分为训练集和测试集进行 5 次验证。将训练样本设置为标记节点,将测试样本设置为未知节点,构建图输入到 GCN 诊断模型。老化诊断结果如表 12.1 所示。表 12.1 计算准确率的分母为各类别未标记样本总数,分子为各类别预测正确的样本总数。结果表明 GCN 方法不同老化阶段平均诊断准确率达到了 90.9%。

表 12.1 不同老化阶段的 GCN 预测准确率

| 老化阶段 | 验证次数 | | | | | 平均准确率/% |
| --- | --- | --- | --- | --- | --- | --- |
| | 1 | 2 | 3 | 4 | 5 | |
| I | 11/12 | 11/13 | 9/9 | 9/10 | 8/10 | 89.3 |
| II | 8/8 | 8/9 | 10/10 | 9/11 | 8/8 | 94.1 |
| III | 10/12 | 9/9 | 10/13 | 8/9 | 11/13 | 86.8 |
| IV | 8/9 | 9/11 | 7/7 | 9/9 | 9/10 | 92.1 |
| V | 8/9 | 8/8 | 10/11 | 9/11 | 9/9 | 92.3 |

本章将前面内容中 150 条 GAN 生成光谱作为训练样本进行 GCN 诊断模型的数据增强。对于相同的 50 个测试样本,分别进行两次 GCN 诊断。第一次使用 100 个真实训练样本,第二次则结合了 150 个生成训练样本,共计 250 个训练样本。然后对比这两种不同训练样本数量下的诊断效果。经过 5 次验证取平均值,结果如表 12.2 所示。可以发现经过 GAN 数据增强以后诊断效果有一定的提升,说明 GAN 生成的拉曼光谱可以作为训练样本进行使用。

表 12.2 经 GAN 数据扩增以后的 GCN 诊断结果(%)

| | 数据扩增前 | 数据扩增后 |
| --- | --- | --- |
| 预测正确率 | 90.6 | 92.4 |

分别以 1023 维的拉曼光谱原始特征向量组成的矩阵和单位矩阵作为节点输入,对 GCN 诊断结果进行比较,如图 12.14 所示。可以发现当使用光谱特征向量作为节点特征输入时,网络损失值需要 2500 次左右的迭代才能收敛,并且损失值和诊断准确率随迭代次数的变化非常不稳定。而对于单位矩阵输入,损失值和准确率在仅仅 200 次迭代后就会稳定收敛。

当单位矩阵作为节点输入时,模型计算效率显著提高。这是由于光谱特征向量作为节点特征输入的维数远大于单位矩阵作为节点特征输入的维数,其稀疏度要小得多,显著增加了诊断模型的计算量。此外,当单位矩阵作为节点特征输入时,模型的损失值和准确率能更快地完成收敛。这可能是因为图输入中边的权重矩阵已经包含了光谱特征信息,所以并不需要额外的节点特征输入,节点之间的邻近关系已经可以用于区分样本类

(a) 以光谱特征向量作为节点特征　　(b) 以单位矩阵作为节点特征

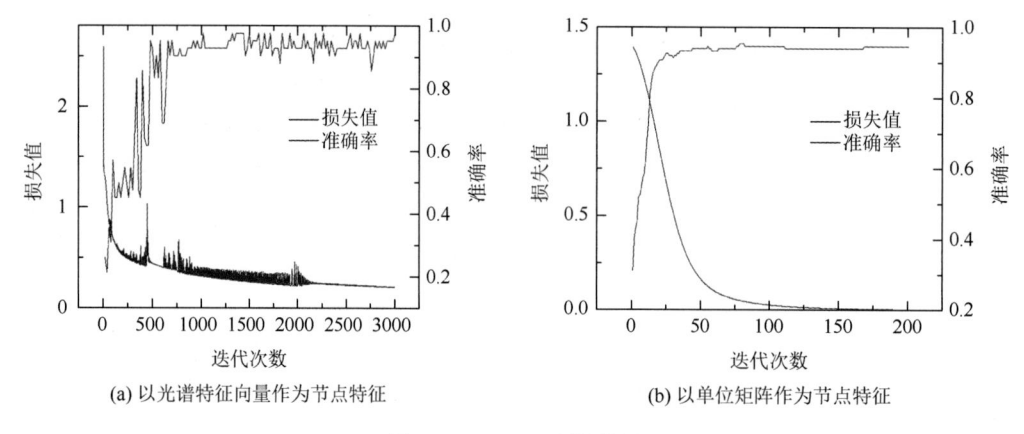

图 12.14　GCN 诊断结果

别。如果将拉曼光谱特征向量作为节点特征额外输入到模型中，会造成信息冗余，影响诊断效果。

对图数据库节点进行分类的 GCN 方法本质上是一种聚类。使用 tsne 算法对 GCN 隐含层神经元进行二维可视化。可以发现，经过一次图卷积运算提取的节点特征已经在空间中自动聚类，如图 12.15 所示，表明了结合图数据库建立油纸绝缘老化图卷积神经网络诊断模型的可行性。

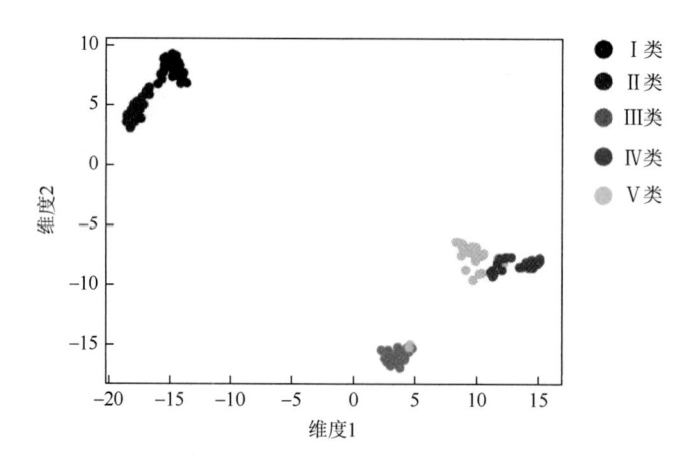

图 12.15　隐含单元 tsne 可视化结果

## 12.4.3　基于粒子群优化算法的参数优化

从前面分析可以看出，采用结合图数据库的油纸绝缘老化拉曼光谱图卷积神经网络诊断方法，Gamma 值对诊断结果的影响非常大。本章采用粒子群优化（particle swarm optimization，PSO）算法实现对 Gamma 值的寻优。粒子包含速度和位置两个属性，速度代表移动的快慢，位置代表移动的方向。在进行寻优时，每个粒子根据自身的历史最优解和整个粒子群的全局最优解调整自己的速度和位置。

基于粒子群优化算法对 Gamma 进行寻优的具体步骤如图 12.16 所示。

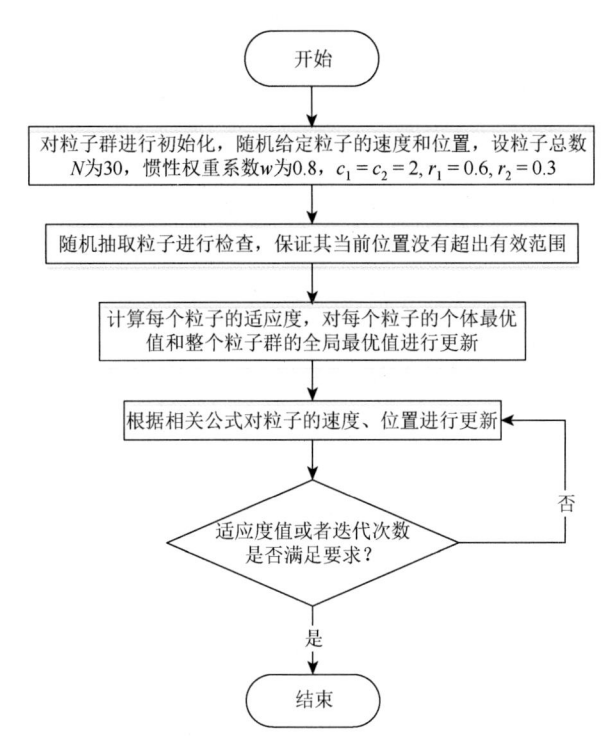

图 12.16 利用粒子群优化算法对 Gamma 进行寻优的计算流程

粒子群优化算法的计算流程如下：设共有 $N$ 个粒子，将第 $i$ 个粒子在 $D$ 维空间中的位置表示为

$$x_i = (x_{i1}, x_{i2}, \cdots, x_{iD}), \quad i = 1, 2, \cdots, N \tag{12.24}$$

第 $i$ 个粒子的速度表示为

$$v_i = (v_{i1}, v_{i2}, \cdots, v_{iD}), \quad i = 1, 2, \cdots, N \tag{12.25}$$

第 $i$ 个粒子的历史最优位置称为个体极值，表示为

$$p_{\text{best}} = (p_{i1}, p_{i2}, \cdots, p_{iD}), \quad i = 1, 2, \cdots, N \tag{12.26}$$

整个粒子群搜索到的最优位置称为个体全局极值，表示为

$$g_{\text{best}} = (p_{g1}, p_{g2}, \cdots, p_{gD}) \tag{12.27}$$

第 $i$ 个粒子根据下面公式调整自己在第 $j$ 维空间的速度 $v_{ij}$ 和位置 $x_{ij}$：

$$v_{ij}(t+1) = wv_{ij}(t) + c_1 r_1 \left( p_{ij}(t) - x_{ij}(t) \right) + c_2 r_2 \left( p_{gj}(t) - x_{ij}(t) \right), \quad v_{ij} \in [-v_{\max}, v_{\max}] \tag{12.28}$$

$$x_{ij}(t+1) = x_{ij}(t) + v_{ij}(t+1), \quad i = 1, 2, \cdots, N; \ j = 1, 2, \cdots, D \tag{12.29}$$

$$w = w_{\max} - \frac{(w_{\max} - w_{\min}) \cdot t}{T_{\max}} \tag{12.30}$$

其中，$w$ 为惯性权重因子，表示在多大程度上保留上一时刻的速度；$w_{\max}$ 为初始权重；

$w_{min}$ 为最终权重，通常 $w_{max}$ 取 0.9，$w_{min}$ 取 0.4；$T_{max}$ 为最大迭代次数；$t$ 为当前时刻的迭代次数；$v_{max}$ 为限制粒子的最大速度，避免粒子因速度过大找不到最优解或者因为速度过小陷入对局部最优解的搜索中。为了评价基于图数据库的图卷积神经网络诊断模型的性能，本章采用对测试样本集的诊断准确率作为粒子群优化算法的适应度函数：

$$F = \frac{B}{A} \times 100\% \tag{12.31}$$

其中，$A$ 为测试集总样本数；$B$ 为诊断正确的样本数。

使用 PSO 算法优化 Gamma，将 GCN 模型诊断准确率作为适应度函数，迭代 10 次，结果如图 12.17 所示。得到最佳的 Gamma 值为 763.5。

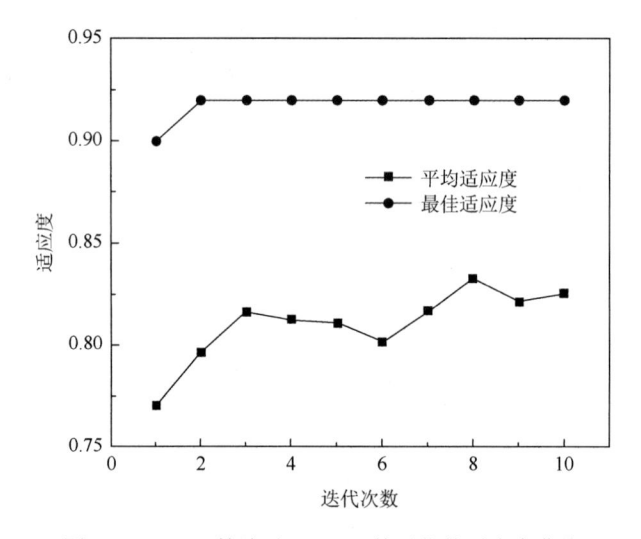

图 12.17　PSO 算法对 Gamma 的寻优的适应度曲线

对于相同的 50 个测试样本，改变标记节点（训练样本）的个数测试模型的诊断准确率，结果见表 12.3。计算表 12.3 中准确率的分子为预测正确的未标记节点（测试样本）总数，分母为测试样本总数。可以发现利用少量标记节点 GCN 模型就能准确识别未知节点的老化类别，并且在标记了 50 个样本左右后，预测准确率上升到 90% 左右，基本趋于稳定。

表 12.3　不同标注节点数的预测准确率（%）

|  | 节点数 ||||||||||
| --- | --- | --- | --- | --- | --- | --- | --- | --- | --- | --- |
|  | 10 | 20 | 30 | 40 | 50 | 60 | 70 | 80 | 90 | 100 |
| 预测准确率 | 60 | 66 | 80 | 84 | 90 | 88 | 88 | 90 | 90 | 90 |

可以发现，随着标记节点数目的增加，未知样本的诊断准确率有一定的提高。但是当标记节点增加到一定数量时，准确率基本保持不变。本章改进的 GCN 诊断模型本质上是利用样本之间的邻近关系将未知节点向标记节点聚类。虽然 GCN 诊断模型只需要少量的标记节点（即训练样本）就可以准确识别大量的未知样本，但在一定程度上增加标记

节点的数量仍然会提高诊断模型的预测准确率,且当标记节点增加到一定数目时,诊断性能将不再提高。这是因为一定数目的标记节点已经可以通过 GCN 内部节点特征更新来学习样本的聚类中心和聚类方向。

## 12.5 电气设备油纸绝缘老化拉曼光谱不同诊断方法的对比分析

本章改进了用以处理图域信息的图卷积神经网络,提出了一种可用于小样本学习的拉曼光谱诊断方法。通过前面内容的分析可以发现,图卷积神经网络方法对经过 LDA 特征提取的油纸绝缘老化拉曼光谱数据库能进行老化状态准确识别。本节将从所需的训练样本数、诊断准确率等方面对油纸绝缘老化拉曼光谱不同诊断方法进行对比分析。基于拉曼光谱的油纸绝缘老化诊断目前有支持向量机、BP 神经网络等数学模型,但这些模型尚未应用于不同温度、水分的油纸绝缘老化样本的诊断。另外,谱聚类作为一种经典的图论算法,也将用以建立诊断模型并将其和图卷积神经网络方法进行比较。为了对比分析不同模型的诊断性能优劣,本节将对不同温度、水分条件的油纸绝缘老化拉曼光谱 LDA 特征分别进行基于谱聚类、支持向量机、BP 神经网络的诊断模型建立及测试。本节整体的思路如图 12.18 所示。

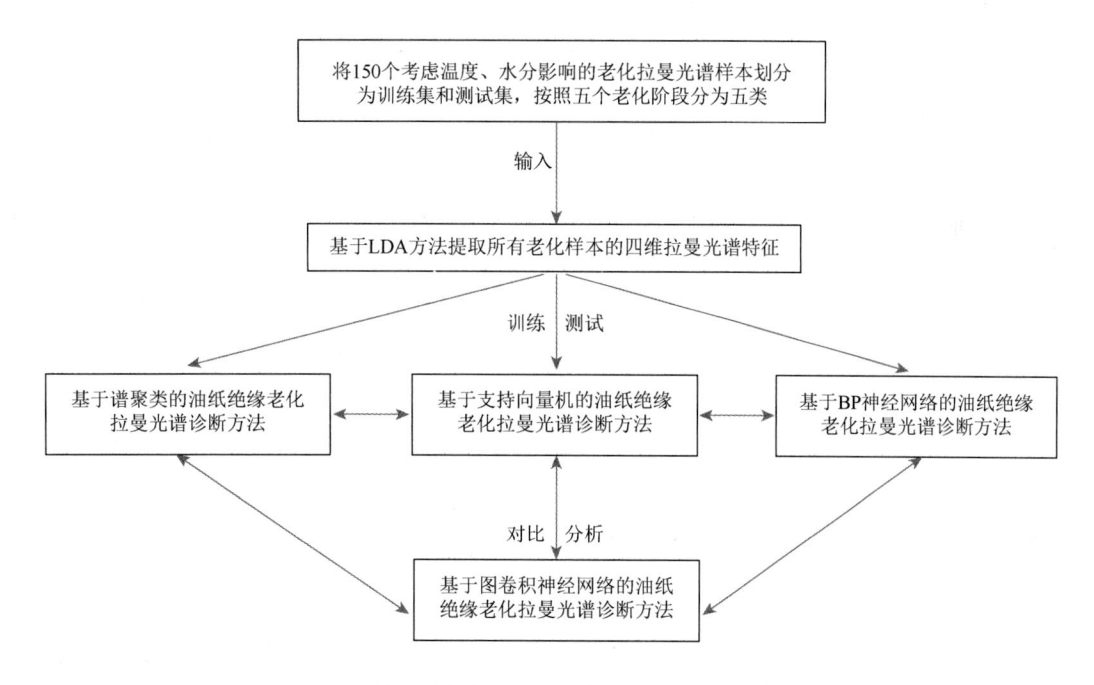

图 12.18 油纸绝缘老化拉曼光谱不同诊断方法对比思路

### 12.5.1 基于谱聚类的电气设备油纸绝缘老化拉曼光谱诊断方法

谱聚类是基于图论思想的聚类算法之一,相比图卷积神经网络,谱聚类算法计算步骤更加简单，占用计算资源也更小，本节将尝试利用谱聚类算法结合图数据库进行诊断模型的建立和测试。

谱聚类在构建所有样本的图模型之后，需要对所有数据点组成的图进行切图，让切图后不同的子图间边的权重和尽可能低，而子图内的边权重和尽可能高，从而达到聚类的目的。

假设将图 $G(V, E)$ 切成相互没有连接的 $k$ 个子图，每个子图点的集合为 $A_1, A_2, \cdots, A_k$，它们满足 $A_i \cap A_j = \varnothing$，且 $A_1 \cup A_2 \cup \cdots \cup A_k = V$。

对于任意两个子图点的集合 $A, B \subset V$，$A \cap B = \varnothing$，定义 $A$ 和 $B$ 之间的切图权重为

$$W(A, B) = \sum_{i \in A, j \in B} w_{ij} \tag{12.32}$$

那么对于 $k$ 个子图点的集合 $A_1, A_2, \cdots, A_k$，定义切图 cut 为

$$\text{cut}(A_1, A_2, \cdots, A_k) = \frac{1}{2} \sum_{i=1}^{k} W\left(A_i, \overline{A_i}\right) \tag{12.33}$$

其中，$\overline{A_i}$ 为 $A_i$ 的补集，表示除 $A_i$ 子集外其他 $V$ 的子集的并集。为了让子图内的点权重和高，子图间的点权重和低，需要最小化 $\text{cut}(A_1, A_2, \cdots, A_k)$。

但是如图 12.19 所示，谱聚类存在极小化切图的问题。为了避免这种问题，需要对子图的规模作出限定，一般来说，有两种切图方式，分别是 Ratiocut 切图和 Ncut 切图。

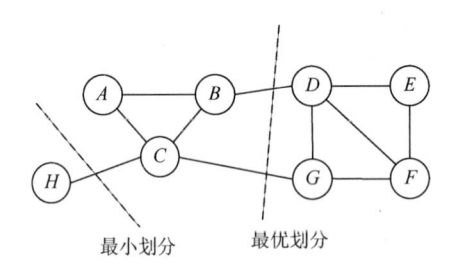

图 12.19 谱聚类切图示意图

**Ratiocut** 对于每个切图，不光考虑最小化 $\text{cut}(A_1, A_2, \cdots, A_k)$，它还同时考虑最大化每个子图点的个数[143]，即

$$\text{Ratiocut}(A_1, A_2, \cdots, A_k) = \frac{1}{2} \sum_{i=1}^{k} \frac{W\left(A_i, \overline{A_i}\right)}{|A_i|} \tag{12.34}$$

设指示向量 $h_j \in \{h_1, h_2, \cdots, h_k\}$，$j = 1, 2, \cdots, k$，对于任意一个向量 $h_j$，它是一个 $n$ 维向量（$n$ 为样本数），我们定义 $h_{ij}$ 为

$$h_{ij} = \begin{cases} 0, & v_i \notin A_j \\ \dfrac{1}{\sqrt{|A_j|}}, & v_i \in A_j \end{cases} \tag{12.35}$$

那么对于 $h_i^T L h_i$，有

$$\begin{aligned}h_i^{\mathrm{T}}Lh_i &= \frac{1}{2}\sum_{m=1}\sum_{n=1}w_{m,n}\left(h_{i,m}-h_{i,n}\right)^2 \\ &= \frac{1}{2}\left(\sum_{m\in A_i,n\in \overline{A}_i}w_{m,n}\left(\frac{1}{\sqrt{|A_i|}}-0\right)^2 + \sum_{m\in \overline{A}_i,n\in A_i}w_{m,n}\left(0-\frac{1}{\sqrt{|A_i|}}\right)^2\right) \\ &= \frac{1}{2}\left(\sum_{m\in A_i,n\in \overline{A}_i}w_{m,n}\frac{1}{|A_i|}+\sum_{m\in \overline{A}_i,n\in A_i}w_{m,n}\frac{1}{|A_i|}\right) \\ &= \frac{1}{2}\left(\mathrm{cut}\left(A_i,\overline{A}_i\right)\frac{1}{|A_i|}+\mathrm{cut}\left(\overline{A}_i,A_i\right)\frac{1}{|A_i|}\right) \\ &= \frac{\mathrm{cut}\left(A_i,\overline{A}_i\right)}{|A_i|} \\ &= \mathrm{Ratiocut}\left(A_i,\overline{A}_i\right)\end{aligned} \quad (12.36)$$

为了考虑更多指示向量，令 $H=\{h_1,h_2,\cdots,h_k\}$，其中 $h_i$ 按列排列，且每个 $h_i$ 都是相互正交的，则有

$$\begin{aligned}\mathrm{Ratiocut}(A_1,A_2,\cdots,A_k) &= \sum_{i=1}^{k}h_i^{\mathrm{T}}Lh_i \\ &= \sum_{i=1}^{k}(H^{\mathrm{T}}LH)_{ii} \\ &= \mathrm{Tr}(H^{\mathrm{T}}LH)\end{aligned} \quad (12.37)$$

其中，Tr 表示对角线求和。因此，Ratiocut 切图法的切图优化目标为

$$\begin{cases}\underset{H}{\arg\min}\,\mathrm{Tr}(H^{\mathrm{T}}LH) \\ \mathrm{s.t.}\ H^{\mathrm{T}}H=I\end{cases} \quad (12.38)$$

通过找到 $L$ 最小的 $k$ 个特征值，可以得到对应的 $k$ 个特征向量，即可组成一个 $n\times k$ 的矩阵 $H$。一般还需要对矩阵 $H$ 按行做标准化处理[113]。

$$H_{ij}^* = \frac{H_{ij}}{\left(\sum_{j=1}^{k}H_{ij}^2\right)^{1/2}} \quad (12.39)$$

在得到 $H$ 之后还需要对每一行进行一次传统的聚类，如 k-means 聚类。

Ncut 切图和 Ratiocut 很类似，一般来说 Ncut 切图要优于 Ratiocut 切图。Ncut 切图对指示向量作了改进，用子图权重来表示指示向量[131]，定义如下：

$$h_{ij} = \begin{cases}0, & v_i\notin A_j \\ \dfrac{1}{\sqrt{\mathrm{vol}(A_j)}}, & v_i\in A_j\end{cases} \quad (12.40)$$

其推导方式和 Ratiocut 完全一致，只不过 $H^{\mathrm{T}}H\neq I$，而是 $H^{\mathrm{T}}DH=I$。

此时，切图的最终优化目标变为

$$\begin{cases} \underset{H}{\arg\min} \operatorname{Tr}(H^{\mathrm{T}}LH) \\ \text{s.t. } H^{\mathrm{T}}DH = I \end{cases} \quad (12.41)$$

然后令 $H = D^{-1/2}F$，优化目标则变为

$$\begin{cases} \underset{F}{\arg\min} \operatorname{Tr}(F^{\mathrm{T}}D^{-1/2}LD^{1/2}F) \\ \text{s.t. } F^{\mathrm{T}}F = I \end{cases} \quad (12.42)$$

最后与 Ratiocut 切图类似，求出 $D^{-1/2}LD^{-1/2}$ 最小的前 $k$ 个特征值，然后求出对应的特征向量并标准化矩阵 $F$，对 $F$ 进行一次传统的 k-means 聚类即可。

以 Ncut 切图总结谱聚类算法流程，设聚类后簇的个数为 $k_1$，基于谱聚类算法的计算流程如图 12.20 所示，其中度矩阵 $D$ 与拉普拉斯矩阵 $L$ 标准化和卷积神经网络计算流程类似。首先通过高斯核函数得到邻接矩阵 $W$，再根据邻接矩阵 $W$ 得到度矩阵 $D$；然后计算出拉普拉斯矩阵 $L$，计算标准化后的拉普拉斯矩阵 $D^{-1/2}LD^{-1/2}$，计算 $D^{-1/2}LD^{-1/2}$ 最小的 $k_1$ 个特征值所各自对应的特征向量 $f$，将各自对应的特征向量 $f$ 组成的矩阵按行标准化，最终组成 $n \times k$ 的特征矩阵 $F$；将 $F$ 中的每一行作为一个 $k$ 维的样本，共 $n$ 个样本，用 k-means 聚类算法进行聚类，聚类维数为 $k_1$，得到簇划分 $C(c_1, c_2, \cdots, c_{k1})$。

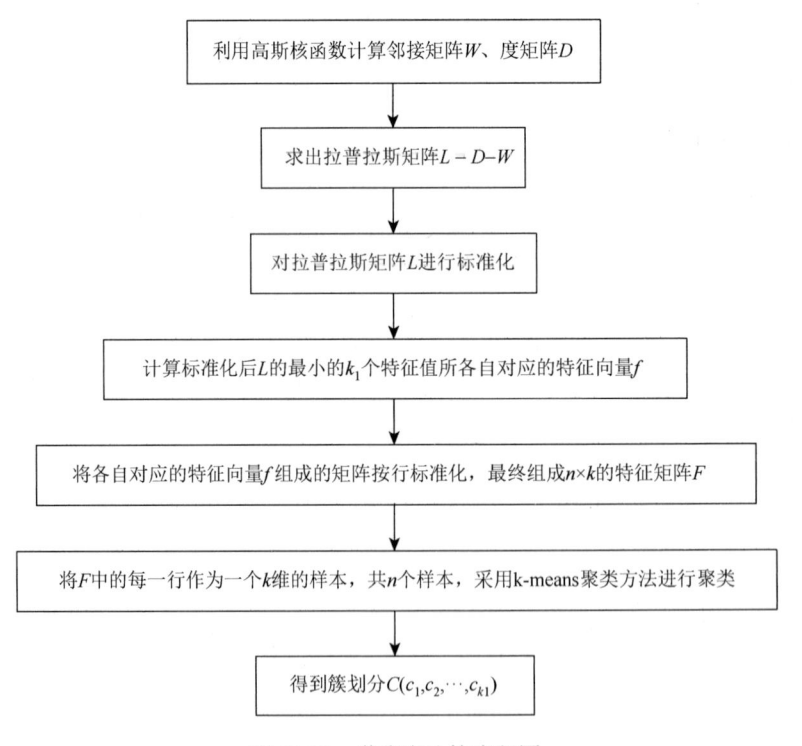

图 12.20 谱聚类计算流程图

按照老化类别将所有测试样本分为 5 个簇，利用上述的谱聚类算法对所有样本进行聚类，总体的诊断准确率只有 62%左右，对考虑温度、水分影响的油纸绝缘老化拉曼光

谱诊断效果较差。利用前两个 LDA 特征作为样本的横纵坐标，谱聚类结果作为老化类别，对 50 个测试样本进行二维的可视化，如图 12.21 所示。从图 12.21 中可以看出，后两个老化阶段的谱聚类诊断效果很不理想，根据谱聚类结果无法实现对不同类别样本的线性可分。因此，谱聚类是一种非常简单的图域信息处理方法，对于考虑温度、水分影响的油纸绝缘老化拉曼光谱诊断性能十分有限[100-112]。

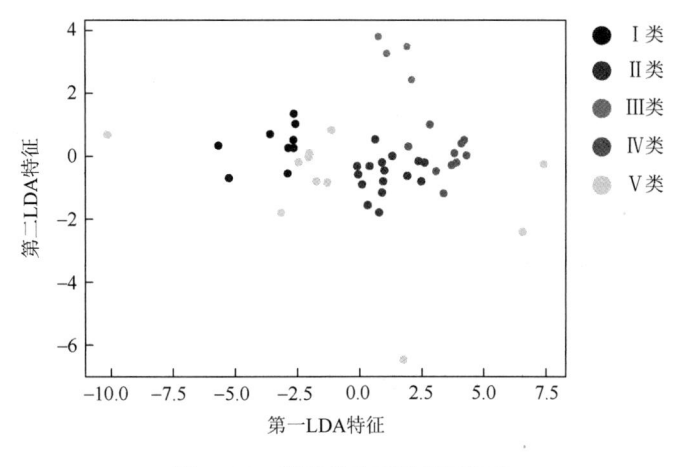

图 12.21 谱聚类诊断结果可视化

总体而言，相比图卷积神经网络方法，谱聚类是一种无监督的分类方法，节点在聚类过程中无法依靠标记节点的标签信息进行特征更新，因此诊断性能欠佳。此外聚类的方法仍需要大量已知样本，不具备小样本学习的能力。

### 12.5.2 基于支持向量机的电气设备油纸绝缘老化拉曼光谱诊断方法

支持向量机是一种常用的数据分类算法。作为一种有监督的分类算法，支持向量机在人像识别、文本分类和手写字符识别等领域都有不错的表现。文献[13]中的研究表明，支持向量机模型用于实现准确的油纸绝缘老化拉曼光谱诊断的可行性。支持向量机的主要思想是将特征向量由原始空间 $R^m$ 通过函数 $\phi(x)$ 投影到高维空间 $R^n$ 后，计算用于分割数据集的最优超平面（图 12.22），该超平面与两侧数据点的距离要尽可能远，即分类间隔要最大[83]。

以二分类情况为例，假设样本集为 $(x_i, y_i)$，$x_i$ 为样本特征向量，$y_i$ 为样本所处类别。支持向量机可以表述为如下优化：

$$\begin{cases} \min_{w,b,\xi} \frac{1}{2}w^\mathrm{T}w + C\sum_{i=1}^{N}\xi_i \\ \text{s.t.} \quad y_i\left(w^\mathrm{T}\phi(x_i)+b\right) \geq 1-\xi_i \\ \quad \xi_i \geq 0 \end{cases} \quad (12.43)$$

其中，光谱特征 $x_i$ 通过非线性映射 $\phi(x)$ 映射到高维特征空间；$w$ 为将原始特征投影到高维空间的线性权重向量；$b$ 为阈值；$\xi_i$ 为松弛变量，用以在经过非线性映射后的样本集并不是完全线性可分的情况下，允许个别样本点出现在间隔带里面；$C$ 为惩罚因子，用以控制对分类错误样本的惩罚程度，当 $C$ 值较小时，对分类错误样本的惩罚较轻，当 $C$ 值较大时，对分类错误样本的惩罚较重。上述问题可以用拉格朗日乘子法来求解。该问题的拉格朗日函数表达式如下[123]：

$$L = \frac{1}{2}w^{\mathrm{T}}w + C\sum_{i=1}^{N}\xi_i - \sum_{i=1}^{N}\beta_i\xi_i - \sum_{i=1}^{N}\alpha_i\left(y_i\left(w^{\mathrm{T}}\phi(x_i) + b\right) - 1 + \xi_i\right) \quad (12.44)$$

其中，$\alpha_i$、$\beta_i$ 为拉格朗日乘子。令

$$\frac{\partial L}{\partial w} = 0, \quad \frac{\partial L}{\partial b} = 0, \quad \frac{\partial L}{\partial \xi} = 0 \quad (12.45)$$

得

$$w = \sum_{i=1}^{N}\alpha_i y_i \phi(x_i), \quad \sum_{i=1}^{N}\alpha_i y_i = 0, \quad C = \alpha_i + y_i \quad (12.46)$$

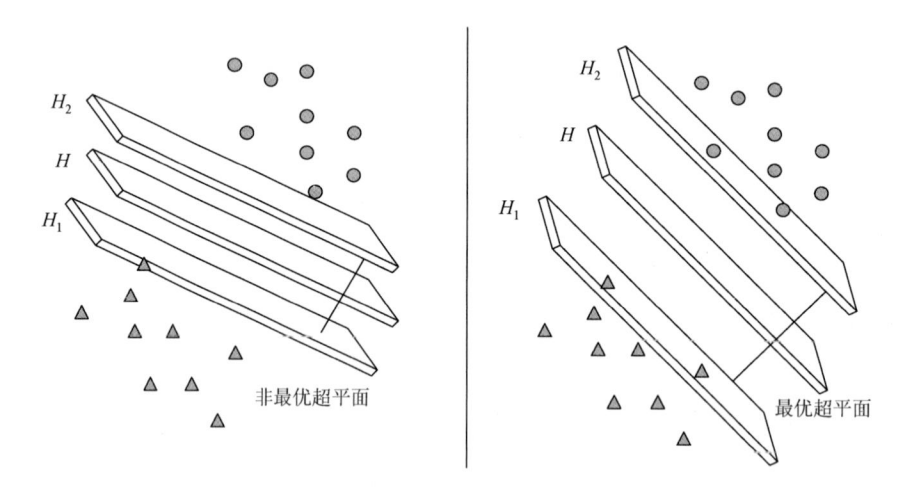

图 12.22　最优分类超平面示意图

将式（12.46）代入拉格朗日函数，可将原问题转换为 $\alpha$ 的最大化问题，即

$$\begin{cases} \max_{\alpha} \sum_{i=1}^{m}\alpha_i - \frac{1}{2}\sum_{i=1}^{m}\sum_{j=1}^{m}\alpha_i\alpha_j y_i y_j\left(\phi(x_i), \phi(x_j)\right) \\ \text{s.t.} \sum_{i=1}^{m}\alpha_i y_i = 0, \quad \alpha_i \geq 0 \end{cases} \quad (12.47)$$

其中，内积运算 $(\phi(x_i), \phi(x_j))$ 可用核函数 $K(x_i, x_j)$ 表示。通过式（12.47）可求解出 $\alpha$，进而可求出 $w$ 和 $b$。常用的核函数有线性核函数：

$$K(x_i, x_j) = x_i^{\mathrm{T}} x_j \quad (12.48)$$

多项式核函数：

$$K(x_i, x_j) = (x_i^{\mathrm{T}} x_j)^d \quad (12.49)$$

以及高斯核函数：

$$K(x_i,x_j)=\exp\left(-\gamma\|x_i-x_j\|^2\right) \quad (12.50)$$

不同的样本应选择合适的核函数。

最终的分类决策函数可表示为

$$y=\mathrm{sgn}\left(\sum_{i=1}^{N}\alpha_i y_i K(x_i,x_j)+b\right) \quad (12.51)$$

上述问题解释了支持向量机解决二分类问题的计算过程。然而，本章针对油纸绝缘老化状态的分类是一个多元分类问题。支持向量机可由二分类推广到多元分类情况，对于 $N$ 个类别的样本集，可以建立 $N(N-1)/2$ 个二分类支持向量机从而实现多元分类：

$$\begin{cases}\min\limits_{w,b,\xi}\dfrac{1}{2}(w^{mn})^{\mathrm{T}}(w^{mn})+C\sum\limits_{i=1}^{N}(\xi_i^{mn})(w^{mn})^{\mathrm{T}},\quad\xi_i\geqslant 0\\ y_i=m,(w^{mn})^{\mathrm{T}}\phi(x_t)+b^{mn}\geqslant 1-\xi_i^{mn}\\ y_i=n,(w^{mn})^{\mathrm{T}}\phi(x_t)+b^{mn}\leqslant 1+\xi_i^{mn}\end{cases} \quad (12.52)$$

支持向量机诊断模型如图 12.23 所示。

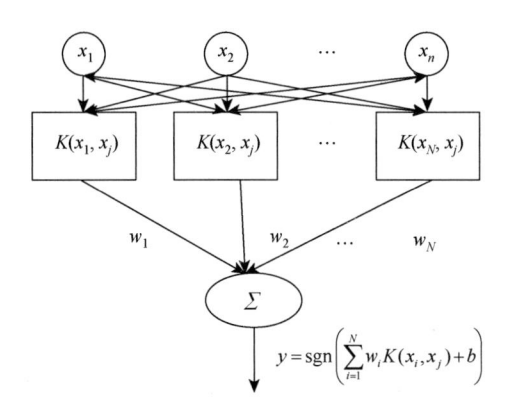

图 12.23 支持向量机诊断模型示意图

基于支持向量机的诊断模型对考虑温度、水分影响的油纸绝缘老化拉曼光谱样本有良好的诊断效果。通过实验发现，利用 LDA 特征作为支持向量机诊断模型输入时，核函数采用线性核函数诊断效果最佳，能达到 80%的整体诊断准确率。为了探究支持向量机模型能否产生更好的分类效果，本章还对考虑温度、水分影响的油纸绝缘老化拉曼光谱样本进行了无监督的 PCA 方法的特征提取。以 PCA 方法提取的 6 维老化特征作为支持向量机的输入，可以发现使用高斯核函数时，模型的诊断效果最佳。通过网格搜索法对惩罚因子 $C$ 和核参数 $\gamma$ 进行优化。可以发现当 $C=41$，$\gamma=51$ 时模型的诊断准确率最高，达到 94%左右。因此在使用支持向量机方法建立诊断模型时，应该使用 PCA 特征量作为输入。

本章将 150 个考虑温度、水分影响的油纸绝缘老化拉曼光谱 6 维 PCA 特征按照 100/50 的比例随机分为训练集和验证集，对基于支持向量机的老化诊断模型进行了 5 次验证，结果如表 12.4 所示。表 12.4 中计算准确率的分母为各类别待预测样本总数，分子为各类别预测正确的样本总数。结果表明，支持向量机方法不同老化阶段平均诊断准确率可以达到92.0%。

表 12.4 不同老化阶段的支持向量机预测准确率

| 老化阶段 | 验证次数 | | | | | 平均准确率/% |
|---|---|---|---|---|---|---|
| | 1 | 2 | 3 | 4 | 5 | |
| Ⅰ | 11/11 | 8/9 | 9/10 | 9/9 | 8/10 | 91.8 |
| Ⅱ | 10/10 | 8/8 | 10/12 | 11/13 | 8/9 | 91.4 |
| Ⅲ | 8/10 | 11/12 | 7/7 | 10/11 | 8/9 | 90.3 |
| Ⅳ | 9/9 | 10/11 | 9/10 | 8/8 | 11/12 | 94.5 |
| Ⅴ | 8/10 | 9/10 | 11/11 | 8/9 | 10/10 | 91.8 |

由于支持向量机方法在考虑温度、水分影响后依然有不错的油纸绝缘老化诊断性能，本章进一步将其与图卷积神经网络诊断结果进行比较。对于相同的50个预测样本，改变训练样本数对支持向量机诊断模型进行测试，结果如表12.5所示。可以发现采用支持向量机诊断模型时，当训练样本达到70个时，诊断准确率才能达到80%以上，而采用图卷积神经网络诊断模型时，只需要30个标注节点就可以达到80%以上的诊断准确率。

表 12.5 不同训练样本数的预测准确率（%）

| | 训练样本数 | | | | | | | | | |
|---|---|---|---|---|---|---|---|---|---|---|
| | 10 | 20 | 30 | 40 | 50 | 60 | 70 | 80 | 90 | 100 |
| 预测准确率 | 30 | 32 | 36 | 36 | 42 | 68 | 82 | 94 | 94 | 94 |

将基于支持向量机的油纸绝缘老化拉曼光谱诊断方法与卷积神经网络方法相比，在训练样本较多的情况下，支持向量机方法的诊断准确率要高于GCN方法，但在训练样本较少的情况下，支持向量机方法的诊断准确率低于GCN方法。因此，本章提出的图卷积神经网络方法在小样本上的学习能力远远强于传统机器学习方法。

### 12.5.3 基于BP神经网络的电气设备油纸绝缘老化拉曼光谱诊断方法

BP神经网络是一种常用的按误差逆传播的多层前馈网络，是目前应用最广泛的神经网络模型之一。该网络具有结构简单、模型清晰、计算量小和训练速度快等优点。该模型包括输入层、隐含层和输出层三个部分。当样本特征向量由输入层进入神经网络之后，通过权重和偏置以及激活函数传播到隐含层和输出层，当输出层的输出结果与实际结果误差较大时，就根据误差值，反向调节模型的权重和偏置，直到模型输出满足要求。BP神经网络的基本结构如图12.24所示。

本章将经过LDA特征提取的拉曼光谱特征向量作为输入，将根据绝缘油纸聚合度划分的五个老化类别作为输出，建立BP神经网络拉曼光谱诊断模型。具体工作步骤如下。

第一步是参数初始化，根据输入的特征向量 $x_i$ 确定网络输入层、隐含层和输出层神经元个数，初始化输入层和隐含层、隐含层和输出层之间的连接权重，初始化隐含层和输出层的偏置值，确定学习率和神经元激活函数。

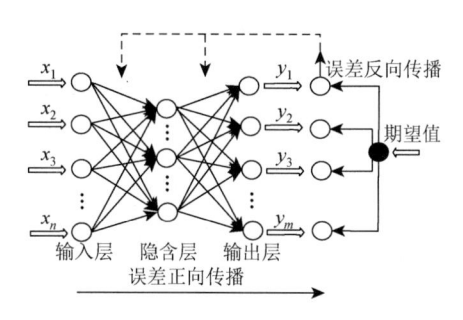

图 12.24 BP 神经网络基本结构示意图

第二步是隐含层输出的计算。隐含层第 $j$ 个神经元的输出结果 $H_j$ 为

$$H_j = f\left(\sum_{i=1}^{n} w_{ij}x_i - a_j\right), \quad j = 1, 2, \cdots, l \tag{12.53}$$

式中，$w_{ij}$ 为输入层第 $i$ 个神经元和隐含层第 $j$ 个神经元之间的连接权重；$a_j$ 为偏置值；$n$ 为输入层神经元个数；$l$ 为隐含层神经元个数；$f$ 为隐含层神经元激活函数，选择双曲正切函数，从而确保神经网络的非线性映射。

第三步是输出层的计算。输出层按照老化阶段的分类分为五个神经元，标准输出结果为 (1, 0, 0, 0, 0)、(0, 1, 0, 0, 0)、(0, 0, 1, 0, 0)、(0, 0, 0, 1, 0)、(0, 0, 0, 0, 1)，分别代表五个不同的老化阶段。输出层神经元的激活函数 $f'$ 选择对数 S 型函数，用以确保每个神经元的输出在 0~1 范围内。当神经元的输出为 1 时，代表输入的样本特征处于该老化阶段；反之，当神经元的输入为 0 时，表示该样本不处于该老化阶段。根据隐含层的输出、隐含层和输出层之间的连接权重以及输出层的偏置可以计算出第 $k$ 个输出层神经元的输出值：

$$O_k = f'\left(\sum_{j=1}^{l} w_{jk}H_j - b_k\right), \quad k = 1, 2, \cdots, m \tag{12.54}$$

第四步根据输出层的输出和实际结果计算模型的预测误差。

第五步通过预测误差更新神经网络的连接权重和偏置。

第六步判断输出结果是否满足精度要求和迭代次数，若满足要求便终止网络训练过程，若未满足结束条件便重复上述计算过程。BP 神经网络计算流程如图 12.25 所示。

BP 神经网络隐含层神经元的个数往往对模型的影响较大。如果隐含层神经元的个数太多会增加计算量，降低计算效率，并有可能出现过拟合。如果隐含层神经元个数太少则有可能导致模型无法进行有效学习。隐含层神经元个数的选择参考下面公式：

$$l \approx \log_2 n \tag{12.55}$$

除此之外，学习率的选择决定了模型的收敛速度，学习率设置过小收敛太慢，学习率设置过大则有可能导致过度修正引起振荡。所以应在训练过程中不断调节学习率的大小,直至满足要求。本章所采用的 BP 神经网络输入层神经元设为 4 个,隐含层神经元设为 2 个,输出层神经元设为 5 个,学习率设为 0.4。

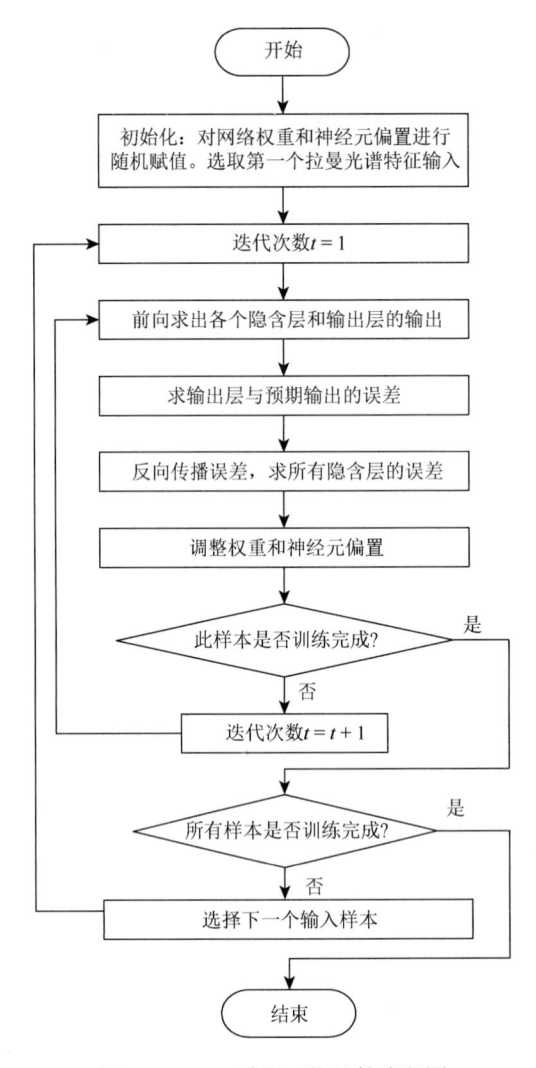

图 12.25 BP 神经网络计算流程图

将考虑温度、水分影响的油纸绝缘老化拉曼光谱 LDA 特征作为输入,老化类别作为输出,以 100/50 的比例划分训练集和验证集对基于 BP 神经网络的油纸绝缘老化拉曼光谱诊断方法进行了 5 次验证,BP 神经网络诊断模型损失值和准确率随迭代次数的变化如图 12.26 所示,经过 400 次左右的迭代后,BP 神经网络损失值趋于稳定,模型诊断准确率不再上升。

不同老化阶段的 BP 神经网络诊断结果如表 12.6 所示。可以发现对于考虑了温度、水分影响的拉曼光谱特征,BP 神经网络的平均诊断准确率只能达到 71.5%,并且后两个老化阶段的预测结果十分不理想,无法满足对油纸绝缘老化状态的诊断要求。同样作为传统油纸绝缘老化拉曼光谱诊断方法，在考虑温度、水分影响后，BP 神经网络方法的诊断性能不及支持向量机方法，因此也不具备优于图卷积神经网络方法的小样本学习能力。

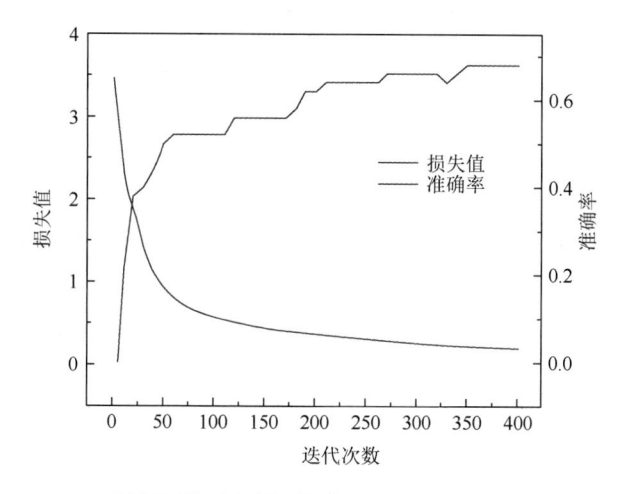

图 12.26　BP 神经网络诊断模型损失值和准确率随迭代次数的变化

表 12.6　不同老化阶段的 BP 神经网络预测准确率

| 老化阶段 | 验证次数 | | | | | 平均准确率/% |
|---|---|---|---|---|---|---|
| | 1 | 2 | 3 | 4 | 5 | |
| Ⅰ | 7/10 | 7/8 | 8/9 | 10/12 | 9/11 | 82.3 |
| Ⅱ | 8/10 | 7/10 | 9/9 | 7/9 | 7/10 | 79.6 |
| Ⅲ | 7/11 | 7/9 | 8/9 | 8/10 | 8/10 | 78.1 |
| Ⅳ | 8/10 | 7/11 | 7/11 | 6/10 | 6/8 | 68.4 |
| Ⅴ | 5/9 | 6/12 | 5/12 | 4/9 | 6/11 | 49.2 |

# 参 考 文 献

[1] 王一帆, 李长云. 变压器油浸绝缘纸老化阶段判别方法的研究进展[J]. 齐鲁工业大学学报, 2018, 32 (6): 18-24.

[2] 王伟, 董文妍, 蒋达, 等. 基于分子模拟技术的变压器油纸绝缘老化研究综述[J]. 绝缘材料, 2018, 51 (5): 7-17.

[3] 欧小波, 周丹, 林春耀, 等. 油浸式电力变压器老化及寿命评估研究综述[J]. 南方电网技术, 2015, 9 (9): 58-70.

[4] 吕玮, 吴广宁, 王鑫. 基于介质响应法变压器油-纸绝缘状态评估研究综述[J]. 电气应用, 2011, 30 (21): 26-29.

[5] 郝建, 廖瑞金, George Chen, 等. 油纸绝缘复合电介质的空间/界面电荷特性及其抑制方法综述[J]. 高电压技术, 2019, 45(10): 3192-3206.

[6] 李清泉, 李斯盟, 司雯, 等. 基于局部放电的电力变压器油纸绝缘状态评估关键问题分析[J]. 高电压技术, 2017, 43 (8): 2558-2565.

[7] 廖瑞金, 杨丽君, 郑含博, 等. 电力变压器油纸绝缘热老化研究综述[J]. 电工技术学报, 2012, 27 (5): 1-12.

[8] 林朝明, 叶荣. 油浸式变压器绝缘诊断方法的研究进展[J]. 电气技术, 2019, 20(12): 1-6, 22.

[9] 孙友群, 赵春明, 张明泽. 变压器油纸绝缘多因素联合老化特性[J]. 变压器, 2020, 57(8): 55-58, 63.

[10] 刘骥, 吕佳璐, 张明泽, 等. 换油条件下变压器油纸绝缘老化寿命评估研究[J]. 高电压技术, 2020, 46(5): 1750-1758.

[11] 李月英, 周永闯, 李伟. 换油对油纸绝缘热老化特性参数的影响研究[J]. 变压器, 2020, 57(4): 23-27.

[12] 李元, 张鋆, 唐峰, 等. 利用近红外光谱定量评估绝缘纸聚合度的建模方法研究[J]. 中国电机工程学报, 2019, 39 (S1): 287-296.

[13] 李特. 变压器油纸绝缘老化诊断方法研究[D]. 北京: 华北电力大学, 2019.

[14] 王佳琳, 黎大健, 赵坚. 基于状态评价的老旧变压器大修改造工作分析[J]. 广西电力, 2015, 38(2): 41-42, 65.

[15] 中国石油化工股份有限公司石油化工科学研究院. 变压器油(GB 2536—1990)[S]. 北京: 国家技术监督局, 1991.

[16] 关世鹏.《变压器结构设计手册》说明[J]. 变压器, 1968, 5(1): 12-13.

[17] 国家质量监督检验检疫总局, 中国国家标准化管理委员会. 绝缘油中溶解气体组分含量的气相色谱测定法 (GB/T 17623—2017)[S]. 北京: 中国标准出版社, 2017.

[18] 国家能源局. 矿物绝缘油中 2-糠醛及相关组分测定法 (NB/SH/T 0812—2010)[S]. 北京: 中国石化出版社, 2010.

[19] 全国塑料标准化技术委员会. 新的和老化的纤维质电绝缘材料平均黏滞聚合度的测量(IEC 60450 Edition 2.1-2007)[S]. 日内瓦: 国际电工委员会, 2007.

[20] 中华人民共和国国家经济贸易委员会. 矿物绝缘油中糠醛含量测定方法(分光光度法) (DL/T 702—1999)[S]. 北京: 中国电力出版社, 2000.

[21] 全国绝缘材料标准化技术委员会. 矿物绝缘油 2-糠醛和有关化合物的测定方法(IEC 61198-1993)[S]. 日内瓦: 国际电工委员, 1993.

[22] 全国绝缘材料标准化技术委员会. 新的和老化的电工绝缘纸平均黏滞聚合度的测量的标准试验方法(ASTM D4243-1999)[S]. 费城: 美国材料与试验协会, 1999.

[23] Montanari G C. Electrical life threshold models for solid insulating materials subjected to electrical and multiple stresses. I. Investigation and comparison of life models[J]. IEEE Transactions on Electrical Insulation, 1992, 27(5): 974-986.

[24] Gjaerde A C. Multi-factor ageing models - origin and similarities[J]. IEEE Electrical Insulation Magazine, 1997, 13(1): 6-13.

[25] 廖瑞金, 解兵, 杨丽君, 等. 油纸绝缘电-热联合老化寿命模型的比较与分析[J]. 电工技术学报, 2006, 21(2): 17-21.

[26] 卢理成, 操敦奎, 杨莉, 等. 绝缘纸聚合度测量方法及其劣化判据初探[J]. 华中电力, 1990, 3(5): 17-20.

[27] 廖瑞金, 林元棣, 杨丽君, 等. 温度、水分、老化对变压器油中糠醛及绝缘纸老化评估的影响和修正[J]. 中国电机工程学报, 2017, 37 (10): 3037-3044.

[28] 魏建林, 张冠军, 董明, 等. 化学反应动力学预测油纸绝缘变压器老化寿命[J]. 高电压技术, 2009, 35 (3): 544-550.

[29] Miller F P, Vandome A F, McBrewster M J. Degree of Polymerization[M]. New York: John Wiley & Sons, Inc., 2011.

[30] Harigae T, Goto K, Ohta N, et al. Diagnosis of aging deterioration of oil filled transformers by detection of furfural dissolved in insulating oil[J]. IEEE Transactions on Fundamentals and Materials, 1992, 112(6): 589-595.

[31] de Pablo A. Furfural and ageing: How are they related[C]//IEE Colloquium Insulating Liquids, Leatherhead, 1999: 5.

[32] 陈洁, 赵晨, 乌日娜. 变压器油中糠醛含量的检测方法及其对变压器固体绝缘材料老化的判定[J]. 内蒙古电力技术, 2011, 29 (3): 19-21.

[33] 董传贵, 邢晓玲. 测定油中糠醛含量判断变压器固体绝缘老化程度[J]. 华北电力技术, 1990(S1): 79-85.

[34] 董明, 张伟, 张冠军, 等. 基于糠醛含量分析的电力变压器绝缘老化诊断[J]. 变压器, 2008, 45(12): 51-55.

[35] 郭亚丽, 张云怀, 孙大贵, 等. 变压器热老化过程中糠醛变化的高效液相色谱研究[J]. 分析科学学报, 2007, 23(4): 410-412.

[36] 李志成, 王应高, 郑朝辉, 等. 油中糠醛含量与固体绝缘材料老化关系研究[J]. 变压器, 2012, 49 (9): 48-50.

[37] 王明明. 浅谈变压器纸绝缘老化判据和油中糠醛及相关组分检测[J]. 山东化工, 2018, 47 (2): 67-69, 72.

[38] 俞源海, 张飚. 变压器油中糠醛含量与绝缘纸老化关系的研究[J]. 华东电力, 2002, 30(11): 16-18.

[39] 王善龙, 朱孟兆, 冯彩, 等. 变压器油中糠醛质量浓度检测与分析[J]. 山东电力技术, 2017, 44(8): 1-6.

[40] Fleischmann M, Hendra P J, McQuillan A J. Raman spectra of pyridine adsorbed at a silver electrode[J]. Chemical physics Letters, 1974, 26(2): 163-166.

[41] 廖瑞金, 刘刚, 李爱华, 等. 不同油纸复合绝缘老化时生成 $CO$、$CO_2$ 的规律[J]. 高电压技术, 2009, 35 (4): 755-760.

[42] 范玉华, 刘富家, 于秀华. 大型变压器油中 $CO$ 和 $CO_2$ 含量判断指标的确定[J]. 东北电力技术, 1994, 15(1): 6-10.

[43] 李家明, 袁静. 对变压器油中溶解 $CO$ 和 $CO_2$ 气体的分析[J]. 吉林水利, 2009(1): 58-59.

[44] Helgeson A, Gafvert U. Dielectric response measurements in time and frequency domain on high voltage insulation with different response[C]//Proceedings of 1998 International Symposium on Electrical Insulating Materials. Piscataway: IEEE, 1998.

[45] Liu J, Fan X, Zheng H, et al. Aging condition assessment of transformer oil-immersed cellulosic insulation based upon the average activation energy method[J]. Cellulose, 2019, 26 (6): 3891-3908.

[46] Saha T K, Zheng T Y. Experience with return voltage measurements for assessing insulation conditions in service aged transformers[J]. IEEE Power Engineering Review, 2003, 22 (1): 70.

[47] Liao R J, Yang L J, Li J, et al. Aging condition assessment of transformer oil-paper insulation model based on partial discharge analysis[J]. IEEE Transactions on Dielectrics and Electrical Insulation, 2011, 18(1): 303-311.

[48] Kuo C C. Artificial identification system for transformer insulation aging[J]. Expert Systems with Applications, 2010, 37 (6): 4190-4197.

[49] Rüger J, Unger N, Schie I W, et al. Assessment of growth phases of the diatom Ditylum brightwellii by FT-IR and Raman spectroscopy[J]. Algal Research, 2016, 19: 246-252.

[50] Zu T N K, Athamneh A I M, Collakova E, et al. Assessment of ex vivo perfused liver health by Raman spectroscopy[J]. Journal of Raman Spectroscopy, 2015, 46 (6): 551-558.

[51] Timchenko E V, Timchenko P E, Volova L T, et al. Raman spectroscopy for assessment of bioimplant tissue[C]//Saratov Fall Meeting 2015: Third International Symposium on Optics and Biophotonics and Seventh Finnish-Russian Photonics and Laser Symposium (PALS), Saratov, 2015.

[52] Timchenko E V, Timchenko P E, Volova L T, et al. The assessment of human skin biomatrixes using Raman spectroscopy method[J]. Journal of Physics: Conference Series, 2017, 784: 012058.

[53] Steer B, Gorbunov B, Price M C, et al. Raman spectroscopic identification of size-selected airborne particles for quantitative exposure assessment[J]. Measurement Science and Technology, 2016, 27(4): 045801.

[54] Strachan A, van Duin A C, Chakraborty, et al. Shock waves in high-energy materials: the initial chemical events in nitramine RDX[J]. Physical Review Letters, 2003, 91(9): 098301.

[55] Pascart T, Cortet B, Olejnik C, et al. Bone samples extracted from embalmed subjects are not appropriate for the assessment of bone quality at the molecular level using Raman spectroscopy[J]. Analytical Chemistry, 2016, 88 (5): 2777-2783.

[56] Latorre F, Kupfer S, Bocklitz T, et al. Spatial resolution of tip-enhanced Raman spectroscopy-DFT assessment of the chemical effect[J]. Nanoscale, 2016, 8 (19): 10229-10239.

[57] Kerney K R, Theus A S, Pi J, et al. Semi-quantitative assessment of protein and cell content in engineered vascular tissue with dispersive Raman spectroscopy[J]. Tissue Engineering Part A, 2016, 22: S73.

[58] Dobrovolskaya T A, Emelyanov V M, Danilova S A, et al. Assessment of reliability of recognition of nanoparticles of silver on polyester fibers on two-dimensional models and experimental data of the Raman ranges[J]. Journal of Nano- and Electronic Physics, 2016, 8(3): 03048-1-03048-3.

[59] Raman C V, Krishnan K S. A new type of secondary radiation[J]. Nature, 1928, 121: 501-502.

[60] 吴国祯. 拉曼峰强作为分子晶体相变的有序度[J]. 光散射学报, 1994, 6(1): 1-4, 9.

[61] 沈红霞, 吴国祯, 王培杰. (R)-1, 3 丁二醇的手性不对称性: 微分键极化率的研究[J]. 物理学报, 2013, 62 (15): 149-154.

[62] 马树国, 吴国祯. 手性物质拉曼光活性(Raman Optical Activity)研究综述[J]. 光散射学报, 1998, 10(2): 33-42.

[63] 马树国, 吴国祯. 拉曼光活性 (ROA)经典理论模型研究[J]. 光散射学报, 1997, 9(S1): 59-61.

[64] Long D A, Thomas A G. Intensities in Raman spectra-II. Normal co-ordinates for the chloro-and bromo-methanes[J]. Proceedings of the Royal Society of London. Series A, Mathematical and Physical Sciences, 1954, 223 (1152): 130-137.

[65] Long D A, Stanton L. Studies of non-linear phenomena[J]. Molecular Physics, 1972, 24(1): 57-67.

[66] Long D A, Stanton L. Studies of nonlinear phenomena-I. theory of the hyper Raman effect[J]. Proceedings of the Royal Society of London. Series A, Mathematical and Physical Sciences, 1970, 318 (1535): 441-457.

[67] Long D A, Spencer T V, Waters D N, et al. Intensities in Raman spectra-V. intensity measurements and normal Co-Ordinates for some group IV tetrahalides[J]. Proceedings of the Royal Society of London. Series A, Mathematical and Physical Sciences, 1957, 240 (1223): 499-508.

[68] Long D A, Murfin F S, Williams R L. The Raman and Infra-Red spectra of carbon suboxide[J]. Proceedings of the Royal Society of London. Series A, Mathematical and Physical Sciences, 1954, 223 (1153): 251-266.

[69] Long D A, Milner D C, Thomas A G. Intensities in Raman spectra-III. A photoelectric recording Raman spectrometer for intensity measurements[J]. Proceedings of the Royal Society of London. Series A, Mathematical and Physical Sciences, 1956, 237 (1209): 186-196.

[70] Long D A, Milner D C, Thomas A G. Intensities in Raman spectra-IV. intensity measurements for some chloromethanes[J]. Proceedings of the Royal Society of London. Series A, Mathematical and Physical Sciences, 1956, 237 (1209): 197-211.

[71] Long D A, Matterson A H S, Woodward L A. Raman intensities of the totally symmetric vibrations of neopentane[J]. Proceedings of the Royal Society of London. Series A, Mathematical and Physical Sciences, 1954, 224 (1156): 33-43.

[72] Ferraro J R, Nakamoto K, Brown C W. Introductory Raman spectroscopy[M]. Amsterdam: Academic Press, 2003.

[73] Long D A. Handbook of Raman spectroscopy[M]. New York and Basel: Marcel Dekker, 2001.

[74] Long D A. Early history of the Raman effect[J]. International Reviews in Physical Chemistry, 1988, 7 (4): 317-349.

[75] Long D A. Intensities in Raman spectra-I. A bond polarizability theory[J]. Proceedings of the Royal Society of London. Series A, Mathematical and Physical Sciences, 1953, 217 (1129): 203-221.

[76] Bell R P, Long D A. Polarizability and internuclear distance in the hydrogen molecule and molecule-ion[J]. Proceedings of the Royal Society of London. Series A, Mathematical and Physical Sciences, 1950, 203 (1074): 364-374.

[77] 李晓云. 高灵敏气体激光拉曼光谱的研究及应用[D]. 上海: 上海交通大学, 2008.

[78] 李晓云, 夏宇兴, 黄鞠铭. 用于变压器油中溶解气体诊断的高灵敏激光拉曼方法[C]//第十三届基础光学与光物理学术讨论会, 海拉尔, 2008: 8.

[79] Hanf S, Keiner R, Yan D, et al. Fiber-enhanced Raman multigas spectroscopy: A versatile tool for environmental gas sensing and breath analysis[J]. Analytical Chemistry, 2014, 86 (11): 5278-5285.

[80] Keiner R, Frosch T, Massad T, et al. Enhanced Raman multigas sensing – a novel tool for control and analysis of $^{13}CO_2$ labeling experiments in environmental research[J]. Analyst, 2014, 139(16): 3879-3884.

[81] Wang P Y, Chen W G, Wang J X, et al. Multigas analysis by cavity-enhanced Raman spectroscopy for power transformer diagnosis[J]. Analytical Chemistry, 2020, 92(8): 5969-5977.

[82] 张庆华, 贾廷见. 糠醛在银镜上的表面增强拉曼光谱研究[J]. 商丘职业技术学院学报, 2009, 8(2): 89-91.

[83] 张庆华. 糠醛分子在铜电极上的 SERS 光谱研究[J]. 商丘职业技术学院学报, 2010, 9 (2): 60-62.
[84] 贾廷见. 真假茅台酒在银胶上的 SERS 光谱分析[J]. 商丘职业技术学院学报, 2012, 11 (2): 65-67, 90.
[85] Somekawa T, Fujita M, Izawa Y, et al. Furfural analysis in transformer oils using laser Raman spectroscopy[J]. IEEE Transactions on Dielectrics and Electrical Insulation, 2015, 22 (1): 229-231.
[86] 顾朝亮. 基于银纳米基底表面增强的变压器油中糠醛拉曼光谱原位检测方法研究[D]. 重庆: 重庆大学, 2017.
[87] 刘文涵, 杨未, 吴小琼, 等. 激光拉曼光谱内标法直接测定甲醇浓度[J]. 分析化学, 2007, 35(10): 1503-1505.
[88] 郝世明, 赵东辉, 王久悦, 等. 利用拉曼光谱测定甲醇浓度[J]. 广西物理, 2010, 31 (3): 31-33.
[89] 姚捷, 戴连奎, 林艺玲. 基于拉曼特征峰的甲醇汽油甲醇含量测定[J]. 光散射学报, 2013, 25(1): 59-65.
[90] 吴建平, 初凤红, 王志. 基于拉曼光谱的微结构光纤丙酮传感检测研究[J]. 光电子·激光, 2015, 26(7): 1309-1313.
[91] 颜凡, 朱启兵, 黄敏, 等. 基于拉曼光谱的已知混合物组分定量分析方法[J]. 光谱学与光谱分析, 2020, 40 (11): 3599-3605.
[92] 董鸥, 饶之帆, 杨晓云, 等. 饱和一元酸类化合物的拉曼光谱研究[J]. 光散射学报, 2011, 23 (1): 61-65.
[93] 薛绍秀, 王江平, 胡宏, 等. 便携式拉曼光谱仪内标法快速测定乙酸浓度[J]. 化工技术与开发, 2011, 40 (8): 45-47.
[94] Du L L, Chen W G, Gu Z L, et al. Analysis of acetic acid dissolved in transformer oil based on laser Raman spectroscopy[C]//2016 IEEE International Conference on High Voltage Engineering and Application (ICHVE), Chengdu, 2016.
[95] 邹经鑫. 油纸绝缘老化拉曼光谱特征量提取及诊断方法研究[D]. 重庆: 重庆大学, 2018.
[96] 邹经鑫, 陈伟根, 万福, 等. 油纸绝缘老化拉曼光谱特征量提取及诊断方法[J]. 电工技术学报, 2018, 33(5): 1133-1142.
[97] 范舟. 基于激光拉曼光谱的油纸绝缘老化诊断研究[D]. 重庆: 重庆大学, 2018.
[98] 范舟, 陈伟根, 万福, 等. 基于小波包能量熵和 Fisher 判别的油纸绝缘老化拉曼光谱诊断[J]. 光谱学与光谱分析, 2018, 38 (10): 3117-3123.
[99] 廖瑞金, 鄢水强, 杨丽君, 等. 打浆度对纤维素绝缘纸性能的影响[J]. 高电压技术, 2018, 44 (12): 3777-3783.
[100] 马存仁, 付强, 卢国华. 变压器中绝缘纸纤维素降解化学指示剂的综述[J]. 广东化工, 2014, 41 (14): 127-128.
[101] 唐超, 张松, 张福州, 等. 变压器绝缘纸纤维素耐热老化性能提升的模拟及试验[J]. 电工技术学报, 2016, 31 (10): 68-76.
[102] 赵建网, 金佳敏, 王和忠, 等. Nomex 绝缘纸的发展及其在变压器中的应用[J]. 电工材料, 2015(4): 28-31.
[103] Shirai M, Shimoji S, Ishii T. Thermodynamic study on the thermal decomposition of insulating oil[J]. IEEE Transactions on Electrical Insulation, 1977, EI-12(4): 272-280.
[104] 王五静. 矿物绝缘油过热分解过程仿真分析与实验研究[D]. 重庆: 重庆大学, 2017.
[105] 陆云才. 基于分子模拟的油纸绝缘老化机理及气体扩散行为研究[D]. 重庆: 重庆大学, 2007.
[106] 廖瑞金, 聂仕军, 周欣, 等. 热稳定绝缘纸抗热老化性能提升机制的量子化学研究[J]. 中国电机工程学报, 2013, 33(25): 196-203, 28.
[107] 杜林, 王五静, 张彼德, 等. 基于 ReaxFF 场的矿物绝缘油热解分子动力学模拟[J]. 高电压技术, 2018, 44 (2): 488-497.

[108] Zheng M, Wang Z, Li X, et al. Initial reaction mechanisms of cellulose pyrolysis revealed by ReaxFF molecular dynamics[J]. Fuel, 2016, 177: 130-141.

[109] Li X X, Mo Z, Liu J, et al. Revealing chemical reactions of coal pyrolysis with GPU-enabled ReaxFF molecular dynamics and chemoinformatics analysis[J]. Molecular Simulation, 2015, 41(1/2/3): 13-27.

[110] 胡舰. 基于分子模拟的变压器绝缘纸无定型区老化微观机理研究[D]. 重庆: 重庆大学, 2009.

[111] 庄金康, 兰生, 黄明亮. 电晕-热联合作用的油纸绝缘加速老化试验研究[J]. 电气工程学报, 2020, 15 (4): 85-90.

[112] 张宇航, 兰生. 变压器油纸绝缘热电联合老化特征量研究[J]. 电气技术, 2016(7): 48-51, 61.

[113] 王一帆. 机-热老化作用对绝缘油纸 FDS 特性的影响研究[J]. 变频器世界, 2020(4): 44-47.

[114] 王世强, 魏建林, 杨双锁, 等. 油纸绝缘加速热老化的频域介电谱特性[J]. 中国电机工程学报, 2010, 30 (34): 125-131.

[115] 任双赞, 吴经锋, 杨传凯, 等. 加速老化下油纸绝缘气隙缺陷模型放电的特征演化与参量表征研究[J]. 高压电器, 2018, 54(11): 213-219.

[116] 穆龙, 兰生, 黄明亮. 不同类型电热应力下变压器油纸绝缘老化特性实验研究[J]. 电气技术, 2018, 19(12): 29-34.

[117] 廖瑞金, 孙会刚, 巩晶, 等. 变压器油纸绝缘老化动力学模型及寿命预测[J]. 高电压技术, 2011, 37 (7): 1576-1583.

[118] Jeong J I, An J S, Huh C S. Accelerated aging effects of mineral and vegetable transformer oils on medium voltage power transformers[J]. IEEE Transactions on Dielectrics and Electrical Insulation, 2012, 19(1): 156-161.

[119] 李晟, 戴连奎. 一种简单的在线拉曼光谱 spike 剔除方法[J]. 光散射学报, 2011, 23 (3): 188-194.

[120] 张文强, 罗格平, 郑宏伟, 等. 基于随机森林模型的内陆干旱区植被指数变化与驱动力分析: 以北天山北坡中段为例[J]. 植物生态学报, 2020, 44(11): 1113-1126.

[121] 石文兵, 苏树智. 基于优化随机森林算法的高校餐饮企业营业额预测模型[J]. 通化师范学院学报, 2021, 42 (2): 88-94.

[122] 邱少明, 杨雯升, 杜秀丽, 等. 优化随机森林模型的网络故障预测[J]. 计算机应用与软件, 2021, 38 (2): 103-109, 170.

[123] 胡永培, 张琛. 基于 AP 聚类与随机森林的客户流失预测研究[J]. 计算机技术与发展, 2021, 31 (2): 49-53.

[124] 陈锦锋, 张军财, 卢思佳, 等. 一种基于 SAE-RF 算法的配电变压器故障诊断方法[J]. 电工电气, 2021(2): 17-23.

[125] Zarei M, Najarchi M, Mastouri R. Bias correction of global ensemble precipitation forecasts by random forest method[J]. Earth Science Informatics, 2021, 14(2): 677-689.

[126] Coleman T, Dorn M F, Kaufeld K, et al. Forecasting hurricane-related power outages via locally optimized random forests[J]. Stat, 2021, 10 (1): e346.

[127] 庄穆妮, 李勇, 谭旭, 等. 基于 BERT-LDA 模型的新冠肺炎疫情网络舆情演化仿真[J]. 系统仿真学报, 2021, 33 (1): 24-36.

[128] 赵志杰, 刘岩, 张艳荣, 等. 基于 Lasso-LDA 的酒店用户偏好模型[J]. 计算机应用与软件, 2021, 38 (2): 19-26.

[129] 邱薇纶, 周燕舞, 石孟良. 基于 PCA-LDA 的车用保险杠显微激光拉曼光谱模式分类[J]. 中国塑料, 2021, 35 (1): 78-83.

[130] 房梦玉, 马明栋. 改进的 PCA-LDA 人脸识别算法的研究[J]. 计算机技术与发展, 2021, 31(2): 65-69.

[131] 杨君岐, 任瑞, 阚立娜, 等. 基于 BP 神经网络模型的商业银行风险评估研究[J]. 会计之友, 2021(5):

113-119.
[132] 田珂, 冷雪冰. 基于神经网络雷达组合高精度预测着靶速度[J]. 火炮发射与控制学报, 2021, 42(4): 52-57.
[133] 汤群益, 张栋梁, 陈金军, 等. 基于 BP 神经网络的风电机组钢混组合式塔架结构频率预测[J]. 固体力学学报, 2021, 42(5): 612-622.
[134] 康孟羽, 朱月琴, 陈晨, 等. 基于多元非线性回归和 BP 神经网络的滑坡滑动距离预测模型研究[J]. 地质通报, 2022, 41(12): 2281-2289.
[135] 高勇. 基于 BP 神经网络的车牌识别建模及实现[J]. 电子测试, 2021(1): 44-45, 78.
[136] 迟文升, 袁亶, 肖宗豪. 基于 BP 神经网络的智能认知频谱预测技术研究[J]. 电子技术应用, 2021, 47 (1): 64-68.
[137] 付忠良, 赵向辉, 苗青, 等. 基于属性组合的集成学习算法[J]. 计算机应用, 2010, 30(2): 465-468, 475.
[138] Wu G Q, Li Q P. Design of financial early warning system based on Elman Adaboost algorithm[J]. Journal of Physics: Conference Series, 2020, 1634(1): 012050.
[139] Yan H, Liu Y H, Wang X T, et al. A face detection method based on skin color features and AdaBoost algorithm[J]. Journal of Physics: Conference Series, 2021, 1748(4): 042015.
[140] 林元棣, 廖瑞金, 张镱议, 等. 换油对变压器油中糠醛含量和绝缘纸老化评估的影响及修正[J]. 电工技术学报, 2017, 32 (13): 255-263.
[141] 林元棣. 变压器油纸绝缘糠醛动态平衡特性及绕组热点绝缘老化评估方法[D]. 重庆: 重庆大学, 2017.
[142] 纪伟. 表面增强拉曼散射化学增强机理的研究及其应用[D]. 长春: 吉林大学, 2013.
[143] Haken H, Wolf H C. Molecular Physics and Elements of Quantum Chemistry: Introduction to Experiments and Theory[M]. Berlin: Springer Science & Business Media, 2013.
[144] 杨姝. 溶液分子拉曼散射截面的研究[D]. 长春: 长春理工大学, 2011.
[145] Hu G X, Xiong W, Shi H L, et al. Raman spectroscopic detection using a two-dimensional spatial heterodyne spectrometer[J]. Optical Engineering, 2015, 54(11): 114101.
[146] Jeanmaire D. Surface Raman spectroelectrochemistry Part I. Heterocyclic, aromatic, and aliphatic amines adsorbed on the anodized silver electrode[J]. Journal of Electroanalytical Chemistry, 1977, 84(1): 1-20.
[147] Wood E, Sutton C, Beezer A E, et al. Surface enhanced Raman scattering (SERS) study of membrane transport processes[J]. International Journal of Pharmaceutics, 1997, 154(1): 115-118.
[148] Albrecht M G, Creighton J A. Anomalously intense Raman spectra of pyridine at a silver electrode[J]. Journal of the American Chemical Society, 1977, 99(15): 5215-5217.
[149] Hao J J, Liu T, Huang Y Z, et al. Metal nanoparticle-nanowire assisted SERS on film[J]. The Journal of Physical Chemistry C, 2015, 119(33): 19376-19381.
[150] Graham D, Duyne R, Bin R. Surface-enhanced Raman Scattering[M]. New York: Springer, 2016.